KB009346

# R기반
## 데이터 과학
# tidyverse 타이디버스 접근

개정판

백영민 지음

R 기반 데이터 과학:
타이디버스(tidyverse) 접근 개정판

2018년 5월 15일 1판 1쇄 펴냄
2023년 11월 30일 개정판 1쇄 펴냄

지은이 | 백영민
펴낸이 | 한기철·조광재

펴낸곳 | (주)한나래플러스
등록 | 1991. 2. 25. 제22–80호
주소 | 서울시 마포구 토정로 222, 한국출판콘텐츠센터 309호
전화 | 02) 738–5637 · 팩스 | 02) 363–5637 · e–mail | hannarae91@naver.com
www.hannarae.net

ⓒ 2023 백영민
ISBN 978–89–5566–308–2 93310

* 불법 복사는 지적 재산을 훔치는 범죄 행위입니다. 이 책의 무단 전재 또는 복제 행위는 저작권법에 따라 5년 이하의
징역 또는 5000만 원 이하의 벌금에 처하거나 이를 병과할 수 있습니다.
* 이 저서는 2016년도 정부재원(교육부 인문사회연구역량강화사업비)으로 한국연구재단의 지원을 받아
연구되었습니다(NRF–2016S1A3A2925033).

　　데이터 및 알고리즘에 대한 관심이 늘면서 R을 이용한 데이터 분석 및 모형 추정 수요가 꾸준히 증가하고 있습니다. 본서에서 다루는 타이디버스(tidyverse) 접근법은 2010년대 이후 R 이용자 커뮤니티에서 급부상하였고, 이제는 완전히 주류로 자리매김한 듯합니다. 2018년 초판을 발행하고 벌써 5년이라는 시간이 흘렀습니다. 초판이 발행되던 시점의 타이디버스 패키지 버전은 1.2.1이었는데, 2023년 8월 기준 타이디버스 패키지 버전은 2.0.0으로, 앞자리 숫자가 바뀌었을 정도로 여러 차례 업데이트되었습니다. 비록 초판에서 소개한 함수들이 여전히 작동하며 유효하기는 하지만, 최근 타이디버스 패키지 코드 작성 방식을 반영하고 있지는 않습니다. 이에 새롭게 《R 기반 데이터 과학 tidyverse 개정판》을 집필하게 되었습니다. 개정판의 주요 변경사항은 다음 3가지입니다.

　첫째, '긴 형태 데이터(long format data)'와 '넓은 형태 데이터(wide format data)' 변환을 위해 소개했던 `gather()` 함수와 `spread()` 함수 대신, `pivot_longer()` 함수와 `pivot_wider()` 함수를 소개했습니다. 물론 데이터 형태 변환의 원리와 변환 방식은 전혀 변한 것이 없습니다. 그러나 이용자 입장에서 볼 때, `pivot_longer()` 함수와 `pivot_wider()` 함수를 훨씬 더 이해하기 쉽도록 구성하였습니다.

　둘째, 이용자가 지정한 조건에 맞는 여러 변수들을 일괄 처리하는 방법이 크게 달라졌습니다. 이전 판에서는 데이터의 변수를 변환할 때 사용하는 `mutate()` 함수의 확장함수들로 `mutate_if()`, `mutate_at()`, `mutate_all()` 함수들을, 요약통계치를 계산할 때 사용하는 `summarise()`/`summarize()` 함수의 확장함수들로 `summarize_if()`, `summarize_at()`, `summarize_all()` 함수들을 소개하였습니다. 물론 `mutate_*()` 함수들과 `summarize_*()` 함수들은 여전히 사용할 수 있지만, R을 처음 접한 분들은 이들 함수의 출력결과에서 나타난 경고문구에 당황할 수도 있습니다(적지 않은 분들이 이에 대한 문의를 주셨습니다). 개정판에서는 `mutate()` 함수와 `summarize()` 함수의 확장함수 대신, 1판 출간 후 개발된 across() 함수를 활용하는 방법들을 소개하였습니다.

셋째, 범주형 변수로 집단구분된 하위데이터(subset)를 대상으로 지정된 모형을 추정할 때 purrr 패키지의 map() 함수 대신 dplyr 패키지의 group_modify() 함수를 교체하여 소개하였습니다. 1판에서는 split() 함수를 활용하여 데이터를 집단별로 구분한 후, map() 함수와 map_dfr() 함수를 연이어 사용하는 방식을 소개하였는데, R을 처음 접하는 독자들은 쉽게 이해하지 못하는 경우가 적지 않았습니다. dplyr 패키지의 group_modify() 함수는 R 초심자들도 비교적 쉽게 이해할 수 있고, 무엇보다 1판에서 소개한 broom 패키지의 tidy() 함수와 같이 활용할 경우 집단구분된 하위데이터들을 대상으로 일괄적으로 모형을 처리하는 데 매우 효과적입니다.

3가지 주요 변경사항들 외에 다음과 같은 부분들도 다소 변경되었습니다. 첫째, 패키지의 이름을 지칭할 때, 1판에는 'tidyverse 라이브러리'라는 이름을 사용하였는데, 개정판에서는 'tidyverse 패키지'라고 지칭하였습니다. R을 소개하는 서적들에서 '라이브러리'와 '패키지'를 혼용하여 사용하는 경향이 있지만, '패키지'가 정확한 표현이라는 독자들의 지적을 반영하였습니다. 둘째, 1판에서는 R 오브젝트를 지정하는 오퍼레이터로 등호(=)를 사용하였는데, 개정판에서는 '<-' 오퍼레이터로 변경하였습니다. 즉 '='의 경우 옵션을 지정하거나 함수 내부의 벡터를 지정할 때만 사용하였고, R 오브젝트를 지정할 때는 '<-'를 사용하는 방식으로 구분했습니다. R 오브젝트를 지정할 때, '<-'든 '='든 작동 방식에는 아무 차이가 없습니다. 셋째, 여러 개의 플롯(plot)들을 연결할 때 1판에서는 gridExtra 패키지를 소개했는데, 개정판에서는 patchwork 패키지 함수들을 소개하였습니다. gridExtra 패키지보다 patchwork 패키지가 훨씬 더 직관적으로 쉽게 이해되기 때문입니다. 넷째, 분석결과를 외부파일로 저장할 때, 1판에서는 write_excel_csv() 함수를 사용하였지만 개정판에서는 writexl 패키지의 write_xlsx() 함수를

사용하였습니다. 다른 사람들과 분석결과를 공유할 때 가장 빈번하게 사용되는 프로그램이 엑셀이라는 점을 고려하였습니다.

끝으로 타이디버스 접근법의 핵심 중 하나인 파이프 오퍼레이터 활용에 대해 말씀드리겠습니다. R 최신 버전(4.1.x)에서는 '|>'라는 새로운 파이프 오퍼레이터를 제공합니다. 2023년 6월에 출간된 《R for Data Science (2nd Ed.)》의 해들리 위캠 등(Wickham, Centinkaya-Rundei, & Grolemund, 2023)은 타이디버스 패키지를 구성하는 하위 패키지인 magrittr 패키지에서 제공하는 파이프 오퍼레이터 '%>%' 대신, R 베이스에서 제공하는 '|>' 오퍼레이터를 추천합니다.[1] 개정판을 준비하면서 가장 고민한 부분이 바로 '독자들에게 어떤 파이프 오퍼레이터를 소개해야 하는가'였습니다. 고심 끝에 개정판의 기본 파이프 오퍼레이터로 '%>%'을 선택하였으며, '|>' 파이프 오퍼레이터에 대해서는 간략하게만 소개하였습니다. 이유는 다음과 같습니다. 첫째, 타이디버스 접근법이 이제는 굳건하게 정착되었으며, 이 과정에서 '%>%' 파이프 오퍼레이터는 매우 널리 알려진 반면 '|>' 파이프 오퍼레이터는 상대적으로 잘 알려지지 않았기 때문입니다. 둘째, '%>%' 파이프 오퍼레이터의 경우 R Studio에서 단축키 기능을 제공하고 있지만(Ctrl+Shift+M), '|>' 파이프 오퍼레이터의 단축키 기능은 적어도 아직까지는 제공되지 않고 있기 때문입니다(물론 R Studio에서 이용자가 단축키를 '%>%' 대신 '|>'으로 변경할 수 있긴 합니다). 셋째, 만약 '|>' 파이프 오퍼레이터를 원한다면 본서에서 소개하는 R 코드들의 경우 '%>%' 파이프 오퍼레이터를

---

[1] 위캠 등(Wickham et al., 2023)이 밝힌 이유는 2가지입니다(1장 3절 Data transformation 참조). 첫째, '|>' 파이프 오퍼레이터가 R 베이스에 포함되어 있다는 점에서 타이디버스 접근법을 택하지 않는 R 베이스 접근법을 택한 사람에게도 유용하며, 따라서 R 베이스에서만 제공되는 기능들에 대해서도 활용도가 높기 때문이다. 둘째, '|>'가 '%>%'보다 아주 약간 간단하기 때문이다(3개의 기호가 아니라 2개의 기호라는 점에서). 그러나 위캠 등 역시 2가지 파이프 오퍼레이터는 거의 동일하기 때문에 실질적으로는 별 차이가 없다고 말하고 있습니다.

'|>' 파이프 오퍼레이터로 바꾸는 것으로 충분하기 때문입니다. 향후 상황이 어떻게 변할지는 지켜보아야 하겠지만, 일반 이용자 입장에서 볼 때 파이프 오퍼레이터를 '%>%'으로 할지, 아니면 '|>'으로 할지는 그리 중요한 이슈는 아닐 것이라 생각합니다.

개정판 머리말을 마무리하며, 본서의 출간에 큰 도움을 주신 분들께 감사의 말씀을 전하고 싶습니다. R 활용과 관련 언제나 큰 도움을 주시는 가톨릭대학교 심장내과 문건웅 교수님께 감사드립니다. 또한 어려운 출판시장 상황에서도 전문도서 출간에 애써주시는 한나래출판사의 조광재 대표님과 한기철 대표님, 그리고 도서를 편집하는 과정에서 애써주신 한나래 편집부에도 감사드립니다(물론 본서에 등장하는 모든 오류들은 온전히 저의 무지와 부족함 때문입니다). 그리고 지금은 스탠포드 대학에서 박사 과정을 밟고 있어 같이 작업을 진행하지는 못했지만, 지구 반대편에서 바쁜 나날을 보내고 있음에도 진지하게 저와 궁금증을 공유해준 박인서 선생에게도 감사의 마음을 전합니다. 본서에 소개된 R코드들과 예시용 데이터(1판 및 개정판)는 모두 저자 홈페이지(https://sites.google.com/site/ymbaek/)와 한나래출판사 홈페이지(www.hannarae.net)에서 다운로드할 수 있습니다. 부디 본서를 이해하고 유용하게 사용하는 데 활용하시기 바랍니다.

2023년 8월 8일
연세대학교 아펜젤러관에서
——————————

　　이번 책은 2010년대 중반부터 R 이용자 커뮤니티의 주류로 자리 잡아가고 있는 타이디버스(tidyverse) 접근법을 소개하고 있습니다. 제가 R을 접한 지 이제 10년이 조금 넘은 정도이지만, 옛날에 비해 R 이용환경은 급속하게 변화하고 있습니다. 그러나 환경이 변했다고 해서 R을 이용하는 것이 더 어려워진 것은 아닙니다. R 환경은 더 많은 양의 데이터를, 그리고 더 다양한 형태의 데이터를 보다 쉽게 다루고 분석할 수 있게 변해가고 있으며, 이 변화를 주도하고 있는 패키지가 바로 이번 책에서 소개드릴 타이디버스(tidyverse)입니다.

　　이 책에 관심을 보이는 분의 배경은 다양할 것입니다. 이전에 R을 접해본 독자분도 계실 것이고, 반면 R을 이제부터 배워보려고 하는 분도 계실 것입니다. 일단 저는 R을 접해보지 않았던 분들도 이해할 수 있도록 가능한 한 쉬운 용어와 보다 자세한 설명을 덧붙였습니다. 만약 R을 처음으로 접하는 분이라면 가급적 본서를 처음부터 순서대로 차근차근 보시길 권합니다. 특히 각 섹션 후반부에 제시한 연습문제를 가급적 자신의 힘으로 풀어본 후, 자신이 작성한 R 코드와 제가 제시한 R 코드를 비교해보시기 바랍니다. 남이 작성한 코드를 읽고, 자신이 자신의 방식으로 코드를 작성해보는 것보다 R을, 더 나아가 컴퓨터 언어를 배우는 더 좋은 방법은 없다고 생각하기 때문입니다. R을 포함한 모든 컴퓨터 언어 역시 '언어'이며, 가장 좋은 언어 학습방법은 듣기와 말하기, 그리고 읽기와 쓰기를 지속적으로 반복하는 것입니다. 컴퓨터 언어는 컴퓨터 화면을 보며 컴퓨터와 진지하게 대화를 나눈 시간만큼 학습할 수 있습니다.

　　만약 기존에 출간된 책(제가 쓴 책이든 아니면 다른 저자분의 책이든)을 통해 R을 학습하셨던 분이라면, 기존의 R 베이스를 기반으로 한 함수들과 타이디버스의 함수들이 어떻게 서로 다른지 비교해보면서 본서를 학습하시면 좋을 듯합니다. 타이디버스 함수는 매우 효율적이고 효과적이지만, R로 추정되는 매우 많은 데이터 분석기법들은 여전히 R 베이스를 기반으로 한 함수들을 기반으로 하고 있기 때문입니다. 타이디버스 함수는 R 베이스 함수들을 보다 쉽게 이용할 수 있도록 개량한 것이지 R 베이스 함수들을 배제한 것이 아니라고 저는 생각합니다. 만약 독자께서 주성분분석이나 군집분석을 소개하는 부분을 살펴보신다면 기존의 R 베이스 기반 함수들이 타이디버스 함수들과 어떻게 조합될 수 있는지, 그리고 어떻게 데이터 분석을 더 편리하게 만들고 있는지 느끼실 수 있을 것입니다.

제 이름으로 출간된 모든 R 소개 도서에서 언제나 말씀드리는 것이지만, R 언어를 배우는 가장 좋은 방법은 직접 타이핑을 해보는 것입니다. 본서의 본문에 소개해 드린 모든 R 코드들과 연습문제에 대해 제가 작성한 예시 R 코드들, 그리고 예시 데이터들은 출판사의 홈페이지에서 다운로드하실 수 있습니다. 본문의 R 코드는 "**tidyverse_main_**"라는 이름으로 시작되는 파일들이며, 연습문제에 대한 예시코드는 "**tidyverse_practice_**"로 시작하는 파일들에서 찾을 수 있습니다. R 코드 파일의 이름을 보면 어떤 내용을 다루고 있는지 쉽게 확인하실 수 있을 것입니다.

R 언어를 배우는 것과 아울러 데이터 분석 기법에 관련된 이론적 학습 역시 매우 중요합니다. 본서를 쓰면서 가급적 전문적인 내용을 다루지는 않았지만, 심화학습을 원하시는 독자를 위해 제가 접했던 개론서나 필수적 문헌들을 본문에서 간단하게 소개하였으며 구체적인 문헌정보를 뒷부분의 참고문헌 목록에 소개하였습니다.

주변의 학생들에게 R을 소개하고 제 시간이 허락하는 한도에서 R을 소개하는 모임이나 워크숍을 주관하고 있지만, 여전히 R이라는 매력적인 언어를 잘 설명하지 못하는 것은 아닐까 스스로를 돌아보게 됩니다. 논문출간 실적의 압박에서 한숨 돌리고 싶을 때, 주변 사람들에게 제 마음이 잘 전달되지 않아 서운할 때, 그리고 무엇보다 데이터 분석을 실시하기에는 데이터가 정제되지 않았을 때, R은 제게 가장 큰 힘이 되어준 대화 상대였으며 저에게 세상을 달리 볼 수 있는 눈을 심어준 스승이었고 제 의지를 충실하게 실행해준 믿음직한 일꾼이었습니다. 제가 R과 함께하면서 느꼈던 즐거움과 보람을 주변 분들에게 알려드리는 데 이 책이 조금이라도 도움이 될 수 있다면 좋겠습니다. 출판환경 이 좋지 않음에도 전문서 출간에 선뜻 나서 주신 한나래출판사 사장님과 임직원분들, 그리고 R 관련 제 강의나 제 책을 읽고 질문과 격려의 말씀을 전달해주신 수강생 및 독자들께 진심으로 감사드립니다. 그리고 무엇보다 이 책에서 소개하고 있는 타이디버스에 속한 라이브러리 및 기타 다른 라이브러리 개발자 분들과 R 이용자 커뮤니티 및 스택오버플로(Stack Overflow; https://stackoverflow.com/)에 질문과 답변을 올려주신 수많은 분들에게도 감사드리고 싶습니다. 연구실에서 혼자 논문 작성을 위한 데이터를 분석하고 R을 소개하는 책을 쓸 때 조금도 외로움을 느끼지 않았던 이유는 R을 즐기고 사랑하는 분들과 R 인터페이스 혹은 온라인 공간을 통해 진정 어린 소통과 공감을 할 수 있었기 때문이라고 생각합니다.

2018년 3월 18일
연세대학교 아펜젤러관에서
———————

# 차례 Contents

PART **1**

# 들어가며

**CHAPTER**

# 01

# R과 R Studio
# 설치 안내

R과 R Studio는 모두 무료로 이용할 수 있으며, 인터넷이 접속된 곳에서 아래의 웹사이트를 방문하면 다운로드할 수 있습니다. 웹사이트를 방문한 후, 사용하는 PC의 사양에 맞는 프로그램들을 다운로드하여 설치하기 바랍니다. 본서에서는 2023년 8월 1일 현재를 기준으로 가장 업데이트된 버전의 R과 R Studio를 사용하였습니다(R의 경우 version 4.3.1, R Studio의 경우 Version 2023.06.1+524). 추가로 Windows 이용자의 경우(Mac 사용자는 설치하지 않아도 됩니다), 설치된 R 버전에 맞는 RTools를 설치하기 바랍니다(R version 4.3.1의 경우 Rtools 4.3을 설치하시면 됩니다).

- R: https://cloud.r-project.org/
- R Studio: https://www.rstudio.com/products/rstudio/download/
- R tools: https://cran.r-project.org/bin/windows/Rtools/

먼저 R을 설치하시고, R Studio를 설치하신 후에는 R Studio만 사용하시면 됩니다. R Studio를 실행하면 다음과 같은 형태로 나타날 것입니다. 여기서 가장 중요한 영역은 좌측 상단의 소스(Source) 섹션과 좌측 하단의 R 콘솔(Console) 섹션입니다. 소스에는 R 코드를 입력하며, 이렇게 입력된 코드를 실행하면(소스 섹션 우측 상단의 ⇥ Run 버튼, 만약 단축키를 사용한다면 Ctrl+Enter), 실행된 R 코드와 출력결과가 R 콘솔에 출력됩니다. 만약 그래프를 작성하는 경우에는 우측 하단의 Plots 탭에 그래프가 제시됩니다.

    R Studio의 각 패널은 마우스를 이용해 그 크기를 조정할 수 있으니, 원하는 크기로 조절한 후 사용하시기 바랍니다.

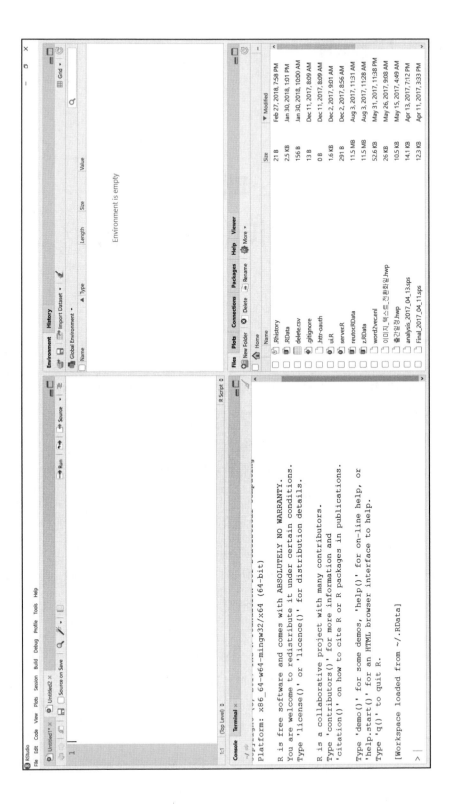

CHAPTER

# 02

# 타이디버스 패키지와
# 타이디데이터(tidy data)

'타이디버스(**tidyverse**)'는 타이디데이터(tidy data) 형태를 데이터 분석 및 시각화의 표준으로 하는 데이터 접근법들로 구성된 세계를 의미한다고 볼 수 있습니다. 해드리 위캠 (Hadley Wickham, 2014)에 따르면 타이디데이터는 다음의 3가지 규칙을 갖는다고 합니다.

- 규칙 1: 하나의 변수는 하나의 세로줄을 형성한다(Each variable forms a column; Variables in columns).
- 규칙 2: 하나의 사례는 하나의 가로줄을 형성한다(Each observation forms a row; observations in rows).
- 규칙 3: 하나의 변수의 종류별로 하나의 표를 형성한다(Each type of observational unit forms a table; one type per dataset).[1]

사실 위의 3가지 규칙이 놀라운 것은 아닙니다. 왜냐하면 일반적으로 우리가 접하는 데이터는 대개 위의 세 규칙들을 따르기 때문입니다.

그러나 데이터 과학에서 다루는 적지 않은 데이터들이 위의 규칙을 전면적으로 혹은

---

1 타이디데이터의 세 규칙은 그 표현이 조금씩 다르기도 합니다만, 전달하려는 의미는 다르지 않습니다.

부분적으로 따르지 않는 경우가 적지 않습니다. 또한 동일한 데이터라고 하더라도 데이터를 바라보는 연구자의 관점이나 분석목적에 따라 위의 규칙을 따른다고 볼 수도 있지만, 따르지 않는다고 볼 수도 있습니다(텍스트의 기본분석 단위를 단어로 파악하는 연구자에게 문서단위로 정리된 데이터는 타이디데이터가 아닙니다). 이런 데이터를 흔히 '정리되지 않은 데이터(uncleaned data)' 혹은 '지저분한 데이터(messy data)'라고 부르며, '타이디데이터(tidy data)'란 이런 데이터를 연구자가 기술통계분석, 모형추정, 분석결과의 시각화를 할 수 있는 형태로 정리해둔 데이터를 의미합니다. 즉 타이디데이터가 없이는 실질적인 데이터 분석이 불가능하거나 제한된 형태로 사용될 수밖에 없습니다.

어쩌면 독자분들 중 몇몇은 타이디버스 패지키 함수를 이용한 데이터 분석을 접하기 전에 R 베이스에 맞는 프로그래밍 습관을 갖고 있는 분들도 계실 것입니다. 타이디버스 접근법을 쓰기 위해 기존 R 프로그래밍 습관을 버리실 필요는 없습니다. 또한 상황에 따라 타이디버스 접근법을 따르는 것보다 R 베이스에 기반해 데이터를 분석하는 것이 더 효율적이기도 합니다(특히 데이터가 간단하고 작을 경우). 그러나 타이디버스 접근법은 데이터가 크고 복잡하며, 정리되지 않은 지저분한 형태로 존재할 때 매우 위력적입니다. 구체적인 설명은 사례들을 통해 차차 살펴보도록 하겠습니다.

CHAPTER

# 03

# 본서에서 사용된
# R 패지키

03-1 타이디버스 패키지와 부속 패키지

우선 install.packages('tidyverse')를 실행하여 tidyverse 패키지를 설치한 후, tidyverse 패키지를 실행하면 다음과 같이 총 9개의 패키지들이 첨부(Attaching)된 것을 확인하실 수 있습니다.

```
> # 타이디버스 패키지 구동
> library(tidyverse)
─ Attaching core tidyverse packages ──────── tidyverse 2.0.0 ─
√ dplyr      1.1.2      √ readr      2.1.4
√ forcats    1.0.0      √ stringr    1.5.0
√ ggplot2    3.4.2      √ tibble     3.2.1
√ lubridate  1.9.2      √ tidyr      1.3.0
√ purrr      1.0.1
─ Conflicts ─────────────────────── tidyverse_conflicts() ─
x dplyr::filter() masks stats::filter()
x dplyr::lag()    masks stats::lag()
i Use the conflicted package to force all conflicts to become errors
```

타이디버스 패키지와 같은 R 패키지를 흔히 '엄브렐러 패키지(umbrella package)'라고 부릅니다. 엄브렐러 패키지는 하위 패키지들을 모아둔 상위 패키지입니다. 따라서 타이디버스 패키지를 설치하면 다음의 하위 패키지들도 자동적으로 같이 설치되고, 타이디버스 패키지를 설치하면 하위 패키지들 역시 같이 구동됩니다. 구체적으로 library('tidyverse')를 구동하면 library('ggplot2')가 자동적으로 구동되지만, library('ggplot2')를 구동하더라도 library('tidyverse')에 속한 다른 패키지들은 구동되지 않습니다.

Conflicts 라는 출력결과 아래의 내용은 tidyverse 패키지를 구동하면서 R 베이스의 stats 패키지의 filter() 함수가 dplyr 패키지의 filter() 함수 이름이 같다는 것을 의미하며, R 베이스의 stats 패키지의 filter() 함수를 더 이상 사용할 수 없다는 것을 의미합니다. 만약 R 베이스 stats 패키지의 filter() 함수를 사용해야 한다면 stats::filter()와 같이 함수가 내장된 패키지를 명기하는 방식으로 사용할 수 있으며, 필요 시 filter() 함수를 stats::filter() 함수로 다시 지정할 수도 있습니다(즉 "filter <- stats::filter"를 실행하면 됩니다).

철저히 제 관점과 경험에 따라 타이디버스 패키지의 하위 패키지들을 중요도에 따라 나열하면 다음과 같습니다(관점을 달리 취하면 각 패키지의 중요도는 달리 평가될 수도 있습니다).

• tibble 패키지

이전에 R을 이용한 적이 없는 독자라면 '티블(tibble)'이 데이터 행렬을 나타내는 방식이라는 것만 알아도 충분합니다. 그러나 R을 이용해 데이터 분석을 실시해 본 경험이 있는 독자라면 '데이터프레임(data frame)'이라는 용어에 익숙할 것이며, '티블'과 '데이터프레임'은 어떤 관계를 갖고 있는지 궁금할지도 모르겠습니다. 우선 결론부터 이야기하자면, R 베이스에서 채택하고 있는 '데이터프레임' 형태의 데이터 행렬과 타이디버스 패키지에서 사용화는 티블(tibble) 형태의 데이터 행렬은 '본질적으로' 동일합니다. 다시 말해 '데이터프레임' 형태에 적용되는 모든 R 함수들은 '티블' 형태의 데이터에도 적용 가능합니다.

제가 두 형식의 데이터가 동일하다고 말하는 이유는 다음과 같습니다. '데이터프레임'이든 '티블'이든 데이터 분석 관점에서 사례(cases)를 가로줄(row)에, 변수(variables)를 세로줄(column)에 배치하며, 각 칸에는 측정값(value)이 포함됩니다. 그렇다면 왜 타이디버스 패키지 접근에서는 '티블' 형태의 데이터를 사용할까요? 그 이유는 '티블'이 '데이터프레임'보다 '기술적으로(technically)' 훨씬 더 효율적이기 때문입니다. R 언어 측면에서 '데이터프레임'과 '티블'의 차이점에 관심 있는 독자는 `help(package='tibble')`를 실행한후, User guides, package vignettes and other documentation 문서를 살펴보기 바랍니다.

- **dplyr 패키지**

**dplyr** 패키지의 함수들을 잘 활용하면 데이터 분석의 효율성을 극대화시킬 수 있습니다. 데이터 분석을 경험해 본 사람이라면 누구나 동의하겠지만, 데이터 분석에 소요되는 대부분의 시간과 노력은 데이터 사전처리(data preprocessing or data cleaning)에 투입됩니다. 또한 데이터 분석에서의 대부분의 실수 역시 사전처리 과정에서 발생합니다. R 베이스를 이용해 데이터를 처리해 본 사람이라면 **dplyr** 패키지의 함수들을 이용할 때, 원하는 사례들을 추출하고, 변수를 리코딩·역코딩하는 등의 데이터 사전처리 작업들이 보다 효율적으로 진행된다는 것을 느낄 것입니다.

- **ggplot2 패키지**

데이터 및 데이터 분석결과 시각화에 사용되는 패키지입니다. '**ggplot2**'라는 이름에서 '**gg**'는 그래픽 문법(grammar of graphics)의 약자이며, '**plot**'은 말 그대로 '그림'을 의미합니다. '그래픽 문법' 접근에서는 오브젝트 기반 프로그래밍 관점을 기반으로 하며, **ggplot2** 패키지는 그래픽 문법 철학을 구현한 R 함수들의 모음이라고 이해하시면 됩니다. 그래픽 문법 접근에 관심 있는 분은 윌킨슨(Wilkinson, 2006)을 참조하시기 바랍니다.

- **tidyr 패키지**

이름에서 유추할 수 있듯, **tidyr** 패키지는 타이디데이터를 R에서 구현시키는 데 도움이 되는 함수들을 모아둔 패키지입니다. 앞서 소개했던 '타이디데이터 3규칙'에 맞지 않는 '정제되지 않은 데이터'를 '타이디데이터'로 편리하게 변화시킬 수 있는 여러 함수들이 소개되어 있습니다. **tidyr** 패키지의 함수들의 의미와 그 쓰임새는 뒤에서 보다 자세하게 설명하겠습니다. 복잡하고 방대한 데이터를 효과적이고 효율적으로 처리하는 것을 보시면 **tidyr** 패키지의 위력을 실감할 수 있을 것입니다.

- readr 패키지

데이터 분석을 하다 보면, 원하는 형태의 측정값들만 뽑아내거나, 하나의 측정값을 여러 개의 측정값들로 분리하거나 여러 개의 측정값들을 하나의 측정값으로 합쳐야 하는 상황에 맞닥뜨리기 쉽습니다. 예를 들어 '2018/02/10'과 같은 '연/월/일' 형태의 측정값에서 '연도' 정보만(즉 '2018')을 뽑아낸다고 가정해보죠. 혹은 '2018/02/10'을 '2018', '02', '10'의 3개의 측정값들로 분리한다고 가정해보죠. readr 패키지는 이러한 상황에서 원하는 정보를 추출·분리·결합하는 데 유용한 함수들을 담고 있습니다. readr 패키지는 tidyr 패키지와 함께 데이터 처리의 효율성을 매우 높여줍니다.

- forcats 패키지

forcats 패키지는 범주형 변수(categorical variable)를 관리할 때 매우 유용합니다. 범주형 변수에는 '성별'과 같이 측정수준이 2개, 혹은 '종교'와 같이 측정수준이 3개 이상인 범주형 변수도 포함되지만, '교육수준'이나 '소득수준'과 같은 순위변수도 포함됩니다. forcats 패키지의 함수들은 2가지 점에서 매우 유용합니다. 첫째, forcats 패키지의 함수들은 데이터 시각화를 위해 등간변수나 비율변수와 같은 연속형 변수를 범주형 변수로 전환할 때 매우 유용합니다. 둘째, forcats 패키지의 함수들은 실험설계를 통해 얻은 데이터의 경우 실험조건에 따른 실험집단을 나누고 정렬하는 데 매우 유용합니다.

- stringr 패키지

stringr 패키지는 텍스트 형태의 변수들을 처리하기 위한 함수들을 담고 있습니다. 예를 들어 한 편의 문서를 문장을 기본단위로 하는 데이터(타이디버스 패키지에서는 티블 형태 데이터가 디폴트입니다)로 전환하거나, 혹은 원하는 텍스트 표현만을 선별하거나(예를 들어 특정인을 언급한 사례들만 골라내는 경우), 특정한 표현을 일괄적으로 처리할 경우에도 매우 좋습니다. 또한 stringr 패키지는 변수들의 이름을 일괄적으로 변경할 경우에도 매우 유용하게 사용될 수 있습니다. 본서에서는 간단한 문자형 변수들을 어떻게 처리할 수 있는지를 소개하였습니다.[1] 또한 뒤에서 짧게 소개할 tidytext 패키지와 함께 개방형

---

1   stringr 패키지는 방대한 양의 문서들[흔히 텍스트 마이닝 문헌에서 언급하는 '말뭉치'(corpus)]을 분석

응답 데이터에 대해 간단한 텍스트 마이닝 사례를 소개해 드릴 예정입니다. **stringr** 패키지에 대한 보다 자세한 소개는 졸저(2020)《R를 이용한 텍스트 마이닝》을 참조하시기 바랍니다.

- **purrr 패키지**

**purrr** 패키지는 개인맞춤 함수(user-defined functions)를 작성·관리하며 서로 다른 데이터에 동일한 모형을 반복하여 적용한 후 그 결과를 체계적으로 정리하는 데 매우 유용한 함수들을 담고 있습니다. **purrr** 패키지에서 제공하는 함수들은 R 프로그래밍에 익숙하며 복잡한 데이터를 분석하거나 반복작업을 해야 하는 고급사용자에게 매우 유용합니다. 최근 개발된 **purrr** 패키지의 함수들은 초판이 발간되던 시점과 비교해 매우 사용이 편해졌지만, 여전히 초급사용자나 중급사용자에게는 조금 부담이 될지도 모르겠습니다.

- **lubridate 패키지**

날짜와 시간 정보를 표시하는 변수를 다룰 때 매우 유용합니다(패키지 이름 내부에 포함된 'date'라는 표현에 주목하세요). 날짜와 시간은 빈번하게 등장하는 데이터지만, 안타깝게도 10진법을 따르지 않기 때문에 다루기가 쉽지 않습니다(예를 들어 1시간은 60분이며, 하루는 24시간, 한 달은 28~31일, 1년은 12달로, 모두 10진법을 따르지 않습니다). 또한 날짜와 시간은 지역(time-zone)에 따라 각기 다릅니다(예를 들어 미국 동부와 서울은 낮과 밤이 서로 다르죠). **lubridate** 패키지의 함수들을 활용하면 시간 관련 정보를 매우 쉽게 다룰 수 있습니다.

---

할 때도 매우 유용하지만, 본서의 범위에서 크게 벗어나기 때문에 텍스트 마이닝 기법에 대해서는 설명하지 않았습니다. **stringr** 패키지를 이용한 텍스트 마이닝 기법에 대해 관심 있는 독자는 백영민(2020)을 참조하시기 바랍니다.

## 03-2 기타 패키지

앞서 언급한 9개의 패키지와는 달리 다음의 패키지들은 타이디버스 패키지를 설치할 때 같이 설치되지만, `library('tidyverse')` 함수를 실행해도 구동되지 않습니다. 다시 말해 이들 패키지에 속한 함수들을 사용하고 싶다면 `library()` 함수를 이용해 별도로 구동시키거나, 패키지::함수() 형태로 실시해야 합니다.

• **readxl 패키지** (version 1.4.3)

엑셀 형태로 저장된 데이터 파일을 불러올 때 사용합니다. readxl 패키지를 이용하면 2018년 기준으로 신형 엑셀(Excel 2007 이후) 파일 형태의 데이터 및 구형 엑셀(Excel 97~2003) 파일 형태 데이터를 R 공간에 불러올 수 있습니다. 기존 R 베이스 이용자라면 `openxlsx` 패키지와 동일한 역할을 하는 패키지라고 생각하시면 됩니다. 물론 다른 점도 있습니다. 기존 `openxlsx` 패키지를 이용할 경우 엑셀 형식 데이터가 '데이터프레임' 형태의 R 데이터 오브젝트로 저장되는 반면, readxl 패키지를 이용할 경우 '티블' 형태의 R 데이터 오브젝트가 저장됩니다. 엑셀 형식의 데이터 파일을 불러오는 방법에 대해서는 뒤에서 보다 구체적으로 설명하였습니다.

• **haven 패키지** (version 2.5.3)

데이터 관리 및 분석 도구로서 적지 않은 수의 연구자들은 SPSS, SAS, STATA 등의 상업용 프로그램을 사용하고 있습니다. haven 패키지를 이용하면 이들 상업용 프로그램으로 저장된 데이터를 R 공간으로 불러올 수 있습니다. 기존 R 베이스 이용자라면 `foreign` 패키지와 유사하다고 생각하시면 됩니다. readxl 패키지와 마찬가지로 haven 패키지를 이용할 경우 '티블' 형태의 R 데이터 오브젝트가 저장됩니다. SPSS, SAS, STATA 등에서 사용되는 형식의 데이터 파일을 불러오는 방법에 대해서는 이후에 구체적으로 설명하겠습니다.

• **magrittr 패키지** (v 2.0.3)

타이디버스 패키지 접근을 처음 접하는 분에게는 다소 무섭게(?) 보이는 파이프 오퍼레이터(%>%, pipe operator)를 담고 있는 패키지입니다. 패키지 이름인 magrittr는 프랑스 화가 르네 마그리트(René F. G. Magritte)의 유명한 담뱃대 그림, 즉 파이프 그림에서 온 것입니다. 파이프 오퍼레이터는 처음에는 낯설고 불편하게 느껴질 수도 있지만, 작업의 효율과 R 코드의 가독성을 획기적으로 높인다는 것을 본서의 사례들을 통해 느낄 수 있을 것입니다.

　%>% 파이프 오퍼레이터는 데이터 분석의 효율성과 효과성을 극대화시켰으며, 바로 이러한 성공으로 인해 R 베이스에서도 버전 4.1.x부터 |>와 같은 형태의 파이프 오퍼레이터를 제공하고 있습니다(다시 말해 tidyverse 패키지를 구동하지 않아도 |> 오퍼레이터를 사용할 수 있습니다). 본서에서는 |> 대신 %>% 파이프 오퍼레이터를 집중적으로 소개하였지만, |> 과 %>%은 호환이 가능하기 때문에 거의 대부분의 상황에서 어느 것을 쓰든 큰 차이는 없습니다. 여기서는 현재 가장 최신 버전의 R Studio에서 %>% 파이프 오퍼레이터의 단축키(Ctrl+Shift+M) 기능을 제공하고 있다는 점에서 |> 대신 %>% 파이프 오퍼레이터를 사용하였습니다.


・ modelr 패키지 (version 2.5.3)

　이름에서 드러나듯 modelr 패키지는 모형(model) 추정과 관련된 R 함수들을 제공합니다. 저자가 타이디버스 접근방식에 매력을 느낀 가장 큰 이유는 다름 아닌 modelr 패키지였습니다. modelr 패키지를 이용하면 추정된 통계모형(이를테면 회귀모형)을 진단(diagnosis)하며, 무엇보다 모형의 예측값을 쉽게 추정할 수 있다는 점이 매우 매력적이었습니다. 특히 앞서 소개했던 ggplot2 패키지와 연동하여 사용할 경우 모형추정 결과를 매우 쉽고 효과적으로 시각화할 수 있습니다. 학술지에 모형추정 결과를 효과적으로 시각화하시고 싶은 분들에게 강력히 추천합니다.


・ broom 패키지 (version 1.0.5)

　빗자루(broom)라는 이름을 갖고 있는 broom 패키지에는 모형추정 결과를 타이디데이터 형식에 맞게 편집·저장하는 함수들이 들어있습니다. 예를 들어 회귀모형을 추정한 후 회귀계수(coefficient)와 표준오차(SE, standard error)를 편집하여 학술지 형식에 맞는 '회귀모형 추정결과표'를 그릴 때, broom 패키지의 함수들은 매우 유용하게 사용됩니다. 본서에서는 **broom** 패키지를 이용해 분산분석이나 회귀모형과 같은 일반선형모형(GLM, generalized linear model)의 추정결과를 정리하는 구체적인 방법을 사례를 통해 제시하였습니다.

이제부터 소개해 드릴 패키지들은 타이디버스 패키지 접근을 어떻게 사용하는지 설명하면서 제가 추가로 사용한 패키지들입니다(알파벳 순서로 제시하였습니다). 독자분의 관심사에 따라 사용될 수도 혹은 사용되지 않을 수도 있습니다.

- **cluster** 패키지 (version 2.1.4)

군집분석에서 몇 개의 군집을 추출해야 할지 결정하는 방법 중 비교적 최근에 등장한 격차 통계치(gap statistic)를 계산할 때 잠시 사용하였습니다.

- **factoextra** 패키지 (version 1.0.7)

**ggplot2** 패키지를 기반으로 군집분석(cluster analysis) 결과를 시각화할 때 사용되는 패키지입니다. 군집분석을 소개할 때 집중적으로 사용하였습니다.

- **Hmisc** 패키지 (version 3.1.0)

연속형 변수들 사이의 상관계수 행렬을 계산할 때 잠시 사용하였습니다.

- **mokken** 패키지 (version 3.1.0)

측정의 신뢰도와 타당도를 평가하는 부분에서 위계적으로 구성된 측정문항에 적용하는 뢰빙거의 H계수(Loevinger's coefficient H)를 설명할 때 잠시 사용하였습니다.

- **psych** 패키지 (version 2.3.6)

측정의 신뢰도와 타당도를 평가하는 부분에서 주성분분석(principal component analysis), 탐색적 인자분석(exploratory factor analysis)을 실시하고 크론바흐의 알파(Cronbach's $\alpha$)를 계산하는 방법을 소개하면서 집중적으로 사용하였습니다.

- **stm 패키지** (version 1.3.6)

토픽모형의 일종인 구조적 토픽모형을 추정하기 위해 개발된 패키지입니다. 사회과학 연구에서 흔히 등장하는 개방형 응답(open-ended response)의 예시 데이터인 **gadarian**을 사용할 때 잠시 소개되었습니다. 본서의 목적이 토픽모형을 소개하는 것은 아니기 때문에 여기서는 **stm** 패키지의 함수들을 설명하지 않았습니다. **stm** 패키지를 이용한 구조적 토픽모형 추정을 위해서는 졸저(2020)《R를 이용한 텍스트 마이닝》을 참조하시기 바랍니다.

- **tidytext 패키지** (version 0.4.1)

비정형 텍스트 데이터의 사전처리에 사용합니다. 본서에서는 문장을 단어 단위로 구분할 때, 그리고 특정단어에서 드러난 감정을 분석할 때 사용하였습니다. **tidytext** 패키지는 졸저(2020)《R를 이용한 텍스트 마이닝》에서 보다 자세히 설명한 바 있습니다.

**CHAPTER**

# 04

# 기본적인 R 사용법과
# R 베이스 함수들

    본서의 목적은 타이디버스 패키지의 여러 함수들을 소개하는 것이지, R 베이스를 소개하고 그 활용방법을 소개하는 것이 아닙니다. 그러나 모든 R 패키지들처럼 타이디버스 패키지 역시 R 베이스 함수들을 기반으로 작성된 것이며, R 베이스의 기본적 함수들을 활용합니다(특히 변수에 대한 연산 작업의 경우). 여기서는 타이디버스 패키지의 함수들을 활용하는 데 필수적인 R 베이스 함수들을 소개하였습니다. R 베이스 함수들을 이용한 데이터 관리 및 변수 사전처리 방법들은 다른 R 관련 서적들을 참조하시기 바랍니다. 저역시도 졸저(2015)《R를 이용한 사회과학데이터 분석: 기초편》이라는 이름으로 R 베이스 함수들을 활용한 기초적인 데이터 분석 방법을 소개한 바 있습니다.

## 04-1    데이터 직접입력 방법

    모든 데이터는 행렬형태를 띱니다. 데이터 행렬의 차원은 3차원 이상일 수도 있지만, 흔히 2차원 행렬로 표현되며 본서에서도 '2차원 행렬(two-dimensional matrix)'의 데이터를 기준으로 설명드리겠습니다. 소위 '문과생'에게는 행렬이라는 수학적 용어가 공연히 어렵게 느껴질 수도 있지만, 사실 우리가 자주 접하는 통계표를 떠올리시면 행렬이 무엇인지 이해할 수 있습니다. 예를 들어 아래와 같은 표는 우리가 흔히 접할 수 있는 '행렬형식의 표(table)'입니다[아래 이미지는 위키피디아(Wikipedia)에서 life expectancy라는 이름의 검색어를 통해 확인할 수 있는 내용입니다]. 전체 표는 너무 기니까 아래와 같이 일부만 보겠습니다.

## List by the World Health Organization (2015)  [ edit ]

2015 data[9] published in May 2016.[10]

HALE: Health-adjusted life expectancy[11]

| Country | Both sexes rank ▲ | Both sexes life expectancy ⬥ | Female rank ⬥ | Female life expectancy ⬥ | Male rank ⬥ | Male life expectancy ⬥ |
|---|---|---|---|---|---|---|
| ● Japan | 1 | 83.7 | 1 | 86.8 | 6 | 80.5 |
| ✚ Switzerland | 2 | 83.4 | 6 | 85.3 | 1 | 81.3 |
| Singapore | 3 | 83.1 | 2 | 86.1 | 10 | 80.0 |
| Spain | 4 | 82.8 | 3 | 85.5 | 9 | 80.1 |
| Australia | 4 | 82.8 | 7 | 84.8 | 3 | 80.9 |
| Italy | 6 | 82.7 | 7 | 84.8 | 6 | 80.5 |
| Iceland | 6 | 82.7 | 10 | 84.1 | 2 | 81.2 |
| Israel | 8 | 82.5 | 9 | 84.3 | 5 | 80.6 |
| France | 9 | 82.4 | 5 | 85.4 | 16 | 79.4 |
| Sweden | 9 | 82.4 | 12 | 84.0 | 4 | 80.7 |
| South Korea | 11 | 82.3 | 3 | 85.5 | 20 | 78.8 |

출처: https://en.wikipedia.org/wiki/List_of_countries_by_life_expectancy

우선 맨 위의 가로줄은 관측된 결과가 아니라 관측된 결과의 의미를 알려주는 표현, 흔히 변수이름으로 알려진 부분입니다. 맨 윗줄을 빼고 가로줄의 개수를 세어보시면 총 11줄입니다. 세로줄도 세어봅시다. 총 7개 세로줄을 발견할 수 있습니다. 즉 위의 통계표는 [11×7] 행렬이라고 부를 수 있습니다.

위의 통계표를 R 공간에 직접 입력해볼까요? 입력 이전에 해당 변수들을 2가지 타입으로 구분해봅시다. 첫 번째 세로줄인 국가이름은 문자로 입력된 반면, 나머지 변수들은 모두 숫자로 입력되어 있습니다. R의 경우(본격적으로 소개할 타이디버스 패키지 함수들도 마찬가지) 문자형 데이터의 경우 따옴표(" " 혹은 ' ')를 이용하며, 숫자의 경우 따옴표 없이 그냥 입력하면 됩니다. 관측치를 입력할 때는 c() 함수를 이용하며, 관측치와 관측치는 쉼표(,)를 이용해 구분해줍니다. 구체적 사례는 조금 후에 살펴보겠습니다.

R 베이스의 경우 데이터를 입력하는 방법은 2가지입니다. 첫 번째는 가로줄을 기준으로 데이터를 입력하는 방법입니다. 즉 국가 단위로 '국가이름', '남녀 기대수명 순위', '여성 기대수명 순위', '여성 기대수명', '남성 기대수명 순위', '남성 기대수명'을 각각 입력한 후, 모든 국가들의 관측치들을 합하는 방법입니다. 두 번째는 세로줄을 기준으로 데이터를 입력하는 방법입니다. 즉 '국가이름'을 순서대로 입력하고, 각 변수별로 차례차례 데이터를 입력한 후 모든 변수들을 합치는 방법입니다. 가로줄 기준, 혹은 세로줄 기준으로 데이터를 직접 입력하는 방법에 대해서는 R 베이스에 대한 다른 서적들을 참조하시기 바랍니다. 여러분에게 권하는 방법은 세로줄을 기준으로, 즉 변수 단위로 데이터를 입력한 후 생성하는 방법입니다. 독자께서는 적어도 데이터를 분석한다는 측면에서 변수 단위로 데이터를 이해하시기 바랍니다.

우선 위의 데이터 행렬을 변수 단위로 직접 입력하는 방법은 아래와 같습니다. 여기서 <- 기호는 '할당(assign)' 기호라고 불립니다. 즉 오른쪽 함수를 통해 처리된 결과를 왼쪽의 오브젝트로 '할당', 즉 '저장'한다는 뜻입니다. R 문헌에 따라서는 <- 대신 =을 사용하기도 하며, 큰 틀에서 차이는 없습니다(=이 타이핑이 편하지만, <-이 보다 명확한 기호입니다). 참고로 #으로 시작되는 표현은 R에서 유효한 명령문으로 인식되지 않으며, #으로 시작되는 표현을 '코멘트'라고 부릅니다. 또한 변수이름은 첫 대문자만 따오는 방식으로 짧게 바꾸었습니다.

```
> # 변수(가로줄) 단위 데이터 입력
> country<-c("Japan","Switzerland","Singapore","Spain",
+            "Australia","Italy","Iceland","Israel",
+            "France","Sweden","South Korea")
> BR<-c(1,2,3,4,4,6,6,8,9,9,11) # Both sexes Rank
> BLE<-c(83.7,83.4,83.1,82.8,82.8,82.7,82.7,82.5,82.4,82.4,82.3) # Life Expectancy
> FR<-c(1,6,2,3,7,7,10,9,5,12,3) # Female R
> FLE<-c(86.8,85.3,86.1,85.5,84.8,84.8,84.1,84.3,85.4,84.0,85.5) # Female LE
> MR<-c(6,1,10,9,3,6,2,5,16,4,20) # Male R
> MLE<-c(80.5,81.3,80.0,80.1,80.9,80.5,81.2,80.6,79.4,80.7,78.8)  # Male LE
```

이렇게 입력된 데이터를 위와 같은 형태의 데이터로 합칠 때는 cbind()라는 함수를 사용할 경우 매트릭스[1] 데이터가 되고, data.frame()이라는 함수를 사용하면 '데이터프레임(data frame)' 데이터가 됩니다. 이 데이터프레임이 R 베이스에 기반해 데이터를 분석하고 모형을 추정할 때 사용되는 데이터 형식입니다. 우선 data.frame() 함수를 이용해 데이터를 만드는 과정은 아래와 같습니다. 하지만 data.frame() 함수를 이용하는 것은 이번이 마지막입니다. 왜냐하면 타이디버스 패키지의 함수에서는 데이터프레임 데이터가 아닌 티블(tibble) 데이터를 사용하기 때문입니다.

```
> # 데이터프레임 함수로 저장
> mydata<-data.frame(country,BR,BLE,FR,FLE,MR,MLE)
> mydata
        country BR  BLE FR  FLE MR  MLE
1          Japan  1 83.7  1 86.8  6 80.5
2    Switzerland  2 83.4  6 85.3  1 81.3
3      Singapore  3 83.1  2 86.1 10 80.0
4          Spain  4 82.8  3 85.5  9 80.1
5      Australia  4 82.8  7 84.8  3 80.9
6          Italy  6 82.7  7 84.8  6 80.5
7        Iceland  6 82.7 10 84.1  2 81.2
8         Israel  8 82.5  9 84.3  5 80.6
9         France  9 82.4  5 85.4 16 79.4
10        Sweden  9 82.4 12 84.0  4 80.7
11  South Korea 11 82.3  3 85.5 20 78.8
```

위의 mydata 데이터프레임을 대략적으로 알아봅시다. str() 함수를 사용하면 데이터의 구조와 변수가 입력된 방법을 알 수 있습니다.

```
> str(mydata)
'data.frame':       11 obs. of  7 variables:
 $ country: Factor w/ 11 levels "Australia","France",..: 6 11 7 9 1 5 3 4 2 10 ...
```

---

[1] 데이터 형태로서 행렬을 의미하는 경우 '행렬'이라는 용어를, R 오브젝트의 클래스(class)로 행렬(matrix)을 의미하는 경우 '매트릭스'라는 용어를 사용하였습니다.

```
 $ BR     : num  1 2 3 4 4 6 6 8 9 9 ...
 $ BLE    : num  83.7 83.4 83.1 82.8 82.8 82.7 82.7 82.5 82.4 82.4 ...
 $ FR     : num  1 6 2 3 7 7 10 9 5 12 ...
 $ FLE    : num  86.8 85.3 86.1 85.5 84.8 84.8 84.1 84.3 85.4 84 ...
 $ MR     : num  6 1 10 9 3 6 2 5 16 4 ...
 $ MLE    : num  80.5 81.3 80 80.1 80.9 80.5 81.2 80.6 79.4 80.7 ...
```

위에서 알 수 있듯, 위에서 얻은 오브젝트는 데이터프레임('data.frame' 부분) 형태이며, 11개의 사례와 7개의 변수로 구성되어 있습니다(11 obs. of 7 variables: 부분). 또한 각 변수 앞에 $ 표시가 있고, 그 뒤에 Factor 혹은 num이라는 표현이 붙어 있습니다. $는 기호 오른쪽의 변수가 기호 왼쪽의 데이터프레임에 속한 변수라는 것을 나타냅니다. 즉 "mydata$country"는 mydata라는 데이터프레임 중 country라는 이름의 변수를 의미합니다. 또한 변수 뒤에 붙은 Factor라는 표현은 해당 변수가 범주형 변수(categorical variable)임을 의미하며, num이라는 표현은 해당 변수가 수치로 표현된 연속형 변수(continuous variable)임을 뜻합니다. 범주형 및 연속형 변수의 의미에 대해서는 타이디버스 접근법에서 주로 채택하는 티블 데이터의 변수를 소개하면서 보다 자세하게 설명하겠습니다.

다음으로 cbind() 함수를 이용해 매트릭스 데이터를 구성해봅시다. cbind() 함수의 첫 글자 c는 세로줄(column)을 의미합니다.

```
> # cbind() 함수 이용
> mymat<-cbind(country,BR,BLE,FR,FLE,MR,MLE)
> mymat
       country        BR    BLE    FR    FLE    MR    MLE
 [1,] "Japan"        "1"   "83.7" "1"   "86.8" "6"   "80.5"
 [2,] "Switzerland"  "2"   "83.4" "6"   "85.3" "1"   "81.3"
 [3,] "Singapore"    "3"   "83.1" "2"   "86.1" "10"  "80"
 [4,] "Spain"        "4"   "82.8" "3"   "85.5" "9"   "80.1"
 [5,] "Australia"    "4"   "82.8" "7"   "84.8" "3"   "80.9"
 [6,] "Italy"        "6"   "82.7" "7"   "84.8" "6"   "80.5"
 [7,] "Iceland"      "6"   "82.7" "10"  "84.1" "2"   "81.2"
 [8,] "Israel"       "8"   "82.5" "9"   "84.3" "5"   "80.6"
```

```
 [9,]  "France"       "9"  "82.4" "5"  "85.4" "16" "79.4"
[10,]  "Sweden"       "9"  "82.4" "12" "84"   "4"  "80.7"
[11,]  "South Korea" "11"  "82.3" "3"  "85.5" "20" "78.8"
```

데이터가 입력된 방식이 앞서 본 데이터프레임과는 다르죠? 2번째부터 7번째 변수들의 경우 숫자로 입력된 데이터임에도 " "에서 알 수 있듯 문자로 입력되어 있네요. 마찬가지로 str() 함수를 이용해 어떤 형태인지를 살펴봅시다.

```
> str(mymat)
 chr [1:11, 1:7] "Japan" "Switzerland" "Singapore" "Spain" "Australia" ...
 - attr(*, "dimnames")=List of 2
  ..$ : NULL
  ..$ : chr [1:7] "country" "BR" "BLE" "FR" ...
```

여기서 chr은 문자(character)를 뜻합니다. 또한 그 뒤의 [1:11, 1:7]라는 표현은 가로줄의 범위(즉 1부터 11까지의 가로줄)와 세로줄의 범위(즉 1부터 7까지의 세로줄)를 의미합니다. 행렬형태의 데이터 오브젝트가 어떻게 다른지는 class() 함수 결과로 보다 명확하게 알 수 있습니다.

```
> # mydata, mymat 비교
> class(mydata)
[1] "data.frame"
> class(mymat)
[1] "matrix"
```

이제 cbind() 함수를 이용해 매트릭스 데이터를 만들되, country 변수는 빼고 cbind() 함수를 적용해봅시다.

```
> # country 변수 제외 후 cbind() 함수
> mymat2<-cbind(BR,BLE,FR,FLE,MR,MLE)
```

```
> mymat2
      BR  BLE FR  FLE MR  MLE
 [1,]  1 83.7  1 86.8  6 80.5
 [2,]  2 83.4  6 85.3  1 81.3
 [3,]  3 83.1  2 86.1 10 80.0
 [4,]  4 82.8  3 85.5  9 80.1
 [5,]  4 82.8  7 84.8  3 80.9
 [6,]  6 82.7  7 84.8  6 80.5
 [7,]  6 82.7 10 84.1  2 81.2
 [8,]  8 82.5  9 84.3  5 80.6
 [9,]  9 82.4  5 85.4 16 79.4
[10,]  9 82.4 12 84.0  4 80.7
[11,] 11 82.3  3 85.5 20 78.8
> str(mymat2)
 num [1:11, 1:6] 1 2 3 4 4 6 6 8 9 9 ...
 - attr(*, "dimnames")=List of 2
  ..$ : NULL
  ..$ : chr [1:6] "BR" "BLE" "FR" "FLE" ...
```

위의 결과에서 알 수 있듯, **mymat2** 오브젝트는 모두 수치형 데이터로 구성된 행렬입니다. 즉 **matrix** 오브젝트의 경우 범주형 변수(문자)와 연속형 변수(수치)가 같이 들어가게 되면 모든 데이터가 문자로 인식되는 반면, 연속형 변수만 들어가면 숫자로 인식이됩니다. 이제 독자들께서는 왜 R 베이스 기반의 데이터 분석에서 **data.frame** 형태의데이터를 사용하는지 이해하셨을 것입니다. 왜냐하면 **data.frame** 데이터에는 변수 고유의 성격이 개별적으로 투입되어 있기 때문입니다. 그러나 **cbind()**를 이용해 얻은 데이터, 즉 **matrix** 오브젝트의 경우도 좋은 장점이 있습니다. 그것은 바로 간단하다는 혹은 가볍다는 점입니다.

일단 이 정도만 아셔도 앞으로 소개한 타이디버스 접근을 이해하는 데는 무리가 없습니다. 솔직히 앞서 말씀드렸던 데이터프레임 형태의 데이터에 대해서 이해를 못해도 문제없습니다. 왜냐하면 타이디버스 접근에서 사용하는 티블 데이터는 데이터프레임보다효율적이면서도 데이터프레임과 별 차이 없이 사용되기 때문입니다.

독자께 부탁드리고 싶은 것은 "데이터프레임[가로줄 위치, 세로줄 위치]"의 지정,

흔히 인덱싱(indexing)이라 불리는 표기방법입니다. 예를 들어 위에서 얻은 **mydata** 오브젝트에서 1번 가로줄부터 5번 가로줄까지의 데이터만 뽑아내봅시다. 아래와 같이 간단합니다.

```
> # 인덱싱: 1-5번 가로줄
> mydata[1:5,]
      country BR  BLE FR  FLE MR  MLE
1        Japan  1 83.7  1 86.8  6 80.5
2  Switzerland  2 83.4  6 85.3  1 81.3
3    Singapore  3 83.1  2 86.1 10 80.0
4        Spain  4 82.8  3 85.5  9 80.1
5    Australia  4 82.8  7 84.8  3 80.9
```

이제는 1번, 2번, 4번, 6번 세로줄(변수)들만 뽑아내봅시다.

```
> # 인덱싱: 1,2,4,6번 세로줄
> mydata[,c(1,2,4,6)]
      country BR FR MR
1        Japan  1  1  6
2  Switzerland  2  6  1
3    Singapore  3  2 10
4        Spain  4  3  9
5    Australia  4  7  3
6        Italy  6  7  6
7       Iceland  6 10  2
8       Israel  8  9  5
9       France  9  5 16
10      Sweden  9 12  4
11 South Korea 11  3 20
```

원하는 가로줄과 세로줄을 동시에 선정하여 뽑을 수도 있습니다.

```
> # 인덱싱: 가로줄 세로줄 동시에 선정하여 추출
> mydata[1:5,c(1,2,4,6)]
        country BR FR MR
1          Japan  1  1  6
2 Switzerland  2  6  1
3   Singapore  3  2 10
4        Spain  4  3  9
5    Australia  4  7  3
```

타이디버스 패키지에는 데이터에서 원하는 변수만 골라내거나 원하는 사례들을 골라
낼 때, 매우 유용하게 사용할 수 있는 함수들이 아주 많습니다. 하지만 인덱싱도 동시에
사용할 수 있으며, 타이디버스 패키지 함수들의 효과를 극대화시키는 유용한 경우가 많
습니다.

## 04-2  변수의 연산에 적용되는 함수들

이제는 변수에 적용하는 함수들을 살펴봅시다. 함수는 아니지만, 우선 가장 간단한 사
칙연산 기호는 더하기(+), 빼기(-), 곱하기(*), 나누기(/)입니다. 기타로 거듭제곱(^), 제곱
근[sqrt()] 등도 종종 사용됩니다. 해당 기호들은 엑셀과 같은 스프레드시트 프로그램에
서도 그대로 사용되고 있습니다.

기존에 R을 사용해보신 분들을 아시겠지만, R에서 오브젝트로 사용하지 말아야 할 용
어들이 있습니다[흔히 예약어(reserved words)라고 부릅니다. 즉 R 베이스에서 이미 해당 용어를 특
별한 방식으로 예약해두었으니 사용하지 못한다고 생각하시면 됩니다]. 본서에 등장하게 될 표현
을 소개하면 다음과 같습니다. 독자께서는 절대 다음과 같은 표현을 오브젝트 이름으로
사용하지 마세요(이 외에도 원주율, pi가 있지만, 일반적인 데이터 분석 상황에서 사용할 일은 많지
않을 듯합니다).

- **TRUE, FALSE**: 논리값입니다. 지정된 조건에 부합하면 **TRUE**이고 부합하지 않으면
  **FALSE**입니다. 흔히 **T, F**로 요약해서 사용되기도 합니다.

- **Inf**: 무한대(∞, infinite)입니다. **-Inf**는 음의 무한대를 **Inf**는 양의 무한대를 의미합니다.
- **NA**: 결측값(missing value)을 의미합니다.[2]
- **NaN**: 숫자가 아닌 값(Not a Number)을 의미합니다.
- **NULL**: 미정인 경우

위의 용어들의 이름은 구체적인 사례를 통해 차차 살펴보면 될 것입니다. 일단은 용어의 의미만 파악하여두시기 바랍니다.

R 베이스 중에서 타이디버스 패키지 함수들을 사용할 때 빈번하게 등장하는 함수들은 다음과 같습니다. 사실 이들 함수들은 R을 사용하는 사람이라면 누구도 피해갈 수 없는 함수들이기도 합니다.

- **is.*()** 함수들

해당 데이터 혹은 변수가 특정한 형식을 따르는지를 체크하는 함수들은 **is.*()** 와 같은 형태를 띕니다. 예를 들어 앞서 살펴본 데이터는 데이터프레임 형식입니다. 만약 어떤 데이터가 데이터프레임 형식인지 살펴보기 위해서는 **is.data.frame()** 함수를 사용하면 되고, 매트릭스 형식인지를 확인하고 싶다면 **is.matrix()** 함수를 쓰면 됩니다. 만약 조건에 맞다면 **TRUE**를 그렇지 않다면 **FALSE**를 보고합니다. 아래를 보시죠.

```
> ## is.*() 함수
> is.data.frame(mydata)  # data.frame?
[1] TRUE
> is.matrix(mydata)  # matrix?
[1] FALSE
> is.data.frame(mymat)  # data.frame?
[1] FALSE
> is.matrix(mymat) # matrix?
[1] TRUE
```

---

2  NA_integer_, NA_real_, NA_complex_, NA_character_ 등도 있지만, 거의 사용되지 않기 때문에 별도로 언급하지 않았습니다.

가로줄과 세로줄로 구성된 데이터가 아니라도 상관없습니다. 예를 들어 앞서 입력했던 변수들 중 country, BR, BLE 변수가 어떤 형식인지 다시 떠올려보시기 바랍니다. 만약 기억이 나지 않는다면 다음 결과를 보면 그 형식이 떠오를 것입니다.

```
> is.character(country)   # 문자형 데이터인 범주형 변수?
[1] TRUE
> is.character(BR)   # 문자형 데이터인 범주형 변수?
[1] FALSE
> is.character(BLE)   # 문자형 데이터인 범주형 변수?
[1] FALSE
```

위의 결과에서 확인할 수 있듯 country 변수만이 character, 즉 문자형 데이터로 구성된 범주형 변수네요. 수치형 데이터인지는 다음과 같이 체크할 수 있습니다.

```
> is.numeric(country)   # 수치형 데이터인 연속형 변수?
[1] FALSE
> is.numeric(BR)   # 수치형 데이터인 연속형 변수?
[1] TRUE
> is.numeric(BLE)   # 수치형 데이터인 연속형 변수?
[1] TRUE
```

하지만 BR 변수와 BLE 변수는 서로 다르죠. BR 변수는 정수로 나타난 반면, BLE 변수는 소수점이 표현된 형태입니다. 흔히 BR 변수는 정수형(integer)이라고 부르는 반면, BLE 변수는 더블형(double)이라고 부릅니다.

```
> is.integer(BR)   # 정수형 데이터인 연속형 변수?
[1] FALSE
> is.double(BR)   # 더블형 데이터인 연속형 변수?
[1] TRUE
> is.integer(BLE)   # 정수형 데이터인 연속형 변수?
[1] FALSE
> is.double(BLE)   # 더블형 데이터인 연속형 변수?
[1] TRUE
```

그런데 위의 결과를 보니 제가 말한 것과 일치하지 않네요. 즉 BR 변수가 정수형이 아닌 더블형이라고 합니다. 그 이유는 다음의 결과를 보시면 알 수 있습니다.

```
> is.integer(c(1))   # 정수형이 아닌 더블형으로 인식
[1] FALSE
> is.integer(c(1L))   # 1L이라고 해야 정수형으로 인식
[1] TRUE
```

즉 R 베이스에서는 그냥 정수를 입력해도 정수형이 아니라 더블형으로 입력합니다. 일단 더블형과 정수형 데이터의 차이는 헷갈리시는 분들이 적지 않은데, 사실 실제적 데이터 분석 환경에서는 큰 차이가 없습니다(물론 동일하지는 않습니다만...). 따라서 일단 이 부분은 너무 신경 쓰지 않으셔도 됩니다. '더블형이든 정수형이든 다 같은 수치형 데이터이며, 사칙연산을 적용할 수 있다' 정도로 이해하셔도 충분합니다.

이 외에도 is.*() 함수는 여러 가지가 있습니다. 만약 어떤 변수에 결측값을 확인하시고 싶다면 is.na() 함수를 쓰면 되고, NULL인지 확인하고자 한다면 is.null() 함수를 쓰면 됩니다. 위의 사례들을 보았다면 is.*() 함수가 어떠하며, 어떻게 사용되는지 충분히 감을 잡으셨을 것입니다.

• as.*() 함수들

as.*() 함수들은 이제는 특정한 형태로 입력된 데이터를 다른 형태로 변환시키는 함수입니다. 살펴보았듯, 현재 BR 변수는 더블형으로 입력되어 있습니다. 만약 이 변수의 데이터 형태를 정수형으로 변환하고자 한다면 as.integer() 함수를 사용하면 됩니다. 아래를 살펴보시면 as.integer() 함수를 적용한 후에는 BR 변수가 정수형으로 바뀐 것을 확인하실 수 있습니다.

```
> # as.*() 함수
> BR2 <- as.integer(BR)
> is.integer(BR2)
[1] TRUE
```

BR 변수의 경우 정수형이든 더블형이든 데이터 형태에는 큰 문제가 없습니다. 만약 소수점이 나타난 더블형 데이터, 예를 들어 BLE 변수를 정수형으로 고치면 어떻게 될까요? 문제가 발생합니다. 또한 더블형을 정수형으로 변환한 후, 다시 더블형으로 변환시키면 어떻게 될까요? 다음을 살펴보시기 바랍니다.

```
> # 더블형을 정수형으로 변환하면 문제가 발생한다.
> BLE2 <- as.integer(BLE)   # 정수형으로 전환한 더블형 데이터
> BLE3 <- as.double(BLE2)   # 더블형 -> 정수형 -> 더블형
> data.frame(BLE,BLE2,BLE3)
    BLE BLE2 BLE3
1  83.7   83   83
2  83.4   83   83
3  83.1   83   83
4  82.8   82   82
5  82.8   82   82
6  82.7   82   82
7  82.7   82   82
8  82.5   82   82
9  82.4   82   82
10 82.4   82   82
11 82.3   82   82
```

다시 말해 특별하게 정수형을 고집해야만 하는 상황이 아니라면, 더블형으로 데이터를 입력하는 것이 안전하겠죠.

만약 문자로 입력된 변수를 더블형이나 정수형으로 바꿀 수 있을까요? 일단 상식적으로 불가능해 보이죠? 그렇습니다. 불가능합니다. 아래를 보세요.

```
> # 문자형을 더블형으로?
> as.double(country)
 [1] NA NA NA NA NA NA NA NA NA NA NA
Warning message:
NAs introduced by coercion
```

그렇다면 반대로 더블형 데이터를 문자형으로 바꾸면 어떨까요? 이건 가능합니다. 하지만 숫자가 숫자로서의 의미를 잃어버립니다.

```
> # 더블형을 문자형으로?
> as.character(BR)
 [1] "1"  "2"  "3"  "4"  "4"  "6"  "6"  "8"  "9"  "9"  "11"
```

그러나 데이터 분석 맥락에서 범주형 변수를 분석할 때는 대개 요인형(factor) 데이터를 주로 사용합니다. 혹시 실험설계(experimental design)에 익숙하신 분이라면 실험요인(experimental factor), 이를테면 '통제집단 대 처치집단'을 나타내는 범주형 변수라는 말에 익숙할 것입니다. 요인형 데이터는 문자형(character) 데이터의 특성도 갖고 있지만, 통계적 모형추정 과정에 범주형 변수로 투입됩니다. 요인형 데이터는 타이디버스 패키지를 사용해 범주형 데이터 분석을 실시할 때 매우 유용합니다. 특히 타이디버스 패키지의 **as_factor()** 함수는 R 베이스의 **as.factor()** 함수와 그 모습이 유사하지만 쓰임새는 상당히 다르니 유념하여 주세요. 아무튼 **as.factor()** 함수의 사용방식은 다음과 같습니다. 우선 문자형 데이터를 요인형 데이터로 바꾸어보시죠.

```
> # 문자형 데이터를 요인형 데이터로
> as.factor(country)
 [1] Japan        Switzerland Singapore   Spain      Australia
 [6] Italy        Iceland     Israel      France     Sweden
[11] South Korea
11 Levels: Australia France Iceland Israel Italy ... Switzerland
```

맨 아래에 "**11 Levels:** "라는 표현에 주목하시기 바랍니다. 제시된 국가들을 보니 어떠신가요? 그렇습니다. 알파벳 순서로 정렬된 것을 알 수 있습니다. 즉 범주형 변수에 순위가 매겨져 있는 것을 알 수 있습니다. 이제는 위와 같은 요인형 데이터를 더블형으로 바꾸어보겠습니다. 알파벳 순서로 정렬된 수준(level)이라는 것이 어떤 의미인지 보다 명확해집니다.

```
> # 문자형 -> 요인형 -> 더블형
> as.double(as.factor(country))
 [1]  6 11  7  9  1  5  3  4  2 10  8
```

이제는 정수형으로 표현된 BR 변수(물론 해당 변수 자체는 더블형이지만)를 요인형으로 바꾸어보겠습니다. 사실 이 과정은 그다지 놀랍지 않습니다. 아래와 같이 8개의 수준(즉 8개의 정수)이 나타나는 것을 발견할 수 있습니다.

```
> # 정수형 -> 요인형
> as.factor(as.integer(BR))
 [1] 1  2  3  4  4  6  6  8  9  9  11
Levels: 1 2 3 4 6 8 9 11
```

만약 정수형 데이터를 요인형으로 바꾸고, 다시 정수형 데이터로 바꾼다면 어떻게 될까요? 이 경우 달라지는 것은 없습니다.

```
> # 정수형 -> 요인형 -> 정수형
> as.integer(as.factor(BR))
 [1] 1 2 3 4 4 5 5 6 7 7 8
```

하지만 더블형 데이터에 대해 위의 과정을 반복하면 상당히 결과가 달라집니다. 아래의 결과를 살펴보시죠.

```
> # 더블형 -> 요인형
> as.factor(BLE)
 [1] 83.7 83.4 83.1 82.8 82.8 82.7 82.7 82.5 82.4 82.4 82.3
Levels: 82.3 82.4 82.5 82.7 82.8 83.1 83.4 83.7
> # 더블형 -> 요인형 -> 더블형
> as.double(as.factor(BLE))
 [1] 8 7 6 5 5 4 4 3 2 2 1
```

위의 결과에서 알 수 있듯 더블형 변수를 요인형으로 바꾸면 달라지는 것이 없어 보이지만, 기본적으로 요인형 데이터는 순위정보를 담고 있는 범주형 변수이기 때문에 더블형으로 변환하면 원래 입력된 '수치'가 아닌 '순위' 정보가 출력되는 것입니다. 그렇다면 더블형 데이터를 요인형으로 바꾼 후 어떻게 해야 원래의 더블형 수치들을 회복할 수 있을까요? 해답은 요인형을 문자형으로 바꾼 후, 더블형으로 변환하면 됩니다. 아래를 보세요.

```
> # "더블형 -> 요인형" 후 원래 모습을 회복하려면: 문자형 -> 더블형
> as.double(as.character(as.factor(BLE)))
 [1] 83.7 83.4 83.1 82.8 82.8 82.7 82.7 82.5 82.4 82.4 82.3
```

데이터 유형은 컴퓨터 공학을 전공하지 않은 채로 R을 사용하는 이용자라면 보통 어려움을 겪는 영역입니다. 작은 데이터셋을 이용해 is.*() 함수들과 as.*() 함수들을 번갈아 사용해보면서 익숙해지는 것이 제일 좋은 방법입니다.

- 기술통계치 계산 함수들: length(), mean(), median(), sd(), var(), min(), max(), range() 함수

여기서 소개할 함수들은 연속형 변수의 기술통계치를 구하는 함수들입니다. 우선 length() 함수는 변숫값들의 수[즉 길이(length)]를 계산해줍니다. 예를 들어 country 라는 변수에는 몇 개의 국가이름이 들어가 있을까요? 이를 확인하는 방법은 아래와 같습니다.

```
> # 변수 길이 계산
> length(country)
[1] 11
```

만약 변수에 결측값이 들어 있는 경우 length() 함수는 결측값을 포함해 계산할까요? 아니면 고려하지 않고 계산할까요? 이를 위해 country 변수에 NA라는 값을 추가해 보겠습니다. 아래와 같이 생성된 country2 변수의 12번째 값은 결측값입니다.

```
> # 경우에 따라 결측값을 고려
> country2<-c(country,NA)
> country2
 [1] "Japan"        "Switzerland" "Singapore"    "Spain"
 [5] "Australia"    "Italy"       "Iceland"      "Israel"
 [9] "France"       "Sweden"      "South Korea" NA
```

아래에서 볼 수 있듯 length() 함수는 결측값을 포함한 변숫값들의 개수를 구해줍니다. 만약 결측값만 계산하고 싶거나, 혹은 결측값이 아닌 값들만 계산하고 싶다면 is.na() 함수를 이용해 결측값이 어떤 값인지를 확인한 후, 인덱싱을 이용한 다음 length() 함수를 적용하면 됩니다. 변수는 세로줄 하나로 구성되어 있기 때문에 1차원이고 따라서 []으로 표현됩니다. 여기서 !is.na()라고 표현하면 결측값이 아닌 경우 TRUE가 결측값인 경우 FALSE가 출력됩니다. !은 "~이 아님(not)"을 의미하는 기호입니다.

```
> length(country2)   # NA가 포함된 길이 계산
[1] 12
> length(country[is.na(country2)])    # NA의 개수 계산
[1] 1
> length(country[!is.na(country2)])    # NA를 배제한 실측값의 개수 계산
[1] 11
```

그러나 실제 데이터 분석에서(타이디버스 패키지를 사용하든 안하든 상관없이) 가장 많이 사용되는 함수는 중심경향치(central tendency)로 자주 사용되는 평균[mean()]과 중앙값[median()], 데이터의 퍼짐정도(dispersion; 이산도)를 나타낼 때 사용하는 표준편차[sd()] 혹은 분산[var()], 그리고 데이터의 범위와 관련된 통계치로 최솟값[min()], 최댓값[max()] 등이 있습니다. 이들 중 가장 중요한 함수는 mean() 함수와 sd() 함수입니다. 사용방법은 괄호 안에 연속형 변수를 지정하는 것입니다. 한 가지 주의할 것은 결측값 존재입니다. 만약 결측값이 존재하는 경우, 결측값에 대한 별도의 조처를 하지 않는다면 na.rm=TRUE 옵션을 지정해주어야 원하는 통계치를 얻을 수 있습니다. 예를 들어 BLE, FLE, MLE의 세 변수의 평균을 구해보죠. 일단 세 변수 모두 결측값이 없기 때문에

mean() 함수를 그대로 적용해도 아무 문제없습니다. 참고로 ; 기호를 사용하면 한 줄에 여러 함수들을 동시에 사용할 수 있습니다.

```
> # 평균을 구해봅시다.
> mean(BLE);mean(FLE);mean(MLE)
[1] 82.8
[1] 85.14545
[1] 80.36364
```

다음과 같이 MLE 변수의 첫 번째 값을 결측값으로 대체한 후 위의 과정을 반복해볼까요?

```
> # 결측값 부여
> MLE2<-MLE
> MLE2[1]<-NA
> # 평균을 구해봅시다.
> mean(BLE);mean(FLE);mean(MLE2)
[1] 82.8
[1] 85.14545
[1] NA
```

결측값이 부여되었기 때문에 평균을 구할 수가 없죠. 이제 na.rm=TRUE 옵션을 추가한 후 위의 과정을 반복해봅시다.

```
> # 평균을 구해봅시다.
> mean(BLE,na.rm=TRUE);mean(FLE,na.rm=TRUE)
[1] 82.8
[1] 85.14545
> mean(MLE,na.rm=TRUE);mean(MLE2,na.rm=TRUE)
[1] 80.36364
[1] 80.35
```

결과에서 알 수 있듯, na.rm=TRUE 옵션을 명기하면 결측값이 있는 경우 결측값을 제거한 후 평균을 계산하고, 결측값이 없는 경우 해당 옵션 유무와 상관없이 동일한 평균값이 도출됩니다. 분과에 따라 다르겠지만, '데이터 과학'에 관심 있는 연구자의 데이터는 대체로 '지저분(messy)'합니다. 또한 전통적 과학 중 사회과학의 경우 응답자가 처한 사회적·상황적·이념적 특성들로 인해 특정한 변수들에서 결측값이 집중적으로 발생하기도 합니다. 대표적인 변수가 소득(income) 변수입니다. 종종 소득이 너무 많거나 혹은 소득이 너무 적은 경우 사람들은 자신의 소득을 밝히고 싶어 하지 않습니다. 또한 성적 취향과 같이 응답할 때 사회적 눈총을 느끼는 영역에서도 결측값이 자주 발생합니다.

· 행렬형태 데이터에 적용되는 rowMeans(), rowSums() 함수들

연구 맥락에 따라 여러 변수들을 하나의 변수로 합칠 필요가 있습니다. '시험성적'이 가장 대표적인 사례입니다. 독자분도 익숙하듯, 흔히 시험성적은 문제 중에 정답의 개수로 측정됩니다. 이렇듯 여러 변수들의 총합 혹은 평균값을 구할 때 사용하는 유용한 함수로 rowMeans(), rowSums() 함수를 설명드리겠습니다.[3] 함수의 이름에서도 쉽게 나타나듯, rowMeans() 함수는 가로줄 단위로 변수들의 평균을 구하는 함수이고, rowSums() 함수는 가로줄 단위로 변수들의 합을 구하는 함수입니다.

먼저 rowMeans() 함수를 이용해봅시다. 위에서 살펴본 **mydata**에서 FLE 변수와 MLE 변수의 평균을 구해 FMLE라는 이름의 변수를 구해봅시다.

```
> # 가로줄 기준으로 변수들의 평균 구하기
> mydata$FMLE<-rowMeans(mydata[,c("FLE","MLE")]) # mydata[,c(5,7)]로 해도 됨
> mydata
          country BR  BLE FR  FLE MR  MLE  FMLE
1           Japan  1 83.7  1 86.8  6 80.5 83.65
2     Switzerland  2 83.4  6 85.3  1 81.3 83.30
3       Singapore  3 83.1  2 86.1 10 80.0 83.05
4           Spain  4 82.8  3 85.5  9 80.1 82.80
```

---

3   R 베이스를 설명하는 책에서는 apply() 함수를 주로 제시합니다. apply() 함수는 매우 유용하지만, 적어도 타이디버스 접근법을 따를 경우 사용할 일이 적은 것 같습니다. 물론 타이디버스 패키지의 함수들과 apply() 함수를 같이 사용할 수 있습니다만, 제 생각으로는 굳이 언급할 필요가 없다고 생각합니다. apply() 함수의 사용방식이 궁금하신 분은 졸저(2015)《R를 이용한 사회과학데이터분석: 기초편》을 참조하여 주시기 바랍니다.

```
5       Australia  4 82.8   7 84.8   3 80.9 82.85
6           Italy  6 82.7   7 84.8   6 80.5 82.65
7         Iceland  6 82.7 10 84.1   2 81.2 82.65
8          Israel  8 82.5   9 84.3   5 80.6 82.45
9          France  9 82.4   5 85.4 16 79.4 82.40
10         Sweden  9 82.4 12 84.0   4 80.7 82.35
11    South Korea 11 82.3   3 85.5 20 78.8 82.15
```

이제는 rowSums() 함수를 이용해 FR 변수와 MR 변수의 합산값을 가로줄 단위로 구해 보죠.

```
> # 가로줄 기준으로 변수들의 합산 구하기
> mydata$FMR<-rowMeans(mydata[,c("FR","MR")]) # mydata[,c(4,6)]로 해도 됨
> mydata
         country BR  BLE FR  FLE MR  MLE FMLE  FMR
1          Japan  1 83.7  1 86.8  6 80.5  3.5  3.5
2    Switzerland  2 83.4  6 85.3  1 81.3  3.5  3.5
3      Singapore  3 83.1  2 86.1 10 80.0  6.0  6.0
4          Spain  4 82.8  3 85.5  9 80.1  6.0  6.0
5      Australia  4 82.8  7 84.8  3 80.9  5.0  5.0
6          Italy  6 82.7  7 84.8  6 80.5  6.5  6.5
7        Iceland  6 82.7 10 84.1  2 81.2  6.0  6.0
8         Israel  8 82.5  9 84.3  5 80.6  7.0  7.0
9         France  9 82.4  5 85.4 16 79.4 10.5 10.5
10        Sweden  9 82.4 12 84.0  4 80.7  8.0  8.0
11   South Korea 11 82.3  3 85.5 20 78.8 11.5 11.5
```

이해하는 것이 어렵지 않을 것입니다. 일단 **mydata**의 경우 결측값이 없기 때문에 위와 같이 별도의 옵션 지정이 필요 없었습니다. 그러나 만약 결측값이 포함된 데이터라면 rowMeans(데이터, na.rm=TRUE), rowSums(데이터, na.rm=TRUE)와 같이 na.rm=TRUE 옵션을 지정해야 합니다.

- 변수변환 함수들: log2(), log10(), log(), exp() 함수

끝으로 변수의 분포가 치우쳐져 있는 경우, 치우쳐진 분포[흔히 편포(skewness)라 불립니다]를 조정하거나, 조정된 변수를 원래대로 환원할 때 사용하는 함수들을 소개하겠습니다. 세상만사가 그렇듯, 어느 사회나 부유한 사람은 극소수입니다. 즉 부(富)의 분포는 편향되어 있는 것이 보통입니다. 이런 경우 분포를 조정하기 위해 흔히 로그 변환(log transformation)을 적용합니다. log2()는 밑이 2인 로그를, log10()은 밑이 10인 로그를, log()는 자연로그(밑이 자연대수인 로그)를, 그리고 log(변수, base=?)와 같은 형태인 경우 연구자가 원하는 로그의 밑값을 ?에 지정해주면 됩니다. 이렇게 전환된 변수는 거듭제곱(^)을 사용해 원래 형태로 되돌릴 수 있으며, 자연로그로 변환한 경우 exp() 함수를 이용하여 되돌립니다. 실제 현실 속 사례에 적용한 로그변환 사례는 뒤에서 살펴보도록 하겠습니다. 여기서는 각 함수가 어떻게 사용되는지 몇몇 수치들을 이용해 살펴보죠.

다음의 사례를 보시면 언급한 함수들을 쉽게 이해할 수 있을 것입니다.

```
> # 밑이 2인 로그
> mynumbers<-c(1,2,4,8,16)
> mynumbers
[1]  1  2  4  8 16
> log2(mynumbers)
[1] 0 1 2 3 4
> # 다음과 같은 방식으로 원 값을 다시 얻을 수 있음
> 2^log2(mynumbers)
[1]  1  2  4  8 16

> # 밑이 10인 로그: 10진법일 때 많이 사용
> mynumbers<-c(1,10,100,1000,10000)
> mynumbers
[1]     1    10   100  1000 10000
> log10(mynumbers)
[1] 0 1 2 3 4
> # 다음과 같은 방식으로 원 값을 다시 얻을 수 있음
> 10^log10(mynumbers)
[1]     1    10   100  1000 10000
```

```
> # 자연로그: 일반적으로 많이 사용함
> mynumbers<-11:15
> mynumbers
[1] 11 12 13 14 15
> log(mynumbers)
[1] 2.397895 2.484907 2.564949 2.639057 2.708050
> # 다음과 같은 방식으로 원 값을 다시 얻을 수 있음
> exp(log(mynumbers))
[1] 11 12 13 14 15
```

이 정도면 타이디버스 패키지 함수들을 이해하는 데 최소한으로 필요한 R 베이스 함수들을 얼추 소개한 듯합니다. 타이디버스 패키지 함수들을 사용한다고 해서 R 베이스가 더 이상 의미 없어지는 것은 아닙니다. 여전히 많은 R 이용자들이 R 베이스를 기반으로 R을 이용하고 있다는 점에서 R 베이스에 익숙하지 않으면 많은 부분을 의도치 않게 놓칠 수 있습니다. 또한 머리말에서도 밝혔듯 모형을 추정하는 경우 R 베이스가 훨씬 더 쉽게 사용되는 경우도 적지 않습니다. 타이디버스 패키지 함수들을 통해 데이터분석이 더 쉬워졌다면, 흔히 어렵다고 이야기되는 R 베이스 함수들도 더 친숙하고 쉽게 이해되지 않을까 싶습니다. 진화의 핵심이 다양성의 증가이듯, 타이디버스 패키지가 사용하기 쉽고 대용량의 복잡한 데이터를 다룰 때 유용하다고 해도 R 베이스가 폐기될 이유는 없습니다.

PART **2**

# 타이디버스 패키지 함수들을 활용한 데이터 관리

CHAPTER

# 01

# 데이터 관리

## 01-1 티블(tibble) 데이터 소개

앞에서도 설명했지만 타이디데이터에서 사용하는 R 데이터 오브젝트를 '티블(tibble)'이라고 부릅니다. 티블은 전통적인 R 베이스를 접했던 이용자라면 알고 계실 '데이터프레임(data frame)'과 근본적으로 큰 차이가 없습니다. 즉 일반적 데이터 분석자 입장에서 데이터의 형태가 티블이든, 아니면 데이터프레임이든 특별한 차이를 느끼지 못할 것입니다. 그러나 '데이터프레임' 데이터를 접했던 R 베이스 이용자라면 티블 데이터가 보다 효율적이라는 것을 느끼게 될 것입니다.

우선 간단한 티블 데이터를 하나 만들어봅시다. 물론 보통 데이터를 분석하는 경우 엑셀이나 텍스트 형태 혹은 SPSS, STATA, SAS 등과 같은 프로그램 형식으로 저장된 데이터를 불러오는 방식을 택하는 것이 보통입니다. 그러나 간단한 데이터를 직접 입력해보면 데이터가 어떻게 구성되는지를 체험을 통해 이해할 수 있습니다. 아무튼 타이디데이터의 3원칙을 만족시키는 아래와 같은 데이터를 직접 입력해봅시다. 학년과 키 변수의 경우 수치형 데이터(numeric data)이며, 나머지 변수들의 경우 문자형 데이터(character data)라고 불립니다. 출생년월일 변수나 시간 변수(이를테면 '오전 8시 30분 27초'와 같은 형태로 기록된 변수)들은 날짜 데이터로 따로 불리기도 합니다(R 베이스에 비해 타이디버스 패키지를 사용하면 시간 및 날짜 데이터를 매우 쉽게 관리할 수 있습니다. 이 부분은 뒤에서 다시 설명하도록 하겠습니다). 또한 사회과학 연구방법론에서는 키와 학년 변수를 등간변수(interval variable)로, 학점 변수를 서열변수 혹은 순위변수(ordinal variable)로, 이름 변수의 경우 명목변수(nominal variable)로 부릅니다. 반면 데이터 분석 관련 문헌들에서는 학년과 키는 연속형 변수로, 이름이나 학점의 경우는 범주형 변수로 부릅니다(출생년월일의 경우 분석되는 맥락에 따라 범주형 변수로도 혹은 연속형 변수로도 파악됩니다).

| 이름<br>(name) | 출생년월일<br>(born) | 학년<br>(year) | 학점<br>(grade) | 키<br>(height) |
|---|---|---|---|---|
| 연돌이 | 1999/3/2 | 2 | A+ | 178 |
| 세순이 | 1999/3/3 | 4 | A- | 166 |

앞에서도 언급했지만 티블 형태의 데이터와 데이터프레임 형태의 데이터는 '데이터'라는 측면에서 크게 다르지 않습니다. 즉 R과 마찬가지로 c() 함수를 이용하여 관측값을 나열한 후, 이렇게 나열된 관측값들을 <- 이나 = 기호를 통해 오브젝트로 저장하면 하나의 변수(벡터)로 사용됩니다. 또한 문자형 자료의 경우 작은 따옴표('')나 큰 따옴표(" ")를 붙여 수치형이 아니라는 것을 명확하게 밝혀주어야 합니다. 만약 관측치가 없을 경우, 즉 결측값인 경우에는 **NA**의 값이 부여됩니다. 따라서 R 오브젝트의 이름으로 NA를 '절대로' 사용하지 말아야 합니다.

아래와 같이 위의 5개 변수들을 하나하나 지정하여 입력해봅시다. 여기서 저는 학년 변수를 지정할 때 L을 덧붙였습니다. L을 덧붙이면 해당 수치를 정수(integer)로 인식합니다(즉 데이터가 2로 입력됩니다). 그러나 L을 붙이지 않으면 데이터가 더블(double) 즉 2.00과 같이 입력됩니다. 그러나 일반적으로 데이터를 분석하는 상황에서 소수점 이하의 표현이 있으나 없으나 큰 차이가 없는 경우가 대부분이라 특별한 경우가 아니라면 L을 덧붙이지 않아도 큰 상관없습니다.

```
> # 변수지정
> name <- c('연돌이','세순이')
> born <- c("1999-3-2","1999-3-3")
> year <- c(2L,4L)
> grade <- c('A+','A-')
> height <- c(178,170)
```

이제 5개 변수들을 묶어 티블 형태의 데이터를 생성해보죠. 이를 위해서는 타이디버스 패키지를 먼저 구동한 후, `tibble()` 함수에 지정된 변수들을 차례로 입력하면 됩니다. 여기서 저는 `my_first_tibble`이라는 이름을 부여했습니다.

```
> # 티블 데이터 설정
> library('tidyverse')
> my_first_tibble <- tibble(name,born,year,grade,height)
> my_first_tibble
# A tibble: 2 x 5
  name    born        year grade height
  <chr>   <chr>      <int> <chr>  <dbl>
1 연돌이  1999-3-2       2 A+       178
2 세순이  1999-3-3       4 A-       170
```

결과를 이해하는 것이 어렵지는 않을 것입니다. 우선 "# A tibble: 2 x 5" 부분은 데이터의 구조를 설명합니다. 즉 `my_first_tibble`은 행렬형태의 데이터로 2개의 가로줄과 5개의 세로줄을 갖는다는 것을 뜻합니다. 그 다음에는 각 변수의 이름이 제시된 것을 아실 수 있을 것입니다. 그 다음 줄에 보면 각 변수 아래에 `<chr>`, `<int>`, `<dbl>`이라는 라벨이 붙은 것을 발견하실 수 있습니다. 이 라벨은 티블 형태의 데이터 변수가 어떤 데이터인지를 보여주는 것이며, 그 의미는 다음과 같습니다.

**표 1.** 티블 데이터의 변수라벨과 그 의미

| 라벨 | 의미 |
| --- | --- |
| <chr> | 문자형(character) 자료 |
| <fct> | 요인형(factor) 자료 |
| <int> | 정수(integer) |
| <dbl> | 더블(double) |
| <date> | 날짜(date) |
| <time> | 시간(time) |
| <dttm> | 날짜와 시간(date-time) |
| <lgl> | 논리값. 조건에 맞으면 TRUE, 그렇지 않으면 FALSE로 표시됨 |
| +lbl | 변수의 값에 부여된 라벨 값(labelled value)이 추가되어 있음을 표시합니다. 예를 들어 남성을 1, 여성을 2라고 코딩된 변수에서, 1에는 '남성'이라는 라벨을, 2에는 '여성'이라는 라벨을 붙인 경우 <int+lbl> 혹은 <dbl+lbl>이라고 표현됩니다. |

만약 born 변수를 날짜형태로 바꾸고 싶다면 lubridate 패키지의 as_date() 함수를 이용하면 됩니다.[1] 그러나 연구목적상 날짜나 시간 형태의 변수를 다룰 일이 없다면 날짜 및 시간 관련 변수는 일단 잊어버려도 괜찮습니다. 나중에 날짜 및 시간 관련 변수를 소개하는 부분에서 보다 자세하게 살펴볼 것입니다.

티블 데이터 역시 R 베이스의 데이터프레임 데이터와 마찬가지로 가로줄과 세로줄의 위치와 구역을 지정하여, 즉 인덱싱을 이용해 해당 데이터의 일부를 뽑아낼 수 있습니다. 가로줄과 세로줄로 구성되어 있기 때문에, **티블 데이터[위치/구역,위치/구역]**의 형태를 띱니다. 간단한 데이터이기는 하지만, 2×5 데이터에서 1번째 가로줄 데이터만 뽑아내는 방법은 다음과 같습니다.

---

1    구체적으로 다음과 같이 진행하면 born 변수의 형태가 <date>로 바뀐 것을 알 수 있습니다.

```
> # 각주: born 변수를 <date> 형식으로 저장하는 법
> born <- as_date(born)
> tibble(name,born,year,grade,height)
# A tibble: 2 x 5
  name   born        year grade height
  <chr>  <date>     <int> <chr>  <dbl>
1 연돌이 1999-03-02     2  A+       178
2 세순이 1999-03-03     4  A-       170
```

```
> my_first_tibble[1,]
# A tibble: 1 x 5
  name    born       year grade height
  <chr>   <chr>     <int> <chr>  <dbl>
1 연돌이 1999-3-2      2   A+      178
```

만약 해당 데이터에서 2번째부터 4번째 세로줄만 뽑아내고자 한다면 다음과 같이 하면 됩니다.

```
> my_first_tibble[,2:4]
# A tibble: 2 x 3
  born       year grade
  <chr>     <int> <chr>
1 1999-3-2      2 A+
2 1999-3-3      4 A-
```

R 베이스에서 사용되는 데이터프레임 데이터와 티블 데이터가 기본적으로 유사하지만, 변수이름을 붙이는 점에서 티블 데이터는 데이터프레임 데이터보다 훨씬 유연합니다. 예를 들어 데이터프레임 데이터의 경우 변수이름에 특수문자나 공란을 넣는 것이 불가능했지만, 티블 데이터의 경우 ``(주의: ESC 키와 Tab 키 사이에 있는 키입니다. 홑따옴표가 아닙니다)을 이용하면 가능합니다. 예를 들어 어떤 사람의 SNS 메시지에 행복한 감정을 나타내는 이모티콘과 불행한 감정을 나타내는 이모티콘의 사용 여부에 따라 감정상태를 판정한 결과가 다음과 같다고 가정해봅시다.

| name  | ^_^      | ㅠ.ㅠ     | Emotion status? |
|-------|----------|----------|-----------------|
| Jake  | used     | used     | ambivalence     |
| Jessy | used     | not used | happy           |
| Jack  | not used | used     | sad             |

티블 데이터 형식으로는 다음과 같이 이모티콘과 ?와 공란이 들어간 표현 모두 변수이름으로 입력 가능합니다.

```
> # 변수이름을 붙이는 데 tibble 데이터가 더 자유로움
> tibble(
+    name=c("Jake","Jessy","Jack"),
+    `^__^` = c("used","used","not used"),
+    `π.π` = c("used","not used","used"),
+    `Emotion status?` = c("ambivalence","happy","sad")
+ )
# A tibble: 3 x 4
  name  `^__^`    π.π       `Emotion status?`
  <chr> <chr>     <chr>     <chr>
1 Jake  used      used      ambivalence
2 Jessy used      not used  happy
3 Jack  not used  used      sad
```

그러나 기존의 데이터프레임 형식으로는 원하는 변수이름을 지정할 수 없습니다. 아래와 같이 ^__^ 이라는 변수명은 X.__. 으로 표현되어 입력되었고 Emotion status? 라는 변수명은 Emotion.status.로 변경되어 표현됩니다.

```
> data.frame(
+    name=c("Jake","Jessy","Jack"),
+    `^__^` = c("used","used","not used"),
+    `π.π` = c("used","not used","used"),
+    `Emotion status?` = c("ambivalence","happy","sad")
+ )
   name    X.__.       π.π Emotion.status.
1  Jake     used      used     ambivalence
2  Jessy    used  not used           happy
3  Jack not used      used             sad
```

그러나 특별한 경우가 아니라면 위와 같은 형식으로 변수이름을 저장하지는 않기 때문에 티블 데이터와 데이터프레임 데이터는 큰 틀에서 차이는 없습니다. R 언어에서 두 형식의 데이터가 구체적으로 어떻게 다른지 궁금한 분께서는 위캠과 그롤문트의 책(Wickham & Grolemund, 2017)[2]을 참조하시기 바랍니다.

---

2 두 형식의 데이터 오브젝트의 차이를 이해하기 위해서라면 《R for Data Science》 제2판(Wichkham et al., 2023) 보다는 제1판(Wickham & Grolemund, 2017)이 더 나을 듯 합니다.

# 티블 데이터 입력법

**티블 데이터 입력 _ 문제 _ 1 :** 아래의 표를 티블 데이터로 만들어보세요.

| country | code2 | area_km2 |
|---|---|---|
| China | CHN | 9596960 |
| Japan | JPN | 377835 |
| South Korea | KOR | 98480 |

## 01-2　저장된 외부데이터 불러오기

앞에서는 변수의 값을 직접 입력하여 티블 데이터를 생성해보았습니다. 그러나 대부분의 경우 컴퓨터의 하드 드라이브나 클라우드 서버에 저장된 데이터를 R 공간에 불러온 후 데이터 분석을 진행합니다. 제 경험상 데이터는 다음과 같은 형태로 저장됩니다.

첫째, 엑셀 형식의 데이터를 제일 먼저 떠올릴 수 있습니다. 엑셀은 매우 널리 사용되는 데이터 관리 프로그램입니다만, 사실 데이터를 효율적으로 다루는 형태라고 보기는 어렵습니다. 그러나 사용자층이 두껍고 사용이 편리하다는 점에서 수많은 데이터가 엑셀 형태로 저장되어 유통되고 있습니다. 엑셀 형식의 데이터를 R에서 읽기 위해서는 데이터를 티블 형식으로 읽어오는 readxl 패키지의 함수들을 이용하면 됩니다.

둘째, 쉼표로 분할된 형식의 데이터, 흔히 CSV 형식의 데이터도 많이 사용됩니다. CSV 데이터는 쉼표를 기준으로 관측치와 관측치를 구분하며 엑셀에 비해 데이터를 효율적으로 다룬다는 장점이 있습니다. CSV 형식의 데이터를 R에서 읽기 위해서는 타이디버스 패키지를 설치할 때 같이 설치되는 readr 패키지의 read_csv() 함수를 이용하면 됩니다. 물론 R 베이스 함수인 read.csv() 함수를 사용할 수도 있습니다만, read_csv() 함수가 훨씬 더 쉽고, 불러온 데이터를 티블 데이터 형식으로 바로 전환한다는 점에서 본서에서는 read.csv() 함수가 아닌 read_csv() 함수를 사용할 것입니다.[3]

셋째, SPSS, STATA, SAS 등과 같은 상업용 통계처리 프로그램에서 사용되는 형식의 데이터를 생각해볼 수 있습니다. 특히 저자가 속한 사회과학분과에서는 SPSS 형식의 데이터, 즉 *.sav 데이터가 매우 빈번하게 사용됩니다. 상업용 프로그램 형식의 데이터를 R에서 읽기 위해서는 데이터를 티블 형식으로 읽어오는 haven 패키지의 함수들을 이용하면 됩니다. 물론 haven 패키지가 등장하기 전에 사용되었던 foreign 패키지 함수들이 편할 경우 foreign 패키지를 사용해도 무방하지만, haven 패키지의 함수들이 훨씬 더 사용이 간편합니다(아마 foreign 패키지를 사용했던 분이라면 제 의견에 동의하실 것으로 짐작합니다).

---

3　R 베이스 함수인 read.csv() 함수 사용 방법에 대해서는 저자의 책(백영민, 2015)을 참조하시기 바랍니다.

이제 실습을 해봅시다. 먼저 엑셀 파일을 읽어보죠. 최근 생성된 엑셀 파일은 대부분 '엑셀 2007' 버전 이후의 엑셀로 작업되고 생성된 데이터가 대부분입니다. 이러한 파일은 흔히 "Microsoft Excel 워크시트" 유형으로 표시되고, 파일의 확장자는 *.xlsx로 나타납니다. 반면 옛날에 생성되었거나 혹은 '엑셀 97'부터 '엑셀 2003' 버전까지의 엑셀 프로그램으로 작업된 데이터의 경우 파일의 확장자가 *.xls 형태를 띠며, "Microsoft Excel 97-2003 워크시트"라는 유형으로 나타납니다. 즉 불러오고자 하는 엑셀 데이터 파일의 확장자를 먼저 파악한 후, 해당 확장자에 맞게 readxl 패키지의 read_xls() 함수나 read_xlsx() 함수를 선택하여 사용하면 됩니다. 그러나 엑셀 파일의 확장자를 일일이 확인하는 것은 번거롭기 때문에 특별한 이유가 아니라면 read_excel() 함수를 사용하는 것이 편리합니다.

데이터를 불러오려면, 우선 여러분이 불러오고자 하는 파일이 어디 있는지 먼저 알아야겠죠? 현재 R에서 디폴트로 삼고 있는 폴더가 어디인지를 먼저 살펴봅시다. getwd()[4] 함수를 이용하면 현재 여러분이 사용하고 있는 폴더 패스(path)를 확인할 수 있습니다. 제 경우는 다음과 같네요. 윈도를 이용하고 R을 처음 접하는 분들이라면 폴더를 구분하는 기호가 \가 아니라 /라는 점에 주의하시기 바랍니다.

```
> # 현재 사용중인 파일 위치는?
> getwd()
[1] "C:/Users/ymbaek/Documents"
```

만약 이 폴더에 제가 불러오고자 하는 파일이 저장되어 있다면 별 문제가 없습니다. 일단 제 경우 D드라이브에 TidyData라는 이름의 폴더에서 data라는 하부 폴더에 해당 데이터를 저장해두었습니다. 이를 R의 패스 형식으로 바꾸면, 제가 불러오고자 하는 파일은 "D:/TidyData/data"에 저장되어 있고, 앞으로 저는 이 파일 패스를 R에서 디폴트로 사용하려 합니다. 이를 위해서는 setwd()[5] 함수를 이용하면 됩니다. 아래와 같이 하면 디폴트가 지정된 패스로 바뀝니다.

---

**4** 함수에서 'wd'가 의미하는 것은 '현재 사용 중인 디렉토리(working directory)'를 의미합니다. 즉 getwd() 함수는 현재 사용 중인 디렉토리를 얻고 싶다는 것을 의미합니다.

**5** 이 함수는 지정된 패스를 현재 사용 중인 디렉토리로 설정(set)한다는 뜻입니다.

```
> # 파일 위치를 바꾸고자 한다면?
> setwd("D:/TidyData/data")
> getwd()   # 제대로 수정된 것을 확인
[1] "D:/TidyData/data"
```

해당 폴더에 예제 파일들을 복사해두었다면, 이제 엑셀 데이터를 열어볼 수 있습니다. 이를 위해서는 타이디버스 패키지와 readxl 패키지를 구동시켜야 합니다. 예제 파일들 중에서 "data_country.xlsx"를 열어봅시다. 240개 국가와 해당 국가의 속성에 해당 하는 6개의 변수를 확인할 수 있습니다.

```
> ## 외부에 저장된 데이터 불러오기
> # 엑셀 데이터 불러오기: 2007 버전 이후(*.xlsx)
> library('tidyverse')
> library('readxl')
> world_country <- read_excelz("data_country.xlsx")
> world_country
# A tibble: 240 x 6
    COUNTRY             `COUNTRY CODE` `ISO CODES` POPULATION `AREA KM2` `GDP $USD`
    <chr>               <chr>          <chr>          <dbl>      <dbl> <chr>
 1 Afghanistan          93             AF / AFG     29121286     647500 20.65 Billion
 2 Albania              355            AL / ALB      2986952      28748 12.8 Billion
 3 Algeria              213            DZ / DZA     34586184    2381740 215.7 Billion
 4 American Samoa       1-684          AS / ASM        57881        199 462.2 Million
 5 Andorra              376            AD / AND        84000        468 4.8 Billion
 6 Angola               244            AO / AGO     13068161    1246700 124 Billion
 7 Anguilla             1-264          AI / AIA        13254        102 175.4 Million
 8 Antarctica           672            AQ / ATA            0   14000000 NA
 9 Antigua and Barbuda 1-268          AG / ATG        86754        443 1.22 Billion
10 Argentina            54             AR / ARG     41343201    2766890 484.6 Billion
# ... with 230 more rows
```

이제는 구형 엑셀 파일을 열어봅시다. 예제 파일들 중에서 **"data_library.xls"**를 열어봅시다. 사례수가 182, 변수는 7개인 데이터를 얻을 수 있습니다.

```
> # 엑셀 데이터 불러오기: 97-2003 버전(*.xls)
> seoul_library <- read_excel("data_library.xls")
> seoul_library
# A tibble: 182 x 7
     기간   자치구        계 국립도서관   공공도서관  대학도서관   전문도서관
    <chr>  <chr>      <dbl> <chr>           <dbl> <chr>        <chr>
 1  2010   합계         464 3                 101 85           275
 2  2010   종로구      50.0 -                4.00 9            37
 3  2010   중구        57.0 -                2.00 2            53
 4  2010   용산구      18.0 -                3.00 2            13
 5  2010   성동구      6.00 -                4.00 2            -
 6  2010   광진구      9.00 -                3.00 3            3
 7  2010   동대문구    17.0 -                2.00 5            10
 8  2010   중랑구      4.00 -                2.00 1            1
 9  2010   성북구      16.0 -                3.00 8            5
10  2010   강북구      10.0 -                5.00 3            2
# ... with 172 more rows
```

위에서 살펴본 두 엑셀 데이터들은 다음과 같은 공통점들이 있습니다. 첫째, 변수명이 첫 번째 가로줄에 놓여 있습니다. 둘째, 데이터는 두 번째 가로줄부터 시작됩니다. 그러나 어떤 엑셀 데이터는 데이터가 세 번째 혹은 그다음 번 가로줄부터 시작되기도 합니다. 예를 들어 예제 파일 중 **"data_student_class.xls"** 데이터를 엑셀에서 먼저 열어보면 다음과 같습니다.

**그림 1.** 엑셀을 통해 열어본 "data_student_class.xls" 데이터 형태

| 기간 | 지역 | 유치원 | | | 초등학교 | | | 중학교 | | | 고등학교 | | |
|---|---|---|---|---|---|---|---|---|---|---|---|---|---|
| | | 원아수 | 학급현황 | | 학생수 | 학급현황 | | 학생수 | 학급현황 | | 학생수 | 학급현황 | |
| | | | 학급수 | 학급당원아수 | | 학급수 | 학급당학생수 | | 학급수 | 학급당학생수 | | 학급수 | 학급당학생수 |
| | 합계 | 87,468 | 3,605 | 24.3 | 736,710 | 21,695 | 34 | 370,551 | 10,780 | 34.4 | 356,157 | 10,528 | 33.8 |
| | 종로구 | 1,506 | 65 | 23.2 | 11,256 | 366 | 30.8 | 5,957 | 172 | 34.6 | 15,634 | 459 | 34.1 |
| | 중구 | 1,187 | 50 | 23.7 | 11,293 | 363 | 31.1 | 5,412 | 170 | 31.8 | 12,303 | 379 | 32.5 |
| | 용산구 | 2,140 | 86 | 24.9 | 13,371 | 448 | 29.8 | 6,602 | 213 | 31 | 10,132 | 313 | 32.4 |
| | 성동구 | 3,084 | 130 | 23.7 | 23,023 | 704 | 32.7 | 10,176 | 315 | 32.3 | 6,250 | 194 | 32.2 |
| | 광진구 | 3,684 | 159 | 23.2 | 29,375 | 831 | 35.3 | 13,536 | 387 | 35 | 14,220 | 408 | 34.9 |
| | 동대문구 | 3,167 | 138 | 22.9 | 26,752 | 782 | 34.2 | 13,640 | 409 | 33.3 | 11,110 | 338 | 32.9 |
| | 중랑구 | 3,864 | 157 | 24.6 | 33,894 | 1,016 | 33.4 | 15,175 | 447 | 33.9 | 10,868 | 324 | 33.5 |
| | 성북구 | 4,078 | 172 | 23.7 | 30,202 | 958 | 31.5 | 14,068 | 419 | 33.6 | 15,000 | 457 | 32.8 |
| | 강북구 | 2,239 | 94 | 23.8 | 23,067 | 671 | 34.4 | 11,831 | 344 | 34.4 | 6,426 | 184 | 34.9 |
| | 도봉구 | 3,926 | 163 | 24.1 | 32,831 | 974 | 33.7 | 14,410 | 432 | 33.4 | 9,935 | 290 | 34.3 |
| | 노원구 | 8,414 | 347 | 24.2 | 54,174 | 1,592 | 34 | 28,323 | 819 | 34.6 | 32,423 | 968 | 33.5 |
| 2004 | 은평구 | 3,464 | 151 | 22.9 | 37,397 | 997 | 37.5 | 17,483 | 492 | 35.5 | 16,440 | 482 | 34.1 |
| | 서대문구 | 2,537 | 107 | 23.7 | 24,423 | 707 | 34.5 | 11,828 | 342 | 34.6 | 7,644 | 226 | 33.8 |
| | 마포구 | 2,688 | 113 | 23.8 | 24,949 | 748 | 33.4 | 10,579 | 310 | 34.1 | 6,997 | 207 | 33.8 |
| | 양천구 | 4,394 | 184 | 23.9 | 40,827 | 1,110 | 36.8 | 26,475 | 694 | 38.1 | 18,183 | 520 | 35 |
| | 강서구 | 4,350 | 180 | 24.2 | 41,157 | 1,176 | 35 | 17,406 | 521 | 33.4 | 24,539 | 729 | 33.7 |
| | 구로구 | 2,826 | 119 | 23.7 | 30,310 | 923 | 32.8 | 14,099 | 421 | 33.5 | 11,354 | 344 | 33 |
| | 금천구 | 2,194 | 92 | 23.8 | 20,761 | 647 | 32.1 | 9,657 | 284 | 34 | 7,879 | 229 | 34.4 |
| | 영등포구 | 4,042 | 164 | 24.6 | 29,024 | 870 | 33.4 | 12,329 | 375 | 32.9 | 10,000 | 300 | 33.3 |
| | 동작구 | 3,485 | 149 | 23.4 | 26,511 | 769 | 34.5 | 13,808 | 410 | 33.7 | 9,303 | 278 | 33.5 |
| | 관악구 | 4,413 | 170 | 26 | 32,603 | 937 | 34.8 | 14,595 | 429 | 34 | 15,588 | 468 | 33.3 |
| | 서초구 | 3,225 | 117 | 27.6 | 22,783 | 665 | 34.3 | 14,752 | 407 | 36.2 | 15,612 | 443 | 35.2 |
| | 강남구 | 3,459 | 135 | 25.6 | 33,691 | 1,031 | 32.7 | 22,294 | 608 | 36.7 | 27,179 | 781 | 34.8 |
| | 송파구 | 5,007 | 205 | 24.4 | 46,175 | 1,319 | 35 | 27,290 | 805 | 33.9 | 23,624 | 688 | 34.3 |
| | 강동구 | 4,095 | 158 | 25.9 | 36,861 | 1,091 | 33.8 | 18,826 | 555 | 33.9 | 17,514 | 519 | 33.7 |
| | 합계 | 85,302 | 3,511 | 24.3 | 711,136 | 21,689 | 32.8 | 379,188 | 10,828 | 35 | 353,023 | 10,522 | 33.6 |
| | 종로구 | 1,324 | 60 | 22.1 | 10,683 | 362 | 29.5 | 5,907 | 173 | 34.1 | 15,470 | 457 | 33.9 |

데이터는 네 번째 가로줄부터 시작합니다. 즉 변수명이 1~3번 가로줄에 걸쳐 놓여있습니다. 이런 경우, read_excel 함수에서 skip 옵션을 조정해주어야 합니다. skip 옵션의 디폴트값은 0입니다. 즉 read_excel 함수는 첫 번째 가로줄의 값을 변수명으로 인식하고, 그 다음 가로줄부터는 데이터로 인식합니다. "data_student_class.xls" 데이터의 경우 1~2번째 가로줄을 뛰어넘어야, 즉 skip해야 하겠죠? 따라서 "data_student_class.xls" 데이터의 경우 skip=2로 바꾸어주어야 합니다. 우선 skip 옵션을 바꾸지 않고 곧바로 데이터를 불러와보죠.

```
> # 데이터가 어디서 시작하는가에 따라 skip 옵션을 조정
> seoul_educ <- read_excel("data_student_class.xls")
> seoul_educ
# A tibble: 340 x 14
    기간  지역  유치원 유치원_1 유치원_2 초등학교 초등학교_1 초등학교_2 중학교
   <chr> <chr> <chr>  <chr>    <chr>    <chr>    <chr>      <chr>      <chr>
 1 기간  지역  원아수 학급현황 학급현황 학생수   학급현황   학급현황   학생수
 2 기간  지역  원아수 학급수   학급당원아수~ 학생수 학급수    학급당학생수~ 학생수
 3 2004  합계  87468  3605     24.3     736710   21695      34         370551
 4 2004  종로구 1506   65       23.2     11256    366        30.8       5957
 5 2004  중구  1187   50       23.7     11293    363        31.1       5412
 6 2004  용산구 2140   86       24.9     13371    448        29.8       6602
 7 2004  성동구 3084   130      23.7     23023    704        32.7       10176
```

| 8 2004 | 광진구 3684 | 159 | 23.2 | 29375 | 831 | 35.3 | 13536 |
|---|---|---|---|---|---|---|---|
| 9 2004 | 동대문~3167 | 138 | 22.9 | 26752 | 782 | 34.2 | 13640 |
| 10 2004 | 중랑구 3864 | 157 | 24.6 | 33894 | 1016 | 33.4 | 15175 |

```
# ... with 330 more rows, and 5 more variables: 중학교__1 <chr>, 중학교__2 <chr>,
#    고등학교 <chr>, 고등학교__1 <chr>, 고등학교__2 <chr>
```

이상하죠? 이제 skip 옵션을 조정한 후 데이터를 다시 불러와봅시다. 아래에서 보듯 이제 문제가 없어졌네요(물론 아쉬운 점도 있습니다. 예를 들어 '학급수'라는 표현이 들어간 변수가 학급수, 학급수__1, 학급수__2, 학급수__3으로 총 4개가 있는데, 어떤 학급수를 나타내는지 알 수 없 습니다. 물론 이러한 문제를 R 공간에서 해결할 수도 있습니다.[6] 그러나 가장 쉬운 방법은 불확실 한 변수이름을 수동으로 확실하게 바꾸는 방법입니다. 변수이름을 바꾸는 방법은 나중에 설명하 겠습니다).

```
> seoul_educ <- read_excel("data_student_class.xls",skip=2)
> seoul_educ
# A tibble: 338 x 14
     기간  지역    원아수 학급수 학급당원아수 학생수 학급수__1 학급당학생수 학생수__1
     <chr> <chr>  <dbl>  <dbl>       <dbl> <dbl>    <dbl>      <dbl>     <dbl>
  1 2004  합계   87468  3605        24.3 736710   21695       34.0    370551
  2 2004  종로구  1506  65.0        23.2  11256     366       30.8      5957
  3 2004  중구    1187  50.0        23.7  11293     363       31.1      5412
  4 2004  용산구  2140  86.0        24.9  13371     448       29.8      6602
  5 2004  성동구  3084   130        23.7  23023     704       32.7     10176
  6 2004  광진구  3684   159        23.2  29375     831       35.3     13536
  7 2004  동대문~ 3167   138        22.9  26752     782       34.2     13640
  8 2004  중랑구  3864   157        24.6  33894    1016       33.4     15175
  9 2004  성북구  4078   172        23.7  30202     958       31.5     14068
 10 2004  강북구  2239  94.0        23.8  23067     671       34.4     11831
# ... with 328 more rows, and 5 more variables: 학급수__2 <dbl>,
#    학급당학생수__1 <dbl>, 학생수__2 <dbl>, 학급수__3 <dbl>, 학급당학생수__2 <dbl>
```

---

6  이 과정은 다소 복잡합니다. 이 과정을 원하시는 분께서는 본서의 별첨(tidyverse_appendix_data_ students_class.R)을 참조하시기 바랍니다. 단 문자형 데이터를 변환하는 방법을 숙지하지 않으면 이해하 는 것이 어려우니 이에 주의하시기 바랍니다.

다음으로 쉼표로 분리된 형태 혹은 탭(Tab)으로 분리된 텍스트 형태의 데이터를 불러봅시다. 쉼표로 분리된(comma separated) 데이터, 즉 CSV 데이터는 가장 널리 사용되는 데이터 형태입니다. read_csv() 함수를 이용하면 쉽게 데이터를 불러올 수 있습니다. R 베이스의 read.csv() 함수와도 매우 유사합니다만, 훨씬 더 간단하고 쉽게 사용할 수 있습니다. "data_district_lonlat.csv"를 read_csv() 함수를 이용해 불러봅시다. 이 데이터에는 서울시내 25개 구의 위도(longitude, lon 변수)와 경도(latitude, lat 변수) 정보가 담겨 있습니다.

```
> # 쉼표로 분리된 텍스트 형식의 데이터(*.csv)
> seoul_loc <- read_csv("data_district_lonlat.csv")
Parsed with column specification:
cols(
  district_id = col_character(),
  lon = col_double(),
  lat = col_double()
)
> seoul_loc
# A tibble: 25 x 3
   district_id    lon      lat
         <chr>  <dbl>    <dbl>
 1    강남구 127.0473 37.51724
 2    강동구 127.1238 37.53013
 3    강북구 127.0257 37.63961
 4    강서구 126.8495 37.55098
 5    관악구 126.9516 37.47841
 6    광진구 127.0823 37.53848
 7    구로구 126.8874 37.49540
 8    금천구 126.9020 37.45185
 9    노원구 127.0568 37.65419
10    도봉구 127.0471 37.66877
# ... with 15 more rows
```

read_csv() 함수를 실시한 후 나온 결과는 각 변수를 어떻게 불러왔는지를 보고한 것입니다. 즉 district_id라는 변수는 문자형 데이터이며[col_character() 함수에서

'character'라는 표현에 주목하세요]. `lon` 변수와 `lat` 변수는 수치형 데이터입니다[col_
double() 함수에서 'double'이라는 표현에 주목하세요].

만약 데이터가 쉼표로 구분되지 않고 다른 기호로 분리된 경우는 `read_delim()` 함
수를 이용하되, `delim` 옵션에 데이터가 어떤 기호로 구분되었는지 지정해주면 됩니다.
탭을 이용해 데이터가 구분된 경우 `delim='\t'`이라고 지정하면 됩니다. 여기서 `\t`은 탭
이라는 표현을 의미하며, 여기서 사용된 역슬래시(\)를 흔히 이스케이프(escape)라고 부릅
니다. 만약 줄바꿈[엔터(Enter) 키]을 의미할 경우는 `\n`과 같이 표현하면 됩니다. 만약 세미
콜론(;)이나 콜론(:)으로 데이터가 구분된 경우에는 `delim=';'`, `delim=':'`으로 옵션을 바
꾸어주면 되고, 간혹 스페이스 공란(Space 키)으로 구분된 경우는 `delim=' '`으로 표현
하면 됩니다. 아무튼 탭으로 구분된 "`data_district_lonlat.txt`" 데이터를 읽어
보죠.

```
> # 탭으로 분리된 텍스트 형식의 데이터(*.txt)
> seoul_loc <- read_delim("data_district_lonlat.txt",delim='\t')
Parsed with column specification:
cols(
  district_id = col_character(),
  lon = col_double(),
  lat = col_double()
)
> seoul_loc
# A tibble: 25 x 3
   district_id      lon      lat
         <chr>    <dbl>    <dbl>
 1       강남구 127.0473 37.51724
 2       강동구 127.1238 37.53013
 3       강북구 127.0257 37.63961
 4       강서구 126.8495 37.55098
 5       관악구 126.9516 37.47841
 6       광진구 127.0823 37.53848
 7       구로구 126.8874 37.49540
 8       금천구 126.9020 37.45185
 9       노원구 127.0568 37.65419
10       도봉구 127.0471 37.66877
# ... with 15 more rows
```

다시 CSV 데이터로 돌아가 봅시다. CSV 데이터는 쉼표로 구분된 데이터입니다. 다시 말해 쉼표를 기준으로 데이터를 구분한다고 지정하는 방식을 사용하면 꼭 read_csv() 함수를 사용할 이유가 없습니다. 거의 사용되지는 않지만 다음과 같이 read_delim() 함수를 이용해 CSV 데이터를 불러들이는 것도 가능합니다.

```
> # CSV 데이터를 read_delim() 함수로 불러오기
> seoul_loc <- read_delim("data_district_lonlat.csv,delim=',')
Parsed with column specification:
cols(
  district_id = col_character(),
  lon = col_double(),
  lat = col_double()
)
> seoul_loc
# A tibble: 25 x 3
   district_id       lon      lat
         <chr>     <dbl>    <dbl>
 1       강남구 127.0473 37.51724
 2       강동구 127.1238 37.53013
 3       강북구 127.0257 37.63961
 4       강서구 126.8495 37.55098
 5       관악구 126.9516 37.47841
 6       광진구 127.0823 37.53848
 7       구로구 126.8874 37.49540
 8       금천구 126.9020 37.45185
 9       노원구 127.0568 37.65419
10       도봉구 127.0471 37.66877
# ... with 15 more rows
```

이제 SPSS 데이터를 불러옵시다. 예제 파일에는 "data_TESS3_131.sav"라는 이름의 SPSS 형태의 데이터가 들어 있습니다. 여기서는 이 데이터를 R 공간에 불러옵시다. 앞서 설명하였듯, 상업용 프로그램 형식의 데이터는 haven 패키지를 이용하면 쉽게 불러들일 수 있습니다. SPSS 형태의 데이터는 아래와 같이 read_spss() 함수 혹은 read_sav() 함수를 이용하시면 됩니다. 해당 데이터는 593개의 가로줄(응답자)과 95개

의 세로줄(변수)로 이루어진 것을 알 수 있습니다.

```
> # SPSS 형태의 데이터를 불러오기
> tess131 <- read_spss("data_TESS3_131.sav")
> tess131
# A tibble: 593 x 95
   CaseID weight tm_start            tm_finish              duration
    <dbl>  <dbl> <dttm>              <dttm>                    <dbl>
 1   9.00  0.530 2013-02-07 22:13:21 2013-02-07 22:16:30        3.00
 2  10.0   0.990 2013-02-07 22:15:13 2013-02-07 22:22:52        7.00
 3  11.0   3.61  2013-02-07 22:16:00 2013-02-07 22:20:32        4.00
 4  12.0   3.54  2013-02-07 22:16:12 2013-02-11 00:07:13     4431
 5  13.0   3.30  2013-02-07 22:17:10 2013-02-07 22:24:10        7.00
 6  14.0   0.612 2013-02-07 22:18:27 2013-02-07 22:24:06        5.00
 7  15.0   1.80  2013-02-07 22:18:27 2013-02-07 22:26:15        7.00
 8  16.0   0.163 2013-02-07 22:18:57 2013-02-07 22:24:34        5.00
 9  17.0   0.282 2013-02-07 22:20:00 2013-02-07 22:44:32       24.0
10  18.0   0.210 2013-02-07 22:20:26 2013-02-07 22:25:53        5.00
# ... with 583 more rows, and 90 more variables: CONSENT <dbl+lbl>,
#   Q1 <dbl+lbl>, STUDY1_ASSIGN <dbl+lbl>, Q2 <dbl+lbl>,
#   Q3 <dbl+lbl>, Q4 <dbl+lbl>, Q5 <dbl+lbl>,
#   STUDY2_ASSIGN <dbl+lbl>, Q6 <dbl+lbl>, Q7 <dbl+lbl>,
#   Q8 <dbl+lbl>, Q9 <dbl+lbl>, STUDY3_ASSIGN <dbl+lbl>,
#   Q10 <dbl+lbl>, Q11 <dbl+lbl>, Q12 <dbl+lbl>, Q13 <dbl+lbl>,
#   Q14 <dbl+lbl>, Q15 <dbl+lbl>, Q16 <dbl+lbl>, Q17 <dbl+lbl>,
#   Q18 <dbl+lbl>, Q19 <dbl+lbl>, Q20 <dbl+lbl>, Q21 <dbl+lbl>,
#   PARTY7 <dbl+lbl>, IDEO <dbl+lbl>, REL1 <dbl+lbl>,
#   REL2 <dbl+lbl>, PPAGE <dbl+lbl>, ppagecat <dbl+lbl>,
#   ppagect4 <dbl+lbl>, PPEDUC <dbl+lbl>, PPEDUCAT <dbl+lbl>,
#   PPETHM <dbl+lbl>, PPGENDER <dbl+lbl>, PPHHHEAD <dbl+lbl>,
#   PPHHSIZE <dbl+lbl>, PPHOUSE <dbl+lbl>, PPINCIMP <dbl+lbl>,
#   PPMARIT <dbl+lbl>, PPMSACAT <dbl+lbl>, PPREG4 <dbl+lbl>,
#   ppreg9 <dbl+lbl>, PPRENT <dbl+lbl>, PPSTATEN <dbl+lbl>,
#   PPT01 <dbl+lbl>, PPT25 <dbl+lbl>, PPT612 <dbl+lbl>,
#   PPT1317 <dbl+lbl>, PPT18OV <dbl+lbl>, PPWORK <dbl+lbl>,
#   PPNET <dbl+lbl>, CONSENT_t <dbl>, Q1_t <dbl>,
#   DISPLAY_STUDY1_ASSIGN1_t <dbl>, DISPLAY_STUDY1_ASSIGN2_t <dbl>,
```

```
#   Q2_t <dbl>, Q3_t <dbl>, Q4_t <dbl>, Q5_t <dbl>,
#   DISPLAY_STUDY2_ASSIGN1_t <dbl>, DISPLAY_STUDY2_ASSIGN2_t <dbl>,
#   DISPLAY_STUDY2_ASSIGN3_t <dbl>, DISPLAY_STUDY2_ASSIGN4_t <dbl>,
#   DISPLAY_STUDY2_ASSIGN5_t <dbl>, Q6_t <dbl>, Q7_t <dbl>,
#   Q8_t <dbl>, Q9_t <dbl>, DISPLAY_STUDY3_ASSIGN1_t <dbl>,
#   DISPLAY_STUDY3_ASSIGN2_t <dbl>, DISPLAY_STUDY3_ASSIGN3_t <dbl>,
#   DISPLAY_STUDY3_ASSIGN4_t <dbl>, Q10_t <dbl>, Q11_t <dbl>,
#   Q12_t <dbl>, Q13_t <dbl>, Q14_Q18_t <dbl>, Q19_t <dbl>,
#   Q20_t <dbl>, Q21_t <dbl>, DISPLAY_STUDY3_ASSIGN13_t <dbl>,
#   PARTY1_t <dbl>, PARTY2_t <dbl>, PARTY3_t <dbl>, PARTY4_t <dbl>,
#   IDEO_t <dbl>, REL1_t <dbl>, REL2_t <dbl>
```

다음으로 STATA 형식의 데이터를 불러옵시다. haven 패키지의 read_stata() 함수 혹은 read_dta() 함수를 사용하며, 읽어오는 방식은 SPSS 형식의 데이터를 불러오는 것과 동일합니다. read_dta() 함수의 'dta'라는 표현은 STATA 형식의 데이터 확장자가 *.dta이기 때문입니다. 예제 파일 중 "data_gss_panel06.dta"가 STATA 형식의 데이터입니다. 이 데이터는 2,000명의 미국인을 대상으로 2006, 2008, 2010년의 세 시점에 걸쳐 반복적으로 설문을 실시하였으며, 흔히 '일반사회조사(GSS, general social survey)'라는 이름으로 잘 알려져 있습니다. GSS 데이터에 대한 자세한 소개를 하는 것은 본서의 목적과 맞지 않습니다. 혹시 관심 있는 분이라면 예제 파일에 들어있는 PDF 파일을 읽어볼 것을 권합니다. 데이터 과학의 관점에서 다음과 같은 특징들이 있다는 것에는 주목하시기 바랍니다. 첫째, '넓은 형태(wide form)' 데이터입니다. 예를 들어 'mar1_'로 시작하는 변수는 동일한 응답자에게서 3회 반복적으로 측정되었습니다(즉, mar1_1은 2006년 측정, mar1_2는 2008년 측정, mar1_3은 2010년 측정). 그러나 시계열 분석을 포함한 데이터 분석이나 ggplot2 패키지 함수들을 이용하기 위해서는 해당 데이터를 '긴 형태(long format)'로 바꾸어야 합니다. 데이터 형태(data format) 전환 방법에 대한 자세한 설명은 나중에 제시하겠습니다. 둘째, 사회과학 방법론에서 이야기하는 '표본 마멸(attrition or mortality)' 문제가 발생합니다. 예를 들어 2006년 설문에는 미국에 거주하여 응답하였지만, 2008년에는 해외출장으로 인해 설문에 응답하지 못한 상황을 한번 가정해보죠. 이런 문제들로 인해 세 시점 모두 설문에 응답한 사람은 2,000명에 못 미칩니다. 즉 표본의 대표성을 저해하는 문제가 발생하며, 이는 데이터 분석을 매우 까다롭게 만드는 것은 물론, 분석결과의 타당성을 저해하는 요인이기도 합니다. 타이디버스 패키지에 내장된 다양한 함수들은 이렇게 '정리되지 않은 데이터(messy data)'를 분석하기 좋은 '타이디데이터(tidy data)'로 바꾸는 데 매우 유용합니다.

아무튼 이 데이터는 전통적 사회과학 분과의 관점에서 본다면 상당히 '복잡하고 큰 데이터'입니다(물론 최근 폭발적으로 증가하는 데이터라는 측면에서 본다면 그다지 복잡하지도 또한 그다지 크지도 않습니다). 아래의 티블 데이터 정보에서 드러나듯 총 2,000명의 응답자(가로줄)에게서 총 1,854개의 변수(세로줄)를 측정하였습니다. 데이터 형태를 변환하고 분석하는 방법에 대해서는 나중에 보다 자세하게 살펴봅시다.

```
> # STATA 형태의 데이터를 불러오기
> gss_panel <- read_dta("data_gss_panel06.dta")
> gss_panel
# A tibble: 2,000 x 1,854
   ballot  form   formwt oversamp sample  panstat_2 panstat_3 mar1_1
   <dbl+l> <dbl+> <dbl>  <dbl>    <dbl+l> <dbl+lbl> <dbl+lbl> <dbl+>
 1 3       2      1.00   1.00     9       1         1         5
 2 1       1      1.00   1.00     9       1         1         5
 3 3       2      1.00   1.00     9       1         1         2
 4 1       2      1.00   1.00     9       1         1         3
 5 3       1      1.00   1.00     9       1         1         5
 6 2       1      1.00   1.00     9       1         1         3
 7 2       2      1.00   1.00     9       1         1         1
 8 1       2      1.00   1.00     9       33        0         5
 9 2       1      1.00   1.00     9       1         1         5
10 3       1      1.00   1.00     9       1         1         5
# ... with 1,990 more rows, and 1,846 more variables:
#   mar1_2 <dbl+lbl>, mar1_3 <dbl+lbl>, mar2_1 <dbl+lbl>,
#   mar2_2 <dbl+lbl>, mar2_3 <dbl+lbl>, mar3_1 <dbl+lbl>,
#   mar3_2 <dbl+lbl>, mar3_3 <dbl+lbl>, mar4_1 <dbl+lbl>,
#   mar4_2 <dbl+lbl>, mar4_3 <dbl+lbl>, mar5_1 <dbl+lbl>,
#   mar5_2 <dbl+lbl>, mar5_3 <dbl+lbl>, mar6_1 <dbl+lbl>,
#   mar6_2 <dbl+lbl>, mar6_3 <dbl+lbl>, mar7_1 <dbl+lbl>,
#   mar7_2 <dbl+lbl>, mar7_3 <dbl+lbl>, mar8_1 <dbl+lbl>,
```

```
#   mar8_2 <dbl+lbl>, mar8_3 <dbl+lbl>, mar11_1 <dbl+lbl>,
#   mar11_2 <dbl+lbl>, mar11_3 <dbl+lbl>, mar12_1 <dbl+lbl>,
#   mar12_2 <dbl+lbl>, mar12_3 <dbl+lbl>, abany_1 <dbl+lbl>,
#   abany_2 <dbl+lbl>, abany_3 <dbl+lbl>, abdefect_1 <dbl+lbl>,
#   abdefect_2 <dbl+lbl>, abdefect_3 <dbl+lbl>, abhlth_1 <dbl+lbl>,
#   abhlth_2 <dbl+lbl>, abhlth_3 <dbl+lbl>, abnomore_1 <dbl+lbl>,
#   abnomore_2 <dbl+lbl>, abnomore_3 <dbl+lbl>, abpoor_1 <dbl+lbl>,
#   abpoor_2 <dbl+lbl>, abpoor_3 <dbl+lbl>, abrape_1 <dbl+lbl>,
#   abrape_2 <dbl+lbl>, abrape_3 <dbl+lbl>, absingle_1 <dbl+lbl>,
#   absingle_2 <dbl+lbl>, absingle_3 <dbl+lbl>,
#   acqntsex_1 <dbl+lbl>, acqntsex_2 <dbl+lbl>,
#   acqntsex_3 <dbl+lbl>, adults_1 <dbl+lbl>, adults_2 <dbl+lbl>,
#   adults_3 <dbl+lbl>, advfront_1 <dbl+lbl>, advfront_2 <dbl+lbl>,
#   advfront_3 <dbl+lbl>, affrmact_1 <dbl+lbl>,
#   affrmact_2 <dbl+lbl>, affrmact_3 <dbl+lbl>, age_1 <dbl+lbl>,
#   age_2 <dbl+lbl>, age_3 <dbl+lbl>, aged_1 <dbl+lbl>,
#   aged_2 <dbl+lbl>, aged_3 <dbl+lbl>, agekdbrn_1 <dbl+lbl>,
#   agekdbrn_2 <dbl+lbl>, agekdbrn_3 <dbl+lbl>,
#   astrolgy_1 <dbl+lbl>, astrolgy_2 <dbl+lbl>,
#   astrolgy_3 <dbl+lbl>, astrosci_1 <dbl+lbl>,
#   astrosci_2 <dbl+lbl>, astrosci_3 <dbl+lbl>, attend_1 <dbl+lbl>,
#   attend_2 <dbl+lbl>, attend_3 <dbl+lbl>, babies_1 <dbl+lbl>,
#   babies_2 <dbl+lbl>, babies_3 <dbl+lbl>, balneg_1 <dbl+lbl>,
#   balneg_2 <dbl+lbl>, balneg_3 <dbl+lbl>, balpos_1 <dbl+lbl>,
#   balpos_2 <dbl+lbl>, balpos_3 <dbl+lbl>, bible_1 <dbl+lbl>,
#   bible_2 <dbl+lbl>, bible_3 <dbl+lbl>, bigbang_1 <dbl+lbl>,
#   bigbang_2 <dbl+lbl>, bigbang_3 <dbl+lbl>, bizbstgw_1 <dbl+lbl>,
#   bizbstgw_2 <dbl+lbl>, bizbstgw_3 <dbl+lbl>,
#   bizbsttx_1 <dbl+lbl>, bizbsttx_2 <dbl+lbl>, ...
```

본서에서는 소개하지 않았지만 SAS 형태의 데이터를 불러들이는 경우 haven 패키지
의 read_sas() 함수를 사용하시면 됩니다. 위에서 살펴본 SPSS, STATA 형식의 데이
터를 불러들이는 것과 개념적으로 동일합니다.

# 데이터 불러오기

**데이터 불러오기_문제_1 :** 본서의 예시 데이터는 총 11개로 다음과 같습니다. 타이디버스 패키지 및 관련 패키지들을 이용해 이 데이터를 모두 열어보세요.

- `data_library.xls`: 엑셀 97-2003 버전으로 작성된 데이터
- `data_population.xls`: 엑셀 97-2003 버전으로 작성된 데이터
- `data_student_class.xls`: 엑셀 97-2003 버전으로 작성된 데이터
- `data_1000songs.xlsx`: 엑셀 2007 버전 이상으로 작성된 데이터
- `data_country.xlsx`: 엑셀 2007 버전 이상으로 작성된 데이터
- `data_foreign_aid.xlsx`: 엑셀 2007 버전 이상으로 작성된 데이터
- `data_district_lonlat.csv`: 쉼표로 분리된 형태의 데이터
- `data_survey_comma.csv`: 쉼표로 분리된 형태의 데이터
- `data_district_lonlat.txt`: 탭(Tab키)로 분리된 형태의 데이터
- `data_TESS3_131.sav`: SPSS 형식 데이터
- `data_gss_panel06.dta`: STATA 형식 데이터

**데이터 불러오기_문제_2 :** 만약 R 공간에서 작업한 오브젝트를 하드 드라이브에 CSV 데이터 형태로 저장하고 싶다면 어떻게 해야 할까요? 구체적으로 '티블 데이터 입력_문제_1'에서 여러분이 직접 입력했던 티블 데이터를 "my_answer.csv" 혹은 "my_answer.xlsx"라는 이름으로 원하는 폴더에 저장해보세요.

[힌트: read라는 단어의 반대말은 write입니다. 다시 말해 `write_csv()` 함수나 writexl 패키지의 `write_xlsx()` 함수를 사용하시면 됩니다. `write_csv(R오브젝트, '저장하고_싶은_파일위치')` 혹은 `writexl::write_xlsx(R오브젝트, '저장하고_싶은_파일위치')`와 같이 하시면 됩니다. 직접 해보세요.]

## 01-3 파이프 오퍼레이터

파이프(%>%) 오퍼레이터는 타이디버스 패키지를 사용하여 작성된 R 코드를 어려워 보이게 만드는 이유이기도 합니다만, 사실 어려운 것은 아닙니다. 도리어 데이터 분석의 절차를 보다 알기 쉽게 만들어주며, 무엇보다 복잡한 코드를 단순화시켜 줍니다. 소위 '빅 데이터'와 같은 '복잡한' 혹은 '정리되지 않은' 데이터를 분석할 때는 파이프 오퍼레이터를 사용하지 않는 것이 거의 불가능할 정도가 아닐까 싶습니다.

일단 파이프 오퍼레이터의 모습에 익숙해질 필요가 있습니다. 본서에서 소개할 파이프 오퍼레이터는 |>와 %>%, 그리고 %$% 3가지입니다만, %>%을 집중적으로 사용할 예정입니다. 우선 |>와 %>%은 거의 동일한 역할을 수행합니다. 다른 점이 있다면 |>은 최신 버전(정확하게는 4.1.x 이상)의 R 베이스에서 제공되며 %>%은 magrittr 패키지에서 제공된다는 점입니다. 최신 버전 R에서 제공하는 |> 파이프 오퍼레이터는 2014년 첫 선을 보인 magrittr 패키지의 %>%가 주목을 받은 이후, 2021년 R 개발팀에서 개발하여 선보인 새로운 파이프 오퍼레이터로 2023년 7월 현재 R 이용자 커뮤니티에도 널리 알려지지는 않았습니다. R Studio의 경우 %>%의 단축키(Ctrl+Shift+M)를 디폴트 옵션으로 제공하고 있으며, 이용자가 원할 경우 %>%를 |>으로 변환할 수 있는 옵션을 제공하고 있습니다. 만약 |>으로 파이프 오퍼레이터의 디폴트를 변경하고자 하는 분들은 R Studio의 Tools( Tools )를 클릭하고, Global Options( Global Options... )를 선택한 다음, 왼쪽의 Code 탭을 누르면 아래와 같은 이미지를 확인할 수 있습니다. 여기서 Use native pipe operator, |>(requires R 4.1+)를 체크하면 파이프 오퍼레이터의 디폴트를 %>%에서 |>으로 바꾸어서 사용할 수 있습니다. 2가지 파이프 오퍼레이터는 거의 차이가 없습니다(적어도 제가 인지하는 범위에서는 전혀 차이가 없습니다). R 이용자 커뮤니티에서 매우 높은 권위를 갖고 있는 해들리 위캠의 경우 2023년 7월에 출간된 신간에서 |>을 사용하고 있습니다만, 타이디버스 접근법을 따르는 대다수 R 이용자의 경우 아직까지는 %>%을 절대적으로 더 많이 사용하고 있다는 점을 감안하여 본서에서도 %>%을 선택하였습니다. 만약 |>을 사용하고자 한다면 방금 설명드린 방식으로 R Studio의 단축키 옵션조정을 실시하면 됩니다. 아무튼 |>와 %>% 파이프 오퍼레이터는 흔히 'A, then B'라고 읽습니다(한국어로 번역을 하면, "~~하고, 이후에 ~~한다"의 의미를 갖습니다).

**%$%** 파이프 오퍼레이터는 **|>**이나 **%>%**과는 조금 다릅니다. **%$%**에 대한 보다 자세한 소개는 데이터 분석예시 작업을 실시할 때 다시 소개하도록 하겠습니다.

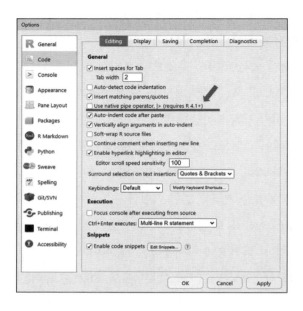

실례를 통해 **%>%** 오퍼레이터가 어떤 기능을 하는지 살펴봅시다. 예시 데이터 중 간단한 **data_library.xls** 데이터를 다음과 같은 과정을 거쳐 분석한다고 가정해보죠.

- 단계 1: **data_library.xls** 데이터를 불러온다.
- 단계 2: '기간'이라는 이름의 변수의 빈도표를 구한다.

빈도표를 구하는 것은 기술통계분석의 첫 단추와도 같습니다. 타이디버스 패키지 접근에서는 **count()** 함수를 통해 빈도표를 구할 수 있습니다. 기술통계분석에 대해서는 나중에 보다 자세하게 살펴봅시다. 두 단계의 작업을 **%>%** 파이프 오퍼레이터를 이용하면 다음과 같습니다.

```
> # 파이프 오퍼레이터 이해
> library('readxl')
> read_excel("data_library.xls") %>%
```

```
+   count(기간)
# A tibble: 7 x 2
  기간      n
  <chr> <int>
1 2010     26
2 2011     26
3 2012     26
4 2013     26
5 2014     26
6 2015     26
7 2016     26
```

전통적인 방식으로 R 데이터 분석을 실시할 경우는 다음과 같은 과정을 거칩니다. R 베이스에 익숙하신 분은 다음과 같은 방식이 훨씬 더 편하게 느껴질 수 있습니다.[7]

```
> # 전통적 방식에 익숙하게 한다면
> seoul_library <- read_excel("data_library.xls")  #단계 1
> count(seoul_library, 기간)  #단계 2
# A tibble: 7 x 2
  기간      n
  <chr> <int>
1 2010     26
2 2011     26
3 2012     26
4 2013     26
5 2014     26
6 2015     26
7 2016     26
```

---

7   count() 함수는 R 베이스의 table() 함수와 동일합니다. 차이점이 있다면 count() 함수의 실행결과는 티블 데이터를 타이디데이터의 규칙들을 충족하는 티블 데이터인 반면, table() 함수는 데이터프레임 데이터를 데이터프레임 데이터로 변환하지 않는다는 점입니다. 별 차이가 아닌 것 같지만, 이는 데이터의 시각화, R 코드의 가독성, 데이터 분석의 간결성에서 매우 중요한 차이입니다. 간단한 데이터를 분석할 때는 잘 느껴지지 않지만, 데이터가 복잡할 경우 타이디버스 접근은 전통적 접근법에 비해 월등하게 효과적이고 효율적입니다.

간단한 분석일 경우 파이프 오퍼레이터가 그다지 매력적으로 느껴지지 않을 수도 있습니다. 그러나 데이터 처리 및 분석과정이 여러 단계를 거칠 경우 파이프 오퍼레이터는 분석시간을 대폭 단축시키며, 무엇보다 프로그래밍 과정에서 실수할 가능성이 낮아집니다. 독자들께서는 일단 이 말을 믿어보시고 간단한 사례들을 통해 파이프 오퍼레이터에 익숙해지시길 부탁드립니다.

그러나 파이프 오퍼레이터를 사용할 때 다음과 같은 점들은 주의할 필요가 있습니다. 위캠 등(Wickham & Grolemund, 2017; Wickham et al., 2023)은 타이디버스 패키지 접근에서 사용하는 파이프 오퍼레이터 사용 시 주의할 점으로 다음의 3가지를 언급하고 있습니다.

1. 파이프 오퍼레이터 만능주의를 경계하기 바랍니다. 예를 들어 데이터 분석단계가 20단계일 때 19번의 파이프 오퍼레이터를 사용하는 것은 불가능하지는 않아도 바람직하다고 볼 수 없습니다. 파이프 오퍼레이터의 기능 중 하나는 프로그래밍 단계가 쉽게 이해되도록 하는 것인데, 여러 단계들이 연결되면 해당 코드를 이해하는 것을 더 방해할 수도 있습니다. '좋은 코드'를 결정하는 중요한 기준 중 하나는 '다른 사람이 보았을 때도 쉽게 이해되는 코드'인지 여부입니다.

2. 파이프 오퍼레이터는 하나의 데이터 오브젝트 내에서 작동합니다. 만약 데이터 오브젝트가 여러 개라면 데이터를 합친 하나의 데이터 오브젝트를 만든 후에 파이프 오퍼레이터를 사용하시기 바랍니다. *_join()으로 끝나는 함수들을 이용해 데이터를 합치는 방법에 대해서는 나중에 보다 자세하게 소개할 예정입니다.

3. 네트워크 데이터 중에서 '유방향성 그래프(directed graph)'를 다룰 경우 파이프 오퍼레이터를 주의 깊게 사용하셔야만 합니다. 유방향성 그래프란 두 개체가 서로에 대해 영향을 줄 수 있는 네트워크 데이터를 의미합니다. 구체적으로 A, B가 서로 연결되어 있는지 여부만을 고려하는 네트워크 데이터를 '무방향성 그래프(undirected graph)'라고 부르지만, A가 B에 영향을 주는지 여부와 B가 A에게 영향을 주는지 여부를 동시에 고려하는 네트워크 데이터를 '유방향성 그래프'라고 부릅니다. 만약 네트워크 형태의 데이터에 관심이 없는 독자라면 크게 신경 쓸 부분은 아닙니다. 그러

나 네트워크 데이터에 관심이 있는 독자라면 타이디버스 접근에서 사용되는 파이프 오퍼레이터인 |>과 %>% 이나 %$%가 아니라, 다른 파이프 오퍼레이터를 사용하시는 것이 더 나을 것입니다(이를테면 %v%, %e% 등이 있습니다. 네트워크 데이터 분석에 대해서는 졸저 《R 기반 네트워크 분석: ERGM과 SIENA》(2023)를 참고하실 수 있습니다).

여기에 저는 다음과 같은 주의사항들을 추가하고자 합니다. 사실 이 부분은 파이프 오퍼레이터 사용과 직접적인 관련은 없습니다. 다시 말해 데이터 분석을 위한 프로그래밍을 할 때 유념하면 좋은 점들입니다.

4. 데이터 오브젝트나 변수이름을 붙일 때, 이름에는 충분한 정보가 체계적으로 담겨 있는 것이 좋습니다. 타이핑하는 것이 불편해서 데이터 오브젝트나 변수이름을 짧게 붙이는 경우가 종종 있습니다. 하지만 파이프 오퍼레이터를 이용하면 반복되어 나타나는 데이터 오브젝트나 변수이름을 여러 차례 반복하지 않아도 됩니다. 다시 말해 R 코드를 통해 어떤 작업이 진행되는지 쉽게 이해될 수 있도록 데이터 혹은 변수 오브젝트의 이름을 충분히 길게 사용해도 좋습니다(물론 너무 긴 것도 좋지 않겠지요). 또한 특정 속성을 공유하는 변수들을 묶어줄 수 있도록 변수의 이름을 체계적으로 정리하는 것이 좋습니다. 변수이름을 체계적으로 작성한 예는 앞서 살펴보았던 "data_gss_panel06.dta"입니다. 같은 변수에 측정시점에 따라 "_숫자"와 같은 형태로 체계화시킨 것을 알 수 있습니다. 이렇게 구성된 데이터는 아무리 양이 많고 복잡해도 단 몇 줄의 R 코드로 빠르고 정확하게 처리할 수 있습니다. 구체적인 사례는 나중에 살펴보겠습니다.

5. R 코드는 시각적으로 쉽게 파악되도록 구조화해야 합니다. R Studio를 사용하면, 큰 도움을 받을 수 있습니다만, 세상만사가 그러하듯 이용자가 의식적으로 주의를 기울여 작성해야 할 부분도 있습니다. 다음과 같이 동일한 작업을 진행하는 R 코드를 비교해보시기 바랍니다(R 코드가 이해되지 않아도 괜찮습니다. 각 함수의 의미와 기능에 대해서는 이후에 보다 자세하게 설명드리겠습니다). 아마도 누구라도 B 방식보다는 A 방식이 훨씬 더 명확하게 눈에 들어오며, 따라서 읽기 쉽다고 느낄 것입니다.

**표 2.** 시각적으로 잘 구조화된 R 코드와 그렇지 않은 R 코드

| | |
|---|---|
| A 방식 | ```# 좋은 예``` |

```
# 좋은 예
my_recoding_function <- function(myvariable){
  if (is_character(myvariable)) {
    myvariable=as.numeric(recode(myvariable,"-"="0"))
  } else {
    myvariable=as.numeric(myvariable)
  }

}seoul_library %>%
  filter(기간==2010) %>%
  select(ends_with("도서관")) %>%
  mutate(
    across(
      .cols=ends_with("도서관"),   #특정한 표현으로 종료되는 변수
      .fns=function(x){my_recoding_function(x)}
    )
  ) %>%
  summarise(
    across(
      .cols=everything(),          #데이터에 포함된 모든 변수
      .fns=function(x){mean(x)}
    )
  )
```

```
# 좋지 않은 예
seoul_library %>%
filter(기간==2010) %>%
select(ends_with("도서관")) %>%
mutate(across(.cols=ends_with("도서관"),.fns=function(x){if(is_
character(x)) {x=as.numeric(recode(x,"-"="0"))} else {x=as.
numeric(x)}})
) %>%
summarise(across(.cols=everything(),.fns=function(x){mean(x)}))
```

A 방식 / B 방식 (좌측 라벨)

6. R 베이스를 이용한 프로그래밍이나 다른 컴퓨터 언어의 경우도 마찬가지지만, 코드 중간중간 코멘트를 달아 해당 코드가 어떤 의미이며 어떤 작업을 하는지 설명해두는 습관을 들이시기 바랍니다. 특히 다른 사람들과 공동작업을 해야 하는 경우라면 이는 매우 중요하고 유용한 습관입니다. R에서는 #으로 시작되는 부분은 코드로 인식하지 않습니다. 본서에서는 R 코드의 의미에 대해 제가 #으로 코멘트를 달아두었으며, 예시 코드를 열어보시면 보다 자세한 코멘트를 확인할 수 있습니다. R은 컴퓨터 언어이며, 컴퓨터 언어 역시 '소통(communication)'을 위한 도구입니다.

## 01-4 변수선별

　흔히 많은 데이터가 좋은 데이터라고 이야기합니다. 실제로 '빅 데이터'라는 말이 왠지 긍정적으로 들린다면 그 이유는 '빅(big)'이라는 말 때문이 아닐까 싶습니다. 그러나 데이터 분석에서 모든 데이터를 다 분석하지는 않습니다. 연구자의 필요와 연구목적에 따라 데이터의 원하는 부분에 초점을 맞추는 것이 보통입니다. 앞의 **data_gss_panel06.dta** 데이터를 예로 들어보겠습니다. 앞에서 이미 살펴보았듯, 해당 데이터에는 1,854개라는 매우 많은 수의 변수가 있습니다. 만약 어떤 연구자가 2006년도 데이터에만 관심이 있다고 가정해보죠. 이 경우 **data_gss_panel06.dta** 데이터를 통째로 이용하는 것은 효율성이 떨어집니다. 왜냐하면 데이터가 불필요하게 커서 자료처리에 부담을 줄 수도 있으며, 무엇보다 변수가 너무 많으면 데이터를 이해하고 설명하는 것이 쉽지 않을 수 있기 때문입니다. 이번 섹션에서 다루고자 하는 '변수선별'은 바로 데이터에서 원하는 변수만 남기거나(keeping) 혹은 원하지 않는 변수를 버리는(dropping) 기법입니다. 타이디버스 접근을 사용하면 변수선별을 매우 간편하게 실행할 수 있습니다.

　우선 예시 데이터 중 가장 간단한 **data_library.xls** 데이터를 먼저 살펴봅시다.

```
> ## 변수선별
> # 서울시 25개 구별 도서관 현황 데이터(data.seoul.go.kr)
> seoul_library <- read_excel("data_library.xls")
> seoul_library
# A tibble: 182 x 7
     기간   자치구      계  국립도서관   공공도서관  대학도서관   전문도서관
    <chr>  <chr>    <dbl>   <chr>        <dbl>      <chr>        <chr>
 1  2010   합계      464      3          101         85           275
 2  2010   종로구    50.0     -          4.00         9            37
 3  2010   중구      57.0     -          2.00         2            53
 4  2010   용산구    18.0     -          3.00         2            13
 5  2010   성동구     6.00    -          4.00         2            -
 6  2010   광진구     9.00    -          3.00         3            3
 7  2010   동대문구  17.0     -          2.00         5            10
 8  2010   중랑구     4.00    -          2.00         1            1
 9  2010   성북구    16.0     -          3.00         8            5
10  2010   강북구    10.0     -          5.00         3            2
# ... with 172 more rows
```

이 데이터에서 기간, 자치구, 계 변수들만 선별하여 seoul_library2라는 이름의 데이터 오브젝트를 만들어봅시다. 변수선별을 위해서는 select() 함수를 사용합니다. 사용방법은 아래와 같이 원하는 변수들을 쉼표로 구분하여 나열하면 매우 간단합니다.

```
> # 기간, 자치구, 계 변수들만 선별
> seoul_library2 <- seoul_library %>%
+   select(기간, 자치구, 계)
> seoul_library2
# A tibble: 182 x 3
   기간  자치구      계
   <chr> <chr>    <dbl>
 1 2010  합계       464
 2 2010  종로구    50.0
 3 2010  중구      57.0
 4 2010  용산구    18.0
 5 2010  성동구    6.00
 6 2010  광진구    9.00
 7 2010  동대문구  17.0
 8 2010  중랑구    4.00
 9 2010  성북구    16.0
10 2010  강북구    10.0
# ... with 172 more rows
```

위의 과정을 조금 다른 각도에서 살펴보죠. 위와 같은 데이터는 **국립도서관, 공공도서관, 대학도서관, 전문도서관**이라는 네 변수들을 버리는 방식으로도 얻을 수 있습니다. 원치 않는 변수를 버리려면 select() 함수에 원치 않는 변수이름 앞에 − 부호를 붙이면 됩니다.[8] 매우 직관적이죠. 변수선별과는 직접적 관련은 없지만, R 출력결과를 줄이기 위해 앞으로는 print() 함수를 같이 사용하겠습니다. 아래와 같이 print(n=2)라고 하면 첫 번째 2개의 가로줄만 출력결과로 나타납니다. 특별한 이유가 없다면 독자께서는 print() 함수를 실행하지 않아도 상관없습니다.

---

8  영어가 아닌 한국어로 표기된 변수이름의 경우 오류가 발생할 수도 있습니다. 이 경우 select() 함수 안에 contains() 함수를 이용하면 문제가 해결됩니다. 예를 들어 select(기간) 대신 select(contains("기간"))과 같이 하면 한국어 변수를 읽는 데 문제가 없습니다.

```
> # 국립도서관 공공도서관 대학도서관 전문도서관 변수들만 버리는 경우
> seoul_library2 <- seoul_library %>%
+     select(-국립도서관, -공공도서관, -대학도서관, -전문도서관)
> seoul_library2 %>%
+     print(n=2)
# A tibble: 182 x 3
   기간   자치구     계
   <chr> <chr>   <dbl>
1 2010   합계      464
2 2010   종로구    50.0
# ... with 180 more rows
```

위의 결과를 조금 더 살펴봅시다. 변수들의 이름에서 규칙성을 발견할 수 있죠? 그렇습니다. 변수에 모두 '도서관'이라는 표현, 즉 문자형 데이터가 들어 있습니다. 타이디버스 패키지에서 제공하는 함수들을 활용하면 이렇게 규칙을 발견할 수 있는 데이터를 매우 쉽게 처리할 수 있습니다. 변수이름이 모두 '도서관'이라는 문자형 데이터로 끝나는 변수들을 일괄적으로 삭제하고 싶다면 ends_with("도서관")을 이용하면 됩니다. 아래를 살펴보시죠.

```
> # 특정 표현이 규칙적으로 등장하는 경우
> seoul_library2 <- seoul_library %>%
+     select(-ends_with("도서관"))
> seoul_library2 %>%
+     print(n=2)
# A tibble: 182 x 3
   기간   자치구     계
   <chr> <chr>   <dbl>
1 2010   합계      464
2 2010   종로구    50.0
# ... with 180 more rows
```

만약 특정한 표현으로 시작하는 변수들을 체계적으로 선택하고 싶다면 starts_with("your_expression")과 같이 하면 됩니다. 또 데이터의 변수들에 만약 원하는 표현이 앞이든 뒤든 아니면 중앙이든 일단 등장할 경우에는 contains("your_ expression")을 사용하시면 됩니다. 예를 들어 데이터에서 기간, 자치구, 그리고 "도서"라는 표현이 등장한 어떠한 이름의 변수를 선별한다고 가정해보죠. select() 함수를 다음과 같이 응용하면 됩니다.

```
> # 데이터에서 기간, 자치구, 그리고 "도서"라는 표현이 등장한 어떠한 이름의 변수를 선별
> seoul_library2 <- seoul_library %>%
+    select(기간, 자치구, contains("도서"))
> seoul_library2 %>%
+    print(n=2)
# A tibble: 182 x 6
   기간   자치구 국립도서관 공공도서관   대학도서관 전문도서관
   <chr> <chr> <chr>        <dbl>     <chr>       <chr>
1 2010   합계       3           101         85          275
2 2010   종로구     -           4.00        9           37
# ... with 180 more rows
```

앞에서는 변수이름을 구체적으로 지정하거나 혹은 특정한 표현이 들어간 경우 변수를 어떻게 선별하는지 살펴보았습니다. 만약 데이터에서 기간 변수부터 공공도서관 변수까지의 범위에 속하는 변수들을 뽑아낸다고 가정해봅시다. 이것 역시 매우 직관적입니다. 아래와 같이 : 기호를 사용하면 됩니다.

```
> # 데이터에서 기간 변수부터 공공도서관 변수까지의 범위에 속하는 변수들을 선별
> seoul_library2 <- seoul_library %>%
+    select(기간:공공도서관)
> seoul_library2 %>%
+    print(n=2)
# A tibble: 182 x 5
   기간   자치구     계    국립도서관   공공도서관
   <chr> <chr> <dbl>   <chr>        <dbl>
1 2010   합계     464       3           101
2 2010   종로구   50.0      -           4.00
# ... with 180 more rows
```

만약 원하는 변수들이 몇 번째부터 몇 번째 변수들인지 알고 있다면 다음과 같이 숫자를 이용해 범위를 지정할 수도 있습니다. 2~5번째까지의 4개 변수들을 선별해보죠.

```
> # 2번째 부터 5번째 까지의 변수들을 선별
> seoul_library2 <- seoul_library %>%
+   select(2:5)
> seoul_library2 %>%
+   print(n=2)
# A tibble: 182 x 4
  자치구       계    국립도서관  공공도서관
  <chr>   <dbl>  <chr>         <dbl>
1 합계     464       3          101
2 종로구    50.0    -           4.00
# ... with 180 more rows
```

한 가지 주의할 점은 범위에 해당되는 변수들을 제외할 때는 괄호[()]를 이용한 후 − 부호를 덧붙여야 한다는 점입니다. 예를 들어 다음과 같이 표현하면 처리가 되지 않습니다. 이유는 간단합니다. R은 −2:5를 "2:5까지의 범위를 뺀다"로 이해하지 않고 "−2부터 5까지의 범위를 선택한다"로 이해하기 때문입니다. 하지만 −2라는 위치는 존재할 수 없기 때문에 아래와 같은 에러 메시지가 나타나는 것입니다.

```
> # 범위 지정 시 주의사항: 아래는 오류 발생
> seoul_library2 <- seoul_library %>%
+   select(-2:5)
Error in combine_vars(vars, ind_list) :
  Each argument must yield either positive or negative integers
```

따라서 다음과 같이 "2:5까지의 범위를 뺀다"라고 R이 인식하기 위해서는 다음과 같이 -(2:5)라고 지정해야 합니다. 아래에서 보시듯 이제는 우리가 원하는 결과를 얻을 수 있습니다.

```
> # 2번째부터 5번째까지의 변수들을 선별
> seoul_library2 <- seoul_library %>%
+   select(-(2:5))
> seoul_library2 %>%
+   print(n=2)
# A tibble: 182 x 3
  기간    대학도서관  전문도서관
  <chr>  <chr>      <chr>
1 2010   85         275
2 2010   9          37
# ... with 180 more rows
```

# 변수선별 과정

**변수선별_문제_1**: "data_gss_panel06.dta" 데이터 중에서 2006년에 측정된 변수들을 선별해봅시다. 변수이름에 "_1"이라고 된 변수는 2006년에 측정되었으며, "_2"라고 된 변수는 2008년, "_3"이라고 된 변수는 2010년에 측정되었습니다. "_숫자"가 없는 변수의 경우 2006년에만 한차례 측정된 변수입니다. 이 과정을 거친 데이터를 gss_06이라는 이름으로 저장하세요. gss_06이라는 데이터에는 총 몇 개의 변수들이 있나요?

**변수선별_문제_2**: gss_06 데이터 중에서 변수이름에 "relig"라는 표현이 들어간 변수들만을 골라내봅시다. gss_06 데이터에는 총 몇 개의 변수들에 "relig"라는 표현이 들어 있나요?

**변수선별_문제_3**: "data_TESS3_131.sav" 데이터 중에서 "PP"라는 표현으로 시작하는 변수들을 선별한 후 data_131이라는 이름으로 저장해봅시다. 참고로 해당 데이터에서 "PP"라는 표현이 들어간 변수는 성별이나 나이, 교육수준 등과 같은 인구통계학적 변수를 의미합니다. data_131이라는 데이터에는 총 몇 개의 변수가 있나요?

**변수선별_문제_4**: '변수선별_문제_3'에서 얻은 data_131 데이터의 경우 알파벳 대·소문자를 구별하지 않습니다. 만약 "pp"라고, 즉 소문자로 시작되는 변수들을 포함하지 않으려면 어떻게 해야 할까요? [힌트: R의 명령문 구조를 직접 확인해보시기 바랍니다. ?함수이름을 R 커맨드에 입력하면 해당 함수의 구조를 확인할 수 있습니다.]

**변수선별_문제_5**: "data_TESS3_131.sav" 데이터 중에서 "_"라는 표현이 포함된 변수들을 선별한 후 다시 data_131이라는 이름으로 저장해봅시다. data_131이라는 데이터에는 총 몇 개의 변수가 있나요?

사례선별

앞에서는 행렬형태의 데이터에서 원하는 변수를 선택하여 추려내거나 버리는 과정을 제시하였습니다. 즉 앞에서는 데이터의 세로줄을 다루었습니다. 이번 섹션에서는 데이터의 가로줄, 즉 사례(cases)를 다루는 방법을 살펴보겠습니다. 구체적으로 예를 들자면 응답자의 성별 변수를 근거로 여성 응답자만 선택하거나, 혹은 20대 응답자(즉 연령이 20~29세인 경우)만을 선택하는 방법을 살펴봅시다. 변수선별에 select() 함수를 사용하듯, 사례선별에 사용하는 함수는 filter() 함수입니다. 함수 이름에서 직관적으로 알 수 있듯, filter() 함수는 괄호 안에 설정된 조건에 맞는 사례들을 걸러내(filtering) 줍니다.

실습을 통해 filter() 함수를 이해해봅시다. 예시로 사용할 데이터는 "data_TESS3_131. sav"입니다. 해당 데이터를 불러온 후, 이름이 "PP"로 시작하는 변수들만 선별한 데이터를 data_131 이라는 이름으로 저장하였습니다. read_spss() 함수와 select() 함수에 대해서는 앞에서 이미 설명한 바 있습니다.

```
> ## 사례선별
> # data_TESS3_131.sav 불러오기
> library('haven')
> data_131 <- read_spss("data_TESS3_131.sav")
> data_131 <- data_131 %>%
+   select(starts_with("PP", ignore.case=FALSE)) %>%
+   print(n=2)
# A tibble: 593 x 24
      PPAGE  ppagecat ppagect4   PPEDUC PPEDUCAT  PPETHM PPGENDER
   <dbl+lbl> <dbl+lbl> <dbl+lbl> <dbl+lbl> <dbl+lbl> <dbl+lbl> <dbl+lbl>
1        29         2         1       12         4        1        1
2        53         4         3        9         2        1        2
# ... with 591 more rows, and 17 more variables: PPHHHEAD <dbl+lbl>,
#   PPHHSIZE <dbl+lbl>, PPHOUSE <dbl+lbl>, PPINCIMP <dbl+lbl>,
#   PPMARIT <dbl+lbl>, PPMSACAT <dbl+lbl>, PPREG4 <dbl+lbl>,
#   ppreg9 <dbl+lbl>, PPRENT <dbl+lbl>, PPSTATEN <dbl+lbl>,
#   PPT01 <dbl+lbl>, PPT25 <dbl+lbl>, PPT612 <dbl+lbl>,
#   PPT1317 <dbl+lbl>, PPT18OV <dbl+lbl>, PPWORK <dbl+lbl>,
#   PPNET <dbl+lbl>
```

여기서 **PPGENDER** 변수를 살펴봅시다. 이 변수는 응답자의 성별을 의미하며(1은 남성, 2는 여성)[9], 일단 해당 변수의 빈도표를 살펴보면 다음과 같습니다.

```
> # 여기서 PPGENDER 빈도표는?
> data_131 %>%
+   count(PPGENDER)
# A tibble: 2 × 2
  PPGENDER          n
  <dbl+lbl>     <int>
1 1 [Male]        290
2 2 [Female]      303
```

이제 data_131 데이터에서 여성 응답자만 추려내봅시다. 아래와 같이 **filter()** 함수를 지정하면 됩니다. R을 기존에 이용한 분은 아시겠지만, R에서는 '같다'는 ==, 즉 =이 두 번 들어갑니다.

```
> data_131 %>%
+   filter(PPGENDER==2) %>%
+   count(PPGENDER)
# A tibble: 1 × 2
  PPGENDER          n
  <dbl+lbl>     <int>
1 2 [Female]      303
```

---

9  라벨이 붙은 변수의 경우 print_labels() 함수를 이용하면 변수의 값에 어떤 라벨이 붙어 있는지 확인할 수 있습니다. PPGENDER 변수의 라벨이 궁금하다면 아래와 같이 하면 됩니다.

```
> # 각주: PPGENDER 변수에서 1과 2에 붙은 라벨의 의미는?
> print_labels(data_131$PPGENDER)

Labels:
 value      label
    -2 Not asked
    -1    REFUSED
     1       Male
     2     Female
```

만약 여성 응답자를 걸러내고, 즉 배제하고 싶다면 다음과 같이 하면 됩니다. 조금만 더 생각해보시면 남성, 여성으로 데이터의 값이 단 2개인 경우이기 때문에 남성 응답자만 추려내는 것과 사실 동일한 과정이라고도 할 수 있습니다. '같지 않다(≠)'의 경우 !=이라는 표현을 씁니다. 또한 <dbl+lbl>과 같이 수치형 데이터에 라벨이 붙어 있는 형태의 데이터의 경우 as_factor() 함수를 이용하면 숫자에 해당되는 라벨로 변수의 형태가 바뀝니다[여기서 factor는 요인(要因)변수, 즉 범주형 변수를 의미합니다].

```
> # 여성 응답자만 배제
data_131 %>%
  filter(PPGENDER!=2) %>%
  count(lbl_gender=as_factor(PPGENDER)) # 1이 아니라 Male이라는 라벨이 나타남
```

이제는 조금 더 복잡한 사례를 생각해봅시다. data_131에 있는 변수 중 PPREG4를 이용하면 응답자가 거주하는 주(state)가 북동부(Northeast, 1), 중서부(Midwest, 2), 남부(South, 3), 서부(West, 4) 중 어디에 해당되는지 알 수 있습니다. 만약 어떤 연구자가 남부나 서부에 거주하는 응답자를 선별한다고 가정해보죠. 즉 응답자의 PPREG4 변수가 3 혹은(OR) 4의 값을 가지면 됩니다. '혹은(OR)'에 해당되는 조건 표현은 |입니다.

```
> # South 혹은 West 거주 응답자는?
> data_131 %>%
+   filter(PPREG4==3|PPREG4==4) %>%
+   count(PPREG4)
# A tibble: 2 × 2
  PPREG4        n
  <dbl+lbl> <int>
1 3 [South]   192
2 4 [West]    145
```

사실 **PPREG4** 변수는 수치형 데이터이기 때문에 부등호를 사용할 수도 있습니다. 즉 아래와 같이 **PPREG4** 변수의 값이 3 이상의 값을 갖는 응답자를 선별할 수도 있습니다.

```
> # South 혹은 West 거주 응답자: 부등호 사용
> data_131 %>%
+   filter(PPREG4 >= 3) %>% # filter(PPREG4 > 2)라고 해도 결과 동일
+   count(PPREG4)
# A tibble: 2 × 2
  PPREG4        n
  <dbl+lbl> <int>
1 3 [South]    192
2 4 [West]     145
```

조금 더 복잡한 경우를 생각해봅시다. 만약 남부가 아닌 다른 지역에 거주하는 남성 응답자를 선별하고 싶다면 어떨까요? 즉 다음의 2가지 조건을 만족하는 응답자를 선별 하는 것입니다.

- 조건 1: `filter(PPREG4 != 3)` # 남부 거주자가 아닌 경우
- 조건 2: `filter(PPGENDER == 1)` # 응답자가 남성인 경우

&는 조건 1을 충족하고 동시에(AND) 조건 2를 충족하라는 표현입니다. 즉 아래와 같이 하면 위의 두 조건을 동시에 충족시키는 응답자들을 선별할 수 있습니다.

```
> # 남부가 아닌 다른 지역에 거주하는 남성 응답자를 선별
> data_131 %>%
+   filter(PPREG4 != 3 & PPGENDER==1) %>%
+   # filter(PPREG4 != 3, PPGENDER==1) 동일하지만 개인적으로 권장하지는 않습니다.
+   count(PPGENDER,PPREG4)
# A tibble: 3 × 3
  PPGENDER   PPREG4            n
  <dbl+lbl>  <dbl+lbl>     <int>
1 1 [Male]   1 [Northeast]    55
2 1 [Male]   2 [Midwest]      71
3 1 [Male]   4 [West]         67
```

이제는 지금까지 학습했던 것을 복습하면서 종합해봅시다. 다음과 같은 순서에 따라 data_TESS3_131.sav 데이터를 사전처리해봅시다. 여기서 PPAGE는 응답자의 연령을 나타내는 변수이고, PARTY7은 공화당(Republican Party)과 민주당(Democratic Party)에 대한 당파성을 나타내는 변수입니다.

- 1단계. data_TESS3_131.sav 데이터 불러오기
- 2단계. PPGENDER, PPAGE, PARTY7로 시작하는 변수들 선별
- 3단계. 40–59세의 남성 응답자 선별한 후 티블 데이터로 저장[10]
- 4단계. 이렇게 얻은 데이터에서 PARTY7 변수의 분포 확인

1단계를 위해서는 read_spss() 함수를 이용하면 되고, 2단계를 위해서는 select() 함수를 쓰면 되죠. 3단계를 위해서는 이번 섹션에서 배웠던 filter() 함수를 이용하면 됩니다. 성별의 경우는 ==이나 !=을 이용하면 되고, 연령의 경우는 부등호(>, <, >=, <=)를 이용하면 됩니다. 4단계에서는 count() 함수를 이용하면 됩니다[가독성을 위해 as_factor() 함수를 이용하여 라벨을 표시하였습니다]. 위의 네 단계의 과정을 %>% 오퍼레이터를 이용해 한 번에 처리하는 방법은 아래와 같습니다.

```
> # 위와 같은 순서로 data_TESS3_131.sav 데이터를 사전처리 해보자.
> mydata_131 <- read_spss("data_TESS3_131.sav") %>%    #1단계
+    select(PPGENDER, PPAGE, PARTY7) %>%   #2단계
+    filter(PPGENDER==1 & (PPAGE >= 40 & PPAGE <= 59))    #3단계
> mydata_131 %>% count(PARTY7)    #4단계
# A tibble: 7 × 2
  PARTY7                                n
  <dbl+lbl>                         <int>
1 1 [Strong Republican]                19
2 2 [Not Strong Republican]            23
```

---

10 물론 데이터를 저장하지 않고 바로 %>% 오퍼레이터로 count() 함수를 사용해도 동일한 결과를 얻을 수 있습니다. 그러나 제 경우 데이터 사전처리와 데이터에 대한 기술통계분석을 가급적 분리하는 것을 선호하며, 많은 데이터 분석자들 역시 저와 비슷한 습관을 갖고 있습니다.

```
3  3 [Leans Republican]                 19
4  4 [Undecided/Independent/Other]       4
5  5 [Leans Democrat]                    15
6  6 [Not Strong Democrat]               19
7  7 [Strong Democrat]                   11
```

끝으로 변수 혹은 변수들에 결측값이 있는 사례를 제거하는 방법을 살펴보겠습니다. 데이터 분석, 특히 사회과학 데이터나 '정리되지 않은 데이터'에서 결측값은 매우 자주 발생합니다. 결측값은 표본의 대표성을 저해하고, 분석에 투입되는 사례수를 감소시켜 통계적 검증력을 감소시키는 문제가 있다는 지적을 받습니다(Allison, 2001). 이에 결측값을 추정하는 통계적 기법들이 최근 대두되고 있지만(Molenberghs, Fitzmaurice, Kenward, Tsiatis, & Verbeke, 2015), 이는 본서의 범위를 넘어선다는 문제가 있습니다. R을 이용한 결측데이터 분석에 관심 있는 분들은 백영민·박인서(2021)를 참조하시기 바랍니다. 본서에서는 결측값을 분석에서 제거하는, 흔히 리스트단위 제거법(listwise deletion)을 설명하겠습니다.

우선 특정한 변수의 값을 결측값으로 지정하는 방법은 "변수 리코딩" 부분에서 보다 자세하게 설명하도록 하겠습니다. 여기서는 결측값이 지정된 변수에서 결측값에 해당되는 변수들을 filter() 함수를 이용해 제거하는 방법을 설명드리겠습니다. 변수에서 결측값을 지정하는 함수는 is.na() 함수입니다. 괄호 안에는 변수가 들어가며, 만약 해당 변수의 결측값이 있다면 TRUE라는 논리값을, 결측값이 아니라 수치형 혹은 문자형의 데이터가 입력되어 있는 경우 FALSE라는 값이 출력됩니다. 만약 반대로 결측값에 FALSE를, 결측값이 아닌 데이터에 TRUE라는 값을 출력하고 싶다면, !is.na()라고 표현하면 됩니다(==의 반대가 !=이었다는 것을 기억하시기 바랍니다).

실습을 해봅시다. data_gss_panel06.dta 데이터를 불러온 후, "astrolgy_"로 시작하는 변수들을 뽑은 후 myGSS라는 이름의 티블 데이터로 저장해봅시다. myGSS 데이터에는 총 3개의 변수들(astrolgy_1, astrolgy_2, astrolgy_3)이 있습니다(이 변수들은, 우리나라 식으로 번역하자면, 응답자가 '오늘의 운세'를 읽었는지를 묻고 있습니다). 여기서 astrolgy_3 변수의 빈도표를 구해봅시다.

```
> # 결측값 제거
> myGSS <- read_dta("data_gss_panel06.dta") %>%
+   select(starts_with("astrolgy_"))
> # astrolgy_3 변수의 빈도표는?
> myGSS %>%
+   count(astrolgy_3)
# A tibble: 3 × 2
  astrolgy_3        n
  <dbl+lbl>     <int>
1    1 [yes]     179
2    2 [no]      151
3 NA(i)          1670
```

정말 많은 사람들(1670명)의 응답이 결측값으로 나타나고 있습니다. 여기서 **NA(i)**는 데이터 입력값인 **NA**와 해당 데이터 입력값의 라벨이 동일하다(i, identity)는 것을 나타냅니다. 만약 **astrology_3** 변수에 대해 **1**(yes) 혹은 **2**(no)라고 응답한 사람들만 골라내는 방법은 다음과 같습니다.

```
> # astrolgy_3 변수에서 결측값이 아닌 응답자만 선별
> myGSS %>%
+   filter(!is.na(astrolgy_3)) %>%
+   print(n=2)
# A tibble: 330 × 3
  astrolgy_1 astrolgy_2 astrolgy_3
  <dbl+lbl>  <dbl+lbl>  <dbl+lbl>
1 1 [yes]        2 [no] 1 [yes]
2 1 [yes]      NA(i)    1 [yes]
# i 328 more rows
# i Use `print(n = ...)` to see more rows
```

만약 세 변수 모두에 대해 응답을 한 사람들만 골라낸다면 다음과 같이 하면 됩니다. 앞서 이야기한 리스트단위 제거(listwise deletion)는 데이터 전체에서 단 하나의 변수에서라도 결측값이 존재하는 사례를 제거하는 방식을 의미합니다.

```
> # listwise deletion 적용
> myGSS %>%
+   filter(!is.na(astrolgy_1) &
+          !is.na(astrolgy_2) &
+          !is.na(astrolgy_3)) %>%
+   print(n=2)
# A tibble: 155 × 3
  astrolgy_1 astrolgy_2 astrolgy_3
  <dbl+lbl>  <dbl+lbl>  <dbl+lbl>
1 1 [yes]    2 [no]     1 [yes]
2 1 [yes]    1 [yes]    2 [no]
# i 153 more rows
# i Use `print(n = ...)` to see more rows
```

결측값 제거는 drop_na() 함수를 사용하면 더 수월합니다. 특히 리스트단위 제거를 할 때 drop_na() 함수는 매우 유용합니다. 그러나 연구상황에 따라 A라는 변수가 특정한 실측값을 가지지만 동시에 B라는 변수는 결측값이 아닌 조건을 충족하는 사례들만 선별할 필요성도 있습니다. 이런 경우, 즉 결측값인 경우와 결측값이 아닌 경우를 동시에 충족해야만 하는 경우에는 is.na() 함수와 filter() 함수를 같이 쓰는 방식은 여전히 유효합니다.

```
> # drop_na() 함수:astrolgy_3 변수에서 결측값이 아닌 응답자만 선별
> myGSS %>%
+   drop_na(astrolgy_3) %>%
+   print(n=2)
# A tibble: 330 × 3
  astrolgy_1 astrolgy_2 astrolgy_3
  <dbl+lbl>  <dbl+lbl>  <dbl+lbl>
1 1 [yes]       2 [no] 1 [yes]
```

```
2 1 [yes]     NA(i)        1 [yes]
# i 328 more rows
# i Use `print(n = ...)` to see more rows
> # drop_na() 함수: listwise deletion 적용
> myGSS %>%
+   drop_na() %>%
+   print(n=2)
# A tibble: 155 × 3
  astrolgy_1 astrolgy_2 astrolgy_3
  <dbl+lbl>  <dbl+lbl>  <dbl+lbl>
1 1 [yes]    2 [no]     1 [yes]
2 1 [yes]    1 [yes]    2 [no]
# i 153 more rows
# i Use `print(n = ...)` to see more rows
```

이제는 문제를 풀어보면서 filter() 함수는 물론 앞서 배웠던 select() 함수도 같이 복습해봅시다.

# 사례선별 과정

**사례선별_문제_1**: "data_library.xls" 데이터에 대해 다음과 같은 과정을 거친 데이터를 생성하여 case_Q1 이라는 티블 데이터 오브젝트로 저장해보세요.

　　1단계. data_library.xls 데이터 불러오기

　　2단계. 기간, 자치구, 그리고 "도서관"으로 끝나는 이름을 갖는 변수들 선별

　　3단계. 2016년 자료이지만, 서울시의 25개구 합계를 나타내는 사례(즉, 자치구 변수가 "합계"인 경우)는 제외하여 case_Q1이라는 이름의 티블 오브젝트로 저장.

**사례선별_문제_2**: "data_library.xls" 데이터에서 서울시의 25개구 합계를 나타내는 사례들만 남긴 후 연도에 따라 공공도서관의 수가 어떻게 변화하고 있는지 알기 쉽게 설명해보세요.

**사례선별_문제_3**: data_gss_panel06.dta 데이터를 불러온 후 아래와 같은 과정을 거쳐 3개의 변수만 남기고 다른 변수들은 모두 배제시킨 후 이 데이터를 case_Q3이라는 티블 데이터 오브젝트로 저장해보세요. case_Q3 티블 데이터를 대상으로 다음의 조건을 충족시키는 응답자는 몇 명인지 계산해보세요.

```
# 사례선별_문제_3
case_Q3 <- read_dta("data_gss_panel06.dta") %>%
  select(starts_with("letin1_"))
```

- 조건 A: 2006년 설문에는 응했지만, 이후 설문에는 한 번 혹은 두 번 응하지 않은 응답자는 몇 명인가요?
- 조건 B: 세 설문시점 모두에서 동일한 응답을 한 응답자는 몇 명인가요?
- 조건 C: 세 설문시점 중 어느 한 쌍(pair)도 동일한 응답을 보이지 않은 응답자는 몇 명인가요? (즉 2006년_응답 ≠ 2008년_응답, 2006년_응답 ≠ 2010년_응답, 2008년_응답 ≠ 2010년_응답의 세 조건을 동시에 충족시키는 응답자는 몇 명인가요?)

## 01-6 변수 수준별 집단구분

앞에서는 `filter()` 함수를 이용해서 특정한 변숫값을 갖는 사례들을 선별하는 방법을 살펴보았습니다. 그러나 사례선별이 아니라 데이터의 전체 사례들을 특정한 조건에 따라 구분해야 하는 경우가 더 빈번합니다. 본서에서는 다음과 같은 2가지 상황에서 변수의 조건을 만족하는 집단을 구분하는 방법을 설명하겠습니다.

- 사례 1: 데이터에서 응답자의 성별에 따라 소득수준의 평균과 표준편차가 어떻게 다르게 나타나는지 살펴보고자 합니다. 즉 데이터를 남성 응답자 집단과 여성 응답자 집단으로 나누고, 각 집단의 소득수준의 평균과 표준편차를 구하려 합니다.
- 사례 2: 데이터에서 응답자의 거주지역에 따라 응답자의 연령과 보수정당 지지성향의 상관관계가 어떻게 다르게 나타나는지 살펴보고자 합니다. 다시 말해 거주지역에 따라 응답자를 구분한 후, 연령 변수와 보수정당 지지성향의 상관계수들을 구하려 합니다.

만약 두 사례에 대한 분석결과를 `filter()` 함수를 이용하여 얻는다면 매우 번거로울 것입니다. 사례 1과 같은 단순한 상황에서도 `filter()` 함수를 두 번 사용해야 합니다(즉, 남성 응답자를 선별하고, 다시 여성 응답자를 선별해야 합니다). 사례 2의 경우, 거주지역의 숫자가 많으면 많을수록 상황은 더 복잡해지고 번잡해질 것입니다. 그러나 `%>%` 파이프 오퍼레이터를 이용하면 짧은 명령문으로 위와 유사한 상황의 데이터 분석을 효과적이고 효율적으로 실시할 수 있습니다(타이디버스 접근법의 경우 데이터가 복잡하면 복잡할수록 훨씬 더 매력적입니다).

앞서 소개한 "data_TESS3_131.sav" 데이터를 불러온 후, 이름이 "PP"로 시작하는 변수들만 `select()` 함수로 추려내 data_131이라는 이름으로 저장해보시죠. 그 다음 group_by() 함수에 PPGENDER를 지정하여 성별로 데이터를 집단구분한 후, by_data_131이라는 이름의 티블 데이터로 저장해봅시다. 이 티블 데이터에는 새로 # Groups: PPGENDER [2]라는 표현이 등장합니다. 즉 PPGENDER 변숫값에 따라 데이터가 2개의 집단으로 구분되어 있다는 것을 알 수 있습니다.

```
> ## 변수 수준에 따라 집단구분
> # 성별에 따라 응답자를 집단구분
> data_131 <- read_spss("data_TESS3_131.sav") %>%
+   select(starts_with("PP"))   #PP로 시작하는 이름의 변수만
> by_data_131 <- data_131 %>%
+   group_by(PPGENDER)
> # PPGENDER 수준에 따라 2개 집단으로 구분된 것을 확인할 수 있다.
> by_data_131 %>%
+   print(n=2)
# A tibble: 593 × 24
# Groups:    PPGENDER [2]
   PPAGE ppagecat ppagect4 PPEDUC   PPEDUCAT PPETHM  PPGENDER PPHHHEAD
   <dbl> <dbl+lb> <dbl+lb> <dbl+lb> <dbl+lb> <dbl+l> <dbl+lb> <dbl+lb>
1 29    2 [25-3… 1 [18-2… 12 [Bac… 4 [Bach… 1 [Whi… 1 [Male] 0 [No]
2 53    4 [45-5… 3 [45-5…  9 [HIG… 2 [High… 1 [Whi… 2 [Fema… 1 [Yes]
# i 591 more rows
# i 16 more variables: PPHHSIZE <dbl+lbl>, PPHOUSE <dbl+lbl>,
#   PPINCIMP <dbl+lbl>, PPMARIT <dbl+lbl>, PPMSACAT <dbl+lbl>,
#   PPREG4 <dbl+lbl>, ppreg9 <dbl+lbl>, PPRENT <dbl+lbl>,
#   PPSTATEN <dbl+lbl>, PPT01 <dbl+lbl>, PPT25 <dbl+lbl>,
#   PPT612 <dbl+lbl>, PPT1317 <dbl+lbl>, PPT18OV <dbl+lbl>,
#   PPWORK <dbl+lbl>, PPNET <dbl+lbl>
# i Use `print(n = ...)` to see more rows
```

이제부터 by_data_131 데이터를 대상으로 하는 연산작업에는 성별 변수에 따른 집 단구분이 적용됩니다. 즉 소득수준을 뜻하는 PPINCIMP 변수[11]의 평균과 표준편차를 구 하면 남성과 여성에 대한 값이 구분되어 나타납니다. summarize() 함수 안에 변수에 대한 연산작업을 하는 함수를 지정하면 요약된 값을 얻을 수 있습니다.

여기서는 각 집단별 PPINCIMP 변수의 평균, 표준편차를 구하고 각 집단의 사례수도

---

11 엄밀하게 말해 PPINCIMP 변수는 서열변수이며, 따라서 평균을 구하는 것이 개념적으로 옳지 않을 수도 있습니다. 그러나 본서의 목적이 변수의 성질에 대한 개념적 논의를 제공하는 것이 아니라, 타이디버스 접근을 설명하는 것이기에 저는 PPINCIMP 변수를 등간변수로 가정하였습니다.

계산해보겠습니다. 평균은 mean() 함수를, 표준편차는 sd() 함수를, 사례수를 계산하는 방법은 n() 함수[12]를 이용하였습니다. 평균, 표준편차 등의 통계치를 구하는 기술통계 분석에 대해서는 이후에 다시 자세히 살펴보기로 하겠습니다.

```
> # 각 집단의 평균소득의 평균과 표준편차 구하기
> by_data_131 %>%
+    summarise(mean(PPINCIMP),sd(PPINCIMP),n())
# A tibble: 2 × 4
  PPGENDER      `mean(PPINCIMP)`  `sd(PPINCIMP)`  `n()`
  <dbl+lbl>              <dbl>           <dbl> <int>
1 1 [Male]                12.6            4.24    290
2 2 [Female]              11.9            4.57    303
```

만약 데이터의 집단구분을 위한 변수가 1개가 아니라 2개인 경우라면 어떻게 할까요? 앞서 살펴본 select() 함수와 유사하게, 괄호 안에 집단구분을 위한 변수를 차례로 지정하면 됩니다. 예를 들어 성별과 거주지역에 따라 집단구분을 한다면 어떨까요? 거주지역으로는 앞서 살펴본 PPREG4 변수를 사용해보죠. 다음과 같이 group_by(PPGENDER, PPREG4)를 사용하면 데이터가 두 변수의 수준을 교차한 8개의 집단들로 구분됩니다("# Groups:   PPGENDER, PPREG4 [8]"을 참조하세요).

```
> # 2개 이상의 변수를 이용해 집단구분
> by_data_131 <- data_131 %>%
+    group_by(PPGENDER, PPREG4)
> by_data_131 %>%
+    print(n=2)
# A tibble: 593 × 24
# Groups:   PPGENDER, PPREG4 [8]
  PPAGE ppagecat ppagect4 PPEDUC   PPEDUCAT PPETHM  PPGENDER PPHHHEAD
  <dbl> <dbl+lb> <dbl+lb> <dbl+lb> <dbl+lb> <dbl+l> <dbl+lb> <dbl+lb>
1 29       2 [25-3… 1 [18-2… 12 [Bac… 4 [Bach… 1 [Whi… 1 [Male] 0 [No]
2 53       4 [45-5… 3 [45-5…  9 [HIG… 2 [High… 1 [Whi… 2 [Fema… 1 [Yes]
```

---

12 n() 함수 대신 R 베이스 함수인 length()를 이용해도 됩니다만, 이 경우 length(PPINCIMP)와 같이 어떤 변수의 사례수를 셀 것인지 명확하게 표현하여야 합니다.

```
# i 591 more rows
# i 16 more variables: PPHHSIZE <dbl+lbl>, PPHOUSE <dbl+lbl>,
#   PPINCIMP <dbl+lbl>, PPMARIT <dbl+lbl>, PPMSACAT <dbl+lbl>,
#   PPREG4 <dbl+lbl>, ppreg9 <dbl+lbl>, PPRENT <dbl+lbl>,
#   PPSTATEN <dbl+lbl>, PPT01 <dbl+lbl>, PPT25 <dbl+lbl>,
#   PPT612 <dbl+lbl>, PPT1317 <dbl+lbl>, PPT18OV <dbl+lbl>,
#   PPWORK <dbl+lbl>, PPNET <dbl+lbl>
# i Use `print(n = ...)` to see more rows
```

그러면 데이터에서 집단구분을 더 이상 적용하지 않기 위해서는 어떻게 해야 할까요? 이것도 간단합니다. 다음과 파이프 오퍼레이터를 사용한 후 **ungroup()** 함수를 사용하면 됩니다.

```
> # 집단구분 삭제
> by_data_131 %>%
+   ungroup() %>%
+   print(n=2)
# A tibble: 593 × 24
  PPAGE ppagecat ppagect4 PPEDUC   PPEDUCAT PPETHM  PPGENDER PPHHHEAD
  <dbl> <dbl+lb> <dbl+lb> <dbl+lb> <dbl+lb> <dbl+l> <dbl+lb> <dbl+lb>
1 29      2 [25-3… 1 [18-2… 12 [Bac… 4 [Bach… 1 [Whi… 1 [Male] 0 [No]
2 53      4 [45-5… 3 [45-5…  9 [HIG… 2 [High… 1 [Whi… 2 [Fema… 1 [Yes]
# i 591 more rows
# i 16 more variables: PPHHSIZE <dbl+lbl>, PPHOUSE <dbl+lbl>,
#   PPINCIMP <dbl+lbl>, PPMARIT <dbl+lbl>, PPMSACAT <dbl+lbl>,
#   PPREG4 <dbl+lbl>, ppreg9 <dbl+lbl>, PPRENT <dbl+lbl>,
#   PPSTATEN <dbl+lbl>, PPT01 <dbl+lbl>, PPT25 <dbl+lbl>,
#   PPT612 <dbl+lbl>, PPT1317 <dbl+lbl>, PPT18OV <dbl+lbl>,
#   PPWORK <dbl+lbl>, PPNET <dbl+lbl>
# i Use `print(n = ...)` to see more rows
```

위와 같은 방법을 적용하면 집단을 구분한 후 변수에 대한 연산(예를 들어 평균, 표준편차 등을 계산)을 적용할 수 있습니다. 어떤 변수의 특징이 집단에 따라 어떻게 다른지를 살펴볼 때 매우 유용합니다. 예를 들어 성별, 지역별 연령의 평균값이 어떻게 다른지를 그래프로 나타내는 다음과 같습니다(그래프 작업의 경우, 기술통계분석이나 모형추정 결과를 제시하는 부분에서 보다 자세하게 설명드리겠습니다).

```
> # 성별, 지역별로 구분한 8개 집단의 평균연령 비교
> data_131 %>%
+   group_by(PPGENDER, PPREG4) %>%
+   summarise(M_age=mean(PPAGE)) %>%
+   ggplot(aes(x=as_factor(PPREG4), y=M_age)) +
+   geom_bar(stat="identity")+
+   labs(x='Regions in USA', y='Age, averaged')+
+   coord_cartesian(ylim=c(45,55))+
+   facet_grid(.~as_factor(PPGENDER))
`summarise()` has grouped output by 'PPGENDER'. You can override
using the `.groups` argument.
```

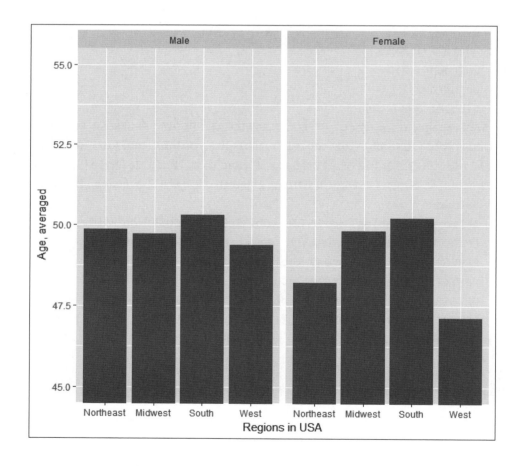

다음으로 '사례-2'와 같은 분석을 실시해봅시다. 제1판에서는 '사례-2'에서 split() 함수와 purrr 패키지의 map() 함수를 같이 사용하는 방법을 소개하였는데, 이를 어렵게 느끼시는 분들이 많았습니다. 최근에는 dplyr 패키지 내장함수인 group_modify() 함수가 개발되어 더 이상 split() 함수를 사용하지 않아도 되며, 무엇보다 purrr 패키지의 map() 함수가 dplyr 패키지의 함수와 통합되면서 훨씬 더 사용이 간편해졌습니다. 피어슨 상관계수는 나중에 보다 자세히 소개하도록 하고, 여기서는 데이터를 집단별로 구분한 후 특정 변수들 사이의 관계를 어떻게 추정하고 결과를 정리하는지 그 절차에만 주목하도록 합시다.

먼저 성별처럼 2개 수준으로 구성된 범주형 변수 수준에 따라 연령과 소득의 상관계수가 어떻게 달라지는지 살펴봅시다. 가장 간단한 방법은 filter() 함수를 이용하여 성별에 따라 별개의 데이터를 선별한 후, 상관계수를 계산하는 것입니다. 예를 들어 남성 응답자 집단에서 나타난 연령과 소득의 상관계수는 다음과 같이 계산할 수 있습니다. cor.test() 함수는 상관계수와 상관계수에 대한 통계적 유의도 테스트 결과를 제공하는 함수이며, data=.은 지정된 파이프 오퍼레이터의 데이터를 그대로 입력값으로 사용한다는 의미입니다.

```
> # 성별에 따라 구분된 데이터를 대상으로 두 변수 간 상관계수 계산하기
> # 우선 남성만 선별
> data_131 %>%
+     filter(PPGENDER==1) %>%
+     cor.test(~PPAGE+PPINCIMP,data=.)

        Pearson's product-moment correlation

data:  PPAGE and PPINCIMP
t = 0.98792, df = 288, p-value = 0.324
alternative hypothesis: true correlation is not equal to 0
95 percent confidence interval:
 -0.05744892  0.17214253
sample estimates:
       cor
0.05811521
```

피어슨 상관계수 추정결과는 타이디데이터 형식을 따르지 않습니다. `cor.test()` 함수 출력결과를 타이디데이터 형식으로 정리해주는 정말 유용한 함수가 바로 **broom** 패키지의 `tidy()` 함수입니다. 예를 들어 위의 피어슨 상관계수에 대한 통계적 유의도 테스트 결과를 타이디데이터 형식으로 정리하면 다음과 같습니다. 아래의 출력결과에서 확인할 수 있듯, 피어슨 상관계수(estimate), 테스트 통계치(statistic), 통계적 유의도 수준(p.value), 자유도(parameter), 95% 신뢰구간의 상한과 하한(conf.low, conf.high) 등이 타이디데이터 형식으로 정리되어 있습니다.

```
> # broom 패키지의 tidy() 함수는 매우 유용함
> library('broom')
> data_131 %>%
+   filter(PPGENDER==1) %>%
+   cor.test(~PPAGE+PPINCIMP,data=.) %>%
+   tidy()
# A tibble: 1 × 8
  estimate statistic p.value parameter conf.low conf.high method
     <dbl>     <dbl>   <dbl>     <int>    <dbl>     <dbl> <chr>
1   0.0581     0.988   0.324       288  -0.0574     0.172 Pearson's …
# i 1 more variable: alternative <chr>
```

응답자의 성별에 따라 각각 상관계수를 계산하기 위해 아래와 같은 방법도 생각해볼 수 있습니다. 즉 `filter()` 함수의 조건을 변화시키는 방식으로 남성응답자를 대상으로 연령과 소득의 상관계수와 통계적 테스트 추정결과를 저장하고, 여성응답자를 대상으로 동일한 결과를 저장한 후, 2개의 타이디데이터를 합치는 방법입니다.

```
> # 다음과 같은 방법을 고려해볼 수 있음
> cor_male <- data_131 %>%
+   filter(PPGENDER==1) %>%
+   cor.test(~PPAGE+PPINCIMP,data=.)%>%
+   tidy() %>%
+   mutate(gender="male")   # 남성응답자 집단 대상 결과 저장
> cor_female <- data_131 %>%
```

```
+    filter(PPGENDER==2) %>%
+    cor.test(~PPAGE+PPINCIMP,data=.)%>%
+    tidy() %>%
+    mutate(gender="female") # 여성응답자 집단 대상 결과 저장
> bind_rows(cor_male,cor_female)  # 남녀 응답자 집단들을 합치기
# A tibble: 2 × 9
  estimate statistic p.value parameter conf.low conf.high method
     <dbl>     <dbl>   <dbl>     <int>    <dbl>     <dbl> <chr>
1  0.0581     0.988   0.324       288  -0.0574     0.172 Pearson's …
2 -0.00718   -0.125   0.901       301  -0.120      0.106 Pearson's …
# i 2 more variables: alternative <chr>, gender <chr>
```

하지만 이러한 방법은 효율성이 매우 떨어지며, 무엇보다 집단이 여럿일 경우에는 매우 번잡합니다. 타이디버스 접근법을 활용하면 여러 집단이라도 손쉽게 집단별 상관관계 분석결과를 저장할 수 있습니다(물론 다른 모형추정 결과도 마찬가지입니다). 아래의 R 코드에서 제시하였듯, 구분하길 원하는 집단을 group_by() 함수에 지정한 후, group_modify() 함수에 내부에 ~tidy() 함수로 반복하고자 하는 모형을 지정하면 됩니다.

```
> # 집단이 여럿일 경우에는 큰 도움이 되지 못함. 다음을 강력히 추천
> data_131 %>%
+    group_by(PPGENDER) %>%
+    group_modify(
+      ~tidy(
+        cor.test(~PPAGE+PPINCIMP,data=.)
+      )
+    )
# A tibble: 2 × 9
# Groups:   PPGENDER [2]
  PPGENDER    estimate statistic p.value parameter conf.low conf.high
  <dbl+lbl>      <dbl>     <dbl>   <dbl>     <int>    <dbl>     <dbl>
1 1 [Male]      0.0581     0.988   0.324       288  -0.0574     0.172
2 2 [Female]   -0.00718   -0.125   0.901       301  -0.120      0.106
# i 2 more variables: method <chr>, alternative <chr>
```

만약 연구목적상 티블(tibble) 형태의 타이디데이터가 아니라 리스트(list) 형태의 타이디데이터를 원한다면, 아래와 같이 group_modify() 함수 대신 group_map() 함수를 지정하면 됩니다.

```
> # 만약 티블 형식이 아니라 리스트 형식을 원할 경우
> data_131 %>%
+   group_by(PPGENDER) %>%
+   group_map(
+     ~tidy(
+       cor.test(~PPAGE+PPINCIMP,data=.)
+     )
+   )
[[1]]
# A tibble: 1 × 8
  estimate statistic p.value parameter conf.low conf.high method
     <dbl>     <dbl>   <dbl>     <int>    <dbl>     <dbl> <chr>
1   0.0581     0.988   0.324       288  -0.0574     0.172 Pearson's …
# i 1 more variable: alternative <chr>

[[2]]
# A tibble: 1 × 8
  estimate statistic p.value parameter conf.low conf.high method
     <dbl>     <dbl>   <dbl>     <int>    <dbl>     <dbl> <chr>
1 -0.00718    -0.125   0.901       301   -0.120     0.106 Pearson's …
# i 1 more variable: alternative <chr>
```

이제 성별(PPGENDER)과 지역(PPREG4) 변수를 교차한 8개 집단에 대해 연령과 소득의 상관계수를 계산해봅시다. 각 집단별 정리된 형태의 상관계수와 추정결과는 아래와 같습니다.

```
> # PPGENDER, PPREG4 변수를 교차시킨 후 집단구분
> data_131 %>%
+   group_by(PPGENDER,PPREG4) %>%
+   group_modify(
```

```
+     ~tidy(
+       cor.test(~PPAGE+PPINCIMP,data=.)
+     )
+   )
# A tibble: 8 × 10
# Groups:   PPGENDER, PPREG4 [8]
  PPGENDER    PPREG4      estimate statistic p.value parameter conf.low
  <dbl+lbl>   <dbl+lbl>      <dbl>     <dbl>   <dbl>     <int>    <dbl>
1 1 [Male]    1 [Northe…    0.278      2.10   0.0402        53   0.0132
2 1 [Male]    2 [Midwes…   -0.0417    -0.347  0.730         69  -0.272
3 1 [Male]    3 [South]    -0.0947    -0.927  0.356         95  -0.289
4 1 [Male]    4 [West]      0.188      1.54   0.128         65  -0.0549
5 2 [Female]  1 [Northe…   -0.00322   -0.0247 0.980         59  -0.255
6 2 [Female]  2 [Midwes…   -0.0205    -0.168  0.867         67  -0.256
7 2 [Female]  3 [South]    -0.0345    -0.333  0.740         93  -0.234
8 2 [Female]  4 [West]      0.0562     0.491  0.625         76  -0.168
# i 3 more variables: conf.high <dbl>, method <chr>,
#   alternative <chr>
```

위와 같은 방식으로 얻은 결과는 기본적으로 '데이터'이기 때문에, 앞에서 학습했던 함수들을 적용할 수 있습니다. 예를 들어 8개 집단을 대상으로 얻은 8개의 피어슨 상관계수들 중에서 통계적으로 유의미한 상관계수들만 보고자 한다면 아래와 같이 `filter()` 함수를 활용하시면 됩니다.

```
> # 통계적 유의도 테스트 결과, 유의미한 관계가 나타난 집단만 추출하면?
> data_131 %>%
+   group_by(PPGENDER,PPREG4) %>%
+   group_modify(
+     ~tidy(
+       cor.test(~PPAGE+PPINCIMP,data=.)
+     )
+   ) %>%
+   filter(p.value < 0.05)
# A tibble: 1 × 10
# Groups:   PPGENDER, PPREG4 [1]
```

```
    PPGENDER   PPREG4      estimate statistic p.value parameter conf.low
    <dbl+lbl> <dbl+lbl>      <dbl>     <dbl>   <dbl>   <int>     <dbl>
  1 1 [Male]  1 [Northea…    0.278      2.10  0.0402      53    0.0132
  # i 3 more variables: conf.high <dbl>, method <chr>,
  #   alternative <chr>
```

8개 집단들 중 북동부 지역의 남성 응답자들(PPGENDER 변수의 값이 1이고 PPREG4 변수의 값이 1인 응답자)에서 얻은 연령과 소득의 상관계수만이 통계적으로 유의미한 것으로 나타납니다. 타이디버스 접근법에 익숙해지면 아래와 같은 방식으로 성별과 지역을 교차시킨 8개 집단별 연령과 소득 상관계수 테스트 결과를 요약 정리한 표를 생성할 수 있습니다.

```
> # 타이디데이터 접근에 익숙해지면 다음과 같이 수 있음
> data_131 %>%
+   group_by(PPGENDER,PPREG4) %>%
+   group_modify(
+     ~tidy(
+       cor.test(~PPAGE+PPINCIMP,data=.)
+     )
+   ) %>%
+   mutate(
+     Pcor=format( round(estimate,3), nsmall=3 ), # 상관계수 소수점 3자리
+     pstar=ifelse(p.value < 0.05, "*", ""), # 통계적으로 유의미하면 *붙임
+     report=str_c(Pcor,pstar),
+     PPGENDER=as_factor(PPGENDER),  # 라벨정보로 다시 저장
+     PPREG4=as_factor(PPREG4)   # 라벨정보로 다시 저장
+   ) %>%
+   select(PPGENDER,PPREG4,report) %>%
+   pivot_wider(names_from="PPREG4",values_from="report") # 지역을
세로줄에 성별을 가로줄에 배치
# A tibble: 2 × 5
# Groups:   PPGENDER [2]
  PPGENDER Northeast Midwest South  West
  <fct>    <chr>     <chr>   <chr>  <chr>
1 Male     0.278*    -0.042  -0.095 0.188
2 Female   -0.003    -0.020  -0.034 0.056
```

# 변수 수준별 집단구분

**집단구분 _ 문제 _ 1** : "data_student_class.xls" 데이터를 불러온 후 '지역' 변수가 '합계'인 값을 갖는 사례들을 우선 제거한 후 data_educ라는 이름으로 저장하세요. data_educ 데이터의 '기간' 변수 수준에 따라 데이터를 집단구분한 후, '원아수' 변수의 평균값이 기간(연도)에 따라 어떻게 변하고 있는지 밝히고, 시간에 따라 어떤 패턴을 보이는지를 알기 쉽게 설명해보세요.

**집단구분 _ 문제 _ 2** : 앞에서 얻은 data_educ라는 데이터에서 '지역' 변수의 수준에 따라 데이터를 집단구분한 후, '원아수' 변수의 평균값이 서울시 25개 구별로 어떻게 다르게 나타나는지 결괏값을 보고한 후, 어떤 특징을 갖고 있는지 알기 쉽게 설명해보세요.

**집단구분 _ 문제 _ 3** : 마찬가지로 data_educ라는 데이터를 이용하시되, 이번에는 '기간' 변수 수준에 따라 전체 데이터를 여러 개로 나누고, 서울의 25개 구를 측정단위로 '학급당원아수'(유치원생을 대상으로 측정된 학급당 유치원생의 수)와 '학급당학생수'(초등학생을 대상으로 측정된 학급당 학생수) 사이의 피어슨 상관계수가 기간(연도)에 따라 어떻게 변하고 있는지 밝힌 후, 그 특징을 알기 쉬운 표현으로 설명해보세요.

**집단구분 _ 문제 _ 4** : 이번에는 '지역' 변수 수준에 따라 data_educ 데이터를 여러 지역 집단으로 구분한 후, 2004~2016년까지의 13개 연도를 측정단위로 하여 '학급당원아수'와 '학급당학생수' 사이의 피어슨 상관계수가 기간(연도)에 따라 어떻게 변하고 있는지 밝힌 후, 그 특징을 알기 쉬운 표현으로 설명해보세요.

## 01-7 데이터 정렬하기

데이터 분석을 하다보면 데이터의 사례들을 특정값을 기준으로 서열화할 필요성이 있습니다. 입시제도에 길들여진(?) 한국 학생이라면 학급 석차 혹은 교내 석차가 무엇을 의미하는지 쉽게 이해하실 수 있을 것입니다. 여기서 소개할 '데이터 정렬하기'란 바로 석차를 매기는 것과 크게 다르지 않습니다.

데이터를 정렬하기 위해서는 무엇에 따라, 즉 어떤 변숫값을 기준으로 사례들을 정렬할 것인가를 먼저 선택해야 합니다. 변수의 성격이 문자형이라면 '가나다'나 'abc' 순서, 혹은 그 역순으로 정렬할 수 있으며, 변수가 수치형이라면 낮은 수치 혹은 큰 수치가 먼저 등장하게 정렬할 수 있습니다. 우선 문자형 데이터를 기준으로 사례들을 정렬하는 방법을 실례를 통해 살펴봅시다.

서울시 25개 구의 도서관 현황을 나타내는 **"data_library.xls"** 데이터가 어떤 형태로 저장되었는지 우선 살펴봅시다.

```
> # 데이터의 현재 정렬 상태 확인
> seoul_library <- read_excel("data_library.xls")
> seoul_library %>%
+   print(n=3)
# A tibble: 182 x 7
   기간   자치구      계 국립도서관  공공도서관   대학도서관 전문도서관
   <chr>  <chr>   <dbl> <chr>           <dbl>   <chr>      <chr>
1 2010   합계      464  3                101   85         275
2 2010   종로구   50.0  -               4.00   9          37
3 2010   중구     57.0  -               2.00   2          53
# ... with 179 more rows
```

'**자치구**' 변수를 기준으로 보니 'ㅎ'이 가장 먼저 제시되어 있네요. 한번 '가나다' 순서로 정렬해봅시다. 특정 변수의 값을 기준으로 사례들을 정렬하려면 **arrange()** 함수를 이용하면 됩니다. 아래와 같이 매우 간단합니다.

```
> # 자치구의 가나다 순서로 재정렬하는 경우
> seoul_library %>%
+   arrange(자치구)
# A tibble: 182 x 7
      기간  자치구     계  국립도서관  공공도서관  대학도서관  전문도서관
     <chr>  <chr>  <dbl>  <chr>          <dbl>  <chr>       <chr>
  1  2010   강남구   40.0  -               11.0  3           26
  2  2011   강남구   40.0  -               11.0  3           26
  3  2012   강남구   40.0  -               11.0  3           26
  4  2013   강남구   41.0  -               12.0  3           26
  5  2014   강남구   38.0  -               12.0  3           23
  6  2015   강남구   38.0  -               12.0  3           23
  7  2016   강남구   37.0  -               11.0  3           23
  8  2010   강동구   11.0  -                7.00  1           3
  9  2011   강동구   11.0  -                7.00  1           3
 10  2012   강동구   11.0  -                7.00  1           3
# ... with 172 more rows
```

만약 '가나다' 역순으로 정렬하려면 desc() 함수를 같이 사용하면 됩니다. desc() 함
수는 해당 변수의 역순서 배치를 의미합니다.

```
> # 자치구의 가나다 역순서로 재정렬
> seoul_library %>%
+   arrange(desc(자치구))
# A tibble: 182 x 7
      기간  자치구     계  국립도서관  공공도서관  대학도서관  전문도서관
     <chr>  <chr>  <dbl>  <chr>          <dbl>  <chr>       <chr>
  1  2010   합계    464   3               101   85          275
  2  2011   합계    472   3               109   85          275
  3  2012   합계    479   3               116   85          275
  4  2013   합계    489   3               123   88          275
  5  2014   합계    491   3               132   88          268
  6  2015   합계    500   3               146   89          262
  7  2016   합계    502   3               147   88          264
  8  2010   중랑구   4.00  -                2.00  1           1
  9  2011   중랑구   4.00  -                2.00  1           1
 10  2012   중랑구   5.00  -                3.00  1           1
# ... with 172 more rows
```

수치형 데이터의 경우도 마찬가지입니다. 수치형 변수를 그냥 arrange(변수)와 같이 표현하면 낮은 값에서 높은 값으로 사례들을 정렬하며, arrange(desc(변수))와 같이 표현하면 높은 값에서 낮은 값으로 사례들을 정렬합니다.

또한 arrange() 함수에 2개 혹은 그 이상의 변수들을 차례로 나열할 경우 첫 번째 변수를 기준으로 정렬한 후, 첫 번째 변숫값이 동등한 경우 두 번째 변수로 정렬합니다. 예를 들어 2016년 통계치를 선별한 후, 공공도서관 수를 첫 번째 기준으로, 서울시의 구 이름을 두 번째로 정렬한 데이터를 원하는 방법은 아래와 같습니다. 아래의 결과에서 보듯, 강남구와 송파구는 공공도서관의 숫자가 동일하기 때문에, 구 이름의 가나다 순서에 따라 데이터를 나열하였습니다.

```
> # 2개 이상의 변수들에 따라 정렬하는 것도 가능
> seoul_library %>%
+     filter(기간==2016) %>%
+     arrange(desc(공공도서관), 자치구)
# A tibble: 26 x 7
      기간  자치구    계    국립도서관  공공도서관  대학도서관  전문도서관
      <chr> <chr>  <dbl>  <chr>      <dbl>       <chr>       <chr>
 1 2016  합계     502       3        147          88          264
 2 2016  강남구   37.0      -         11.0          3           23
 3 2016  송파구   20.0      -         11.0          2            7
 4 2016  구로구   15.0      -         10.0          3            2
 5 2016  강서구   15.0      -          9.00         3            3
 6 2016  성북구   21.0      -          8.00         8            5
 7 2016  강동구   11.0      -          7.00         1            3
 8 2016  도봉구    8.00     -          7.00         1            -
 9 2016  강북구   11.0      -          6.00         3            2
10 2016  노원구   18.0      -          6.00         7            5
# ... with 16 more rows
```

끝으로 한 가지 주의사항을 강조하고 싶습니다. 만약 독자께서 집단구분된 데이터를 정렬하시는 경우라면, 구분된 집단별로 데이터를 정렬하고 싶은지 여부를 먼저 결정하셔야 합니다. 만약 구분된 집단 내부에서 데이터를 정렬하시고 싶다면 arrange() 함수

에서 .by_group 옵션(앞에 .가 있는 것에 주의하세요)을 TRUE로 설정하셔야만 합니다.[13] 예를 들어 위의 데이터에서 '기간' 변수를 기준으로 사례들을 구분한 후, 각 기간 내에서 '자치구' 변수 기준으로 사례들을 정렬하시고 싶다면 아래와 같이 하면 됩니다(구체적인 결과를 제시하지는 않았습니다만, .by_group 옵션을 지정하지 않거나 .by_group=FALSE로 지정한 후 결과를 한번 비교해보시기 바랍니다).

```
> # 집단구분된 데이터를 정렬할 경우 .by_group 옵션에 주의
> seoul_library %>%
+     group_by(기간) %>%
+     arrange(자치구,.by_group=TRUE)
# A tibble: 182 x 7
# Groups:    기간 [7]
     기간   자치구     계    국립도서관 공공도서관 대학도서관 전문도서관
     <chr>  <chr>  <dbl>    <chr>      <dbl>      <chr>     <chr>
 1  2010   강남구   40.0       -        11.0         3         26
 2  2010   강동구   11.0       -         7.00        1          3
 3  2010   강북구   10.0       -         5.00        3          2
 4  2010   강서구   10.0       -         5.00        2          3
 5  2010   관악구    9.00      -         4.00        3          2
 6  2010   광진구    9.00      -         3.00        3          3
 7  2010   구로구   15.0       -         9.00        3          3
 8  2010   금천구    5.00      -         3.00        1          1
 9  2010   노원구   16.0       -         4.00        7          5
10  2010   도봉구    5.00      -         4.00        1          -
# ... with 172 more rows
```

제 경험상 데이터 분석이 목적이라면, 데이터를 정렬했는지 여부는 그다지 중요하지 않습니다. 보통 데이터 정렬의 목적은 2가지입니다. 첫째, 데이터 이해가 목적인 경우입니다. 즉 데이터의 구조를 이해하기 위해 데이터를 정렬해보는 것입니다. 둘째, 제3자에게 데이터를 전달할 때 매우 유용합니다. 해당 데이터를 잘 모르는 사람이 이해하기 쉽

---

13 물론 group_by(기간)에서 '기간' 변수가 이미 들어가 있더라도 arrange(기간, 자치구)와 같이 데이터 정렬에 필요한 변수들을 지정해도 결과는 동일합니다.

도록 데이터를 정리해서 전달하는 목적이 바로 여기에 속합니다. 실제로 대부분의 공공 데이터는 정렬된 형태의 데이터를 제공합니다.(한번 생각해보시기 바랍니다. 우리가 살펴본 예시 데이터에서 왜 '합계'를 맨 앞줄에 올려두었을까요?)

# 데이터 정렬

**데이터 정렬_문제_1 :** "data_country.xlsx" 데이터를 열어봅시다. 전체인구수가 가장 많은 상위 5개 국가와 인구수가 가장 적은 상위 5개 국가를 제시하세요.

**CHAPTER**

# 02

# 변수 관리

## 02-1  변수변환: 결측값 처리 및 리코딩

데이터 분석자라면 누구나 데이터 분석에 투입되는 대부분의 시간은 모형추정이 아니라 데이터 관리에 소요된다는 사실에 동의할 것입니다. 또한 저처럼 이론에 기반하여 모형을 구성하고 추정하는 쪽에 관심 있는 분이라면 누구나 데이터 관리에 소요되는 대부분의 시간은 변수를 변환하는 과정에 소요된다는 데 동의하실 것입니다. 즉 본서에서 가장 중요한 내용은 바로 이번 섹션이라고 보아도 무방합니다. 또한 타이디버스 접근의 가장 큰 매력 또한 방대하고 복잡한 데이터에 대해 효과적이며 효율적으로 결측값을 확인 및 처리하며, 변수를 리코딩하는 것입니다.

타이디버스 접근에서 데이터 내의 변수를 변환하거나 데이터 내에 새로운 변수를 덧붙이려면 `mutate()` 함수를 사용하며, 많은 변수들에 일괄적으로 적용하기 위해서는 `mutate()` 함수 내부에 `across()` 함수를 포함시켜 사용하면 매우 효과적입니다. `mutate()` 함수와 `mutate(across())` 함수의 사용방법은 잠시 후 사례를 통해 보다 상세하게 살펴보겠습니다.

이번 섹션은 크게 두 파트로 구성되어 있습니다. 첫 번째 파트는 변수에서 결측값을 확인하고 처리하는 방법입니다. 결측값을 다루지 않는 분야도 있지만, 사회과학의 경우 결측값이 다양한 이유로 매우 빈번하게 발생합니다. 결측값을 확인하고 이를 적절하게 처리하지 않은 채 모형을 추정할 경우, 모형추정 결과에 대해 어떠한 신빙성도 찾을 수 없기 때문에 결측값은 주의 깊게 다루어야 합니다. 앞서 drop_na() 함수를 소개하면서 잠시 언급한 것처럼, 결측값을 추정하여 모형에 투입하는 기법들이 개발되고 사용되고 있지만, 이 부분은 본서의 범위를 훌쩍 뛰어넘기 때문에 다루지 않을 것입니다. R을 이용하여 추정 결측값을 다중투입(multiple imputation)하는 방법에 대해서는 백영민·박인서(2021)를 참조하시기 바랍니다. 본서에서는 변수에서 결측값을 확인하고 제거하는 방법만을 다룰 예정입니다.

두 번째 파트는 분석자가 원하는 방식으로 변수를 리코딩하는 것입니다. 몇 가지 예를 들어보겠습니다. 사회과학에서 연령 변수의 경우 흔히 세대 변수로 리코딩됩니다(이를테면 20~29세의 응답자를 '20대'로 묶는 방식). 또한 1 = '동의하지 않음', 2 = '동의하지 않는 편', 3 = '동의도 동의하지 않는 것도 아님', 4 = '동의하는 편' 5 = '동의함'의 값이 매겨진 5점의 리커트 척도의 경우, {1, 2}, {3}, {4, 5}처럼 3개 값을 갖는 변수로 리코딩하기도 합니다. 그리고 소득과 같이 우편포 분포(rightly-skewed distribution)를 보이는 변수의 경우, 로그를 이용해 변환을 시키기도 합니다. 두 번째 파트에서는 타이디버스 접근에서 이러한 경우의 리코딩 방법이 어떤지 사례를 통해 살펴보겠습니다.

• 결측값 확인 및 처리

변숫값 중 결측값 여부를 판정하는 함수는 is.na() 함수이며, TRUE 혹은 FALSE와 같은 논리값이 도출됩니다. 즉 변수의 값이 결측값인 경우에는 FALSE로, 실측값인 경우에는 TRUE로 표시됩니다. 우선 mutate() 함수를 이용해 변숫값이 실측값인지 결측값인지를 확인할 수 있는 새로운 변수를 만든 후, 빈도표를 그려봅시다. 이를 위해 "data_gss_panel06.dta" 데이터 중 affrmact_1, affrmact_2, affrmact_3 변수들만 골라낸 작은 데이터를 하나 구성해봅시다.

```
> # 결측값 확인 및 처리
> small_gss <- read_dta("data_gss_panel06.dta") %>%
+     select(starts_with("affrmact_"))
> small_gss %>%
```

```
+   print(n=3)
# A tibble: 2,000 × 3
  affrmact_1                    affrmact_2          affrmact_3
  <dbl+lbl>                     <dbl+lbl>           <dbl+lbl>
1 NA(i)                         NA(i)               NA(i)
2    1 [strongly support pref]    3 [oppose pref]      4 [strongly …
3 NA(i)                         NA(i)               NA(i)
# i 1,997 more rows
# i Use `print(n = ...)` to see more rows
```

위의 데이터에서 알 수 있듯 결측값에는 **NA**가 부여되어 있습니다. 우선 **affrmact_1** 변수에서 결측값 여부를 나타내는 새로운 이름의 **affrmact_NA_1** 변수를 생성한 후 빈 도표를 구해봅시다.

```
> # affrmact_1 결측값 여부를 확인할 수 있는 변수 생성
> small_gss2 <- small_gss %>%
+   mutate(
+     affrmact_NA_1=is.na(affrmact_1)
+   ) %>%
+   print(n=3)
# A tibble: 2,000 × 4
  affrmact_1                    affrmact_2  affrmact_3  affrmact_NA_1
  <dbl+lbl>                     <dbl+lbl>   <dbl+lbl>   <lgl>
1 NA(i)                         NA(i)       NA(i)       TRUE
2    1 [strongly support pref]    3 [opp…     4 [str… FALSE
3 NA(i)                         NA(i)       NA(i)       TRUE
# i 1,997 more rows
# i Use `print(n = ...)` to see more rows
> small_gss2 %>%
+   count(affrmact_NA_1)
# A tibble: 2 × 2
  affrmact_NA_1     n
  <lgl>         <int>
1 FALSE          1251
2 TRUE            749
```

위의 결과에서 쉽게 확인되듯, **affrmact_NA_1**이라는 이름의 새로운 변수가 추가되었으며, 새롭게 생성된 변수의 빈도표에서 잘 나타나듯 **affrmact_1** 변수에는 결측값이 749개, 실측값이 1,251개 존재합니다.

이제 변수이름이 **affrmact_**으로 시작하는 세 변수들에서 발견된 결측값의 총 합을 구해봅시다. 다시 말해 변수가 3개이기 때문에 3개 변수 모두에서 결측값이 발견될 경우 3을, 2개 변수에서만 결측값이 나타난 경우에는 2를, 1개 변수에서만 결측값이 나타난 경우는 1을, 세 변수 모두에서 실측값이 나타난 경우에는 0의 값이 부여된 변수를 새로 생성해봅시다. **is.na()** 함수의 출력값은 논리형이지만, 사칙연산을 적용할 수 있습니다. 즉 **TRUE**인 경우는 1의 값이 부여되고, **FALSE**인 경우는 0의 값이 부여됩니다. 결과에서 알 수 있듯, 결측값에 대해 리스트제거(listwise deletion) 방식을 적용하면 752명의 응답자를 얻을 수 있습니다.

```
> # 결측값의 수를 나타내는 변수를 생성
> small_gss2 <- small_gss %>%
+   mutate(
+     n.NA=is.na(affrmact_1)+is.na(affrmact_2)+is.na(affrmact_3)
+   )
> small_gss2 %>%
+   count(n.NA)
# A tibble: 4 x 2
   n.NA     n
  <int> <int>
1     0   752
2     1   214
3     2   330
4     3   704
```

그러나 변수의 수가 많은 경우 위의 방식은 매우 번잡합니다. 왜냐하면 **is.na()** 함수를 변수의 수만큼 반복해야만 하기 때문입니다. 타이디데이터의 경우 변수가 많을 경우, 다음과 같은 방식을 적용하면 간단하게 많은 데이터들에 연산을 적용할 수 있습니다. 제 경우 **is.na(.)**와 같은 방식을 적용하였는데, 여기서 **.**는 앞에서 사용한 데이터를 그대로 사용한다는 것을 의미합니다[나중에 **split()** 함수를 설명할 때 **.**에 대해 또 언급하겠습니다].

아무튼 아래와 같은 방식을 적용하면 변수의 수가 아무리 많아도 간단하게 사례당 결측값의 수를 얻을 수 있습니다. 결과에서 볼 수 있듯 위의 방식으로 얻은 **n.NA**과 **is.na(.)**를 통해 얻은 **t.NA**이 동일한 것을 확인할 수 있습니다.

```
> # .를 이용해 간단하게 결측값 수를 얻을 수 있음(n.NA와 t.NA는 동일함)
> small_gss2 %>%
+   mutate(
+     t.NA=rowSums(is.na(.))
+   ) %>%
+   print(n=3)
# A tibble: 2,000 × 5
  affrmact_1                     affrmact_2          affrmact_3     n.NA  t.NA
  <dbl+lbl>                      <dbl+lbl>           <dbl+lbl>     <int> <dbl>
1 NA(i)                          NA(i)               NA(i)            3     3
2     1 [strongly support pref]      3 [oppos...         4 [str...     0     0
3 NA(i)                          NA(i)               NA(i)            3     3
# i 1,997 more rows
# i Use `print(n = ...)` to see more rows
```

지금 살펴본 **small_gss** 데이터의 경우 결측값에 대해 **NA**가 부여되어 있습니다. 하지만 특정한 실측값을 결측값으로 변환시켜햐 하는 경우가 종종 발생합니다. 예를 들어 설문조사 문항의 경우 종종 '모름(don't know)'이라는 선택지가 포함되어 있습니다. 맥락에 따라 '모름'이라는 응답은 실측값으로 별도의 분석대상이 되기도 합니다[대표적인 예가 지식을 측정하는 문항을 분석할 경우입니다. '알지 못함(uninformed)'과 '잘못 알고 있음(misinformed)'은 개념적으로 명확하게 구분되기 때문입니다]. 그러나 상당수의 사회과학 데이터 분석에서는 '모름'이라는 응답을 제거하거나 추정된 값으로 대체합니다. 예를 들어 "**data_TESS3_131**" 데이터의 Q2 변수를 살펴봅시다. 해당 변수는 "Do you oppose or support the proposal to forgive student loan debt?"에 대해 응답자가 찬성하는(혹은 반대하는) 정도를 7점의 리커트 척도로 측정하였지만(1 = "strongly oppose"; 7 = "strongly support"), 응답자가 원하는 경우 "응답거부(refused)"를 응답할 수 있도록 했습니다. 아래에서 확인하실 수 있듯, Q2 변숫값 중에서 −1의 값, 즉 5명은 "응답거부"를 선택하였습니다.

```
> # 특정 실측값을 결측값으로 변환해야 하는 경우
> data_131 <- read_spss("data_TESS3_131.sav")
> data_131 %>%
+   count(Q2)
# A tibble: 8 × 2
  Q2                                       n
  <dbl+lbl>                            <int>
1 -1 [Refused]                             5
2  1 [Strongly oppose]                   143
3  2 [Moderately oppose]                  71
4  3 [Somewhat oppose]                    82
5  4 [Neither oppose nor support]        107
6  5 [Somewhat support]                   80
7  6 [Moderately support]                 40
8  7 [Strongly support]                   65
```

이제 **−1**의 값을 결측값으로 바꾸어봅시다. 특정 조건에 해당되는 변숫값만을 결측값으로 바꾸는 경우 `ifelse()` 함수가 매우 유용합니다. `ifelse()` 함수는 다음의 형태를 갖습니다.

변수명 = ifelse(조건, 값1, 값2)

여기서 **변수명**은 새로운 변수를, 조건에는 분석자가 지정하고 싶은 조건을, **값1**에는 조건이 충족될 때 부여될 값을, **값2**에는 조건이 충족되지 않는 경우 부여될 값을 지정해주면됩니다. 위에서 Q2 변숫값이 −1인 경우 **NA**를 부여하고, 그렇지 않은 경우는 Q2 변숫값을 그대로 사용하면 되기 때문에 아래와 같이 R 코드를 작성하면 되겠죠?

```
> data_131 %>%
+   mutate(
+     Q2r = ifelse(Q2==-1, NA, Q2)
+   ) %>%
+   count(Q2r,Q2)
# A tibble: 8 × 3
```

```
    Q2r Q2                                            n
   <dbl> <dbl+lbl>                               <int>
1      1 1 [Strongly oppose]                       143
2      2 2 [Moderately oppose]                      71
3      3 3 [Somewhat oppose]                        82
4      4 4 [Neither oppose nor support]            107
5      5 5 [Somewhat support]                       80
6      6 6 [Moderately support]                     40
7      7 7 [Strongly support]                       65
8     NA -1 [Refused]                                5
```

만약 **Q2** 변수에서 중간값인 **4** 역시 결측값으로 추가 지정하고 싶다면 `ifelse()` 함수의 내부에 다음과 같은 불리안 표현(Boolean expression)을 지정하시면 됩니다.

```
> # 여러 값들을 결측값으로 변환하는 경우
> data_131 %>%
+   mutate(
+     Q2r = ifelse(Q2==-1|Q2==4, NA, Q2)
+   ) %>%
+   count(Q2r,Q2)
# A tibble: 8 × 3
    Q2r Q2                                            n
   <dbl> <dbl+lbl>                               <int>
1      1 1 [Strongly oppose]                       143
2      2 2 [Moderately oppose]                      71
3      3 3 [Somewhat oppose]                        82
4      5 5 [Somewhat support]                       80
5      6 6 [Moderately support]                     40
6      7 7 [Strongly support]                       65
7     NA -1 [Refused]                                5
8     NA  4 [Neither oppose nor support]           107
```

물론 결측값이 수치형 데이터로만 표현되는 것은 아닙니다. "**data_library.xls**" 데이터를 열어보면, "**-**"로 입력된 값들을 확인할 수 있습니다(다시 말해 아래에서 볼 수 있듯, 종로구와 중구에는 국립도서관이 없습니다).

```
> # 결측값이 문자형 데이터로 투입된 경우
> seoul_library <- read_excel("data_library.xls")
> seoul_library %>%
+   print(n=3)
# A tibble: 182 x 7
   기간   자치구     계  국립도서관  공공도서관  대학도서관  전문도서관
   <chr>  <chr>  <dbl>  <chr>         <dbl>      <chr>      <chr>
 1 2010   합계     464       3         101        85         275
 2 2010   종로구   50.0      -        4.00         9          37
 3 2010   중구     57.0      -        2.00         2          53
# ... with 179 more rows
```

3번째부터 7번째까지의 변수들에서 '−' 부호가 들어있는 경우 결측값을 부여해봅시다. 앞에서 배운 ifelse() 함수를 문자형 데이터에 맞도록 따옴표를 적용한 후, mutate() 함수를 이용하시면 됩니다. 아래에서 볼 수 있듯 '−' 부호가 NA로 바뀐 것을 확인하실 수 있습니다.

```
> # -인 경우 NA 부여
> seoul_library2 <- seoul_library %>%
+   mutate(
+     계=ifelse(계=='-',NA,계),
+     국립도서관=ifelse(국립도서관=='-',NA,국립도서관),
+     공공도서관=ifelse(공공도서관=='-',NA,공공도서관),
+     대학도서관=ifelse(대학도서관=='-',NA,대학도서관),
+     전문도서관=ifelse(전문도서관=='-',NA,전문도서관)
+   )
> seoul_library2 %>%
+   print(n=3)
# A tibble: 182 x 7
   기간   자치구     계  국립도서관  공공도서관  대학도서관  전문도서관
   <chr>  <chr>  <dbl>  <chr>         <dbl>      <chr>      <chr>
 1 2010   합계     464       3         101        85         275
 2 2010   종로구   50.0     NA        4.00         9          37
 3 2010   중구     57.0     NA        2.00         2          53
# ... with 179 more rows
```

하지만 왠지 번거로워 보입니다. 왜냐하면 변수들이 바뀌었을 뿐, 동일한 작업을 계속해서 반복하고 있기 때문입니다. 여러 변수들에 대해 반복작업을 실시할 경우 across() 함수를 활용하면 매우 효과적입니다. mutate() 함수와 across() 함수는 다음과 같은 형태로 병용하여 사용할 수 있습니다. 이때 .cols 옵션과 .fns 옵션이 마침표(.)로 시작한다는 점에 주목하시기 바랍니다.

```
mutate(across(
  .cols=변수조건 지정,
  .fns=function(x){적용함수 지정}
))
```

먼저 seoul_library 데이터 오브젝트에 속한 "모든 변수들"(변수조건 지정)에 대해 "신변수=ifelse(구변수=='-', NA, 구변수)"의 과정(적용함수 지정)을 적용해보죠. 모든 변수들을 지정할 때는 데이터와 상관없이 everything() 함수를 지정하면 됩니다.

```
> # mutate() 함수와 across() 함수를 병용
> seoul_library %>%
+   mutate(across(
+     .cols=everything(),  #모든 변수
+     .fns=function(x){ifelse(x=="-",NA,x)}
+   )) %>%
+   print(n=3)
# A tibble: 182 × 7
  기간   자치구  계   국립도서관  공공도서관  대학도서관  전문도서관
  <chr>  <chr>  <dbl> <chr>       <dbl>       <chr>       <chr>
1 2010   합계    464   3           101         85          275
2 2010   종로구  50    NA            4           9          37
3 2010   중구    57    NA            2           2          53
# i 179 more rows
# i Use `print(n = ...)` to see more rows
```

모든 변수가 아니라 특정 영역의 변수들을 지정할 수도 있습니다. 예를 들어 seoul_library 데이터 오브젝트에서 3번째 변수인 '계'부터 7번째 변수인 '전문도서관'까지에 대해 "신변수=ifelse(구변수=='-', NA, 구변수)"의 과정(적용함수 지정)을 적용하는 방

법은 아래와 같습니다.

```
> # 적용하고자 하는 변수들의 범위를 지정
> seoul_library %>%
+   mutate(across(
+     .cols=3:7,  # 변수이름으로 범위 지정도 가능함: .cols=계:전문도서관
+     .fns=function(x){ifelse(x=="-",NA,x)}
+   )) %>%
+   print(n=3)
# A tibble: 182 × 7
  기간    자치구   계    국립도서관  공공도서관  대학도서관  전문도서관
  <chr>   <chr>   <dbl>  <chr>       <dbl>       <chr>       <chr>
1 2010    합계     464   3           101         85          275
2 2010    종로구    50   NA          4           9           37
3 2010    중구      57   NA          2           2           53
# i 179 more rows
# i Use `print(n = ...)` to see more rows
```

원하는 변수들의 목록을 벡터 형식으로 지정할 수도 있습니다. 특히 분석하고자 하는 이름의 변수에 특정 형태의 표현이 반복될 경우라면, 아래와 같은 방식의 분석이 매우 효과적입니다. select() 함수를 설명하면서 특정 형태의 표현이 규칙적으로 반복될 때 사용했던 함수들인 starts_with(), ends_with(), contains() 함수들을 적용하면 효율적입니다. 즉 seoul_library 데이터 오브젝트에서 3번째 변수인 '계'와 함께, '×× 도서관'과 같이 특정 표현으로 종료된 모든 변수들에 대해 "신변수=ifelse(구변수 =='-', NA, 구변수)"의 과정(적용함수 지정)을 적용하는 방법은 아래와 같습니다.

```
> # 적용하고자 하는 변수의 이름을 지정
> seoul_library %>%
+   mutate(across(
+     .cols=c(계, ends_with('도서관')),
+     .fns=function(x){ifelse(x=="-",NA,x)}
+   )) %>%
+   print(n=3)
```

```
# A tibble: 182 × 7
   기간  자치구  계    국립도서관 공공도서관 대학도서관 전문도서관
   <chr> <chr>  <dbl> <chr>     <dbl>     <chr>     <chr>
1  2010  합계    464   3         101       85        275
2  2010  종로구  50    NA        4         9         37
3  2010  중구    57    NA        2         2         53
# i 179 more rows
# i Use `print(n = ...)` to see more rows
```

만약 원하는 속성의 변수들에 대해서만 특정 함수를 적용하고 싶다면, `.cols` 옵션에
`where()` 함수와 `is.*()` 함수를 같이 사용하여 지정하면 편리합니다. 예를 들어
`seoul_library` 데이터에서 '계'와 '공공도서관' 변수들의 경우 수치(더블)형(`<dbl>`에 주
목하세요)으로 입력되어 있습니다. 도서관 수는 '정수'라는 점에서 수치(더블)형 변수를 정
수형(integer) 변수로 일괄 변환하면 아래와 같습니다.

```
> # 적용하고자 하는 변수의 속성에 따라: 수치(더블)형을 정수형으로
> seoul_library %>%
+   mutate(across(
+     .cols=where(is.double),
+     .fns=function(x){as.integer(x)}
+   )) %>%
+   print(n=3)
# A tibble: 182 × 7
   기간  자치구  계    국립도서관 공공도서관 대학도서관 전문도서관
   <chr> <chr>  <int> <chr>     <int>     <chr>     <chr>
1  2010  합계    464   3         101       85        275
2  2010  종로구  50    -         4         9         37
3  2010  중구    57    -         2         2         53
# i 179 more rows
# i Use `print(n = ...)` to see more rows
```

`seoul_library` 데이터는 매우 간단합니다. 그러나 제시된 사례에서 잘 드러나듯,
대규모 데이터 분석을 할 때 타이디버스 접근법이 매우 효율적이고 효과적입니다. 타이
디버스 패키지에서 적용하는 함수들을 조합하여 사용하면 데이터가 아무리 방대해도 간

단한 코드를 이용해 원하는 방식으로 데이터를 관리할 수 있습니다.

　다음으로는 변수 속성을 바꾸어봅시다. 결측값 처리를 하다보면 결측값과 직접 연결되지는 않지만 변수의 성격을 변환해야만 하는 경우가 종종 발생합니다. 앞서 결과에서 알 수 있듯, 결측값 처리된 '계' 변수와 '대학도서관' 변수는 여전히 문자형 데이터입니다 (<chr>라는 표현에 주목하세요). 도서관의 수라는 점에서 해당 변수는 수치형 데이터로 변환시키는 것이 타당하겠죠? 이제는 2가지 과정을 동시에 처리해봅시다. 즉 첫째, ifelse() 함수를 활용하여 결측값을 처리하고, 둘째, as.integer() 함수를 활용하여 결측값이 처리된 변수를 '문자형'에서 '정수형'으로 변환하는 것입니다.

```
> # 결측값 처리 후 문자형 데이터를 정수형으로 전환
> seoul_library %>%
+    mutate(
+      국립도서관=as.integer( ifelse(국립도서관=="-",NA,국립도서관) )
+    ) %>%
+    print(n=3)
# A tibble: 182 × 7
  기간   자치구  계     국립도서관 공공도서관 대학도서관 전문도서관
  <chr>  <chr>  <dbl>  <int>      <dbl>      <chr>      <chr>
1 2010   합계    464    3          101        85         275
2 2010   종로구  50     NA         4          9          37
3 2010   중구    57     NA         2          2          53
# i 179 more rows
# i Use `print(n = ...)` to see more rows
```

　이번에는 도서관과 관련된 모든 변수들의 변수속성을 일괄적으로 정수형(<int>)으로 바꾸어보겠습니다. 앞에서 소개한 across() 함수를 사용하시면 매우 효과적입니다. 여기서 .fns 옵션에서 ifelse() 함수와 as.integer() 함수를 동시에 적용한 것에도 주의하시기 바랍니다.

```
> # 문자형/더블형 데이터를 정수형으로 전환
> seoul_library2 <- seoul_library %>%
+      mutate(across(
```

```
+                .cols=c(계,ends_with('도서관')),
+                .fns=function(x){as.integer(ifelse(x=='-',NA,x))}
+        ))
> seoul_library2 %>%
+        print(n=3)
# A tibble: 182 × 7
    기간   자치구      계  국립도서관  공공도서관  대학도서관  전문도서관
    <chr>  <chr>   <int>      <int>      <int>      <int>      <int>
  1 2010   합계      464          3        101         85        275
  2 2010   종로구     50         NA          4          9         37
  3 2010   중구       57         NA          2          2         53
# i 179 more rows
# i Use `print(n = ...)` to see more rows
```

도서관의 유형변수들에 대해서는 연산을 적용하는 것이 가능합니다. 기술통계분석을 실시할 때 다시 설명하겠지만, 타이디버스 접근을 활용해 "data_library.xls" 데이터에 대해 다음과 같은 분석을 해봅시다.

- 1단계: "data_library.xls" 데이터를 불러온 후, 자치구 변수의 값이 '합계'인 경우는 제외
- 2단계: '–' 기호가 들어간 경우 결측값으로 처리
- 3단계: 도서관 종류에 해당되는 변수는 모두 수치(더블)형 데이터로 변환
- 4단계: 연도별 25개 서울시 구의 국립도서관, 공공도서관, 대학도서관, 전문도서관 수의 총계 변화를 나타내는 통계치를 산출

```
> myresult <- read_excel("data_library.xls") %>%
+   filter(자치구 != '합계') %>% #1단계
+   mutate(across(
+     .cols=3:7,
+     .fns=function(x){as.double(ifelse(x=="-",NA,x))}
+   )) %>% #2단계, 3단계
+   group_by(기간) %>%   #4단계
+   summarise(across(
```

```
+        .cols=where(is.double),
+        .fns=function(x){sum(x, na.rm=TRUE)}
+    )) #4단계, 수치(더블)형 데이터에 대해서만 합계를 적용함
> myresult
# A tibble: 7 × 6
   기간       계  국립도서관  공공도서관  대학도서관  전문도서관
   <chr> <dbl>      <dbl>      <dbl>      <dbl>      <dbl>
1 2010    464          3        101         85        275
2 2011    472          3        109         85        275
3 2012    479          3        116         85        275
4 2013    489          3        123         88        275
5 2014    491          3        132         88        268
6 2015    500          3        146         89        262
7 2016    502          3        147         88        264
```

  4단계의 분석을 진행하기 위해 총 11줄의 R 코드를 사용하였습니다. 놀라운 사실은(따지고 보면 놀랍지 않을 수도 있지만) 변수의 수가 아무리 많아져도 위와 같이 11줄 정도의 R 코드만 있으면 된다는 점입니다. 왜 데이터가 복잡할수록 타이디버스 접근이 위력적이라고 반복적으로 이야기했는지 이해하실 수 있을 것입니다.

# 결측값 처리 및 리코딩

**결측값 처리 _ 문제 _ 1** : "data_population.xls" 데이터를 열어보세요. 여러분께서는 특정 연령대의 인원 통계수치가 수치형이 아닌 문자형(<chr>)으로 입력되어 있는 것을 발견하실 수 있을 것입니다. 문자형으로 입력된 통계수치의 경우 하이픈(–)이 입력되어 있습니다. 해당 변수의 경우 하이픈 값을 결측값(NA)으로 바꾸어보시기 바랍니다.

**결측값 처리 _ 문제 _ 2** : "data_country.xlsx" 데이터를 열어보시면 어떤 국가(country)의 경우 인구가 0으로 입력된 경우가 있습니다. 0으로 인구가 코딩된 값에 **NA**를 부여하고자 합니다. 어떻게 하면 될까요?

## 02-2 변수 리코딩

변수 리코딩 과정은 앞서 설명했던 결측값 확인 및 변환 과정과 본질적으로 유사합니다. 이번 섹션에서는 타이디버스 패키지 함수를 이용해 다양한 상황에서 어떻게 변수를 리코딩할 수 있는지 사례 중심으로 살펴보겠습니다. 한 가지 당부드리고 싶은 점은, 리코딩 과정은 데이터 분석자가 어떤 데이터를 분석하고자 하는가에 따라 계속 바뀐다는 점입니다. 다시 말해 제가 여기에 제시한 사례들을 학습하시되, 여러분께서 접하실 데이터를 언제나 염두하면서 창의적으로 학습하시는 것이 좋습니다. 저 개인적으로는 창의력의 다른 이름은 '응용력'이며, 응용력은 모방을 통한 창조와 다르지 않다고 생각합니다. 모방하시되, 자신의 상황에 맞게 지속적으로 다르게 생각하고 적용하시기 바랍니다.

리코딩 절차에 대해 설명하기 전에 용어를 조금 정리하고 넘어갑시다. 스탠리 스티븐슨(Stanley S. Stevens, 1946)이 "On the Theory of Scales of Measurement"라는 제목의 논문을 유명한 과학 학술지인 *Science*에 게재한 후, 연구방법론에서는 '명목(nominal)', '순위(ordinal)', '등간(interval)', '비율(ratio)'의 4개 측정수준이 표준으로 자리 잡았으며, 변수의 이름 역시 해당 측정수준에 따라 부여되고 있습니다. 반면 데이터 분석이나 통계 분석 관련 문헌들에서는 변수를 '연속형(continuous) 변수'와 '범주형(categorical) 변수'로 구분하고, 추가적으로 범주형 변수를 '유순위 범주형 변수(ordered categorical variable)'와 '무순위 범주형 변수(unordered categorical variable)'로 구분하는 것이 보통입니다. 안타깝지만 컴퓨터 언어와 관련된 문헌에서는 변수의 이름이 또 다릅니다. 본서에서 소개하는 타이디버스 접근의 경우 변수의 형태가 더블형(double-type), 정수형(integer-type), 요인형(factor-type), 문자형(character-type), 날짜 및 시간형(date-and-time-type), 논리형(logical-type) 등으로 또 나뉩니다. 저자가 무지해서 그럴 수도 있지만, 제 경우 용어가 너무도 혼란스러웠던 기억이 생생합니다(솔직히 아직도 완전히 이해되지는 못한 것 같습니다). 관련 용어들이 어떤 관련을 갖는지 논의한 문헌은 아직 없는 듯하지만, 제 경험에 비추어 해당 용어들을 연구방법론의 4가지 변수 구분을 중심으로 정리하자면 다음의 표와 같습니다.[1]

---

1  혹시 제가 잘못 이해하고 있거나, 이들의 관계를 정리하고 논의한 문헌을 아시는 분은 꼭 저자에게 연락하여 주시기 바랍니다.

**표 3.** 영역별 변수의 명명(命名) 방식 비교

| 연구방법론 | 통계 분석 관련 문헌 | 컴퓨터 언어 관련 문헌 |
|---|---|---|
| • 명목변수 | • 무순위 범주형 변수 | • 논리형<br>• 문자형<br>• 요인형 |
| • 순위변수 | • 유순위 범주형 변수 | • 요인형 |
| • 등간변수 | • 연속형 변수 | • 정수형<br>• 더블형<br>• 날짜 및 시간형 |
| • 비율변수 | • 연속형 변수 | • 정수형<br>• 더블형 |

제 경우 데이터 분석 관련 문헌에서 사용하는 2가지 변수구분을 따르도록 하겠습니다. 데이터의 입력방식에 대해서는 컴퓨터 언어 관련 문헌의 표현방식을 사용하였습니다.

### 가) 범주형 변수를 이분변수로 리코딩

가장 간단한 변수 리코딩은 특정 변수가 연구자가 설정한 조건에 부합할 경우에는 1을, 그렇지 않은 경우에는 0을 부여하는 것입니다. 이렇게 0/1로 코딩된 변수를 흔히 이분변수(dichotomous variable)[혹은 가변수(dummy variable)]라고 부릅니다. 구체적으로 "data_TESS3_131.sav" 데이터를 이용해 이분변수 리코딩 과정을 살펴봅시다. 일단 해당 데이터에서 PPGENDER 변수를 이용해 남성인 경우는 0, 여성인 경우는 1이 부여된 female 이라는 이름의 이분변수를 만들어봅시다. 앞에서 다루었던 결측값 처리에서 사용하였던 ifelse() 함수를 이용하면 됩니다.

```
> # female이라는 이름의 이분변수 생성
> data_131 %>%
+    mutate(
+       female=ifelse(PPGENDER==2,1,0)
+    ) %>%
+    count(female)
# A tibble: 2 × 2
   female    n
```

```
      <dbl> <int>
1        0   290
2        1   303
```

그러나 변수에 결측값이 처리되지 않은 경우 `ifelse()` 함수를 사용하면 문제가 발생할 수 있습니다. Q5 변수는 "Would you be willing to sign a petition indicating your position on student loan forgiveness?"라는 질문에 대해 Yes라고 응답했을 경우 2의 값을, No라고 응답한 경우 1의 값을, 응답을 거부한 경우 −1의 값을 부여한 변수입니다. 아래의 결과에서 알 수 있듯 Q5 변수에는 −1의 값("응답거부")이 있기 때문에 `ifelse()` 함수를 잘못 적용할 경우 실측값과 결측값을 혼동할 수 있습니다. 결측값이 처리되지 않은 Q5_A 변수에서 잘 드러나듯 응답거부자(−1의 값을 가진 응답자)와 No라고 응답한 사람(1의 값을 가진 응답자)가 같은 집단에 속해 있는 것을 알 수 있습니다.

```
> data_131 %>%
+   mutate(
+     Q5_A=ifelse(Q5==2,1,0),
+     Q5_B=ifelse(ifelse(Q5==-1,NA,Q5)==2,1,0)
+   ) %>%
+   count(Q5_A,Q5_B)
# A tibble: 3 × 3
   Q5_A  Q5_B     n
  <dbl> <dbl> <int>
1     0     0   214
2     0    NA    11
3     1     1   368
```

사회과학 데이터 분석에서 이분변수는 다수집단(majority)과 나머지 소수집단들(minorities)을 구분할 때도 사용됩니다. 예를 들어 미국의 최대 인종집단은 '백인(코카시아인)'입니다. 만약 다수인종(백인)과 소수인종들(히스패닉, 흑인, 아시아계 등)을 비교하는 것이 분석의 목적이라면 인종을 구분하는 이분변수가 필요하겠죠? 마찬가지로 `ifelse()` 함수를 이용하면 손쉽게 원하는 이분변수를 구할 수 있습니다.

```
> # 다수인종 vs. 소수인종들을 구분하는 이분변수
> data_131 %>%
+   mutate(
+     white=ifelse(PPETHM==1,1,0)
+   ) %>%
+   count(PPETHM,white)
# A tibble: 5 × 3
  PPETHM                      white     n
  <dbl+lbl>                   <dbl> <int>
1 1 [White, Non-Hispanic]         1   462
2 2 [Black, Non-Hispanic]         0    33
3 3 [Other, Non-Hispanic]         0    24
4 4 [Hispanic]                    0    54
5 5 [2+ Races, Non-Hispanic]      0    20
```

## 나) 연속형 변수를 이분변수로 리코딩

앞에서는 범주형 변수를 이분변수로 리코딩하였습니다. 하지만 상황에 따라서는 연속형 변수를 이분변수로 리코딩할 필요도 있습니다. 이를테면 1종 보통 운전면허 필기시험의 경우, 70점 이상인 경우는 '합격' 판정을, 70점 미만인 경우에는 '불합격' 판정을 내립니다. 다시 말해 시험점수는 연속형 변수이지만, 합격 판정은 이분변수입니다.

만 65세 이상인 경우에만 '경로우대'를 적용하는 상황을 생각해봅시다. "data_TESS3_131.sav" 데이터에서 PPAGE 변수를 기준으로 65세 이상인 경우에는 1이, 65세 미만인 경우에는 0이 부여된 senior 변수를 생성해봅시다. ifelse() 함수를 그대로 이용하되, 부등호를 적용하면 됩니다[주의: 어떠한 변수를 다루든 결측값 존재유무를 꼭 살피시기 바랍니다]. 아래의 예에서 사용한 summarize() 함수는 리코딩이 제대로 되었는가를 확인하기 위한 것이며, summarize() 함수에 대한 자세한 설명은 기술통계분석 부분에서 제시하도록 하겠습니다.

```
> # 연속형 변수를 이분변수로
> data_131 %>%
+   mutate(
```

```
+      senior=ifelse(PPAGE >= 65,1,0)
+    ) %>%
+    group_by(senior) %>%
+    summarize(min(PPAGE),max(PPAGE))
# A tibble: 2 × 3
  senior `min(PPAGE)` `max(PPAGE)`
   <dbl> <dbl+lbl>     <dbl+lbl>
1      0 18            64
2      1 65            88
```

만약 연속형 변수의 범위에 해당될 경우 1을, 범위에서 벗어난 경우에 해당되는 경우에는 0을 부여할 수도 있습니다. 예를 들어 **IDEO** 변수는 응답자의 정치적 성향을 리커트 7점 척도로 측정한 변수입니다(주의: −1의 값을 갖는 경우 '응답거부'로 결측값 처리). 여기서 정치적 중도성향 응답자는 3~5의 값을 갖는다고 가정해보죠. 즉 정치적 중도성향 응답자인 경우 1을, 정파성을 갖는 응답자(즉, 1~2 혹은 6~7의 값을 갖는 경우)인 경우에는 0의 값을 부여해봅시다. 불리안(Boolean) 표현을 사용하면 다음과 같습니다.

```
> # 범위를 기준으로 이분변수 변환
> data_131 %>%
+    mutate(
+      # 원하는 범위를 선정
+      pol_middle=ifelse(IDEO >= 3 & IDEO <= 5,1,0),
+      # 응답거부인 경우 결측값 처리
+      pol_middle=ifelse(IDEO==-1,NA,pol_middle)
+    ) %>%
+    count(IDEO,pol_middle)
# A tibble: 8 × 3
  IDEO                              pol_middle     n
  <dbl+lbl>                            <dbl> <int>
1 -1 [Refused]                            NA     4
2  1 [Extremely liberal]                   0    18
3  2 [Liberal]                             0    86
4  3 [Slightly liberal]                    1    60
5  4 [Moderate, middle of the road]        1   217
```

```
6   5 [Slightly conservative]                        1    75
7   6 [Conservative]                                 0   103
8   7 [Extremely conservative]                       0    30
```

## 다) 범주형 변수의 수준 간소화

범주형 변수를 또 다른 범주형 변수로 리코딩하는 목적은 크게 2가지입니다. 첫 번째 목적은 범주형 변수의 수준을 감소시켜 데이터를 간소화하는 것입니다. 두 번째 목적은 데이터 혹은 데이터 분석의 가독성(可讀性)을 높이기 위해 범주형 변수의 수준을 재배치 하는 것입니다. 이번 섹션에서는 첫 번째 목적을 달성하기 위한 리코딩 방법만 살펴보겠 습니다. 두 번째 목적을 달성하는 방법은 다음 섹션에서 살펴보도록 하겠습니다.

앞서 우리는 인종 변수를 이용해 전체 응답자를 다수인종과 나머지 소수인종들로 구 분하는 이분변수로 리코딩하는 과정을 살펴보았습니다. 하지만 범주형 변수의 수준이 3 혹은 그 이상인 경우는 어떻게 할까요? 물론 `ifelse()` 함수를 여러 차례 적용하는 것도 가능합니다. 하지만 R 코드가 번잡해지며, 무엇보다 분류해야 할 집단의 수가 많을 경우 (예를 들어, 범주형 변수의 수준이 10인 경우) 사용하는 것이 거의 불가능하겠죠.

실제 사례를 통해 구체적으로 살펴봅시다. 앞서 살펴본 **"data_TESS3_131.sav"** 데 이터에서 **IDEO** 변수를 {−1}의 값을 **NA**(결측값)로, {1, 2}는 '1(진보)'로, {3, 4, 5}는 '2(중도)' 로 {6, 7}을 '3(보수)'로 리코딩해봅시다. 불편하기는 하지만 이분변수를 리코딩할 때 사 용했던 `ifelse()` 함수를 사용하면 다음과 같습니다.[2]

---

2  라벨을 붙이려면 원하는 변수에 `labelled()` 함수를 이용해 해당되는 값에 라벨을 지정해주면 됩니다. 데이터를 분석자가 충분히 알고 있다면 라벨을 붙이지 않아도 됩니다. 하지만 다른 사람과 효과적인 소통 을 원한다면 변수에 라벨을 붙이는 것도 좋습니다. 변수에 라벨을 붙이는 것에 대해서는 나중에 다시 설 명드리겠습니다.

```
> # 각주: 라벨을 붙이는 경우
> mylabels   <- c(진보=1,중도=2,보수=3) # 라벨정의
> data_131 %>%
+   mutate(
+     libcon3=ifelse(IDEO==-1,NA,
+                    ifelse(IDEO <= 2,1,
+                           ifelse(IDEO >= 6, 3, 2))),
+     libcon3=labelled(libcon3,mylabels) # 라벨을 붙임
```

```
> # ifelse() 함수를 이용해 3개 집단으로 리코딩하는 경우
> data_131 <- read_spss("data_TESS3_131.sav")
> # ifelse() 함수를 이용해 3개 집단으로 리코딩하는 경우
> data_131 %>%
+   mutate(
+     libcon3=ifelse(IDEO==-1,NA,
+                      ifelse(IDEO <= 2,1,
+                        ifelse(IDEO >= 6, 3, 2)))
+   ) %>%
+   count(IDEO,libcon3)
# A tibble: 8 × 3
  IDEO                                libcon3      n
  <dbl+lbl>                             <dbl>  <int>
1 -1 [Refused]                             NA      4
2  1 [Extremely liberal]                    1     18
3  2 [Liberal]                              1     86
4  3 [Slightly liberal]                     2     60
5  4 [Moderate, middle of the road]         2    217
6  5 [Slightly conservative]               2     75
7  6 [Conservative]                         3    103
8  7 [Extremely conservative]              3     30
```

하지만 위의 과정은 **ifelse()** 함수를 여러 차례 사용해야 하기 때문에 번거롭습니다. 사례로 다루고 있는 **IDEO** 변수의 경우, 더블형(double-type)으로 입력되었는데

```
+   ) %>%
+   count(IDEO,libcon3)
# A tibble: 8 × 3
  IDEO                             libcon3       n
  <dbl+lbl>                        <dbl+lbl>  <int>
1 -1 [Refused]                     NA             4
2  1 [Extremely liberal]           1 [진보]       18
3  2 [Liberal]                     1 [진보]       86
4  3 [Slightly liberal]            2 [중도]       60
5  4 [Moderate, middle of the road] 2 [중도]      217
6  5 [Slightly conservative]       2 [중도]       75
7  6 [Conservative]                3 [보수]       103
8  7 [Extremely conservative]      3 [보수]        30
```

<dbl+lbl>의 표현에 주목하세요), 이런 경우 cut() 함수를 쓰면 매우 간단합니다. 즉 IDEO 변숫값의 범위를 (1) 0이하의 값, (2) 0초과 2이하의 값, (3) 2초과 5이하의 값, (4) 5를 초과하는 값과 같이 4개로 구분한 후 각 범위에 해당되는 변숫값을 갖는 경우 순서대로 NA, 1, 2, 3을 부여하는 것입니다. 위와 같이 구분한 4개의 구역은 다음과 같이 표현됩니다. 즉 '('이나 ')'은 괄호 옆에 제시된 수치를 포함하지 않는 경우를 의미하며, '['이나 ']'은 괄호 옆 수치를 포함하는 경우를 의미합니다. 또한 여기서 Inf는 무한대(infinite)를 의미합니다.

$$[-\text{Inf}, 0], (0, 2], (2, 5], (5, \text{Inf}]$$

위의 4개 구역에는 −Inf, 0, 2, 5, Inf의 5개의 값이 등장합니다. 즉 이를 중심으로 cut() 함수를 적용한 후, 각 구역에 대해 각각 {NA, 1, 2, 3}의 값을 부여하면 되겠죠? 아래를 보시기 바랍니다.

```
> # 범주형 변수의 수준들을 묶어 보다 간단한 범주형 변수로 리코딩
> data_131 %>%
+    mutate(
+      libcon3=cut(IDEO,c(-Inf,0,2,5,Inf),c(NA,1:3))
+    ) %>%
+    count(IDEO,libcon3)
# A tibble: 8 × 3
  IDEO                               libcon3      n
  <dbl+lbl>                          <fct>    <int>
1 -1 [Refused]                       NA           4
2  1 [Extremely liberal]            1           18
3  2 [Liberal]                       1           86
4  3 [Slightly liberal]             2           60
5  4 [Moderate, middle of the road] 2          217
6  5 [Slightly conservative]        2           75
7  6 [Conservative]                  3          103
8  7 [Extremely conservative]       3           30
```

훨씬 간단하다는 것을 느끼실 수 있을 것입니다. 하지만 만약 리코딩하려는 변수가 문

자형 데이터 형태를 띠는 경우는 어떻게 해야 할까요? 예를 들어 **IDEO** 변수가 더블형 데이터가 아니라, 아래의 **IDEO2** 변수와 같이 텍스트 형식으로 입력되어 있다면 어떻게 해야 할까요?

```
> # 텍스트로 입력된 IDEO 변수를 임의로 생성
> data_131 <- data_131 %>%
+   mutate(
+     IDEO2=as.character(as_factor(IDEO))
+   )
> data_131 %>%
+   count(IDEO2)
# A tibble: 8 x 2
  IDEO2                             n
  <chr>                         <int>
1 Conservative                    103
2 Extremely conservative           30
3 Extremely liberal                18
4 Liberal                          86
5 Moderate, middle of the road    217
6 Refused                           4
7 Slightly conservative            75
8 Slightly liberal                 60
```

이 경우 타이디버스 패키지를 구동하면 자동으로 같이 구동되는 **forcats** 패키지의 **fct_collapse()** 함수가 매우 유용합니다. **fct_*()** 형식의 함수들은 범주형 변수를 자주 다루는 연구자에게 매우 유용한 함수입니다. **fct_collapse()** 함수를 이용해 숫자가 아닌 텍스트 형식의 변수에 대해 리코딩 작업을 하는 방식은 아래와 같습니다.[3]

---

3   변수가 수치형으로 입력된 경우에도 **fct_collapse()** 함수를 이용할 수 있습니다. 단 수치형 데이터를 모두 텍스트로 전환해야 하기 때문에 **cut()** 함수를 사용하는 것이 훨씬 더 편하지 않을까 싶습니다. 결과는 동일하기 때문에 아래와 같이 R 코드만 제공하였습니다.

    data_131 %>%

```
> # fct_collapse() 함수를 이용하여 범주형 변수 리코딩
> data_131 %>%
+   mutate(
+     # 결측값 처리
+     libcon3=ifelse(IDEO2=='Refused',NA,IDEO2),
+     # 3개 집단으로 구분
+     libcon3=fct_collapse(libcon3,
+                   '진보' = c('Liberal','Extremely liberal'),
+                   '중도' = c('Moderate, middle of the road',
+                       'Slightly liberal','Slightly conservative'),
+                   '보수' = c('Conservative','Extremely conservative'))
+   ) %>%
+   count(libcon3)
# A tibble: 4 x 2
  libcon3      n
  <fct>    <int>
1 보수       133
2 진보       104
3 중도       352
4 NA           4
```

이제 조금 더 복잡한 범주형 변수를 살펴봅시다. 동일한 데이터에서 **REL1**이라는 이름
의 변수는 설문응답자가 믿는 종교('무종교' 포함)에 대한 응답입니다. 일단 **REL1** 변수에
붙어있는 라벨이 무엇인지 살펴보도록 하죠. 앞에서 배웠던 **arrange()** 함수를 이용하
면 응답자 순서가 많은 종교가 무엇인지 쉽게 확인할 수 있습니다.

```
mutate(
  libcon3=ifelse(IDEO==-1,NA,IDEO),
  libcon3=fct_collapse(as.factor(libcon3),
                  '진보' = as.character(1:2),
                  '중도' = as.character(3:5),
                  '보수' = as.character(6:7))
) %>%
count(libcon3)
```

```
> # 종교 변수
> data_131 %>%
+   count(REL1) %>%
+   arrange(desc(n))
# A tibble: 14 × 2
   REL1                                                          n
   <dbl+lbl>                                                  <int>
 1  3 [Catholic]                                               141
 2  2 [Protestant (e.g., Methodist, Lutheran, Presbyterian, Ep…  116
 3 13 [None]                                                    114
 4  1 [Baptist-any denomination]                                78
 5 11 [Other Christian]                                         71
 6  9 [Pentecostal]                                             21
 7  5 [Jewish]                                                  15
 8  4 [Mormon]                                                  11
 9 12 [Other non-Christian]                                     10
10  7 [Hindu]                                                    4
11 -1 [Refused]                                                  3
12  6 [Muslim]                                                   3
13  8 [Buddhist]                                                 3
14 10 [Eastern Orthodox]                                         3
```

결측값으로 처리할 응답거부자를 포함해 **REL1** 변수는 총 14개 수준으로 구성되어 있습니다. 위의 결과를 자세히 살펴보면 **Pentecostal**[4]부터 그 아래에 위치한 응답항목의 경우 응답자 수가 매우 적습니다. 또한 **Other Christian**도 그 의미가 불명확해 보입니다. 즉 종교변수를 가톨릭(Catholic), 프로테스탄트(Protestant), 무종교(None), 침례교(Baptist-any denomination), 기타종교(Other Christian, Pentecostal, Jewish, Mormon, Other non-Christian, Hindu, Muslim, Buddhist, Eastern Orthodox)로 분류하고, **Refused**의 값은 결측값으로 전환해보죠(결측값을 제외하고 5개 집단). 먼저 앞에서 소개한 `fct_collapse()` 함수를 이용해보겠습니다.

---

4  오순절 교파를 뜻합니다. 종교 관련 서적이 아니라서 자세한 설명은 제시하지 않겠습니다.

```
> # 종교 변수와 같이 복잡하게 구성된 변수는 리코딩이 조금 고될 수 있음
> data_131 %>%
+   mutate(
+     # 연습을 위해 텍스트 형태로 변환
+     religion5=as_factor(REL1),
+     religion5=fct_collapse(
+       religion5,
+       가톨릭="Catholic",
+       프로테스탄트="Protestant (e.g., Methodist, Lutheran, Presbyterian, Episcopal)",
+       무종교="None",
+       침례교="Baptist-any denomination",
+       기타종교=c("Other Christian","Pentecostal",
+                 "Jewish","Mormon","Other non-Christian",
+                 "Hindu","Muslim","Buddhist","Eastern Orthodox")
+     ),
+     # 결측값 처리
+     religion5=ifelse(religion5=="Refused",NA,as.character(religion5))
+   ) %>%
+   count(religion5)
# A tibble: 6 × 2
  religion5         n
  <chr>         <int>
1 가톨릭           141
2 기타종교         141
3 무종교           114
4 침례교            78
5 프로테스탄트     116
6 NA                3
```

범주형 변수의 수준이 많을 경우 고생이라는 느낌이 드시죠? 하지만 조금만 달리 생각
한다면 그리 고되다는 느낌은 들지 않을지도 모르겠습니다. 아래와 같은 방식으로 기타
종교를 취급하면 상대적으로 리코딩이 편할 것입니다.

```
> # 기타종교를 기준으로 나머지를 변환시키면 편함
> data_131 %>%
+   mutate(
+     religion5="기타종교",
+     religion5=ifelse(as_factor(REL1)=="Refused",NA,religion5),
+     religion5=ifelse(as_factor(REL1)=="Baptist-any denomination",
+     "침례교",religion5),
+     religion5=ifelse(
+     as_factor(REL1)=="Protestant (e.g., Methodist, Lutheran, Presbyterian,
+     Episcopal)","프로테스탄트",religion5),
+     religion5=ifelse(as_factor(REL1)=="Catholic","가톨릭",religion5),
+     religion5=ifelse(as_factor(REL1)=="None","무종교",religion5)
+   ) %>%
+   count(religion5)
# A tibble: 6 x 2
  religion5          n
  <chr>         <int>
1 가톨릭          141
2 기타종교        141
3 무종교          114
4 침례교           78
5 프로테스탄트    116
6 NA               3
```

만약 라벨이 붙지 않은 변수이고, 범주형 변수의 값이 어떤 의미인지를 알고 있다면 리코딩이 조금 더 쉬울 수도 있습니다.

```
> # 번호에 대해서 분석자가 완전히 알고 있다면, 다음이 편할 수도 있음
> data_131 %>%
+   mutate(
+     religion5=ifelse(REL1==4|REL1==5|REL1==6|REL1==7|REL1==8|
+                      REL1==9|REL1==10|REL1==11|REL1==12, 14,REL1),
+     religion5=ifelse(REL1==-1,NA,religion5),
+     # 아래는 라벨을 붙이는 작업(나중에 보다 자세히 설명)
```

```
+        religion5=labelled(religion5,
+                          c(침례교=1,프로테스탄트=2,가톨릭=3,
+                            무종교=13,기타종교=14))
+    ) %>%
+    count(religion5)
# A tibble: 6 × 2
  religion5               n
  <dbl+lbl>           <int>
1  1 [침례교]             78
2  2 [프로테스탄트]       116
3  3 [가톨릭]            141
4 13 [무종교]            114
5 14 [기타종교]          141
6 NA                     3
```

몇몇 독자에게는 허탈하게 느껴질 수도 있지만, 위와 같은 상황이라면 **forcats** 패키지의 `fct_lump()` 함수를 이용하면 훨씬 더 편합니다. `fct_lump()` 함수는 분석자가정한 상위 n개가 아닌 다른 범주형 변수의 수준들을 하나로 뭉쳐(lump라는 표현이 암시하듯) 리코딩하는 함수입니다. 다시 말해 위와 같이 상위 4개의 집단에 속하지 않는 나머지집단들을 Other라는 이름의 단일집단으로 합치는 방법은 다음과 같습니다.

```
>    # fct_lump() 함수를 쓰면 매우 쉽다: 상위 n개와 나머지 집단(즉 총 n+1개 집단)
> data_131 %>%
+   mutate(
+     # 문자형으로 변환
+     religion5=as_factor(REL1),
+     # 상위 4개와 나머지 1개 집단으로 구분
+     religion5=fct_lump(religion5,n=4),
+     # 결측값 전환
+     religion5=ifelse(REL1==-1,NA,as.character(religion5)),
+     # 첫단어만 선택(텍스트 변환에 대해서는 나중에 보다 자세하게 설명)
+     religion5=str_extract(religion5,"[[:alpha:]]{1,}")
+   ) %>%
+   count(religion5)
```

```
# A tibble: 6 × 2
  religion5       n
  <chr>       <int>
1 Baptist        78
2 Catholic      141
3 None          114
4 Other         141
5 Protestant    116
6 NA              3
```

어쩌면 몇몇 독자께서는 화를 내실지도 모르겠습니다. 다시 말해 "쉬운 방법이 있는데, 왜 번잡한 방법을 설명했는가? 성격 참 이상하다" 이렇게 말이죠. 우선 독자에게 허탈감을 안겨주는 것이 결코 제 의도는 아닙니다. `fct_lump()` 함수는 매우 유용하지만, 상황에 따라 유용하지 않을 수도 있습니다. 왜냐하면 데이터를 분석할 때, 범주형 변수를 각 수준별 빈도가 아닌 각 수준의 의미에 따라 묶어야 하는 상황에 매우 자주 봉착하기 때문입니다. 예를 들어 위에서 우리가 얻은 **Other**라는 값은 종교 연구자의 입장에서 보았을 때 '어불성설'입니다. 왜냐하면 비기독교 신자(힌두, 무슬림, 불교, 기타 비기독교 등)와 기독교 소수종파를 동일하게 취급하고 있기 때문입니다(아울러 몰몬교도이나 유대교도 역시 이들과는 매우 다릅니다). 다시 말해 같은 집단에 속하기 어려운 사람들을 하나의 집단으로 간주한다는 점에서 매우 이상한 것이 사실입니다. 다시 말해 데이터 기반이 아니라 이론을 기반으로 리코딩 작업을 한다면 앞에서 제가 소개했던 방식으로 리코딩할 수밖에 없습니다. `fct_lump()` 함수가 매우 유용한 것은 사실이지만, 언제나 그렇듯 어떤 문제라도 해결해주는 '만병통치약'은 존재하지 않습니다. 제가 드리고 싶은 조언은 다음과 같습니다. 만약 여러분께서 맞닥뜨린 상황을 편하게 해결할 수 있는 함수가 있다면 그 함수를 사용하시면 됩니다. 그러나 그 상황에 맞는 함수가 없다면, 번거롭더라도 여러분이 원하는 방식에 맞게 코드를 짜셔야 합니다.

### 라) 범주형 변수의 수준을 재배열

앞서 서술하였듯 범주형 변수를 리코딩하는 두 번째 목적은 데이터 혹은 데이터 분석 결과를 보다 쉽게 이해할 수 있도록 재배열하는 것입니다. 집단으로 축약시킨 종교변수 사례를 다시 살펴보겠습니다. 5개의 집단들이 어떤 순서가 되도록 재배열하는 것이 좋을까요? 제 경험상 크게 2가지 기준에 따라 범주형 변수의 수준을 재배열합니다.

첫째, 이론적·의미론적 관점에서 범주형 변수의 수준을 배치하는 것입니다. 이를테면 어떤 실험에 4개의 실험처치집단과 1개의 통제집단이 포함되어 있다면, 통제집단을 가장 앞순위로 배치하거나 혹은 가장 뒷순위에 배치하는 것이 보통입니다. 또한 사회과학 데이터 분석에서 많이 활용되는 범주형 변수들의 경우 '표준'이라고 간주할 수 있는 집단을 가장 앞 혹은 가장 뒤에 배치하는 것이 보통입니다. 예를 들어 {보수, 중도, 진보}로 구분된 정치적 이념성향 집단 변수의 경우 '중도'를 가장 앞이나 뒤에 배치하면 "중도에 비해 보수인 경우의 효과"나 "중도에 비해 진보인 경우의 효과"를 쉽게 확인할 수 있습니다. 이처럼 가장 앞이나 뒤에 배치되는 범주형 변수의 수준을 흔히 '준거집단(reference group)' 혹은 '기준집단(baseline group)'이라고 부릅니다. 데이터 분석의 목적이 가설이나 이론의 타당성을 확인하기 위한 경우, 이론적·의미론적 관점에서 범주형 변수의 수준을 배치하는 것이 보통입니다.

둘째, 데이터 관점에서 범주형 변수의 수준을 재배치하는 것입니다. 이를테면 '가나다'나 '알파벳', 혹은 숫자 순서에 따라 범주형 변수의 수준을 재배치하거나, 범주형 변수 수준의 빈도수, 아니면 특정 변수의 평균이나 중간값의 크기를 기준으로 범주형 변수의 수준을 재배치하는 것이 여기에 속합니다. 범주형 변수 수준을 '가나다', '알파벳' 등을 기준으로 재배치하면, 관심 있는 집단을 보다 쉽게 찾을 수 있습니다(예를 들어 사전을 찾듯이 말이죠). 만약 범주형 변수의 수준별 빈도수를 기준으로 범주형 변수 수준을 리코딩한다면 어떤 집단이 가장 두드러진 집단이고, 어떤 집단이 가장 희귀한 집단인지를 빨리 확인할 수 있습니다. 상황에 따라 관심 있는 연속형 변수, 이를테면 평균연령 수준에 따라 혹은 반대의견 비율 크기에 따라 범주형 변수 수준을 재배치하면 독자나 청중들에게 데이터 분석결과를 더욱 쉽게 전달할 수 있을 것입니다. 이처럼 데이터 관점에서 범주형 변수의 수준을 재배치하는 상황은 탐색적 목적인 경우가 대부분입니다.

범주형 변수 수준 재배열을 위해 앞서 우리가 작업했던 religion5 변수를 data_131 데이터 오브젝트에 업데이트시킵시다. 제가 선택한 방법은 바로 직전에 작업한 결과입니다.

```
> # 우선 데이터 내부에 religion5 변수 생성
> data_131 <- data_131 %>%
+    mutate(
+      religion5=as_factor(REL1),
+      religion5=fct_lump(religion5,n=4),
+      religion5=ifelse(REL1==-1,NA,as.character(religion5)),
+      religion5=str_extract(religion5,"[[:alpha:]]{1,}")
+    )
> data_131 %>%
+    count(religion5)
# A tibble: 6 × 2
  religion5        n
  <chr>        <int>
1 Baptist         78
2 Catholic       141
3 None           114
4 Other          141
5 Protestant     116
6 NA               3
```

결과를 보면 아시겠지만, 현재 **religion5** 변수의 수준들은 알파벳 순서로 정렬되어 있습니다. 이 변수에서 '무종교'에 해당되는 **None**이 가장 앞에 배치되도록 **religion5** 변수를 리코딩해봅시다. 범주형 변수 수준을 지정하기 위해서는 **fct_relevel()** 함수를 이용하면 편리합니다.[5] 아래와 같이 변수이름 다음에 가장 앞에 배치하고 싶은 집단을 지정하면 됩니다. 결과에서 확인할 수 있듯 **None**이 가장 앞에 배치되었습니다.

---

[5] 다음과 같이 R 베이스 factor() 함수의 levels 옵션을 사용해도 됩니다. R 베이스에 익숙하신 분들을 위해 별도의 설명과 출력결과를 제시하지는 않았습니다.

```
# 각주
order_I_want <- c("None","Baptist","Catholic","Other","Protestant")
data_131 %>%
  mutate(
    religion5=factor(religion5,levels=order_I_want)
  ) %>%
  count(religion5)
```

```
> # None 집단만 맨 앞으로 옮기고 싶다면?
> data_131 %>%
+   mutate(
+     religion5=fct_relevel(religion5,"None")
+   ) %>%
+   count(religion5)
# A tibble: 6 x 2
  religion5        n
  <fct>        <int>
1 None           114
2 Baptist         78
3 Catholic       141
4 Other          141
5 Protestant     116
6 NA               3
```

만약 "None" 집단이 가장 뒤에 오도록 리코딩하려면 어떻게 하면 될까요? 아래와 같이 after=Inf만 추가로 지정하면 됩니다(참고로 2번째에 위치하고자 한다면 after=1이라고 지정하면 됩니다).

```
> # None 집단만 맨 뒤로 옮기고 싶다면?
> data_131 %>%
+   mutate(
+     religion5=fct_relevel(religion5,"None",after=Inf)
+   ) %>%
+   count(religion5)
# A tibble: 6 x 2
  religion5        n
  <fct>        <int>
1 Baptist         78
2 Catholic       141
3 Other          141
4 Protestant     116
5 None           114
6 NA               3
```

어떤 분은 각 집단의 순서를 다시금 가다듬고 싶을지도 모르겠습니다. 예를 들어 "무종교", 구교인 "가톨릭", 신교인 "프로테스탄트", "침례교", "기타종교" 순서로 재정렬하고 싶을 수도 있습니다. 이 경우 fct_relevel() 함수 뒤에 재배치하고 싶은 순서대로 범주형 변수의 수준을 차례대로 재배치하시면 됩니다.

```
> # "None", "Catholic", "Protestant", "Baptist", "Other" 순서를 원한다면
> data_131 %>%
+   mutate(
+     # 마지막 집단은 별도 지정하지 않아도 무방
+     religion5=fct_relevel(religion5,
+                   "None","Catholic","Protestant","Baptist","Other")
+   ) %>%
+   count(religion5)
# A tibble: 6 x 2
  religion5        n
  <fct>        <int>
1 None           114
2 Catholic       141
3 Protestant     116
4 Baptist         78
5 Other          141
6 NA               3
```

이론적·의미론적 관점에서 범주형 변수를 재배치하는 것은 연구자의 연구목적과 상황에 따라 천차만별이기 때문에 개별 목적에 부합하는 리코딩 R 코드를 작성하셔야 합니다.

다음으로 데이터 관점에서 범주형 변수 리코딩을 실시해보겠습니다. forcats 패키지에서는 이와 관련 fct_*() 형식으로 표현되는 매우 유용한 함수들을 제공하고 있습니다. 여기서는 fct_infreq() 함수, fct_reorder() 함수, fct_rev() 함수를 설명드리겠습니다.

우선 fct_infreq() 함수는 범주형 변수의 수준들을 가장 빈도수가 높은 집단일수록

앞에 오도록 자동으로 리코딩해주는 함수입니다. 앞에서 얻은 religion5 변수에 대해
fct_infreq() 함수를 적용해 리코딩된 변수를 religion5R이라는 이름으로 데이터
에 추가한 후 해당 데이터를 myresult라는 이름으로 저장하였습니다. myresult라는
새로운 데이터를 저장한 이유는 ggplot2 패키지를 이용해 데이터 분석결과의 시각화하
기 위해서입니다(조금 후에 데이터 시각화 예시를 살펴보겠습니다). 아래에서 볼 수 있듯
religion5R 변수는 빈도수를 기준으로 정렬되었습니다(빈도수가 같은 집단들의 경우, 원
변수에 적용된 순서를 따릅니다).

```
> # 가장 많은 신자를 갖는 종교 순서대로 리코딩
> myresult <- data_131 %>%
+   mutate(
+     religion5R=fct_infreq(religion5)
+   )
> myresult %>%
+   count(religion5)  # 알파벳 순서
# A tibble: 6 × 2
  religion5      n
  <chr>      <int>
1 Baptist       78
2 Catholic     141
3 None         114
4 Other        141
5 Protestant   116
6 NA             3
> myresult %>%
+   count(religion5R) # 빈도 순서
# A tibble: 6 × 2
  religion5R     n
  <fct>      <int>
1 Catholic     141
2 Other        141
3 Protestant   116
4 None         114
5 Baptist       78
6 NA             3
```

기술통계부분에서 보다 자세하게 설명하겠지만, **religion5** 변수와 빈도수에 따라 리코딩을 적용한 **religion5R** 변수 각각의 빈도표를 막대그래프로 시각화하여 비교해보면 다음과 같습니다. **patchwork** 패키지를 구동시키시면 생성된 2개의 막대그래프를 손쉽게 병치시킬 수 있습니다. 참고로 '**+**'의 경우 그래프를 가로로 병치시킬 때 사용하며 '**/**'의 경우 그래프를 세로로 나열할 때 사용합니다.

```
> # religion5와 비교해보면 위의 과정을 거치면 분석결과를 더 쉽게 알 수 있음
> g1 <- myresult %>%
+   count(religion5) %>%    # 알파벳 순서
+   drop_na(religion5) %>% # 결측값 제거
+   ggplot(aes(x=religion5,y=n))+
+   geom_bar(stat="identity")+
+   labs(x='Religions, five groups',y='Number of respondents')
> g2 <- myresult %>%
+   count(religion5R) %>% # 빈도 순서
+   drop_na(religion5R) %>%
+   ggplot(aes(x=religion5R,y=n))+
+   geom_bar(stat="identity")+
+   labs(x='Religions, five groups',y='Number of respondents')
> library(patchwork)
> g1+g2
```

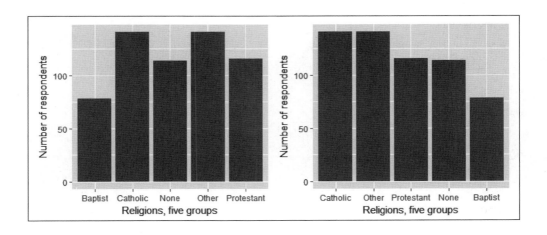

데이터를 이해하고자 하는 사람의 입장에서 두 그래프를 비교해봅시다. 어떤 것이 보다 잘 이해되시나요? 아마도 오른편의 그래프겠죠? 왜냐하면 데이터에서 종교와 관련 어떤 부류의 응답자가 가장 많고, 어떤 부류의 응답자가 가장 적은지 쉽게 파악할 수 있기 때문입니다.

이제는 fct_reorder() 함수를 살펴봅시다. fct_reorder() 함수는 fct_reorder(범주형변수, 기준변수, 함수, .desc=논리값) 형태를 띠며, 지정된 '함수'를 기준으로 '기준변수'가 크거나(논리값이 'FALSE'인 경우) 혹은 작도록(논리값이 'TRUE'인 경우) '범주형변수'의 수준을 리코딩합니다. 예를 들어, 다섯 종교집단들을 연령 평균값에 따라 큰 순서대로 리코딩해보면 아래와 같습니다.

```
> # 평균연령이 가장 높은 집단 순서대로 religion5 변수를 리코딩
> by_data_131 <- data_131 %>%
+    mutate(
+       religion5R=fct_reorder(religion5,PPAGE,
+                      .fun=mean,
+                      .desc=TRUE) # .desc옵션 지정이 없으면 가장 어린 집단 순서대로
+    )
> myresult <- by_data_131 %>%
+    group_by(religion5R) %>%
+    summarize(M_age=mean(PPAGE))
> myresult
# A tibble: 6 × 2
  religion5R M_age
  <fct>      <dbl>
1 Protestant  54.8
2 Catholic    53.4
3 Baptist     52.4
4 Other       45.1
5 None        42.3
6 NA          43.7
```

만약 위의 결과에서 religion5A 변수를 평균연령이 낮은 집단부터 높은 집단 순서

로 뒤집고 싶다면 옵션을 `.desc=FALSE` 로 바꾸거나 혹은 `fct_rev()` 함수를 이용하면 됩니다.

평균연령 순서를 내림차순으로 리코딩한 결과와 오름차순으로 리코딩한 후("fct_rev(religion5R)" 부분에 주목하세요), 그 결과를 시각화하면 다음과 같습니다. 아래와 같은 그래프를 이용하면 종교와 연령의 관계에 대해 독자나 청중이 보다 쉽게 이해할 수 있겠죠? 간단히 결과를 해석하자면, "미국사회의 주류 종교인 구교나 신교를 믿는 사람은 무종교나 비주류 종교를 믿는 사람에 비해 평균연령이 높다"라고 볼 수 있습니다. 왜 이런 결과가 나타났는지에 대한 합리적 설명을 위해서는 해당 분과의 분과지식(domain knowledge)이 필수적입니다(즉 숫자는 그 스스로 의미를 드러내지 못합니다).

```
> # 위 과정은 시각화에 매우 유리
> g1 <- myresult %>% drop_na() %>%
+   ggplot(aes(x=religion5R,y=M_age))+
+   geom_bar(stat="identity")+
+   labs(x='Religons',y='Averaged age')
> g2 <- myresult %>% drop_na() %>%
+   ggplot(aes(x=fct_rev(religion5R),y=M_age))+
+   geom_bar(stat="identity")+
+   labs(x='Religons',y='Averaged age')
> g1+g2
```

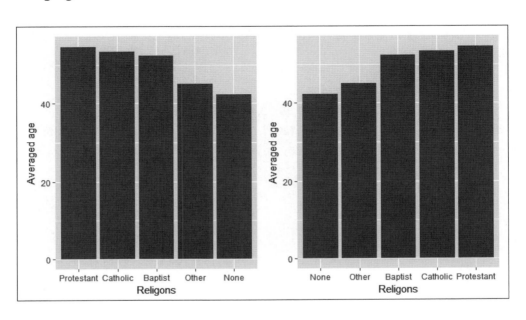

## 마) 연속형 변수를 범주형 변수로 리코딩

데이터 혹은 분석결과를 보다 쉽게 전달하기 위해 연속형 변수를 범주형 변수로 종종 리코딩합니다. 예를 들어 연령 변수를 세대 변수로 리코딩한다거나, 소득 변수를 이용해 계층 변수로 리코딩하는 것이 대표적인 예입니다. 이렇게 연속형 변수를 몇 개의 집단으로 리코딩하면 데이터 분석결과를 쉽게 전달할 수 있다는 장점이 있지만, 집단구분 기준이 자의적일 경우 결과가 왜곡될 수도 있습니다.

범주형 변수의 수준을 묶어내는 리코딩과 마찬가지로, 연속형 변수를 범주형 변수로 리코딩을 할 때도 '이론적·의미론적 관점'과 '데이터 관점'에 따라 리코딩 방법과 R 함수도 달라집니다. 앞서 살펴보았던 **data_131** 티블 데이터의 연속형 변수인 **PPAGE** 변수를 연령집단으로 묶어봅시다. 우선 데이터 분석자가 지정한 구간에 따라 리코딩하는 경우 cut() 함수를 사용합니다. 사실 여기서 소개할 cut() 함수를 사용하여 리코딩하는 방법은 앞서 **IDEO** 변수를 리코딩하는 방법과 동일합니다. 즉 cut() 함수 내부에 리코딩하고자 하는 변수를 지정한 후, 리코딩을 원하는 범위를 지정하고, 해당 범위의 집단에 붙일 라벨을 지정해주면 됩니다. 우선 **PPAGE** 변수는 18~88세입니다. 이제 응답자들을 {10대, 20대, 30대, 40대, 50대, 60대, 70대, 80대}로 구분해보죠. 다음과 같이 범위를 지정한 후, 각 연령대에 붙일 이름을 붙이면 됩니다(제 경우 '대'라는 한국어 대신 's'라는 영어식 표현을 사용했습니다).

```
> # 연속형 변수인 연령을 범주형 변수인 세대로
> data_131 %>%
+    mutate(
+      generation=cut(PPAGE,
+                     c(10,19,29,39,49,59,69,79,Inf),
+                     c("10s","20s","30s","40s","50s","60s","70s","80s"))
+    ) %>%
+    count(generation)
# A tibble: 8 x 2
   generation      n
   <fct>       <int>
 1 10s            20
 2 20s            81
```

```
3 30s              83
4 40s              90
5 50s             136
6 60s             116
7 70s              54
8 80s              13
```

위의 리코딩 과정을 조금만 더 살펴보죠. 연령을 구분한 단위는 정수를 기준으로 '10'이며, x0부터 x9까지의 정수들을 'x0s'로 묶는 것이라고 할 수 있습니다. 여기서 연속형 변수 연령의 정수 범위인 10을 폭(width)이라고 부르며, 지정된 폭을 기준으로 연속형 변수를 범주형 변수로 리코딩할 때는 `cut_width()` 함수를 사용하면 매우 간단합니다. 그러나 `cut_width()` 함수를 사용할 경우 옵션을 조정해야만 위와 같은 결과를 얻을 수 있습니다. 일단 `cut_width()` 함수가 어떻게 작동하는지 먼저 살펴보겠습니다. 사용방법은 간단합니다. 리코딩 대상 변수를 지정한 후, 원하는 폭의 값을 `width` 옵션을 이용해 지정해줍니다. 일단 결과를 보죠.

```
> # 연령 변수를 10살 단위로 구분하여 리코딩
> data_131 %>%
+   mutate(
+     gen_width10=cut_width(PPAGE,width=10)
+   ) %>%
+   count(gen_width10)
# A tibble: 8 x 2
  gen_width10      n
  <fct>        <int>
1 [15,25]         65
2 (25,35]         88
3 (35,45]         85
4 (45,55]        106
5 (55,65]        137
6 (65,75]         83
7 (75,85]         27
8 (85,95]          2
```

위의 결과를 자세히 봅시다. width=10이라는 옵션을 20, 30, …, 80을 기준으로 적용한 것을 알 수 있습니다(물론 첫 번째 집단의 경우 폭이 10이 아니라 11입니다. 양쪽 모두에 꺾쇠괄호가 들어간 것에 주의하세요). 또한 괄호의 모양을 보시면 알 수 있듯, 정수를 기준으로 x5로 끝나는 값까지 x집단에 포함되고 있습니다(예를 들어 25세는 첫 번째 집단에, 26세는 두 번째 집단에 포함되어 있습니다). 이는 우리가 원했던 결과가 아니죠. 우리가 원했던 방식은 x0부터 x9까지의 연령집단을 'x0s'로 바꾸어 주는 것이었습니다. 예를 들어 40대 응답자를 '[40, 50)'과 같이 표현하는 것이죠(연령 변수가 정수이기 때문에 '(39, 49]'와 같이 표현할 수도 있습니다). 이를 위해서는 cut_width() 함수의 옵션을 조정해주어야 합니다.

이를 위해 아래와 같이 2가지 옵션을 사용하겠습니다. 우선 boundary 옵션은 집단을 구분하는 경계를 어떻게 할 것인가를 지정하는 데 사용하며, closed 옵션은 width 범위의 왼쪽과 오른쪽 중 어느 값을 포함시키고('이상' 혹은 '이하') 어느 값을 배제시킬지('미만' 혹은 '초과') 지정합니다. 제 경우 40대를 [40, 50) 과 같이 표현하고자 하였기 때문에, boundary=0, 그리고 시작되는 값 이상 끝나는 값 미만을 표현하고자 하였기 때문에 closed='left'라고 지정하였습니다. 이렇게 하니 우리가 원했던 결과를 얻을 수 있네요.

```
> # 연령 변수를 10살 단위로 구분하여 리코딩
> data_131 %>%
+     mutate(
+         gen_width10=cut_width(PPAGE,width=10,boundary=0,closed='left')
+         # 다음과 같이 하면 (39, 49]가 됩니다.
+         # gen_width10=cut_width(PPAGE,width=10,boundary=9,closed='right')
+     ) %>%
+     count(gen_width10)
# A tibble: 8 x 2
  gen_width10     n
  <fct>        <int>
1 [10,20)         20
2 [20,30)         81
3 [30,40)         83
4 [40,50)         90
5 [50,60)        136
```

```
6  [60,70)        116
7  [70,80)         54
8  [80,90]         13
```

그러나 만약 연령 변수의 폭이 일정하지 않을 경우(예를 들어 {10−20대, 30대, 40대, 50대, 60대 이상과 같이}), cut_width() 함수를 사용할 수 없습니다. 이때는 어쩔 수 없이 앞서 소개한 cut() 함수를 사용할 수밖에 없겠죠. cut_width() 함수에 비해 cut() 함수가 다소 복잡해 보여도, 보다 유연하게 사용할 수 있다는 장점을 갖고 있습니다.

이제는 데이터 관점에 기반해 연속형 변수를 범주형 변수로 리코딩하는 과정을 살펴보겠습니다. 살펴보았던 **data_131**의 응답자의 연령은 18−88세입니다. 우선 연령의 범위를 동등하게 구분한 네 집단을 구분해볼까요?(네 집단으로 나눈 이유는 4분위수 때문입니다. 목적에 따라 집단의 수가 다르게 설정될 수 있습니다) 다시 말해 전체 71년의 연령범위를 4등급으로 나눈 '약 18세'를 기본 단위로 전체 응답자를 구분하는 것입니다. 이런 경우 cut_interval() 함수는 매우 유용합니다.

```
> # 연령의 범위를 4등분한 후 4집단으로 리코딩
> data_131 %>%
+   mutate(
+     gen_interval4=cut_interval(PPAGE,n=4)
+   ) %>%
+   count(gen_interval4)
# A tibble: 4 x 2
  gen_interval4       n
  <fct>           <int>
1 [18,35.5]         153
2 (35.5,53]         164
3 (53,70.5]         217
4 (70.5,88]          59
```

만약 연구자가 연령집단별 응답자 빈도수를 유사하게 맞추고 싶다면 cut_number() 함수를 사용하면 편리합니다. 아래와 같이 cut_number() 함수의 n 옵션을 4로 지정하면 네 집단의 빈도수가 얼추 유사하게 나눠집니다(물론 연령범위는 들쑥날쑥합니다).

```
> # 연령 변수의 빈도수를 기준으로 네 집단 리코딩
> data_131 %>%
+   mutate(
+     gen_number4=cut_number(PPAGE,n=4)
+   ) %>%
+   count(gen_number4)
# A tibble: 4 x 2
  gen_number4      n
  <fct>        <int>
1 [18,35]        153
2 (35,52]        149
3 (52,62]        145
4 (62,88]        146
```

여기서 살펴보았듯 cut_*() 함수는 매우 편리합니다만, 반드시 연구자가 원하는 방식의 리코딩 결과를 안겨주지는 않을 수 있습니다. cut() 함수를 알아야만 하는 이유는 바로 이 때문입니다.

## 바) 변수의 데이터 타입 변환

이번 섹션에서 다룰 변수의 타입 변환은 변숫값을 바꾸지는 않습니다만, 변수의 형태를 바꾸기 때문에 리코딩이라고 볼 수 있습니다. 데이터가 어떤 타입으로 입력되었는가는 R과 같은 컴퓨터 언어를 처음 접하는 분들이 까다롭게 느끼는 이유 중 하나입니다. 그 이유는 컴퓨터 과학에서 정의하는 방식의 데이터가 일반인이 바라보는, 심지어 과학자가 바라보는 데이터와 조금 다르기 때문입니다.

앞의 변수 리코딩 과정을 따라가면서 어떤 독자께서는 동일한 변수이고 동일한 값인데 요인(<fct>) 형식인지 아니면 문자(<chr>) 형식인지에 따라 범주형 변수의 수준이 다르게 나열된 것의 이유가 궁금했을 수 있습니다. 예를 들어 한국어를 이용해 religion5 변수의 범주형 변수를 리코딩했던 사례를 되돌아가보시기 바랍니다. 동일한 religion5 변수인데, <chr> 형식인 경우에는 '가나다' 순서로 리코딩된 반면, <fct> 형식인 경우에는 침례교, 프로테스탄트 가톨릭, 무종교, 기타종교의 순서로 리코딩되었습니다. 범주형 변수의 수준을 눈으로 확인하였듯 두 범주형 변수의 수준은 정확하게 동일하며, 다른 점은 데이터의 형태에 불과합니다. 일반인의 눈으로 보았을 때 두 변수가 다르지 않은데 범주형 변수 수준의 배치 순서가 다르니 혼란스러울 수도 있습니다. 특히 사회과학방법론을 배운 학생들은 둘 다 '범주형 변수'인데 왜 데이터의 형태가 다른지 이상하게 생각될 수도 있습니다.

일단 결론부터 말씀드리겠습니다. 첫째, 데이터의 관측값이라는 측면에서 범주형 변수가 <chr> 형식을 띠든 <fct> 형식을 띠든 별 차이 없습니다. 둘째, 그러나 데이터를 분석한다는 점에서는 <fct> 형식을 취하시는 것이 좋습니다.

우선 R의 경우(베이스든 아니면 타이디버스 접근을 기반으로 하는) 문자형(<chr>) 데이터를 분석할 때 요인형(<fct>) 데이터로 자동 변환합니다. 실제로 forcats 패키지의 fct_*() 함수에 문자형 변수를 투입해도 요인형 데이터가 산출됩니다. 반면 문자형 데이터로 입력된 범주형 변수는 언제나 '가나다' 혹은 'abc' 순서를 따르지만, 요인형 데이터의 경우 연구자가 원하는 순서로 범주형 변수의 수준을 배열할 수 있습니다. 따라서 데이터를 보다 이해하기 쉽게 제시하고, 데이터 분석결과의 가독성을 높이기 위해서는 문자형 데이터 형태의 범주형 변수보다는 요인형 데이터 형태를 갖는 범주형 변수가 훨씬 더 낫습니다. 특히 타이디버스 접근에서 택하고 있는 티블 데이터의 변수 중 '라벨이 붙은 더블형'(<dlb+lbl>) 데이터의 경우 수치형, 즉 더블형 데이터의 값에 라벨을 덧붙였기 때문에 텍스트 형태로 입력된 문자형 데이터나 요인형 데이터에 비해 데이터를 훨씬 더 효율적으로 다룰 수 있습니다.

앞에서도 잠시 설명드린 바 있지만, 범주형 변수를 문자형 데이터에서 요인형 데이터로, 혹은 그 반대로 변환시키는 데 사용되는 함수들을 정리하고 넘어가 봅시다.

- as.factor() 함수: 입력된 변수를 요인형 데이터 형태의 변수로 리코딩해줍니다. R 베이스의 함수이기 때문에 타이디버스 패키지를 구동하지 않아도 작동합니다.
- as.character() 함수: 입력된 변수를 문자형 데이터 형태의 변수로 리코딩해줍니다. R 베이스의 함수이기 때문에 타이디버스 패키지를 구동하지 않아도 작동합니다.
- as_factor() 함수: 입력된 변수를 요인형 데이터 형태의 변수로 리코딩해줍니다. R 베이스의 as.factor() 함수와 본질적으로 동일하지만, 입력된 명목변수가 '라

벨이 붙은 더블형'(<dlb+lbl>) 데이터 형태인 경우 라벨의 값을 요인형 데이터 형태의 변수로 리코딩해줍니다.

위에서 정리한 함수들이 각각 어떻게 다른지 구체적으로 아래의 사례를 통해 살펴보겠습니다. **data_131** 데이터에서 **PPGENDER** 변수(<dlb+lbl>)를 위의 함수들을 이용해 다음과 같이 리코딩해봅시다. 어떤 과정을 거쳤는지는 제가 코멘트를 달아 두었습니다. 결과를 보시기 전에 어떤 결과를 얻을 수 있을지 머릿속으로 예상을 해보시기 바랍니다.

```
> # 범주형 변수: as.factor(), as_factor(), as.character() 함수
> temporary <- data_131 %>%
+    mutate(
+      # dbl+lbl 중에서 더블형 관측값을 요인형 데이터로
+      sex_fct1=as.factor(PPGENDER),
+      # dbl+lbl 중에서 더블형 관측값을 문자형 데이터로
+      sex_chr1=as.character(PPGENDER),
+      # dbl+lbl 중에서 라벨값을 요인형 데이터로
+      sex_fct2=as_factor(PPGENDER),
+      # dbl+lbl 중에서 라벨값을 요인형 데이터로 바꾼 후 문자형 데이터로
+      sex_chr2=as.character(as_factor(PPGENDER)),
+      # dbl+lbl 중에서 라벨값을 요인형 데이터로 바꾼 후,
+      # 문자형 데이터로 바꾸고 다시 요인형 데이터로
+      sex_fct3=as.factor(as.character(as_factor(PPGENDER)))
+    )
> temporary %>% count(sex_fct1)
# A tibble: 2 x 2
  sex_fct1      n
  <fct>     <int>
1 1           290
2 2           303
> temporary %>% count(sex_fct2)
# A tibble: 2 x 2
  sex_fct2      n
  <fct>     <int>
1 Male        290
2 Female      303
```

```
> temporary %>% count(sex_fct3)
# A tibble: 2 x 2
  sex_fct3      n
  <fct>     <int>
1 Female      303
2 Male        290
> temporary %>% count(sex_chr1)
# A tibble: 2 x 2
  sex_chr1      n
  <chr>     <int>
1 1           290
2 2           303
> temporary %>% count(sex_chr2)
# A tibble: 2 x 2
  sex_chr2      n
  <chr>     <int>
1 Female      303
2 Male        290
```

이제 범주형 변수를 연속형 변수로, 혹은 그 반대로 리코드하는 방법을 살펴봅시다. 앞서 말씀드렸듯 연속형 변수의 경우 수치형 데이터 형태를 띠며, R의 경우 수치형 데이터를 정수형(integer) 데이터(소수점이 없음)와 더블형(double) 데이터(소수점이 나타남)로 구분합니다. 예를 들어 '숫자 1'을 1이라고 쓸 경우는 정수형으로 표현한 것이며, 1.00으로 썼을 경우는 더블형으로 표현한 것입니다. 일반적으로 1이든 1.00이든 모두 '숫자 1'로 인식하지만, 컴퓨터의 경우는 상황이 조금 다릅니다.

마찬가지로 결론부터 말씀드리겠습니다. 첫째, (적어도 일반적인 사회과학데이터 분석에서) 두 종류의 데이터는 크게 다르지 않습니다. 둘 다 평균, 표준편차 등과 같은 일반적인 통계치를 구하는 데 큰 차이가 없습니다. 둘째, 그러나 둘 중 가급적이면 더블형 데이터 형태가 좋습니다. 2가지가 어떻게 다른지에 대해서는 다음과 같이 구성된 티블 데이터를 통해 구체적으로 살펴봅시다. 우선 다음과 같이 **temporary**라는 이름의 티블 데이터를 구성해봅시다.

```
> # 연속형 변수: as.integer(), as.double() 함수
> temporary <- tibble(
+   x1=as.integer(1:3),
+   x2=as.double(1:3),
+   x3=as.double(1+0.1*(1:3))
+ )
> temporary
# A tibble: 3 × 3
      x1    x2    x3
   <int> <dbl> <dbl>
1      1     1   1.1
2      2     2   1.2
3      3     3   1.3
```

이제 더블형 데이터로 나타난 **x2**, **x3** 변수들은 정수형 데이터로, 정수형 데이터로 표시된 **x1** 변수는 더블형 데이터로 리코딩한 새로운 변수들을 다음과 같이 생성한 후 그 결과를 살펴봅시다.

```
> temporary %>%
+   mutate(
+     x1.dbl=as.double(x1),
+     x2.int=as.integer(x2),
+     x3.int=as.integer(x3)
+   )
# A tibble: 3 × 6
      x1    x2    x3 x1.dbl x2.int x3.int
   <int> <dbl> <dbl>  <dbl>  <int>  <int>
1      1     1   1.1      1      1      1
2      2     2   1.2      2      2      1
3      3     3   1.3      3      3      1
```

정수형 데이터를 더블형 데이터로 리코딩한 **x1.dbl**의 경우는 아무런 문제가 없습니다. 하지만 더블형 데이터를 정수형 데이터로 리코딩한 **x3.int**의 경우 매우 이상한 결과를 얻었습니다(왜냐하면 소수점 표현이 모두 없어졌기 때문입니다). 반면 **x2.int**의 경우, 다

시 말해 소수점 이하의 값이 없는 경우는 데이터의 형태가 더블형이든 정수형이든 별 차이 없는 것을 발견하실 수 있습니다. 위의 사례가 명확하게 보여주듯, 정수형 데이터는 더블형 데이터로 바뀌어도 별 문제가 없지만, 상황에 따라 더블형 데이터를 정수형 데이터로 바꾸면 문제의 발생 가능성을 배제할 수 없습니다.

끝으로 문자형 데이터나 요인형 데이터를 정수형 데이터 혹은 더블형 데이터로 바꿀 때 혹은 그 반대의 경우를 살펴봅시다. 우선 연속형 변수를 범주형 변수로 변환하는 것은 크게 어렵지 않습니다. 그러나 독자께서 조심할 것은 '숫자 1'이 더블형 데이터나 정수형 데이터(1.00 혹은 1로 입력됨)로 입력되어 있을 때와 문자형 데이터 혹은 요인형 데이터로 입력되어 있을 때("1"로 표현됨) 표현방식과 연산 가능성이 다르다는 것을 반드시 유념하시기 바랍니다. 예를 들어 위의 **temporary** 티블 데이터에서 **x2**, **x3** 변수를 각각 요인형, 문자형으로 바꾸면 다음과 같이 표현됩니다[쌍따옴표(" ")가 붙어서 표현되지는 않지만 데이터의 정렬방식이 오른쪽 정렬이 아니라 왼쪽 정렬이라는 점에 주의하세요].

```
> # 문자형 데이터로 리코딩
> temporary %>%
+    mutate(
+      x2.chr=as.factor(x2),
+      x3.chr=as.character(x3)
+    )
# A tibble: 3 × 5
     x1    x2    x3 x2.chr x3.chr
  <int> <dbl> <dbl> <fct>  <chr>
1     1     1   1.1 1      1.1
2     2     2   1.2 2      1.2
3     3     3   1.3 3      1.3
```

까다로운 것은 범주형 변수를 연속형 변수로 리코딩하는 것입니다. 앞서 다루었던 **data_131** 티블 데이터의 **IDEO** 변수를 사례로 들어봅시다. 해당 데이터는 7점 척도를 이용해 응답자의 정치적 성향을 측정하였습니다. 설문참가자의 응답이 1점에 가까울수록 "강한 진보적 성향(Extremely liberal)"을, 7점에 가까울수록 "강한 보수적 성향(Extremely conservative)"을 의미합니다(설명의 편의를 위해 일단 Refused 응답도 데이터에서 제거합시다).

만약 이 변수가 1−7점의 숫자가 아니라 문자형 데이터 혹은 요인형 데이터 형태인 경우, 이 변수를 어떻게 연속형 변수로 리코딩할 수 있을까요? 우선 해당 변수의 라벨을 추출한 후 해당 변수를 문자형 데이터(ideo_chr)로, 또 요인형 데이터(ideo_fct)로 저장한 후 두 변수만 선별하여 **temporary**라는 이름의 티블 데이터로 저장해보죠.

```
> temporary <- data_131 %>%
+    filter(IDEO>0) %>% #Refused 응답은 걸러냄
+    mutate(
+      ideo_chr=as.character(as_factor(IDEO)), # 문자형으로
+      ideo_fct=as_factor(IDEO)  # 요인형으로
+    ) %>%
+    select(ideo_chr,ideo_fct)
> temporary
# A tibble: 589 × 2
   ideo_chr                     ideo_fct
   <chr>                        <fct>
 1 Moderate, middle of the road Moderate, middle of the road
 2 Moderate, middle of the road Moderate, middle of the road
 3 Moderate, middle of the road Moderate, middle of the road
 4 Moderate, middle of the road Moderate, middle of the road
 5 Moderate, middle of the road Moderate, middle of the road
 6 Conservative                 Conservative
 7 Slightly liberal             Slightly liberal
 8 Conservative                 Conservative
 9 Conservative                 Conservative
10 Liberal                      Liberal
# i 579 more rows
# i Use `print(n = ...)` to see more rows
```

두 변수의 형태가 다르기는 하지만 적어도 변숫값은 동일한 것을 알 수 있습니다. 이제 이 두 변수를 모두 더블형 데이터로 리코딩한 후 어떻게 리코딩 되었는지 살펴보죠.

```
> # 두 변수를 각각 더블형으로 변환 후 어떻게 변환되었는지 체크
> temporary <- temporary %>%
```

```
+    mutate(
+      ideo_chr_dbl=as.double(ideo_chr),
+      ideo_fct_dbl=as.double(ideo_fct)
+    )
Warning message:
There was 1 warning in `mutate()`.
i In argument: `ideo_chr_dbl = as.double(ideo_chr)`.
Caused by warning:
! NAs introduced by coercion
> temporary
# A tibble: 589 × 4
   ideo_chr                       ideo_fct          ideo_chr_dbl ideo_fct_dbl
   <chr>                          <fct>                    <dbl>        <dbl>
 1 Moderate, middle of the road Moderate, middle…            NA            5
 2 Moderate, middle of the road Moderate, middle…            NA            5
 3 Moderate, middle of the road Moderate, middle…            NA            5
 4 Moderate, middle of the road Moderate, middle…            NA            5
 5 Moderate, middle of the road Moderate, middle…            NA            5
 6 Conservative                 Conservative                 NA            7
 7 Slightly liberal             Slightly liberal             NA            4
 8 Conservative                 Conservative                 NA            7
 9 Conservative                 Conservative                 NA            7
10 Liberal                      Liberal                      NA            3
# i 579 more rows
# i Use `print(n = ...)` to see more rows
```

우선 문자형으로 입력된 변수(ideo_chr)는 더블형으로 전환되지 않습니다. 반면 요인형으로 입력된 변수(ideo_fct)는 더블형으로 전환된 것을 확인할 수 있습니다. 하지만 자세히 보면 결과가 조금 이상하다는 것을 발견하실 것입니다. 왜냐하면 7점 척도를 사용했는데, 중도 성향의 응답자에게 4점이 아닌 5점이 부여되어 있기 때문입니다. 아래에서 확인할 수 있듯 **ideo_fct** 변수와 **ideo_fct_dbl** 변수를 비교해보면 정치적 성향 점수가 1–7점이 아닌, 2–8점으로 리코딩된 것을 확인할 수 있습니다. 왜 이럴까요?

```
> temporary %>% count(ideo_fct, ideo_fct_dbl)
# A tibble: 7 × 3
  ideo_fct                    ideo_fct_dbl     n
  <fct>                              <dbl> <int>
1 Extremely liberal                      2    18
2 Liberal                                3    86
3 Slightly liberal                       4    60
4 Moderate, middle of the road           5   217
5 Slightly conservative                  6    75
6 Conservative                           7   103
7 Extremely conservative                 8    30
```

그 이유는 **ideo_fct** 변수가 **IDEO** 변수의 라벨을 변환시킨 것이기 때문입니다. **IDEO** 변수가 **<dbl+lbl>** 형태, 즉 라벨이 붙은 더블형 데이터 형태였던 것을 기억하실 것입니다. 다시 말해 원변수인 **IDEO** 변수는 {−1, 1, 2, 3, 4, 5, 6, 7}의 총 8개의 값을 갖고 있었고, 해당되는 수치에 각각 {Refused, **Extremely liberal**, **Liberal**, **Slightly liberal**, **Moderate**, **middle of the road**, **Slightly conservative**, **Conservative**, **Extremely conservative**}이라는 라벨이 붙어 있었던 것입니다. **as_factor()** 함수를 적용하여 요인형 데이터로 변환할 때, {**Refused**, **Extremely liberal**, **Liberal**, **Slightly liberal**, **Moderate**, **middle of the road**, **Slightly conservative**, **Conservative**, **Extremely conservative**}에 대해 차례대로 {1, 2, 3, 4, 5, 6, 7, 8}의 값이 부여되었기 때문에 위의 결과처럼 2−8점의 더블형 데이터 형태 변수로 리코딩이 된 것입니다. 아래와 같이 **ideo_fct** 변수에 대해 **fct_unique()** 함수를 적용해보면 요인형 데이터로 입력된 범주형 변수의 수준이 어떤 순서를 갖는지 확인할 수 있습니다.

```
> # ideo_fct 변수의 수준들이 어떤 순서를 갖는지 체크
> # %$%를 사용한 것 주의(행렬 데이터가 아닌 변수 단위인 경우 사용하는 파이프 오퍼레이터)
> temporary %$% fct_unique(ideo_fct)
[1] Refused                      Extremely liberal
[3] Liberal                      Slightly liberal
[5] Moderate, middle of the road Slightly conservative
```

```
[7] Conservative                          Extremely conservative
8 Levels: Refused Extremely liberal Liberal ... Extremely conservative
```

만약 2-8점이 아닌 1-7점을 원하신다면 ideo_fct_dbl 변수의 값을 다시 리코딩하시면 됩니다. 아마도 가장 쉬운 방법은 mutate() 함수 내부의 ideo_fct_dbl=as.double(ideo_fct)을 ideo_fct_dbl=as.double(ideo_fct)-1으로 교체하는 것이겠죠.

그렇다면 ideo_chr 변수를 다시금 요인형 데이터 변수로 리코딩한 후, 이를 더블형 데이터 변수로 리코딩해봅시다. 지금까지의 과정을 이해하셨다면 문자형 변수는 'abc' 순서로 정렬된 형태이기 때문에, 애초에 변수에서 의도된 형태와 같은 1-7점 척도를 얻을 수 없다는 것을 충분히 예상하실 수 있을 것입니다. 일단 한번 실행해보죠.

```
> # 문자형 -> 요인형 -> 더블형
> temporary %>%
+   mutate(
+     ideo_chr_fct=as.factor(ideo_chr), #as_factor()를 써도 무방
+     ideo_chr_fct_dbl=as.double(ideo_chr_fct)
+   ) %>%
+   count(ideo_chr_fct, ideo_chr_fct_dbl)
# A tibble: 7 × 3
  ideo_chr_fct                   ideo_chr_fct_dbl     n
  <fct>                                     <dbl> <int>
1 Conservative                                  1   103
2 Extremely conservative                        2    30
3 Extremely liberal                             3    18
4 Liberal                                       4    86
5 Moderate, middle of the road                  5   217
6 Slightly conservative                         6    75
7 Slightly liberal                              7    60
```

1-7점 척도를 얻기는 했지만, 우리가 원하는 순위변수는 결코 아닙니다. 우리가 원하는 리코딩을 하려 한다면 복잡하더라도 앞서 소개하였던 수동방식을 통해 지정된 텍스트

표현을 지정된 값으로 바꾸는 방식의 리코딩을 진행해야 합니다. 예를 들면 다음과 같이 말이죠.

```
> # 원하는 텍스트 표현에 원하는 수치를 부여
> temporary %>%
+   mutate(
+     ideo_chr_dbl=NA,
+     ideo_chr_dbl=ifelse(ideo_chr=="Extremely liberal",1,ideo_chr_dbl),
+     ideo_chr_dbl=ifelse(ideo_chr=="Liberal",2,ideo_chr_dbl),
+     ideo_chr_dbl=ifelse(ideo_chr=="Slightly liberal",3,ideo_chr_dbl),
+     ideo_chr_dbl=ifelse(ideo_chr=="Moderate, middle of the road",4,ideo_chr_dbl),
+     ideo_chr_dbl=ifelse(ideo_chr=="Slightly conservative",5,ideo_chr_dbl),
+     ideo_chr_dbl=ifelse(ideo_chr=="Conservative",6,ideo_chr_dbl),
+     ideo_chr_dbl=ifelse(ideo_chr=="Extremely conservative",7,ideo_chr_dbl)
+   ) %>%
+   count(ideo_chr,ideo_chr_dbl)
# A tibble: 7 × 3
  ideo_chr                     ideo_chr_dbl     n
  <chr>                               <dbl> <int>
1 Conservative                            6   103
2 Extremely conservative                  7    30
3 Extremely liberal                       1    18
4 Liberal                                 2    86
5 Moderate, middle of the road            4   217
6 Slightly conservative                   5    75
7 Slightly liberal                        3    60
```

이런 사례들을 통해 제가 독자들께 드리고자 하는 말씀은 다음과 같습니다.

첫째, 대부분의 데이터 분석자들이, 심지어 숙달된 전문가들조차, 변수 리코딩 과정에서 의도치 않게 실수를 범합니다. 사실 forcats 패키지의 함수들이 매우 편하다는 것을 저도 인정합니다만, 편한 함수들을 쓸수록 리코딩 과정에서 자신이 실수하는 것은 없는지 지속적으로 확인해야만 합니다. 복잡한 과정이라서 어렵게 느껴지시더라도 많은 분들이 여기서 실수를 범하기 때문에 언제나 주의하셔야 합니다. 아직까지 저도 종종 실수합니다. 또한 저는 자타가 공인하는 '전문가' 분들의 실수도 적지 않게 봐왔습니다. 다시 말씀을 드립니다. 데이터 분석의 대부분의 시간은 모형추정이 아닌 모형추정을 위한 데이터 사전처리, 특히 모형에 투입될 변수들을 확인하고 리코딩하는 과정에 소요됩니다. 따라서 리코딩 과정에서 실수가 가장 빈번하게 발생한다는 점 언제나 유의하시기 바랍니다.

둘째, 범주형 변수인 경우는 가능한 요인형 데이터로 입력된 변수로, 연속형 변수인 경우에는 가능한 더블형 데이터로 입력된 변수를 사용하시기 바랍니다. 위의 과정에서 느끼셨겠지만, 문자형 데이터로 입력된 변수에 대한 리코딩이 가장 번잡합니다(특히 입력된 텍스트가 길면 길수록 R 코드 작성을 위한 타이핑 시간도 더 많이 소요되겠죠). 또한 정수형 데이터는 더블형 데이터로 변환되어도 큰 변화가 없지만, 더블형 데이터를 정수형 데이터로 변환시킬 때는 의도치 않게 실수할 수 있습니다(물론 컴퓨터 언어라는 기계어 측면에서 정수형 데이터의 장점도 분명합니다만, 데이터 분석자의 입장에서는 가능한 실수하지 않는 것이 가장 중요할 것 같습니다).

## 사) 텍스트 형태의 변수 처리

이번 섹션에서 소개할 내용은 독자의 연구관심사에 따라 매우 유용할 수도 있지만, 반대로 전혀 사용되지 않을 수도 있습니다. 만약 텍스트 형태의 변수를 거의 다루지 않는다면 이번 섹션을 그냥 넘어가셔도 무방합니다. 그러나 여기서 소개할 텍스트 형태의 문자형 데이터를 다루는 방법은 적어도 사회과학 데이터를 다루는 사람들에게는 매우 유용할 것으로 확신합니다. 물론 텍스트 데이터 분석은 매우 넓은 영역을 포함합니다. 여기서 소개할 내용은 사람이나 국가의 이름, 혹은 개방형 응답과 같은 매우 간단한 형태의 텍스트 데이터를 분석하는 방법입니다. 만약 보다 체계적이고 방대한 텍스트 데이터 처리 방법을 학습하시고 싶은 독자께서는 졸저(2020)《R를 이용한 텍스트 마이닝》을 참고하여 주시기 바랍니다.

텍스트 형태의 변수 처리 방법 몇 가지를 구체적 사례를 통해 살펴보겠습니다. 예시 데이터 중 "data_country.xlsx"를 살펴봅시다.

```
> # 텍스트 형태 변수 처리
> world_country <- read_excel("data_country.xlsx")
```

```
> world_country
# A tibble: 240 × 6
   COUNTRY               `COUNTRY CODE` `ISO CODES` POPULATION `AREA KM2` `GDP $USD`
   <chr>                 <chr>          <chr>            <dbl>      <dbl> <chr>
 1 Afghanistan           93             AF / AFG      29121286     647500 20.65 Billion
 2 Albania               355            AL / ALB       2986952      28748 12.8 Billion
 3 Algeria               213            DZ / DZA      34586184    2381740 215.7 Billion
 4 American Samoa        1-684          AS / ASM         57881        199 462.2 Million
 5 Andorra               376            AD / AND         84000        468 4.8 Billion
 6 Angola                244            AO / AGO      13068161    1246700 124 Billion
 7 Anguilla              1-264          AI / AIA         13254        102 175.4 Million
 8 Antarctica            672            AQ / ATA             0   14000000 NA
 9 Antigua and Barbuda   1-268          AG / ATG         86754        443 1.22 Billion
10 Argentina             54             AR / ARG      41343201    2766890 484.6 Billion
# i 230 more rows
# i Use `print(n = ...)` to see more rows
# ... with 230 more rows
```

결과에서 알 수 있듯, POPULATION, `AREA KM2` 두 변수를 빼고 모든 변수가 문자형 (<chr>)입니다(`COUNTRY CODE` 변수의 경우 하이픈이 들어가서 문자형으로 읽혔습니다). 이번 섹션에서는 `GDP $USD` 변수와 COUNTRY 변수를 사례로 살펴보겠습니다. 우선 국가의 국내 총생산량(GDP)를 미국달러로 환산한 `GDP $USD` 변수를 살펴보죠. 우선 이 변수는 2개의 데이터가 같이 들어가 있습니다. 예를 들어 알바니아(Ablania)의 경우 "12.8 Billion"의 값을 갖는데, 이는 더블형 데이터인 12.8과 문자형 데이터인 Billion이 스페이스 공란(" ")을 중심으로 합쳐진 것으로 볼 수 있습니다. 여기서 문자형 데이터인 Billion을 수치로 환산하면 $10^9$이기 때문에, 알바니아의 `GDP $USD` 변숫값을 숫자로 표현하면 $12.8 \times 10^9$라고 표현할 수 있습니다. 한번 이 과정을 정리해봅시다.

- 단계 1: `GDP $USD` 변수를 더블형 데이터 부분과 문자형 데이터 부분으로 분리
- 단계 2: 문자형 데이터의 단위 표시를 숫자로 환산
- 단계 3: 2단계를 통해 얻은 변수를 `GDP $USD` 변수 중 더블형 데이터 부분만을 추출한 변수에 곱하여 gdp_total이라는 이름의 변수 생성

우선 '단계 1'의 과정은 separate() 함수를 이용하면 됩니다. separate() 함수는 separate(대상변수,c("변수1","변수2",...),sep=식별표식)의 형태로 나타납니다(여기서 remove=F의 의미는 데이터에서 대상변수를 삭제하지 않고 그대로 남겨둔다는 뜻입니다. 디폴트는 remove=T입니다).[6] 여기서 대상변수는 `GDP $USD` 변수입니다. 제 경우 변수1을 gdp_dbl, 변수2를 gdp_chr라고 붙였으며, 두 변수들이 스페이스 공란(" ")으로 구분되어 있다는 것을 식별표식으로 명기하였습니다. 다음으로 '단계 2'에서는 gdp_dbl 변수를 as.double() 함수를 이용해 더블형 데이터로 바꾸었으며, gdp_chr 변수의 경우 Million, Billion, Trillion 등의 표현은 이에 맞는 숫자(각각 $10^6$, $10^9$, $10^{12}$)로 모두 리코딩하였습니다. 끝으로 gdp_dbl 변수와 gdp_chr 변수를 곱하여 gdp_total 변수를 생성하였습니다. 이 과정을 정리하면 아래와 같습니다.

---

[6] separate() 함수와 정확하게 반대되는 일을 수행하는 함수는 unite()입니다. 이를테면 세대 변수와 성별 변수를 합쳐 "40대 남성"과 같은 이름의 집단을 만들고자 한다면 unite() 함수를 사용하면 편할 수 있습니다. 예를 들어 다음과 같은 방법을 사용하면 애초의 변수를 다시 생성할 수 있습니다.

```
> # 각주: 원래의 `GDP $USD`를 다시 만들 수도 있다(결측값의 경우 주의할 필요).
> mydata <- mydata %>%
+   unite(GDP_USD,gdp_dbl,gdp_chr,sep=" ")
> mydata %>%
+   select(GDP_USD,`GDP $USD`)
# A tibble: 240 × 2
   GDP_USD       `GDP $USD`
   <chr>         <chr>
 1 20.65 Billion 20.65 Billion
 2 12.8 Billion  12.8 Billion
 3 215.7 Billion 215.7 Billion
 4 462.2 Million 462.2 Million
 5 4.8 Billion   4.8 Billion
 6 124 Billion   124 Billion
 7 175.4 Million 175.4 Million
 8 NA NA         NA
 9 1.22 Billion  1.22 Billion
10 484.6 Billion 484.6 Billion
# i 230 more rows
# i Use `print(n = ...)` to see more rows
```

```
> mydata <- mydata %>%
+    unite(GDP_USD,gdp_dbl,gdp_chr,sep=" ")
> mydata %>%
+    select(GDP_USD,`GDP $USD`)
# A tibble: 240 × 2
   GDP_USD         `GDP $USD`
   <chr>           <chr>
 1 20.65 Billion   20.65 Billion
 2 12.8 Billion    12.8 Billion
 3 215.7 Billion   215.7 Billion
 4 462.2 Million   462.2 Million
 5 4.8 Billion     4.8 Billion
 6 124 Billion     124 Billion
 7 175.4 Million   175.4 Million
 8 NA NA           NA
 9 1.22 Billion    1.22 Billion
10 484.6 Billion   484.6 Billion
# i 230 more rows
# i Use `print(n = ...)` to see more rows
```

원래의 변수는 문자형이기 때문에 연산을 적용할 수 없지만, 더블형으로 바꾼 **gdp_total** 변수에는 연산을 적용할 수 있습니다. 예를 들어 데이터에 등장한 국가들의 국내 총생산의 평균을 구하자면 다음과 같습니다[summarize() 함수에 대해서는 기술통계분석에서 보다 자세히 다루겠습니다].

```
> # 기술통계분석이나 데이터 시각화도 가능
> mydata %>% summarize(mean(gdp_total,na.rm=TRUE))
# A tibble: 1 × 1
  `mean(gdp_total, na.rm = TRUE)`
                            <dbl>
1                     336241266109.
```

국내 총생산의 분포가 어떤지 쉽게 그릴 수도 있습니다. 국내 총생산의 분포는 편포(skewness)가 심하기 때문에 상용로그(밑이 10인 로그)를 이용해 변환시켜보았습니다.

```
> mydata %>%
+    ggplot(aes(x=log10(gdp_total)))+
+    geom_histogram(na.rm=T)+
+    labs(x="국내 총생산(GDP, 미국달러로 환산된 값을 상용로그로 전환)")
`stat_bin()` using `bins = 30`. Pick better value with `binwidth`.
```

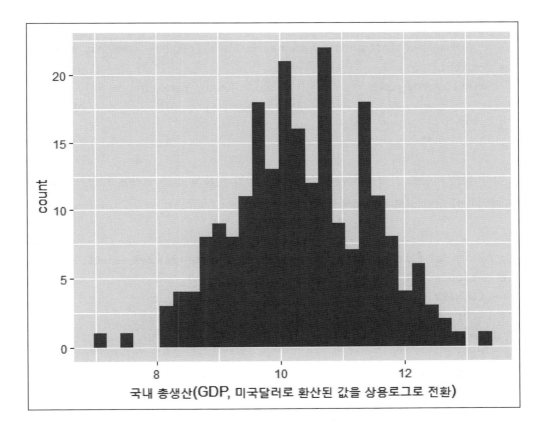

다음으로 국가 이름 변수에 주목해봅시다. 알파벳으로 표기된 국가 중 가장 짧은 이름을 가진 나라와 가장 긴 이름을 가진 나라는 어떤 나라일까요? 글자이름에 포함된 알파벳수를 세어보는 경우 stringr 패키지의 str_count() 함수가 매우 유용합니다. str_count() 함수에 변수를 지정한 후, 지정된 변수에 등장하는 표현을 쌍따옴표("")

를 이용해 지정하면 등장횟수를 계산할 수 있습니다. 모든 문자를 다 포함하는 경우 쌍따옴표 내부에 아무것도 지정하지 않으면 됩니다. 우선 각 국가 이름의 글자수를 나타내는 변수를 생성한 후, 글자수의 빈도를 살펴봅시다.

```
> # 텍스트 데이터에 사용된 글자수 세기
> mydata <- mydata %>%
+   mutate(
+     country_name=str_count(COUNTRY, "")
+   )
> mydata %>%
+   summarize(min(country_name,na.rm=T),max(country_name,na.rm=T))
# A tibble: 1 x 2
  `min(country_name, na.rm = T)` `max(country_name, na.rm = T)`
                          <int>                          <int>
1                             4                             32
```

가장 짧은 이름을 가지는 국가는 4글자, 가장 긴 이름을 갖는 국가는 32글자네요. 이들 국가들의 실제 이름을 살펴볼까요?

```
> mydata %>% filter(country_name==4|country_name==32) %>% select(COUNTRY)
# A tibble: 14 x 1
   COUNTRY
   <chr>
 1 Chad
 2 Cuba
 3 Democratic Republic of the Congo
 4 Fiji
 5 Guam
 6 Iran
 7 Iraq
 8 Laos
 9 Mali
10 Niue
11 Oman
```

```
12 Peru
13 Saint Vincent and the Grenadines
14 Togo
```

콩고공화국("Democratic Republic of the Congo")의 글자수를 직접 세보시기 바랍니다. 글자수가 32가 아니라 28입니다. 다시 말해 **str_count**(COUNTRY, "")를 이용하여 글자수를 세는 경우 스페이스 공란도 포함이 됩니다. 만약 스페이스 공란을 포함하지 않고, 순수하게 알파벳만 세고 싶다면 '정규표현(regular expression)'을 사용해야 합니다. R에서 사용할 수 있는 모든 정규표현에 대해서는 졸저(2020)《R를 이용한 텍스트 마이닝》 66쪽을 참조하시기 바랍니다. 일단 여기서 사용하고 있는 **[:alpha:]**는 대소문자 구분 없이 모든 알파벳을 의미합니다.[7]

```
> # 위 방식에서는 공란, 쉼표 등도 한 글자로 취급하는 문제가 생김
> # 조금 복잡하지만 정규표현을 쓰면 알파벳만 세는 것이 가능
> mydata = mydata %>%
+    mutate(
+       country_name=str_count(COUNTRY, "[[:alpha:]]")
+    )
> mydata %>% count(country_name)
# A tibble: 21 × 2
   country_name      n
```

---

[7]   **[:alpha:]** 대신 a-zA-Z를 넣어도 동일한 결과를 얻을 수 있습니다. 다양한 방식의 정규표현에 대해서는 2020년에 출간된 졸저《R를 이용한 텍스트 마이닝》을 참조하여 주세요.

```
> mydata %>%
+    mutate(country_name=str_count(COUNTRY,"[a-zA-Z]")) %>%
+    count(country_name) %>%
+    print(n=3)
# A tibble: 21 × 2
  country_name      n
        <int> <int>
1           4    12
2           5    26
3           6    33
# i 18 more rows
# i Use `print(n = ...)` to see more rows
```

```
           <int>   <int>
 1             4      12
 2             5      26
 3             6      33
 4             7      47
 5             8      28
 6             9      19
 7            10      23
 8            11      12
 9            12       6
10            13       6
# i 11 more rows
# i Use `print(n = ...)` to see more rows
```

만약 글자수가 아니라 단어수를 세고 싶다면 **str_count()** 함수에서 "" 대신 스페이스 공란(즉 " ")을 지정한 뒤 1을 더해주면 됩니다(왜냐하면 1개의 공란으로는 2개의 단어를 구분할 수 있기 때문이죠). 살펴보니 5개의 단어가 사용된 국가가 가장 많은 단어수를 갖고 있네요.

```
> # 공란을 단어 구분의 지표로 지정하면, 단어수를 세는 것도 가능
> mydata = mydata %>%
+    mutate(
+      country_word=1+str_count(COUNTRY, " ")
+    )
> mydata %>% count(country_word)
# A tibble: 5 × 2
  country_word     n
         <dbl> <int>
1            1   180
2            2    40
3            3    11
4            4     7
5            5     2
```

특수한 표현이 들어간 국가만 골라낼 수도 있습니다. 중앙아시아 쪽의 국가들에는 '~stan'으로 끝나는 이름을 갖는 국가들이 많습니다[예를 들어 카자흐스탄(Kazakhstan)].

'~stan'으로 끝나는 이름을 갖는 국가들은 어떤 국가들이 있을까요? `str_detect()` 함수를 사용하면, 지정된 표현이 들어간 사례들에는 **TRUE**의 값을, 그렇지 않은 사례들에는 **FALSE**의 값이 부여됩니다. "stan$"에서 $는 해당 표현으로 종료된다는 것을 의미합니다.

```
> # 특수한 표현이 들어간 사례들만 선별 가능
> # stan으로 끝나는 국가는?
> mydata <- mydata %>%
+   mutate(
+     include_stan=str_detect(COUNTRY,"stan$")
+   )
> mydata %>%
+   filter(include_stan) %>%
+   select(include_stan,COUNTRY)
# A tibble: 7 × 2
  include_stan COUNTRY
  <lgl>        <chr>
1 TRUE         Afghanistan
2 TRUE         Kazakhstan
3 TRUE         Kyrgyzstan
4 TRUE         Pakistan
5 TRUE         Tajikistan
6 TRUE         Turkmenistan
7 TRUE         Uzbekistan
```

만약 South로 시작하는 이름을 갖는 나라들을 찾고 싶다면 텍스트 표현의 패턴을 "^South"를 지정하면 됩니다. 여기서 ^은 해당 표현으로 시작된다는 것을 의미합니다.

```
> # South로 시작되는 국가는?
> mydata %>%
+   mutate(
+     include_south=str_detect(COUNTRY,"^South")
+   ) %>%
```

```
+    filter(include_south) %>%
+    select(COUNTRY)
# A tibble: 3 x 1
  COUNTRY
  <chr>
1 South Africa
2 South Korea
3 South Sudan
```

## 아) 개인함수를 이용한 리코딩

이번 섹션에서 다룰 개인함수(user-defined function)를 이용한 리코딩 과정은 다소 어렵게 느껴질 수도 있습니다. 특히 개인함수를 지정하는 방법에 익숙하지 않은 독자께서는 이번 섹션의 내용을 이해하고 적용하는 것이 쉽지 않을 수 있습니다. 만약 이번 섹션의 내용이 한 번에 이해되지 않는 분께서는 R 프로그래밍에 조금 더 익숙한 후에 이번 섹션의 내용을 살펴보면 한결 더 쉽게 이해하실 수 있을 것입니다.

우선 왜 개인함수를 지정해야 하는지 그 이유부터 살펴보겠습니다. 사실 이유는 간단합니다. 연구자가 접하는 데이터는 고유한 특성을 갖고 있습니다. 예를 들어 사회과학자의 경우 5점 척도 혹은 7점 척도로 측정된 변수들을 자주 다루는 것이 보통입니다. 다시 말해 동일한 방식의 리코딩 과정을 여러 변수들에 걸쳐 반복적으로 실시해야만 할 경우가 적지 않습니다. 이 경우 당면하고 있는 데이터의 특성에 맞게 연구자가 원하는 방식의 리코딩 과정을 실시할 수 있다면 데이터 처리의 효율성을 높일 수 있을 것입니다. 또한 연구자 자신의 스타일에 최적화된 함수를 지정해두면 나중에 해당 함수를 다시 불러와 사용할 수 있을 것입니다. 실제로 본서에서 다루고 있는 여러 함수들은 해당 패키지 개발자들의 개인함수들의 집합이라고 보아도 무방합니다.

실제 사례를 통해 개인함수를 이용한 리코딩 과정의 사례를 살펴보겠습니다. "data_TESS3_131.sav"의 경우, 응답자가 특정 문항에 대해 응답거부(Refused)하였을 경우에는 음수(-1)의 값을 입력하였습니다. 앞에서 소개하였던 방식으로 '응답거부'를 결측값으로 처리할 수도 있지만, 다음과 같은 개인함수를 설정해두고 필요할 때마다 사용하면 더 편합니다. 우선 -1의 값을 결측값으로 변환시키는 refused_to_missing이라는 이름의 개인함수는 다음과 같습니다. 즉 **myvariable**이라는 변수가 입력되었을 때, 해당 변수의 값이 -1인 경우는 결측값(NA)이 부여된, 그렇지 않은 경우에는 **myvariable**의 변숫값이 그대로 부여된 결과가 그대로 출력됩니다.

```
> # 개인함수를 이용하여 변수 리코딩
> refused_to_missing<-function(myvariable){
+    ifelse(myvariable==-1,NA,myvariable)
+ }
```

예를 들어 앞에서 살펴본 **IDEO** 변수의 결측값을 **refused_to_missing**이라는 이름으로 저장한 개인함수를 이용해 처리해봅시다.

```
> # 데이터 불러오기
> data_131 <- read_spss("data_TESS3_131.sav")
> # 개인함수를 이용해 결측값 처리
> data_131 %>%
+    mutate(
+      ideo2=refused_to_missing(IDEO)
+    ) %>%
+    count(IDEO,ideo2)
# A tibble: 8 × 3
  IDEO                                 ideo2      n
  <dbl+lbl>                            <dbl>  <int>
1 -1 [Refused]                            NA      4
2  1 [Extremely liberal]                   1     18
3  2 [Liberal]                             2     86
4  3 [Slightly liberal]                    3     60
5  4 [Moderate, middle of the road]        4    217
6  5 [Slightly conservative]               5     75
7  6 [Conservative]                        6    103
8  7 [Extremely conservative]              7     30
```

개인함수를 이용하여 리코딩하는 과정은 만약 여러 개의 변수들을 동시에 리코딩할 때 훨씬 더 매력적입니다. 예를 들어 **data_131**의 변수들 중 더블형 데이터 형식을 띠는 모든 변수들을 대상으로 위와 같은 리코딩을 적용하여 data_131_2라는 이름으로 저장해봅시다. 별도의 데이터를 만든 이유는 원본 데이터를 그대로 보존하기 위해서입니다. 특정 형식의 변수들에 대해 일괄적으로 개인함수를 적용하려면 mutate() 함수 내부에 across() 함수를 적용한 후, .cols 옵션을 아래와 같이 where() 함수로 변수의 특성을 지정하시면 됩니다. 즉 아래와 같이 is.double을 where() 함수 속에 지정하는 방식으로 across() 함수를 삽입하면, 더블형 변수에 대해서는 .fns에서 지정된 개인함수가 적용되지만, 그렇지 않은 변수들(이를테면 요인형이나 정수형 변수 등)에는 지정된 함수가 적용되지 않습니다. IDEO 변수를 살펴보면 원하는 대로 리코딩된 것 을 확인할 수 있습니다.

```
> # 더블형 변수에 모두 적용한다면 across(), where() 함수를 같이 이용하면 매우 편리
> data_131_2 <- data_131 %>%
+    mutate(across(
+      .cols=where(is.double),
+      .fns=function(x){refused_to_missing(x)}
+    ))
> data_131_2  %>%
+    count(IDEO)
# A tibble: 8 × 2
    IDEO      n
   <dbl> <int>
1      1     18
2      2     86
3      3     60
4      4    217
5      5     75
6      6    103
7      7     30
8     NA      4
```

Q1 변수도 살펴보죠. 아래와 같이 결측값 처리가 된 것을 확인할 수 있습니다. 독자 여러분은 7점 척도로 측정된 다른 변수들(이를테면 Q2, Q3 등)도 살펴보시기 바랍니다. 결과를 살펴보시면 개인함수를 이용하여 mutate() 함수와 across() 함수를 병용하여 사

용하는 것이 얼마나 분석의 효율성을 증진시킬 수 있을지 확인하실 수 있을 것입니다.

```
> data_131_2  %>%
+    count(Q1)
# A tibble: 8 × 2
     Q1     n
  <dbl> <int>
1     1   218
2     2   119
3     3    77
4     4   103
5     5    40
6     6    25
7     7     9
8    NA     2
```

개인함수를 조금 더 복잡하게 적용하는 것도 가능합니다. 예를 들어 다음의 2가지 단계들을 모두 적용시킨 개인함수를 만든 후 seven_to_three_collapse라는 이름으로 지정해봅시다.

- 1단계: −1의 값을 갖는 경우 결측값으로 변환
- 2단계: 1점, 2점, 3점으로 측정된 값들은 '1'로, 4점으로 측정된 값들은 '2'로, 5점, 6점, 7점으로 측정된 값들은 '3'으로 변환(즉 7점 척도를 3개 집단으로 리코딩)

```
> # -1을 결측값으로 처리한 후
> # 7점 척도로 측정된 변수를 3개 집단을 나타내는 범주형 변수로 변환
> seven_to_three_collapse<-function(myvariable){
+    # 1단계
+    myvariable=ifelse(myvariable==-1,NA,myvariable)
+    # 2단계
+    myvariable=cut(myvariable,c(0,3,4,7),1:3)
+ }
```

Q1 변수에 대해 seven_to_three_collapse라는 함수를 적용해봅시다. 우리가 원했던 바로 그 과정이 그대로 진행된 것을 알 수 있습니다.

```
> # Q1 변수에 적용
> data_131 %>%
+   mutate(
+     Q1_3=seven_to_three_collapse(Q1)
+   ) %>%
+   count(Q1,Q1_3)
# A tibble: 8 × 3
  Q1                     Q1_3        n
  <dbl+lbl>              <fct> <int>
1 -1 [Refused]           NA        2
2  1 [1 Very Little]     1       218
3  2 [2]                 1       119
4  3 [3]                 1        77
5  4 [4 A fair amount]   2       103
6  5 [5]                 3        40
7  6 [6]                 3        25
8  7 [7 A lot]           3         9
```

이제 data_131 중에서 지정된 여러 변수들에 대해서만 seven_to_three_collapse 함수를 적용하는 리코딩을 진행해보겠습니다. 일부 변수들을 대상으로 원하는 함수를 지정할 때도 mutate() 함수와 across() 함수를 병용하는 것이 효과적입니다. 여기서는 Q1, Q2, Q3, Q4, IDEO, PARTY7 변수들에 대해 결측값 처리 후 세 집단으로 묶는 리코딩을 실시한 후 data_131_2라는 이름의 데이터로 저장해보겠습니다[앞서 설명하였듯 mutate() 함수와 across() 함수를 병용하기 이전 원래 변수들을 살려두기 위해서 별도의 데이터를 저장한 것입니다].

```
> # 변수들 중 일부만 적용하려면 mutate(), across() 함수를 같이 이용
> data_131_2 <- data_131 %>%
+   mutate(across(
+     .cols=c(Q1, Q2, Q3, Q4, IDEO, PARTY7),
```

```
+        .fns=function(x){seven_to_three_collapse(x)}
+    ))
```

Q3 변수의 리코딩 결과를 확인하면 다음과 같습니다. 독자들께서는 다른 변수들의 경우도 직접 확인해보시기 바랍니다.

```
> data_131_2 %>% count(Q3)
# A tibble: 4 × 2
  Q3        n
  <fct> <int>
1 1        85
2 2       161
3 3       342
4 NA        5
```

위의 사례들을 통해 자신이 분석하고자 하는 데이터 구조와 변수 속성에 맞도록 개인함수를 설정하고, mutate() 함수와 across() 함수를 병용하여 적용하고자 하는 변수들의 조건을 지정하면 많은 양의 데이터를 효과적이고 효율적으로 다룰 수 있을 것입니다.

# 변수의 리코딩

※ 1번부터 5번까지의 문제들은 "data_gss_panel06.dta" 데이터를 불러온 후 응답하시기 바랍니다.

**변수 리코딩 _ 문제 _ 1 :** childs_1 변수는 응답자의 집에 아이가 몇 명이나 있는지에 대한 응답을 담고 있습니다. 이 변수를 [0, 1] [2, 8]의 두 수준을 갖는 이분변수로 리코딩한 후, 아이가 최소 2명 이상 있다고 응답한 응답자의 수를 보고하세요.

**변수 리코딩 _ 문제 _ 2 :** race_1 변수는 응답자의 인종을 자기보고 형식으로 측정한 것입니다. 해당 변수를 '백인(1로 코딩)'과 '비백인(1이 아닌 다른 수치로 코딩)'으로 구분한 후, 백인이라고 응답하지 않은 응답자의 수를 보고하세요.

**변수 리코딩 _ 문제 _ 3 :** relactiv_1 변수는 응답자에게 얼마나 자주 교회에 나가는지를 물어본 후 얻은 응답입니다. 우선 **as_factor()** 함수를 이용해 이 변수에 코딩된 수치가 구체적으로 어떻게 측정되었는지를 살펴보세요. 이후 응답자를 '전혀 교회에 나가본 적이 없는 응답자', '교회에 나간 적이 있거나 혹은 일 년에 몇 차례 나가본 적 있는 응답자', '한 달에 몇 차례 나가본 응답자', '일주일에 한 차례 이상 나가본 응답자'의 네 집단으로 리코딩해보시기 바랍니다.

**변수 리코딩 _ 문제 _ 4 :** 아래의 표를 보세요. 아래의 표에 들어갈 응답자의 수를 구하고 싶습니다. 어떻게 race_1 변수와 childs_1 변수를 리코딩한 후 count() 함수를 이용하면 될까요?

| | 백인 (race_1 변수가 1인 값) | 비백인 (race_1 변수가 1이 아닌 값) |
|---|---|---|
| 가정에 아이는 몇 명? (childs_1 변수) | | |
| 0명 이상 2명 이하 | | |
| 2명 초과 4명 이하 | | |
| 4명 초과 6명 이하 | | |
| 6명 초과 | | |

**변수 리코딩_문제_5**: `caremost_1` 변수는 응답자에게 지구 온난화(global warming)와 관련하여 가장 우려되는 효과가 무엇인지에 대한 응답입니다. 우선 `as_factor()` 함수를 이용해 이 변수에 코딩된 수치가 구체적으로 어떻게 측정되었는지를 살펴보면 아래와 같습니다.

1. the extinction of the polar bears
2. the rise in sea level
3. the threat to the arctic seals
4. the threat to the inuit way of life
5. the melting of the northern ice cap

위의 응답지들을 다음과 같이 3가지 범주로 다시 묶으려 합니다: (1) 기후: 2번과 5번 응답, (2) 동물: 1번과 3번 응답, (3) 이누잇[8]: 4번 응답. 어떻게 리코딩하면 될까요?

**변수 리코딩_문제_6**: "`data_foreign_aid.xlsx`" 데이터를 불러온 후 응답하시기 바랍니다. 해당 데이터를 열어보시면 국가 및 국제기구의 해외 원조(foreign aid) 금액 통계치를 확인할 수 있습니다. 금액의 경우 달러($)로 표시가 되어 있으며, 또한 Billion이라는 문자형 데이터로 금액이 표현되어 있습니다. 이 데이터에서 문자형 데이터로 입력된 `total_development_aid`, `development_aid_per_capita`, `GDP_percent` 세 변수를 모두 연산이 가능한 더블형 데이터로 변환시켜보시기 바랍니다.

---

8 변수의 라벨에는 inuit으로 입력되어 있는데, i는 대문자로 표기되어야 맞습니다(Inuit). 북극에 거주하는 원주민을 의미합니다(종종 '에스키모'로 불리기도 합니다).

※ 7번부터 8번까지의 문제들은 "data_TESS3_131.sav" 데이터를 불러온 후 응답하시기 바랍니다.

**변수 리코딩 _ 문제 _ 7:** 리커트 7점 척도로 측정된 변수에 적용 가능하며 아래의 조건을 충족시킬 수 있는 개인함수를 만들고, 해당 개인함수를 이용해 **Q1**, **Q2**, **Q3** 변수를 리코딩하시기 바랍니다.

- 조건 1: [1, 7]의 범위에 속하지 않는 다른 모든 수치는 모두 결측값으로 처리한다.
- 조건 2: 1을 7로, 2를 6으로, 3을 5로, 4는 그대로, 5는 3으로, 6은 2로, 7은 1로 역코딩(reverse coding)한다.

개인함수를 **Q1**, **Q2**, **Q3** 변수에 적용한 후 원하는 방식으로 리코딩이 이루어졌는지 확인해보세요.

**변수 리코딩 _ 문제 _ 8:** 마찬가지로 개인함수를 만든 후 적용해보는 문제입니다. 리커트 7점 척도로 측정된 변수에 적용 가능하며 해당 조건들을 충족시킬 수 있는 개인함수를 만들고 **Q1**, **Q2**, **Q3** 변수에 적용하여 리코딩해보세요.

- 조건 1: [1, 7]의 범위에 속하지 않는 다른 모든 수치는 모두 결측값으로 처리한다.
- 조건 2: 4를 0으로, 3과 5를 1로, 2와 6은 2로, 1과 7은 3으로 리코딩한다.

마찬가지로 개인함수를 **Q1**, **Q2**, **Q3** 변수에 적용한 후 원하는 방식으로 리코딩이 이루어졌는지 확인해보세요.

날짜 및 시간 변수

　분과에 따라 날짜 및 시간 변수는 매우 중요하게 다루어지기도 합니다. 실례를 들어보겠습니다. 제가 속해 있는 언론학의 시청률 데이터의 경우 날짜 및 시간은 미디어 시·청취률(ratings)이라는 채널과 프로그램에 대한 통계치들을 계산하는 데 매우 중요한 정보입니다. 이를테면 〈무한도전〉이라는 TV프로그램의 시청 여부를 계산한다고 가정해보겠습니다. 어떻게 측정해야 할까요? 먼저 TV프로그램의 시청 여부에 대해 다음과 같은 조작적 정의를 내려봅시다: "만약 어떤 TV시청자가 TV수상기를 통해 ○○프로그램을 프로그램 방영시간의 절반 이상 켜두었다면, 이 시청자는 해당 프로그램을 시청했다고 간주한다." 이 경우 특정 시청자의 프로그램 시청 여부를 판단하기 위해서는 다음과 같은 정보를 파악해야 합니다.

- 프로그램의 방영일자 및 시작시간과 종료시간
- 특정 시청자가 TV수상기를 켜둔 일자와 시각과 꺼둔 일자와 시각

　쉬운 듯 보이지만 실제로는 쉽지 않습니다. 무엇보다 골치 아픈 것은 날짜 및 시간 데이터는 10진법을 따르지 않는다는 사실입니다. 예를 들어 1년은 365일이 아닐 수도 있습니다(윤달을 생각해보세요). 또한 달마다 일수(日數)가 일정하지도 않습니다. 하루의 시간은 24시간입니다만, 지역에 따라 서머타임(summer time) 제도로 인해 23시간 혹은 25시간으로 바뀌기도 합니다. 게다가 1시간과 1분은 60진법을 따릅니다.

　이 정도만 해도 머리가 지끈거립니다. 하지만 날짜와 시간을 코딩하는 방법은 데이터를 수집하는 기관마다 그 표준형태가 동일하지 않기도 합니다. 예를 들어 '2018년 2월 12일 오후 7시 30분 00초'를 표현하는 방식은 아주 다양합니다. 2가지만 예를 들어도 다음과 같습니다(물론 이들 외에도 여러 다양한 방법들이 있습니다. 특히 달의 경우 영어로 표기하는 것도 빈번합니다).

- 2018-02-12, 7:30:00 PM
- 2018/2/12, 18:30:00

시청률 자료의 경우 큰 문제가 되지 않지만, 사실 날짜 및 시간 정보에는 위의 정보와 아울러 한 가지가 더 붙습니다. 바로 타임존, 시간대(time zone)입니다. 이를테면 서울을 기준으로 2018년 2월 12일 오후 7시 30분 0초는 미국의 LA(Los Angeles)에서는 2018년 2월 12일 오전 2시 30분 0초입니다. 시간대는 통신, 위성의 비행경로 등의 자료를 다루는 분들에게는 매우 중요한 정보입니다(하지만 저는 시간대의 차이를 고려할 정도의 자료를 다루어본 적은 없습니다).

날짜 및 시간 변수가 만만한 변수가 아니라는 점을 느끼셨다면 이제 날짜 및 시간 변수를 어떻게 다룰 수 있는지 실제 사례를 통해 살펴봅시다. "data_TESS3_131.sav"를 불러온 후 tm_start, tm_finish, duration, PPAGE, PPEDUC의 5개 변수들만 선별한 티블 데이터를 만들어봅시다.

```
> setwd("D:/TidyData/data")
> ## 시간변수 관리
> data_131 <- read_spss("data_TESS3_131.sav")
> mydata <- data_131 %>%
+    select(starts_with("tm_"),duration,PPAGE,PPEDUC)
> mydata
# A tibble: 593 × 5
   tm_start            tm_finish           duration PPAGE  PPEDUC
   <dttm>              <dttm>                 <dbl> <dbl+> <dbl+lb>
 1 2013-02-07 22:13:21 2013-02-07 22:16:30        3 29       12 [Bac…
 2 2013-02-07 22:15:13 2013-02-07 22:22:52        7 53        9 [HIG…
 3 2013-02-07 22:16:00 2013-02-07 22:20:32        4 58       10 [Som…
 4 2013-02-07 22:16:12 2013-02-11 00:07:13     4431 18        7 [11t…
 5 2013-02-07 22:17:10 2013-02-07 22:24:10        7 19       10 [Som…
 6 2013-02-07 22:18:27 2013-02-07 22:24:06        5 52       10 [Som…
 7 2013-02-07 22:18:27 2013-02-07 22:26:15        7 44       12 [Bac…
 8 2013-02-07 22:18:57 2013-02-07 22:24:34        5 53       13 [Mas…
 9 2013-02-07 22:20:00 2013-02-07 22:44:32       24 31        5 [9th…
10 2013-02-07 22:20:26 2013-02-07 22:25:53        5 60       12 [Bac…
# i 583 more rows
# i Use `print(n = ...)` to see more rows
```

데이터 형태에서 알 수 있듯 **tm_*** 변수들은 날짜 및 시간 변수입니다(<dttm>이라고 표시된 부분). 형식을 파악하는 것이 어렵지는 않을 것입니다. 예를 들어 첫 줄에 놓인 응답자는 '2013년 2월 7일 22시 13분 21초'에 응답을 시작하여, '2013년 2월 7일 22시 16분 30초'에 응답을 종료하였습니다. 수계산을 해보시면 이 응답자의 설문참여 시간은 정확하게 '3분 9초'입니다. 그런데 **duration**이라는 이름의 변수를 보면 해당 응답자의 값이 3으로 입력되어 있습니다(다시 말해 해당 변수는 '초' 단위로 측정된 것이 아니라 '분' 단위로 측정되었습니다). 첫 10줄의 사례를 한번 눈으로 훑어보시면 4번 응답자가 매우 독특하다는 것이 눈에 띕니다. 설문응답에 무려 4,431분, 시간으로 환산하면 74시간을 사용했네요. 실제로 날짜만 보아도 2월 7일에 설문을 시작한 후 2월 11일에 설문을 종료한 것으로 되어 있습니다. 웹을 이용한 설문에서는 응답 시작시간과 응답 종료시간을 기록할 수 있는데, 이를 이용해 응답 성실도를 간접적으로나마 추정할 수 있습니다. 즉 설문응답을 너무 빨리 하거나, 너무 많은 시간을 소요한 응답자들은 어쩌면 설문을 성의없이 수행했을 가능성이 높지 않을까요?

아무튼 데이터에 포함된 **tm_*** 변수들을 대상으로 다음과 같은 작업들을 진행해봅시다. 첫째, 해당 변수들에서 '년', '월', '일', '시', '분', '초'의 내용을 추출하고, 둘째, '초'를 기준으로 한 설문 소요시간을 구해봅시다(물론 **duration** 변수가 '분'을 기준으로 측정된 설문 소요시간이기는 하지만, '초'단위의 시간을 버린 것이기 때문에 정확한 설문 소요시간이라고 보기는 어렵습니다).

**tidyverse** 패키지를 구성하는 **lubridate** 패키지 부속함수들은 날짜 및 시간 데이터 형태(<dttm>) 변수를 처리하는 데 매우 유용합니다. 날짜 및 시간 요소들을 추출하기 위한 **lubridate** 패키지 함수들 몇 가지를 소개하면 다음과 같습니다. 모든 함수들을 다 살펴보고자 하면, **help(package="lubridate")**를 실행하시기 바랍니다.

**표 4.** 날짜 및 시간 데이터에 사용하는 lubridate 패키지 함수들

| 추출요소 | 함수 이름 | 데이터 형태 |
|---|---|---|
| 년 | year() | &lt;dttm&gt; 혹은 &lt;date&gt; |
| 월 | month() | &lt;dttm&gt; 혹은 &lt;date&gt; |
| 일 | day() | &lt;dttm&gt; 혹은 &lt;date&gt; |
| 시 | hour() | &lt;dttm&gt; 혹은 &lt;time&gt; |
| 분 | minute() | &lt;dttm&gt; 혹은 &lt;time&gt; |
| 초 | second() | &lt;dttm&gt; 혹은 &lt;time&gt; |

이제 **tm_start** 변수와 **tm_finish** 변수를 대상으로 언급한 6개 요소들을 추출해 별도의 이름을 지정한 후 데이터에 저장해보죠. 다음과 같이 **mutate()** 함수를 이용하면 됩니다.

```
> mydata <- mydata %>%
+    mutate(
+       start_yr=year(tm_start),
+       start_mt=month(tm_start),
+       start_dy=day(tm_start),
+       start_hr=hour(tm_start),
+       start_mn=minute(tm_start),
+       start_sc=second(tm_start),
+       end_yr=year(tm_finish),
+       end_mt=month(tm_finish),
+       end_dy=day(tm_finish),
+       end_hr=hour(tm_finish),
+       end_mn=minute(tm_finish),
+       end_sc=second(tm_finish)
+    )
> mydata %>% select(starts_with("start_"),starts_with("end_"))
# A tibble: 593 × 12
   start_yr start_mt start_dy start_hr start_mn start_sc end_yr
      <dbl>    <dbl>    <int>    <int>    <int>    <dbl>  <dbl>
 1    2013        2        7       22       13       21   2013
 2    2013        2        7       22       15       13   2013
 3    2013        2        7       22       16        0   2013
```

| | | | | | | | |
|---|---|---|---|---|---|---|---|
| 4 | 2013 | 2 | 7 | 22 | 16 | 12 | 2013 |
| 5 | 2013 | 2 | 7 | 22 | 17 | 10 | 2013 |
| 6 | 2013 | 2 | 7 | 22 | 18 | 27 | 2013 |
| 7 | 2013 | 2 | 7 | 22 | 18 | 27 | 2013 |
| 8 | 2013 | 2 | 7 | 22 | 18 | 57 | 2013 |
| 9 | 2013 | 2 | 7 | 22 | 20 | 0 | 2013 |
| 10 | 2013 | 2 | 7 | 22 | 20 | 26 | 2013 |

```
# i 583 more rows
# i 5 more variables: end_mt <dbl>, end_dy <int>, end_hr <int>,
#   end_mn <int>, end_sc <dbl>
# i Use `print(n = ...)` to see more rows
```

이제 설문조사에 소요된 시간을 구해봅시다. 초단위로 설문조사 소요시간을 계산하는 방식은 다음과 같이 매우 간단합니다. 아래에서 저는 as.double() 함수를 이용해 두 시점의 시간 차이를 더블형 데이터로 전환하였습니다. 물론 이 함수를 이용하지 않아도 됩니다만, 연산을 적용할 때, 다시 말해 설문에 소요된 시간을 <time> 형태의 데이터가 아니라 연산 가능한 형태의 데이터로 바꾸기 위해서는 as.double() 혹은 as.integer() 등의 함수를 적용하는 것이 좋습니다. 계산된 설문시간의 분포는 원 설문시간과 상용로그로 전환된 설문시간 2가지로 구분한 히스토그램으로 살펴보겠습니다(히스토그램을 그리는 방법에 대해서는 기술통계분석 부분에서 보다 자세히 설명드리겠습니다).

```
> # 초단위로 설문조사 소요시간 계산
> mydata <- mydata %>%
+   mutate(
+     survey_second=as.double(tm_finish-tm_start)
+   )
> g1 <- mydata %>%
+   ggplot(aes(x=survey_second))+
+   geom_histogram(bins=50)+
+   labs(x="설문 소요시간(단위: 초)")
> g2 <- mydata %>%
+   ggplot(aes(x=log10(survey_second)))+
+   geom_histogram(bins=50)+
+   labs(x="상용로그 전환 설문 소요시간(단위: 초)")
> g1+g2
```

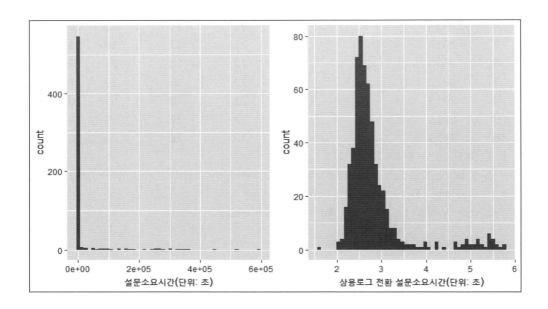

제가 보았을 때, 위의 분포에서(특히 오른쪽의 분포에서) $10^2$초 이하 혹은 $10^{4.5}$초 이상의 설문조사 시간을 소요한 응답자는 응답의 성실성이라는 측면에서 문제가 있지 않나 생각됩니다(이건 철저하게 주관적 판단이기에 과학적으로 올바른 기준이라고 말하기 어렵습니다. 오해 없으시기 바랍니다).

앞에서 배운 리코딩 기법들을 이용해 다음을 살펴보도록 하죠. 첫째, 설문소요 초수가 $[10^2, 10^{4.5}]$인 경우를 성실응답자로, 이 범위에서 벗어난 응답자를 불성실응답자로 판단하는 이분변수를 생성해봅시다. 둘째, 생성된 이분변수를 기준으로 평균 연령과 평균 교육년수를 계산해봅시다(기술통계분석을 본격적으로 다루지 않았지만, R 코드를 이해하는 데는 큰 어려움은 없을 듯합니다). 이 과정은 다음과 같습니다.

```
> mydata %>%
+   mutate(
+     good_surveyer=ifelse(survey_second>(10^4.5)|survey_second<(10^2),
+                          0,1)
+   ) %>%
+   group_by(good_surveyer) %>%
+   summarize(M_age=mean(PPAGE),
+             M_educ=mean(PPEDUC),
```

```
+              N=n())
# A tibble: 2 × 4
  good_surveyer M_age M_educ      N
            <dbl> <dbl>  <dbl>  <int>
1               0  56.2   9.76     37
2               1  48.9   10.5    556
```

결과를 살펴보니 앞서 설정한 기준으로 불성실응답자로 판단된 사람들은 성실응답자로 판단된 사람들에 비해 연령이 상대적으로 높고 교육년수가 상대적으로 짧은 것을 알 수 있습니다. 어쩌면 설문소요 시간이 길었던 것은 응답의 불성실성 때문이 아닐지도 모르겠습니다. 해당 결과를 어떻게 해석해야만 하는지는 "안타깝게도 데이터를 통해 알 수 없습니다!"

결과에 대한 해석이야 어떻든 위와 같은 방법으로 초단위로 계산된 설문 소요시간인 **survey_second**를 구하는 것은 매우 간단합니다. 그렇다면 원래 데이터에 담겨 있던 **duration** 변수와 같이 초단위 데이터는 버리고 분단위 데이터를 기준으로 설문 소요시간 변수를 만들려면 어떻게 해야 할까요? 이를 위해서는 앞서 추출했던 6개의 날짜 및 시간 관련 요소들 중에서 '년', '월', '일', '시', '분'의 5개 요소들을 조합하여 새로운 설문시작시간 변수와 설문종료시간 변수를 만들어야 합니다. 날짜 및 시간 관련 개별 요소들을 조합하여 **<dttm>** 형태의 변수를 생성하는 방법은 아래와 같습니다. 매우 직관적이라 함수의 형태를 보면 쉽게 이해되실 것입니다.

```
> # 초단위 없이 새로운 <dttm> 형태 변수생성
> mydata <- mydata %>%
+   mutate(
+   start_time=make_datetime(start_yr,start_mt,start_dy,start_hr,start_mn),
+   end_time=make_datetime(end_yr,end_mt,end_dy,end_hr,end_mn)
+   )
```

이렇게 생성된 두 시간 변수들의 차이를 구한 후에 **duration** 변수와 동일한지 비교해봅시다.

```
> # 새로 생성된 변수와 duration 변수는 같은가?
> mydata %>%
+    mutate(
+       survey_minute=as.double(end_time-start_time)
+    ) %>%
+    filter(duration != survey_minute) %>%
+    select(starts_with("tm"),duration,survey_minute)
# A tibble: 283 × 4
   tm_start            tm_finish            duration survey_minute
   <dttm>              <dttm>                  <dbl>         <dbl>
 1 2013-02-07 22:18:27 2013-02-07 22:24:06         5             6
 2 2013-02-07 22:18:27 2013-02-07 22:26:15         7             8
 3 2013-02-07 22:18:57 2013-02-07 22:24:34         5             6
 4 2013-02-07 22:20:45 2013-02-07 22:27:06         6             7
 5 2013-02-07 22:22:52 2013-02-08 01:13:11       170           171
 6 2013-02-07 22:24:08 2013-02-07 22:27:06         2             3
 7 2013-02-07 22:28:19 2013-02-07 22:41:17        12            13
 8 2013-02-07 22:28:22 2013-02-07 22:31:09         2             3
 9 2013-02-07 22:32:51 2013-02-07 22:39:33         6             7
10 2013-02-07 22:38:57 2013-02-10 00:55:10      3016          3017
# i 273 more rows
# i Use `print(n = ...)` to see more rows
# ... with 273 more rows
```

두 변수가 서로 다른 값을 갖는 사례들이 무려 283명입니다. 이상하죠? 사실 이 원인
은 duration 변수의 계산방식 때문입니다. 위의 결과에서 첫 번째 응답자를 보면
duration 변수에는 5분이라고 되어 있지만, 초단위를 버리면 5분이 아니라 6분이 맞습
니다. 그렇다면 이렇게 나타난 이유는 무엇일까요? duration 변수를 만든 사람(누군지
는 모르겠습니다만, 아마도 설문업체의 엔지니어 분이겠죠?)께서는 duration 변수을 분단위로
표현하기는 했지만 초단위로 계산된 설문응답시간을 분단위로 환산한 후, 초단위 값을
버림하는 계산방식을 택했습니다. 즉 해당 변수를 만든 분이 duration 변수를 만든 방
법은 다음과 같습니다. 여기서 floor() 함수는 소수점 이하의 값을 버린다는 뜻입니다
[예를 들어 3.70을 3으로 표현하는 것입니다. 만약 3.10을 4로 만든다면 ceiling() 함수를 사용하면

됩니다]. 아래에서 보듯 duration 변수와 새로이 생성된 survey_minute 변수는 정확하게 동일합니다.

```
> mydata %>%
+   mutate(
+     survey_minute=floor(as.double(tm_finish-tm_start)/60)
+   ) %>%
+   filter(duration != survey_minute) %>%
+   select(starts_with("tm"),duration,survey_minute)
# A tibble: 0 × 4
# i 4 variables: tm_start <dttm>, tm_finish <dttm>,
#   duration <dbl>, survey_minute <dbl>
```

# 날짜시간 변수 리코딩

※ 아래의 문제들은 "data_1000songs.csv" 데이터를 불러온 후 풀어보세요.

**날짜시간 변수_문제_1:** 해당 데이터를 열어보면 '도전 1000곡'이라는 프로그램의 방영 일시 및 방영시작시간(time_start 변수)과 종료시간(time_end 변수) 정보를 확인할 수 있습니다. 해당 프로그램이 가장 많이 방영된 월(들)과 가장 적게 방영된 월(들)은 어떤 월들 인가요?

**날짜시간 변수_문제_2:** '도전 1000곡'이라는 프로그램의 방영시간(즉 전파를 탄 시간)을 구해보세요. 가장 짧게 방영된 경우는 몇 시간이며, 가장 길게 방영된 경우는 몇 시간이 었나요?

## 02-4 변수이름 재설정

연구상황에 따라 변수이름을 연구자가 원하는 방식으로 바꾸어야 하는 경우가 적지 않습니다. 왜냐하면 변수이름이 체계적으로 붙어있지 않을 경우 타이디버스 접근의 위력이 발휘되지 않기 때문입니다. 변수이름을 재설정하는 방법으로는 제가 알고 있는 방법은 2가지입니다. 첫 번째 방법은 타이디버스 패키지의 함수로 제공되는 **rename()** 함수를 이용하는 방법입니다. 원하는 변수를 선택적으로 바꾸는 경우 좋은 방법입니다. 두 번째 방법은 티블 데이터에 **names()** 함수를 적용한 결과를 텍스트 형태의 범주형 변수로 취급하여 원하는 조건 혹은 지정된 표현을 일괄적으로 바꾸는 방법입니다(텍스트 형태의 변수를 다루는 방법은 앞에서 소개한 바 있습니다).

사례를 통해 변수이름을 재설정하는 방법을 살펴보겠습니다. 간단한 데이터를 이용해보죠.

```
> ## 변수이름 관리
> seoul_library <- read_excel("data_library.xls")
> seoul_library %>% print(n=2)
# A tibble: 182 × 7
   기간   자치구     계 국립도서관 공공도서관  대학도서관 전문도서관
   <chr>  <chr>   <dbl> <chr>                  <dbl> <chr>       <chr>
 1 2010   합계      464 3                        101 85          275
 2 2010   종로구     50 -                          4 9           37
# i 180 more rows
# i Use `print(n = ...)` to see more rows
```

위의 데이터에서 변수들이 제시된 순서대로 아래와 같이 변수이름을 바꾸어보도록 하죠. rename() 함수를 이용해 이름을 바꾸는 방법은 크게 어렵지 않으니 이해하기가 쉬울 것입니다.

```
> # rename() 함수 이용
> seoul_library %>%
+   rename(
+     year_id=기간,
+     district_id=자치구,
+     lib_total=계,
+     lib_national=국립도서관,
+     lib_public=공공도서관,
+     lib_university=대학도서관,
+     lib_special=전문도서관
+   ) %>% print(n=2)
# A tibble: 182 × 7
  year_id district_id lib_total lib_national lib_public lib_university
  <chr>   <chr>           <dbl>        <chr>      <dbl>          <chr>
1 2010    합계              464            3        101             85
2 2010    종로구             50            -          4              9
# i 180 more rows
# i 1 more variable: lib_special <chr>
# i Use `print(n = ...)` to see more rows
```

위의 방법도 좋지만 개인적으로는 두 번째 방법이 더 좋지 않을까 싶습니다. 즉 names(seoul_library)를 이용해 데이터의 변수이름들을 '범주형 변수'로 취급하는 방법입니다.

```
> # 데이터의 변수명을 직접 변경
> mylabels <- c("year_id","district_id","lib_total","lib_national",
+           "lib_public","lib_university","lib_special")
> names(seoul_library) <- mylabels
> seoul_library %>% print(n=2)
# A tibble: 182 × 7
  year_id district_id lib_total lib_national lib_public lib_university
  <chr>   <chr>           <dbl>        <chr>      <dbl>          <chr>
1 2010    합계              464            3        101             85
2 2010    종로구             50            -          4              9
# i 180 more rows
```

```
# i 1 more variable: lib_special <chr>
# i Use `print(n = ...)` to see more rows
```

위의 방법을 이용하면 변수이름에 등장하는 특정한 표현을 원하는 표현으로 체계적으로 변경할 수 있습니다. 예를 들어 변수이름에 도서관이라는 표현이 들어가 있으면, 다음과 같이 해당 표현을 _lib라는 표현으로 일괄 변경할 수 있습니다.

```
> # 문자형 변수 리코딩에서 배웠던 지식을 활용하면 더욱 효율적
> seoul_library <- read_excel("data_library.xls")
> # 다음과 같이 변수이름을 체계적으로 교체 가능
> names(seoul_library) <- str_replace(names(seoul_library),"도서관","_lib")
> seoul_library %>% print(n=2)
# A tibble: 182 × 7
  기간  자치구      계 국립_lib 공공_lib 대학_lib 전문_lib
  <chr> <chr>    <dbl>    <chr>    <dbl>    <chr>    <chr>
1 2010  합계       464        3      101       85      275
2 2010  종로구      50        -        4        9       37
# i 180 more rows
# i Use `print(n = ...)` to see more rows
```

원한다면 특정한 위치에 있는 변수이름만 바꿀 수도 있습니다. 위와 같이 변수이름을 바꾼 후, 변수에 적용하는 인덱싱을 이용해 세 번째 변수인 계 변수의 이름을 계_lib라는 이름으로 바꾸어봅시다.

```
> # 특정 위치의 변수이름만 변경
> names(seoul_library)[3]  <- "계_lib"
> seoul_library %>% print(n=2)
# A tibble: 182 × 7
  기간  자치구   계_lib 국립_lib 공공_lib 대학_lib 전문_lib
  <chr> <chr>    <dbl>    <chr>    <dbl>    <chr>    <chr>
1 2010  합계       464        3      101       85      275
2 2010  종로구      50        -        4        9       37
# i 180 more rows
# i Use `print(n = ...)` to see more rows
```

한 가지 아쉬운 점은 변수이름을 일괄 변환할 때 across() 함수를 사용할 수 없다는 점입니다. 앞서 mutate() 함수를 소개한 부분에서 확인하셨겠지만, across() 함수는 이용자가 지정한 조건에 맞는 변수들에 대해 일괄하여 작업을 진행할 수 있다는 점에서 매우 유용합니다. 그러나 안타깝게도 2023년 8월 1일 현재까지 rename() 함수와 across() 함수는 같이 사용할 수 없습니다[참고로 현재까지 across() 함수는 select() 함수와도 같이 사용될 수 없으며, 병행 사용이 권장되는 함수는 mutate() 함수와 summarize() 함수들입니다.]. 만약 조건에 부합하는 변수이름을 일괄하여 바꾸려면 rename_with() 함수를 사용하면 됩니다. 앞에서 실시한 것처럼 '××도서관'이라는 변수이름을 '××_lib'으로 일괄 변경하고자 한다면 다음과 같이 .cols 옵션에 everything() 함수, 즉 모든 변수들을 지정하고, 지정된 변수이름에서 등장한 '도서관' 표현을 '_lib' 표현으로 일괄 변경하는 str_replace() 함수를 지정하시면 됩니다.

```
> # rename_with를 사용하여 지정된 규칙에 맞게 변수이름을 일괄 교체 가능
> # 개인적으로는 변수이름을 별개의 벡터로 상정하는 방법을 더 추천함
> seoul_library <- read_excel("data_library.xls")
> seoul_library %>%
+    rename_with(
+       .cols=everything(),
+       .fn=function(x){str_replace(x,"도서관","_lib")}
+    ) %>% print(n=2)
# A tibble: 182 × 7
  기간   자치구       계 국립_lib 공공_lib 대학_lib 전문_lib
  <chr>  <chr>    <dbl>   <chr>    <dbl>    <chr>    <chr>
1 2010   합계       464       3      101       85      275
2 2010   종로구      50       -        4        9       37
# i 180 more rows
# i Use `print(n = ...)` to see more rows
```

rename_with() 함수가 유용하기는 하지만 개인적으로는 names() 함수를 통해 추출한 변수이름 벡터를 사전처리하는 방식이 더 편하다고 생각합니다(물론 이는 필자의 경험과 취향을 반영한 것일 뿐이니 오해 없으시기 바랍니다).

변수이름 설정과 관련해 경험을 토대로 몇 가지 조언들을 드리면 다음과 같습니다. 첫

째, 가능하면 변수이름은 영문으로 하는 것이 좋습니다. 코드를 짜면서 한·영 변환을 하면 번거로운 것은 물론, 한글 깨짐 현상이 일어나는 경우도 적지 않습니다. 제 경우 코드에 붙이는 코멘트까지도 가능하면 영문으로 작성합니다. 물론 본서에서는 독자들을 위해 코멘트를 국문으로 작성했지만, 앞으로 변수이름은 영문으로 작성하겠습니다. 프로그래밍의 효율성 측면에서 한글 변수명은 피하는 것이 좋습니다. 둘째, 속성을 공유하는 변수들의 경우, 공유되는 속성을 담은 표현 앞뒤로 밑줄(_)이나 마침표(.) 등으로 변수이름을 구분하는 것이 좋습니다. 앞에서 살펴본 것처럼 여러 종류의 도서관을 나타내는 경우 _lib와 같이 같은 속성을 나타낸다는 것을 쉽게 알아차릴 수 있도록 변수이름을 붙이시기 바랍니다. 또한 밑줄(_)이나 마침표(.) 등을 사용하면 다음에 소개할 데이터 형태 변환을 할 때 실수할 가능성이 낮아지고, 데이터를 보다 효율적으로 관리할 수 있습니다. 셋째, 변수이름은 너무 길지도, 짧지도 않게 달아두는 것이 좋습니다. 개인적으로는 다소 길더라도 변수이름만 보면 변수의 성격과 의미가 명확하게 드러나도록 하는 것을 선호합니다(물론 타이핑 양이 늘어난다는 점에서는 효율성이 떨어지지만, R Studio에서는 데이터에 들어 있는 변수를 알아볼 수 있도록 도와주는 기능이 있기 때문에 타이핑 양이 많이 늘어나지는 않습니다). 만약 변수이름을 짧게 붙이는 경우에는 코멘트를 이용해 변수이름의 의미를 다른 사람도 쉽게 알 수 있도록 배려하는 것이 좋습니다(제3자가 보지 않는다고 하더라도, 코멘트를 잘 달아두면 시간이 지난 후 R 코드를 볼 때 과거의 프로그래밍 과정을 보다 쉽게 떠올릴 수 있습니다).

# 변수이름 재설정

**변수이름 재설정_문제_1 :** "data_population.xls" 데이터를 불러오신 후 변수가 어떤 이름으로 입력되어 있는지 확인해보세요.

이제 다음과 같은 순서로 변수이름을 다시 설정하려 합니다.

첫째, 1번부터 4번까지의 변수이름을 year, district, resident, total이라고 설정하려 합니다.

둘째, 25번 변수의 이름은 age100Inf로 표시하고자 합니다.

셋째, 5번부터 24번 변수의 경우 가운데의 물결표시(~)와 '세'라는 표현을 없애고, 숫자 앞에 age를 붙이려고 합니다. 예를 들어 '95~99세'(24번째 변수)라고 표시된 변수의 이름은 'age9599'와 같이 바꾸고자 합니다.

위와 같이 변수이름을 재설정하는 방법을 제시하세요.

## 02-5 변수 리코딩 정리

리코딩 과정은 데이터 분석의 사전단계로 어느 분과의 어떤 연구자라도 다 거치게 되는 과정입니다. 또한 데이터 사전처리 과정에서 상당 부분을 차지하고, 의도하지 않은 실수가 자주 발생하는 단계이기도 합니다. 그러나 타이디버스 패키지 함수들을 정확하게 이해하고 주어진 데이터 상황에 적절하게 사용한다면 대용량의 자료들을 빠르게 그리고 실수 없이 리코딩할 수 있습니다. 리코딩 작업 시 주의점들을 정리하면서 리코딩 작업 설명 섹션을 마무리 짓겠습니다.

첫째, 무엇보다 중요한 것은 변수에 결측값이 존재하는지, 혹은 존재한다면 다른 형태로 존재하는지 확인하는 일입니다[이를테면 하이픈(-), 문자형 표현(missing), 혹은 숫자들(-1 혹은 999 등)]. 연구자는 데이터 분석에 앞서 결측값이 왜 발생하였으며, 분석과정에서 결측값을 삭제해도 무방할지 판단해야 합니다. 만약 결측값을 삭제할 경우 분석결과 타당성에 문제가 생긴다고 판단된다면, 결측값을 추정하여 대치하는 분석기법들을 사용해야 할 것입니다.

둘째, 변수의 형태를 정확하게 판단하고, 이에 맞지 않는 형태인 경우 연구자가 원하는 형태의 데이터로 전환해야 합니다. 데이터의 형태에 따라 연속형 변수(더블형, 정수형으로 표현된 변수)가 범주형 변수(문자형으로 표현된 변수)로 입력되기도 하고, 범주형 변수(요인형으로 표현된 변수)가 연속형 변수(더블형이나 정수형으로 표현된 변수)로 입력되기도 합니다. R이 왜 데이터를 잘못 인식하고 있는지, 잘못 인식한 이유가 있다면 해당 이유를 적절하게 처리해주어야 합니다. 만약 잘못 인식된 것은 아니지만 연구자의 필요에 맞게 변수의 데이터 형태를 잡아주어야 한다면 **as.\*()** 함수를 이용해 변수의 데이터 형태를 바꾸어 주어야 합니다.

셋째, 변숫값의 의미를 명확하게 알고 있어야 합니다. 쉽게 말해 어떤 사례의 변숫값이 1이라고 할 때, 이 1이 현실에서 의미하는 것이 무엇인지 명확하게 알고 있어야 합니다. 데이터 분석의 목적은 데이터로 반영된 현실을 수학적 연산과정을 통해 요약하는 것이라고 저는 생각합니다. 만약 데이터가 어떤 현실을 반영하는지 모른다면, 그 데이터는 의미 없는 비트(bit)가 나열된 것 이상의 의미가 없다고 저는 생각합니다.

넷째, 리코딩 과정을 거친 후 언제나 자신이 제대로 리코딩 과정을 거친 것인지 확인해보시기 바랍니다. 여러 차례 반복하여 말씀드렸듯, 분석경험이 많은 연구자조차 리코딩 과정에서 어처구니없을 정도로 단순한 실수를 범해 얼토당토않은 분석결과를 산출하기도 합니다. 리코딩이 제대로 되었는지 반복하는 습관을 가지시면, 의도치 않은 실수로 인해 시간과 노력을 헛되이 할 가능성이 줄어들 것입니다.

다섯째, 원변수에 직접 리코딩을 하는 일은 가능한 삼가시기 바랍니다. 특히 mutate() 함수와 across() 함수를 함께 이용할 때, 원변수에 대해 직접 리코딩을 하기 쉽습니다. 사실 여기서 소개할 예시 데이터는 상당히 작은 데이터이기 때문에 실수를 발견한 후 원데이터를 다시 불러와서 수정해도 크게 시간이 소요되지는 않습니다. 그러나 데이터가 클 경우에는 가능한 한 조심스럽게 사용해야 합니다. 제 경우 mutate() 함수와 across() 함수를 함께 적용할 때에는 언제나 적용되는 티블 데이터와는 다른 이름의 티블 데이터로 저장해두는 습관이 있습니다. 즉 mutate() 함수와 across() 함수를 함께 적용하기 이전과 이후의 티블 데이터를 구분해두는 것입니다. 이렇게 해두면 혹시 문제가 생겨도 적용 이전의 티블 데이터를 다시 활용할 수 있기 때문입니다.

CHAPTER

# 03

# 데이터 형태 변환

긴 형태 데이터와 넓은 형태 데이터

이번 섹션에서 설명드릴 부분은 스프레스시트 형태의 데이터 처리 프로그램(예를 들어 엑셀이나 SPSS)에 익숙한 분들에게는 쉽게 이해되지 않을지도 모르겠습니다. 제 경험상 타이디버스 접근을 처음 접하는 사람(물론 예전의 저 역시 여기에 포함됩니다)이 타이디버스 접근을 낯설게 느끼는 이유 중의 하나가 바로 긴 형태(long format) 데이터와 넓은 형태 (wide format) 데이터 사이의 상호변환 때문인 것 같습니다. 그러나 대용량의 그리고 복잡하고 정리되지 않은 데이터를 다루기 위해 타이디버스 접근을 공부하는 연구자라면 긴 형태 데이터와 넓은 형태 데이터가 무엇이며, 이 두 형태의 데이터를 상호 변환시키는 방법을 숙지해야 합니다. 두 형태의 데이터를 충실히 이해한 후, 타이디버스 패키지의 `pivot_longer()` 함수와 `pivot_wider()` 함수가 어떻게 각 데이터 형식에 대응되는지 이해하면 대규모 데이터를 효과적으로 관리하고 데이터 분석결과를 정돈된 형태로 제시할 수 있습니다.

우선 넓은 형태의 데이터란 우리가 흔히 볼 수 있는 행렬형태의 데이터라고 볼 수 있습니다. 즉 데이터의 가로줄에는 사례(case)를 배치하고, 데이터의 세로줄에는 사례의 특성(feature)을 변수로 배치한 데이터가 넓은 형태의 데이터입니다. 그러나 우리가 익숙하게 보아온 이런 형태의 데이터도 넓은 형태의 데이터임에는 틀림없지만, 보통 '넓은 형태'의 데이터란 특정한 변수들이 유사한 개념 혹은 측정대상에 대한 관측값들을 갖는 데이터를 의미합니다. 가장 전형적인 넓은 형태의 데이터로는 '시간에 따라 반복측정된 데이터'를 예로 들 수 있습니다. 예를 들어 앞서 살펴본 GSS 데이터("data_gss_panel06.dta")처럼 같은 응답자에게 여러 측정시점에 걸쳐 하나의 문항에 대한 응답들이 세로줄에 배치된 데이터는 가장 전형적인 '넓은 형태 데이터'입니다. 반면 긴 형태의 데이터란 하나로 묶을 수 있는 여러 변수들이 가로줄에 배치된 형태의 데이터입니다. 이 경우 응답자는 측정시점의 수만큼 반복되며, 가로줄에는 응답자의 측정시점별 관측값이 배치됩니다.

과거에 긴 형태의 데이터를 다루어보지 않았던 독자께서는 추상적이라고 느껴지실 것입니다. 하지만 타이디버스 패키지의 **pivot_longer()** 함수와 **pivot_wider()** 함수를 이용해 구체적인 데이터 변환과정을 살펴본다면 그다지 어렵지는 않을 것입니다. 만약 이전에 제가 쓴 책들[1]을 보았거나 다른 경로로 R을 이용해 넓은 형태의 데이터를 긴 형태의 데이터로 바꾸어 본 적이 있는 독자라면, **reshape()** 함수, 혹은 **reshape2** 패키지의 **melt()** 함수와 **cast()** 함수, 혹은 초창기 타이디버스 패키지의 **gather()** 함수와 **spread()** 함수를 다루었던 경험을 살리면 더 쉽고 빠르게 타이디버스 패키지 접근을 익히실 수 있을 것입니다. 아무튼 실제 사례를 간단하게 살펴봅시다. 앞서 배웠던 **filter()** 함수와 **select()** 함수를 이용하여 "**data_library.xls**"에서 다음의 조건들을 충족시키는 데이터만을 선별합시다.

- 조건 1: 가로줄에서는 서대문구만 선별한다[즉 **filter**(자치구 == "서대문구") 부분].
- 조건 2: 세로줄에서는 기간, 자치구, 공공도서관 변수만 선별한다[즉 **select**(기간, 자치구, 공공도서관) 부분].

위의 과정을 거친 데이터를 흔히 긴 형태 데이터라고 부르며, 이 때문에 데이터 오브

---

1 두 형태의 데이터 전환방법에 대해서는 졸저 《R를 이용한 사회과학데이터 분석: 기초편》, 《R를 이용한 사회과학데이터 분석: 응용편》, 《R을 이용한 다층모형》에서 소개하였습니다.

젝트의 이름을 `long_data`라고 붙였습니다.

```
> ## 긴 데이터 및 넓은 데이터: 형태 변환
> # 간단한 사례
> long_data <- read_excel("data_library.xls") %>%
+     filter(자치구 == "서대문구") %>%
+     select(기간, 자치구, 공공도서관)
> long_data
# A tibble: 7 x 3
    기간    자치구   공공도서관
    <chr>   <chr>    <dbl>
1   2010 서대문구        3
2   2011 서대문구        4
3   2012 서대문구        4
4   2013 서대문구        4
5   2014 서대문구        4
6   2015 서대문구        4
7   2016 서대문구        4
```

위의 데이터에서 알 수 있듯 2010년부터 2017년까지의 서대문구 공공도서관 자료가 길게 제시되어 있습니다. 이제 이런 데이터를 '2010', '2011', … '2016'과 같이 7개의 변수가 세로줄에 배치되도록 데이터의 형태를 바꾸어봅시다. 다시 말해 '기간' 변수에 속한 값들을 변수의 이름으로 하고, '공공도서관' 변수의 값을 각 변수의 입력값으로 바꾸는 것입니다. 이럴 때 사용하는 함수가 `pivot_wider()` 함수입니다. 즉 길어(long) 보이는 데이터를 넓어(wide) 보이도록 축을 회전을 시킨다고 생각하면 됩니다. 긴 형태 데이터의 변수들 중, 넓은 형태 데이터의 변수이름으로 설정된 변수는 바로 '기간'이며, 해당 변수들의 입력값은 바로 '공공도서관' 변수입니다. `pivot_wider()` 함수와 `pivot_longer()` 함수에서 이름으로 변환되는 변수는 'name'이라는 이름으로, 변수들의 입력값으로 사용되는 변수는 'value'라는 이름으로 불립니다. 아울러 `pivot_wider()` 함수의 경우 name에 해당되는 변수이름을 `names_from` 옵션에, value에 해당되는 변수이름을 `values_from` 옵션에 지정하고, 반대로 `pivot_longer()` 함수의 경우 name에 해당되는 변수이름을 `names_to` 옵션에, value에 해당되는 변수이름을 `values_to` 옵선에 지정하면 됩니다(옵션 이름에 names_*과 values_*과 같이 's'가 붙어 있는 점에 유의하시기 바랍니다). 위에서 얻은 long_data를 pivot_wider() 함수를 활용하여 넓은 형태 데이터로 전환하여 wide_data로 저장하는 방법은 아래와 같습니다.

```
> # 넓은 형태 데이터로 변환
> wide_data <- long_data %>%
+    pivot_wider(names_from="기간", values_from="공공도서관")
> wide_data
# A tibble: 1 × 8
  자치구  `2010`  `2011`  `2012`  `2013`  `2014`  `2015`  `2016`
  <chr>   <dbl>   <dbl>   <dbl>   <dbl>   <dbl>   <dbl>   <dbl>
1 서대문구     3       4       4       4       4       4       4
```

이제 pivot_longer() 함수를 이용하여 원래 데이터 형태로 변환해보겠습니다. 여기서 저는 pivot_longer() 함수와 pivot_wider() 함수의 용례를 따라 `2010`, `2011`, `2012`, `2013`, `2014`, `2015`, `2016`들을 name 변수로, 각 년도별 공공도서관 개수를 value 변수로 이름 붙이겠습니다. 이때 pivot_longer() 함수에 name 변수로 설정되는 변수들을 cols 옵션에 지정해야 합니다. cols 옵션 지정방법은 벡터[이를테면 c(`2010`, `2011`, `2012`, `2013`, `2014`, `2015`, `2016`)], 범위(예를 들어 `2010`:`2016`)는 물론, 변수들의 표기방식에 따라 앞에서 소개했던 starts_with(), ends_with(), contains() 함수 등을 사용할 수 있습니다. 여기서는 범위를 지정하는 방식을 사용하였습니다.

```
> # 다시 긴 형태 데이터로 재변환
> long_data2 <- wide_data %>%
+    pivot_longer(cols=`2010`:`2016`,names_to="name", values_to="value")
> long_data2
# A tibble: 7 × 3
  자치구  name   value
  <chr>   <chr>  <dbl>
1 서대문구 2010       3
2 서대문구 2011       4
```

```
3  서대문구  2012        4
4  서대문구  2013        4
5  서대문구  2014        4
6  서대문구  2015        4
7  서대문구  2016        4
```

개인적으로는 pivot_longer() 함수와 pivot_wider() 함수에서 디폴트로 정해놓은 name과 value를 그대로 사용하는 것을 선호합니다. 만약 각각을 원래 데이터에서 이름 붙인 대로 '기간'과 '공공도서관'으로 설정하고자 하는 방법은 아래와 같습니다.

```
> # 원하는 이름을 붙일 수도 있음
> wide_data %>%
+    pivot_longer(cols=2:8,
+    names_to="기간", values_to="공공도서관")
# A tibble: 7 × 3
   자치구     기간      공공도서관
   <chr>     <chr>      <dbl>
1  서대문구  2010         3
2  서대문구  2011         4
3  서대문구  2012         4
4  서대문구  2013         4
5  서대문구  2014         4
6  서대문구  2015         4
7  서대문구  2016         4
```

단순한 데이터를 통해 긴 형태 데이터와 넓은 형태 데이터의 변환과정을 이해하셨다면, 이제 조금 더 복잡한 데이터를 살펴봅시다. 이번에는 "data_library.xls"에서 기간, 자치구, 공공도서관의 세 변수만 선별한 후, long_data라는 이름의 데이터 오브젝트를 저장해봅시다. 형태는 다음과 같습니다.

```
> # 조금 더 복잡한 사례
> long_data <- read_excel("data_library.xls") %>%
+    select(기간, 자치구, 공공도서관)
> long_data
```

```
# A tibble: 182 × 3
   기간   자치구     공공도서관
   <chr>  <chr>        <dbl>
 1 2010   합계          101
 2 2010   종로구          4
 3 2010   중구            2
 4 2010   용산구          3
 5 2010   성동구          4
 6 2010   광진구          3
 7 2010   동대문구        2
 8 2010   중랑구          2
 9 2010   성북구          3
10 2010   강북구          5
# i 172 more rows
# i Use `print(n = ...)` to see more rows
```

위 데이터의 경우 '기간'과 '자치구'라는 두 변수를 기준으로 아래와 같이 3가지 방식의 넓은 형태 데이터 전환이 가능합니다.

- 각 연도를 가로줄에 배치하고, 구를 세로줄에 배치하는 경우: 즉 변수의 이름을 합계, 종로구, 중구, … 으로 나열되도록 하는 방법.
- 개별 구를 가로줄에 배치하고, 세로줄에는 연도를 배치하는 경우: 즉 변수의 이름을 2010, 2011, … 으로 나열하는 방법.
- 개별 구와 연도를 교차하여 세로줄에 배치하는 경우: 즉 변수의 이름을 합계_2010, 합계_2011, …, 종로구_2010, 종로구_2011, …과 같이 나열되도록 변환하는 방법.

먼저 '기간'을 name 변수로 하여 넓은 형태 데이터로 전환하는 방법은 다음과 같습니다. 처음에 살펴본 긴 형태 데이터를 넓은 형태 데이터로 전환하는 방법과 본질적으로 동일합니다.

```
> # 기간을 변수의 이름으로 전환하는 넓은 데이터
> wide_data1 <- long_data %>%
+   pivot_wider(names_from="기간", values_from="공공도서관")
> wide_data1
# A tibble: 26 × 8
    자치구  `2010` `2011` `2012` `2013` `2014` `2015` `2016`
    <chr>    <dbl>  <dbl>  <dbl>  <dbl>  <dbl>  <dbl>  <dbl>
 1 합계        101    109    116    123    132    146    147
 2 종로구        4      4      4      4      6      6      6
 3 중구          2      4      5      5      5      5      5
 4 용산구        3      3      3      3      3      3      3
 5 성동구        4      4      5      5      6      6      6
 6 광진구        3      3      3      3      3      4      4
 7 동대문구      2      2      2      2      4      4      4
 8 중랑구        2      2      3      3      3      3      3
 9 성북구        3      4      5      5      6      8      8
10 강북구        5      5      5      6      6      6      6
# i 16 more rows
# i Use `print(n = ...)` to see more rows
```

다음으로 '자치구'를 name 변수로 하여 넓은 형태 데이터로 전환하는 방법은 아래와
같습니다. 변환된 넓은 형태 데이터의 변수이름이 달라질 뿐, 변환하는 과정은 사실상
동일합니다.

```
> # 자치구를 변수의 이름으로 전환하는 넓은 데이터
> wide_data2 <- long_data %>%
+   pivot_wider(names_from="자치구",values_from="공공도서관")
> wide_data2
# A tibble: 7 × 27
   기간   합계  종로구   중구  용산구  성동구  광진구  동대문구  중랑구
   <chr> <dbl>  <dbl>  <dbl>  <dbl>  <dbl>  <dbl>   <dbl>   <dbl>
 1 2010    101      4      2      3      4      3       2       2
 2 2011    109      4      4      3      4      3       2       2
 3 2012    116      4      5      3      5      3       2       3
 4 2013    123      4      5      3      5      3       2       3
 5 2014    132      6      5      3      6      3       4       3
```

```
6 2015      146      6      5      3      6      4      4      3
7 2016      147      6      5      3      6      4      4      3
# i 18 more variables: 성북구 <dbl>, 강북구 <dbl>, 도봉구 <dbl>,
#    노원구 <dbl>, 은평구 <dbl>, 서대문구 <dbl>, 마포구 <dbl>,
#    양천구 <dbl>, 강서구 <dbl>, 구로구 <dbl>, 금천구 <dbl>,
#    영등포구 <dbl>, 동작구 <dbl>, 관악구 <dbl>, 서초구 <dbl>,
#    강남구 <dbl>, 송파구 <dbl>, 강동구 <dbl>
```

끝으로 '자치구'와 '기간'을 교차시킨 것을 name 변수로 하는 넓은 형태 데이터로 전환하는 방법은 아래와 같습니다. 교차시키고자 하는 두 변수를 c() 함수를 이용하여 벡터 형식으로 지정해 저장하면 됩니다. names_from 옵션을 지정하는 방법에 변화가 있을뿐, 본질적으로 변환과정이 다르지 않습니다.

```
> # 기간과 자치구를 조합하여 변수이름으로 전환한 넓은 데이터
> wide_data3 <- long_data %>%
+    pivot_wider(names_from=c("자치구","기간"),
+                values_from="공공도서관")
> wide_data3
# A tibble: 1 × 182
  합계_2010   종로구_2010   중구_2010   용산구_2010   성동구_2010
     <dbl>       <dbl>       <dbl>        <dbl>        <dbl>
1      101           4           2            3            4
# i 177 more variables: 광진구_2010 <dbl>, 동대문구_2010 <dbl>,
#    중랑구_2010 <dbl>, 성북구_2010 <dbl>, 강북구_2010 <dbl>,
#    도봉구_2010 <dbl>, 노원구_2010 <dbl>, 은평구_2010 <dbl>,
#    서대문구_2010 <dbl>, 마포구_2010 <dbl>, 양천구_2010 <dbl>,
#    강서구_2010 <dbl>, 구로구_2010 <dbl>, 금천구_2010 <dbl>,
#    영등포구_2010 <dbl>, 동작구_2010 <dbl>, 관악구_2010 <dbl>,
#    서초구_2010 <dbl>, 강남구_2010 <dbl>, 송파구_2010 <dbl>, …
# i Use `colnames()` to see all variable names
```

wide_data3과 같은 형태의 넓은 형태 데이터를 긴 형태 데이터로 변환해보겠습니다. pivot_longer() 함수의 cols 옵션에 everything() 함수를 지정하여 모든 변수들을 대상으로 변수의 이름들을 name 변수로, 각 변수의 값들을 value 변수로 변환하

면 아래와 같습니다. 여기서는 pivot_*() 함수의 변환 변수이름의 디폴트(즉 name, value)를 그대로 활용하였습니다.

```
> # 다시 긴 데이터로
> long_data3 <- wide_data3 %>%
+   pivot_longer(cols=everything())
> long_data3
# A tibble: 182 × 2
   name          value
   <chr>         <dbl>
 1 합계_2010       101
 2 종로구_2010        4
 3 중구_2010         2
 4 용산구_2010        3
 5 성동구_2010        4
 6 광진구_2010        3
 7 동대문구_2010       2
 8 중랑구_2010        2
 9 성북구_2010        3
10 강북구_2010        5
# i 172 more rows
# i Use `print(n = ...)` to see more rows
```

name 변수를 보면 '자치구'와 '기간'의 값들이 연결되어 있습니다. '_'을 중심으로 두 값을 나누기 위해서는 separate() 함수를 활용할 수 있습니다. 분할하고자 하는 변수를 선택하고, 분할되는 변수들을 벡터 형태로 지정한 후, 분할자(separator)를 sep 옵션에 지정하면 됩니다.

```
> long_data3 <- long_data3 %>%
+   separate(name, c("자치구","기간"),sep="_") # 하나의 변수를 두 변수로 분리
> long_data3
# A tibble: 182 × 3
   자치구    기간   value
   <chr>    <chr> <dbl>
```

```
 1 합계      2010    101
 2 종로구    2010      4
 3 중구      2010      2
 4 용산구    2010      3
 5 성동구    2010      4
 6 광진구    2010      3
 7 동대문구  2010      2
 8 중랑구    2010      2
 9 성북구    2010      3
10 강북구    2010      5
# i 172 more rows
# i Use `print(n = ...)` to see more rows
```

아래에서 확인할 수 있듯 long_data3은 long_data와 동일한 형태를 갖습니다. 물론 변수들의 제시 순서와 변수이름이 동일하지 않습니다. 정확하게 동일한 형태로 바꾸려면 아래와 같이 추가적인 절차를 밟으시면 됩니다.

```
> # 사소한 추가처리
> long_data3 %>%
+   rename(공공도서관=value) %>%
+   select(기간,자치구,공공도서관) %>%
+   print(n=2)   #동일하게 된 것 확인
# A tibble: 182 × 3
   기간   자치구    공공도서관
   <chr>  <chr>       <dbl>
 1 2010   합계          101
 2 2010   종로구          4
# i 180 more rows
# i Use `print(n = ...)` to see more rows
```

이제는 '공공도서관'만이 아니라 다른 종류의 도서관들('계' 변수도 포함)을 넓은 형태가 아닌 긴 형태의 데이터 형태가 되도록 변형해봅시다. 다시 말해 '계' 변수부터 '전문도서관' 변수까지의 변수들이 도서관의 유형을 나타내는 변수로 표현되는 긴 형태 데이터로 변형시켜봅시다. 데이터 형태변환을 실시하기 전에 도서관수와 관련된 변수들의 결측값

('-')을 0으로 전환하고, 더블형(수치형)으로 통일하는 절차를 밟았습니다.

```
> # 데이터 전체를 긴 형태로 바꿀 수 있다
> long_data <- read_excel("data_library.xls") %>%
+   mutate(across(
+     .cols=계:전문도서관,
+     #-의 경우 0으로 전환하고, 도서관 개수는 수치형으로
+     .fns=function(x){as.double(ifelse(x=="-",0,x))}
+   )) %>%
+   pivot_longer(cols=계:전문도서관)
> long_data
# A tibble: 910 × 4
   기간   자치구 name         value
   <chr> <chr> <chr>        <dbl>
 1 2010  합계   계             464
 2 2010  합계   국립도서관        3
 3 2010  합계   공공도서관      101
 4 2010  합계   대학도서관       85
 5 2010  합계   전문도서관      275
 6 2010  종로구 계              50
 7 2010  종로구 국립도서관        0
 8 2010  종로구 공공도서관        4
 9 2010  종로구 대학도서관        9
10 2010  종로구 전문도서관       37
# i 900 more rows
# i Use `print(n = ...)` to see more rows
```

위와 같은 긴 형태의 데이터의 경우, 분석에 포함되는 변수들의 숫자가 줄어듭니다. 일반적으로 데이터 분석에서는 넓은 형태 데이터보다 긴 형태 데이터를 선호합니다. 이에 대한 몇 가지 이유는 다음과 같습니다. 첫째, 넓은 형태 데이터에 비해 긴 형태 데이터의 분석과정이 간단합니다. 예를 들어 **wide_data**의 경우 도서관과 관련된 변수가 총 5개지만(계, 국립도서관, 공공도서관, 대학도서관, 전문도서관), **long_data**의 경우 도서관과 관련된 변수는 불과 1개입니다(name). 둘째, 넓은 형태 데이터의 경우 도서관 유형 차이를 살펴보기 어렵습니다(불가능하지는 않습니다). 그러나 긴 형태 데이터의 경우 도서관 유형

의 차이가 변수의 수준(level)에 반영되어 있기 때문에 간단한 방식으로 분석에 활용할 수 있습니다. 그래서 시계열 데이터 분석 모형에는 긴 형태 데이터가 사용됩니다. 셋째, 타이디버스 접근법을 활용한 시각화 과정에는 긴 형태 데이터가 훨씬 더 효율적입니다. 이 부분은 기술통계분석을 소개할 때 언급한 사례들을 보면 쉽게 납득하실 것입니다.

조금 더 복잡하지만 현실적으로 더 빈번하게 적용될 데이터를 대상으로 `pivot_longer()` 함수와 `pivot_wider()` 함수를 적용해봅시다. 언급하였듯 "`data_gss_panel06.dta`" 데이터는 2006, 2008, 2010년, 총 3번에 걸쳐 반복적으로 측정된 데이터입니다. "`data_gss_panel06.dta`" 데이터의 경우 '넓은 형태의 데이터'로 측정시점이 2006년인 경우 변수이름이 "`_1`"로, 2008년인 경우 변수이름이 '`_2`'로, 2010년인 경우 변수이름이 "`_3`"으로 끝납니다. 반면 변수가 `_1`, `_2`, `_3`으로 끝나지 않은 변수는 세 측정시점 모두 동일한 변수를 의미합니다[흔히 시간불변 변수(time-invariant variable)라고 부릅니다]. "`data_gss_panel06.dta`" 데이터처럼 여러 시점들에 걸쳐 반복적으로 측정된 데이터의 경우 측정사례의 고유번호(identification number, 흔히 '아이디 변수'라고 불림)를 붙일 것을 강력하게 권장합니다.[2] 아이디 변수가 없는 경우, 넓은 형태 데이터에서 긴 형태 데이터로 변환하는 것은 가능하지만, 긴 형태 데이터에서 넓은 형태 데이터로 변환하는 것은 매우 어렵기 때문입니다. 실제 사례는 조금 후에 제시하도록 하겠습니다. "`data_gss_panel06.dta`" 데이터에 대해 아이디 변수를 붙이는 방법과 `pivot_longer()` 함수를 적용하는 방법을 익혀봅시다. 우선 다음과 같이 변수명이 `affrmact_`로 시작하는 변수들만 선별한 후, 데이터의 가로줄 번호를 각 응답자의 아이디(rid)로 설정한 간단한 데이터부터 시작해봅시다.

---

2 물론 해당 데이터에는 응답자의 아이디 변수들(`id_1`, `id_2`, `id_3`)이 붙어있습니다. 문제는 아이디 변수가 측정시점에 따라 다르게 부여된다는 점입니다. 다시 말해 데이터에 들어 있는 아이디 변수는 '시간불변 변수'가 아니라 '시간가변 변수(time-variant variable)'입니다. 본문에서 말하는 아이디 변수는 한국의 '주민등록번호'와 같이 특정 사례에 부여된 변하지 않은 속성값을 의미합니다.

```
> ## 복잡한 데이터에 적용
> wide_data <- read_dta("data_gss_panel06.dta") %>%
+   mutate(
+     rid=row_number() # 아이디 변수 생성
+   ) %>%
+   select(rid,starts_with("affrmact_"))
> wide_data
# A tibble: 2,000 × 4
      rid affrmact_1                   affrmact_2     affrmact_3
    <int> <dbl+lbl>                    <dbl+lbl>      <dbl+lbl>
 1      1 NA(i)                        NA(i)          NA(i)
 2      2     1 [strongly support pref]    3 [oppose…     4 [str…
 3      3 NA(i)                        NA(i)          NA(i)
 4      4     1 [strongly support pref]    3 [oppose…     4 [str…
 5      5 NA(i)                        NA(i)          NA(i)
 6      6     3 [oppose pref]              3 [oppose…     1 [str…
 7      7     4 [strongly oppose pref]  NA(n)            3 [opp…
 8      8     3 [oppose pref]          NA(i)          NA(i)
 9      9     3 [oppose pref]              3 [oppose…     3 [opp…
10     10 NA(i)                        NA(i)          NA(i)
# i 1,990 more rows
# i Use `print(n = ...)` to see more rows
```

총 2,000명의 응답자가 존재합니다. 먼저 1번 응답자(rid 변수의 값이 1인 경우)를 봅시다. 1번 응답자의 경우 모든 affrmact_* 변수에 대해 결측값을 보여주고 있습니다. 즉 이 응답자는 설문에는 최소 1회 이상 참여하였지만, 세 차례 설문조사에서 affrmact_* 관련 문항에 대해서는 어떠한 응답을 하지 않은 사람입니다. 반면 2번 응답자의 경우 세 차례 설문조사에서 모두 응답하였습니다. 7번 응답자의 경우, 1회차와 3회차 설문조사에서는 응답하였지만 2회차 설문조사에서는 응답하지 않았습니다.

이제 위의 과정을 통해 얻은 wide_data를 긴 형태의 데이터로 바꾸어봅시다. 복잡하지 않으니 어렵지 않게 할 수 있을 것입니다. pivot_longer() 함수를 활용하여 전환하고자 하는 변수들을 cols 옵션에 지정하면 됩니다.

```
> # 긴 형태 데이터로
> long_data1 <- wide_data %>%
+    pivot_longer(cols=starts_with("affrmact_"))
> long_data1 %>%
+    print(n=7)
# A tibble: 6,000 × 3
     rid name        value
   <int> <chr>       <dbl+lbl>
1      1 affrmact_1 NA(i)
2      1 affrmact_2 NA(i)
3      1 affrmact_3 NA(i)
4      2 affrmact_1      1 [strongly support pref]
5      2 affrmact_2      3 [oppose pref]
6      2 affrmact_3      4 [strongly oppose pref]
7      3 affrmact_1 NA(i)
# i 5,993 more rows
# i Use `print(n = ...)` to see more rows
```

이제 다시 긴 형태 데이터로 변환시켜봅시다. long_data1에 이미 name, value 변수가 설정되어 있기 때문에, names_from과 values_from 옵션은 별도 지정하시지 않아도 됩니다(여기서는 교육상 목적으로 각 옵션을 명시적으로 지정하였습니다).

```
> # 넓은 형태 데이터로 재전환
> wide_data1 <- long_data1 %>%
+    pivot_wider(names_from="name", values_from="value")
> wide_data1
# A tibble: 2,000 × 4
     rid affrmact_1                     affrmact_2      affrmact_3
   <int> <dbl+lbl>                      <dbl+lbl>       <dbl+lbl>
1      1 NA(i)                          NA(i)           NA(i)
2      2     1 [strongly support pref]      3 [oppose…      4 [str…
3      3 NA(i)                          NA(i)           NA(i)
4      4     1 [strongly support pref]      3 [oppose…      4 [str…
5      5 NA(i)                          NA(i)           NA(i)
6      6     3 [oppose pref]               3 [oppose…      1 [str…
7      7     4 [strongly oppose pref] NA(n)               3 [opp…
```

```
 8     8    3 [oppose pref]            NA(i)           NA(i)
 9     9    3 [oppose pref]            3 [oppose…      3 [opp…
10    10 NA(i)                         NA(i)           NA(i)
# i 1,990 more rows
# i Use `print(n = ...)` to see more rows
```

만약 `long_data1`에서 아이디 변수가 없다면 어떻게 될까요? 아이디 변수가 없을 경우 아래와 같은 오류 메시지를 접하실 것입니다. 경고메시지들 중 "`Values from `value` are not uniquely identified`"라는 표현을 직역하면 "value 변수의 값들이 고유하게 확인되지 않음"입니다. 다시 말해 아이디 변수가 존재하지 않아서 넓은 형태의 데이터로 변환되지 않았다는 의미입니다. 데이터 형태 변환을 시도할 때 아이디 변수가 생성되어 있는지 잘 살펴보아야 하는 이유를 이해할 수 있을 것입니다.

```
> # 아이디 변수가 없으면 넓은 형태 데이터로 전환되지 않음
> long_data1 %>%
+   select(-rid) %>%  # 아이디 변수 삭제
+   pivot_wider(names_from="name", values_from="value")
# A tibble: 1 × 3
  affrmact_1          affrmact_2          affrmact_3
  <list>              <list>              <list>
1 <dbl+lbl [2,000]> <dbl+lbl [2,000]> <dbl+lbl [2,000]>
Warning message:
Values from `value` are not uniquely identified; output will
contain list-cols.
• Use `values_fn = list` to suppress this warning.
• Use `values_fn = {summary_fun}` to summarise duplicates.
• Use the following dplyr code to identify duplicates.
  {data} %>%
  dplyr::group_by(name) %>%
  dplyr::summarise(n = dplyr::n(), .groups = "drop") %>%
  dplyr::filter(n > 1L)
```

긴 형태 데이터를 분석할 때 한 가지 고려하면 좋은 부분에 대해 말씀드리고 싶습니다. long_data1에는 정말 많은 결측값들이 존재합니다. 시계열 데이터 분석을 실시할 때, 많은 경우 결측값을 제거한 후에 분석을 진행하기도 하는데, 이는 개인적으로는 부적절하다고 생각합니다. 결측값을 제거한 데이터를 사용하는 것이 좋지 않다고 생각하는 이유는 다음과 같습니다. 첫째, 결측값 역시 유의미하게 취급해야 할 관측값이기 때문입니다. 결측값은 무작위로 발생하지 않습니다. 예를 들어 1번 응답자의 경우, 다른 문항들에 대해서는 응답했지만 유독 affrmact_ [약자우대정책(affirmative action policy)에 대한 지지여부]에 대해서만 응답하지 않았습니다. 반면 7번 응답자의 경우, 2회차 설문에서만 해당 문항에 대해 응답하지 않았습니다. 2가지 무응답은 의미가 다르며, 따라서 동일한 의미의 결측값으로 취급되기 어렵다고 생각합니다. 둘째, 설혹 결측값이 무작위로 발생했다고 하더라도 분석에서 결측값을 일괄 제외하면 분석의 효율성이 감소하기 때문입니다. 예시 데이터와 같은 반복측정데이터에서 결측값을 삭제할 경우, 표본의 규모가 감소합니다. 첫 번째와 두 번째 이유, 즉 결측값이 발생하는 다양한 원인들과 결측값 발생을 어떻게 가정해야 하는가에 대해서는 백영민·박인서(2021)나 기타 결측데이터 분석 관련 문헌들을 참조하기 바랍니다. 셋째, 결측값을 분석에서 배제할 경우, 함수의 na.rm 옵션을 조정하거나 분석에 투입될 결측값 배제 데이터를 별도로 생성하여 사용하는 것으로도 충분하기 때문입니다. 다시 말해 굳이 결측값을 데이터에서 배제시킬 이유가 없습니다.

이제 끝으로 상당히 복잡한 데이터 변환을 실시해봅시다. "data_gss_panel06. dta" 데이터의 경우 총 2,000명의 응답자와 1,854개의 변수로 구성되어 있습니다. 이 중에서 총 10개의 변수이름에는 "_측정시점"이 붙어 있지 않고, 나머지 1,844개의 변수이름에는 "_측정시점"이 붙어 있습니다. 여기서 "panstat_"으로 시작하는 변수는 2008년, 2010년에만 측정되었고, 2006년에는 측정되어 있지 않습니다. 다시 말해 614개 변수는 3번에 걸쳐 측정되었으며, 1개의 변수는 2번에 걸쳐 측정되었습니다. 즉 615개의 변수 는 최소 2번 이상 반복 측정되었습니다. 만약 최소 2번 이상 반복적으로 측정된 615개 변수를 시간에 따라 긴 형태의 데이터로 바꾸어보면 어떨까요? 어렵게 느껴질 수도 있지만, 그렇지 않습니다. 변수이름이 '체계적으로 작성되어 있기 때문'입니다. 다시 말해 변수이름에 붙은 규칙성을 잘 프로그래밍하면 효율적으로 데이터 변환을 할 수 있습니다. 아래와 같이 contains() 함수를 이용하면 매우 편합니다. 일단 데이터가 상대적으로 복잡하기 때문에 위의 사례들과는 달리 데이터 변환시간이 조금 더 소요됩니다 (독자가 보유한 컴퓨터 환경에 따라 다르겠지만, 길어도 5분 이상이 소요되지는 않을 것 같습니다). 여기서는 mutate() 함수와 across() 함수를 같이 사용하여 반복측정된 변수들에 라벨로 같이 부여된 수치형 변수의 속성(<dbl+lbl>)을 모두 수치형 변수(<dbl>) 속성으로 일괄 변환시켰습니다. 짐작하시겠지만 문항에 따라 다른 라벨이 붙어 있으며, 이런 상황에서 형태변환을 시도하면 변수에 맞지 않는 라벨 정보가 붙어 있을 가능성이 높기 때문입니다.

```
> ## 복잡한 상황이라도 변수이름이 체계적이라면 크게 문제 없음
> gss_panel <- read_dta("data_gss_panel06.dta")
> # GSS 패널 데이터를 다음의 순서로 완전한 긴 형태 데이터로 변환
> long_full_gss <- gss_panel %>%
+    # 고유데이터를 생성(가로줄 번호로 생성)
+    mutate(rid=row_number()) %>%
+    # _으로 구분된 3차에 걸쳐 반복측정된 변수들을 선별
+    select(rid,ends_with("_1"),ends_with("_2"),ends_with("_3")) %>%
+    mutate(across(
+      .cols=contains("_"),
+      .fns=function(x){as.double(x)} #dbl+lbl을 dbl로 변환하여 통일
+    )) %>%
+    pivot_longer(cols=contains("_")) %>%
+    #_포함 변수의 경우 변수명과 측정시점으로 구분
+    separate(name,c("var","time"),sep="_")
> long_full_gss
# A tibble: 3,688,000 × 4
     rid var    time  value
   <int> <chr>  <chr> <dbl>
 1     1 mar1   1         5
 2     1 mar2   1        NA
 3     1 mar3   1        NA
 4     1 mar4   1        NA
 5     1 mar5   1        NA
```

```
     6       1 mar6  1           NA
     7       1 mar7  1           NA
     8       1 mar8  1           NA
     9       1 mar11 1           NA
    10       1 mar12 1           NA
# i 3,687,990 more rows
# i Use `print(n = ...)` to see more rows
```

일반적으로 시계열 데이터 분석에서는 long_full_gss와 같은 긴 형태 데이터가 아
닌 측정시점만 긴 형태 데이터로 표시된 데이터를 사용합니다. 다시 말해 시계열 데이터
분석기법의 입력데이터는 아래와 같은 방식으로 var 변수를 넓은 형태 데이터의 변수들
로 배치하는 것이 보통입니다.

```
> # 완전히 긴 형태의 데이터를 측정시점만 긴 형태의 데이터로 재변환
> long_time_gss <- long_full_gss %>%
+    # 변수명만 넓은 형태로 생성함
+    pivot_wider(names_from="var",values_from="value")
> long_time_gss
# A tibble: 6,000 × 617
      rid time   mar1  mar2  mar3  mar4  mar5  mar6  mar7  mar8
    <int> <chr> <dbl> <dbl> <dbl> <dbl> <dbl> <dbl> <dbl> <dbl>
  1     1 1        5    NA    NA    NA    NA    NA    NA    NA
  2     1 2        5     5    NA    NA    NA    NA    NA    NA
  3     1 3        1     1    NA    NA    NA    NA    NA    NA
  4     2 1        5     5    NA    NA    NA    NA    NA    NA
  5     2 2        5     5     5    NA    NA    NA    NA    NA
  6     2 3        5    NA    NA    NA    NA    NA    NA    NA
  7     3 1        2     4     5     5    NA    NA    NA    NA
  8     3 2        2     3     5    NA    NA    NA    NA    NA
  9     3 3        2    NA    NA    NA    NA    NA    NA    NA
 10     4 1        3     5     5    NA    NA    NA    NA    NA
# i 5,990 more rows
# i 607 more variables: mar11 <dbl>, mar12 <dbl>, abany <dbl>,
#   abdefect <dbl>, abhlth <dbl>, abnomore <dbl>, abpoor <dbl>,
#   abrape <dbl>, absingle <dbl>, acqntsex <dbl>, adults <dbl>,
```

```
#   advfront <dbl>, affrmact <dbl>, age <dbl>, aged <dbl>,
#   agekdbrn <dbl>, astrolgy <dbl>, astrosci <dbl>,
#   attend <dbl>, babies <dbl>, balneg <dbl>, balpos <dbl>, …
# i Use `print(n = ...)` to see more rows, and `colnames()` to see
all variable names
```

위의 데이터가 너무 복잡하여 쉽게 이해되지 않는 경우, 아래와 같이 일부만 살펴보면 보다 쉽게 이해하실 수 있습니다.

```
> # 측정시점으로 구분된 것을 발견할 수 있음(데이터 중 일부만 제시)
> long_time_gss %>%
+   select(rid,time,polviews,affrmact) %>%
+   arrange(rid, time)
# A tibble: 6,000 × 4
      rid time  polviews affrmact
    <int> <chr>    <dbl>    <dbl>
 1      1 1            6       NA
 2      1 2            1       NA
 3      1 3            1       NA
 4      2 1            3        1
 5      2 2            4        3
 6      2 3            2        4
 7      3 1            4       NA
 8      3 2            2       NA
 9      3 3            4       NA
10      4 1            4        1
# i 5,990 more rows
# i Use `print(n = ...)` to see more rows
```

예를 들어, 위의 데이터는 polviews(측정시점에 응답자의 정치적 성향, 7에 가까울수록 보수적)과 affrmact(affirmative action policy, 즉 약자를 우대하는 정책에 대한 지지수준, 1에 가까울수록 지지)의 관계가 시간이 흐를수록 어떻게 변하는가에 대한 시계열 분석을 실시할 때 사용하는 데이터입니다.[3]

---

3   시계열 분석 기법의 경우 본서의 범위를 벗어나기 때문에 자세한 설명은 제시하지 않았습니다. 이를테면

마지막으로 다음과 같은 질문을 던져봅시다. "긴 형태 데이터와 넓은 형태 데이터 중에서 어떤 데이터가 더 좋은 데이터인가요?" 좋은 질문입니다만, 정답은 없습니다. 저 개인적으로 그리고 타이디버스 접근에서 전반적으로 선호하는 형태의 데이터는 '긴 형태 데이터'입니다(이유에 대해서는 앞에서 일부 설명드렸습니다). 제 경험상 분석자의 목적에 따라 다음과 같은 경향성은 있는 듯 합니다(분과의 관례나 협업을 하시는 분들의 성향에 따라 평가는 천차만별일 것으로 생각합니다).

데이터에 대한 이해가 목적인 경우에는 넓은 형태의 데이터가 더 낫습니다. 이 경우 분석단위에 따라 사례를 가로줄에 놓고, 변수를 세로줄에 놓되 하나의 집단으로 묶일 수 있는 변수들의 경우 체계적인 방식으로 이름을 붙입니다. 예를 들어 측정시점에 따라 반복측정된 경우는 같은 변수이름에 측정시점을 덧붙이거나(즉, 변수이름_1, 변수이름_2, …과 같이), 같은 종류로 묶일 수 있는 경우 상위 유목을 알려줄 수 있는 이름으로 변수이름을 시작하거나 종료하는 것입니다(즉, 공공도서관, 대학도서관, …). 변수이름에 규칙성이 부여되어 있으면 데이터를 더 쉽게 이해할 수 있으며, 무엇보다 체계적인 데이터관리와 분석이 가능합니다.

반면 시계열 데이터 분석 혹은 **ggplot2** 패키지를 이용한 데이터 시각화가 목적인 경우에는 긴 형태의 데이터가 더 낫습니다(이에 대해서는 앞에서도 설명드린 바 있습니다). 일단 시계열 데이터 분석은 본서의 목적과는 다소 거리가 있기 때문에 별도의 설명을 제시하지 않겠지만,[4] 데이터 시각화의 경우는 거의 모든 독자분에게 해당되지 않을까 생각합니

---

랜덤절편 및 랜덤기울기를 추정한 다층모형을 추정하는 과정은 아래와 같습니다. 다층모형에 대한 자세한 설명과 결과해석 방법에 대해서는 백영민(2018)이나 다층모형을 소개하는 다른 문헌들을 참고하시기 바라며, 여기서는 시계열 분석기법들 중 하나인 다층모형 분석에 어떤 형식의 데이터가 사용되는지를 보여주는 것으로 마무리하겠습니다.

```
> # 각주: 예를 들어 다층모형 추정
> long_time_gss %>%
+    mutate(time=as.integer(time)) %>%
+    lme4::lmer(affrmact~polviews+time+polviews:time+(time|rid),data=.) %>%
+    summary()
            [분석결과의 경우 본서의 범위를 벗어나기 때문에 제시하지 않았음]
```

4  R을 이용한 시계열 데이터 분석의 몇몇 사례들은 졸저《R를 이용한 사회과학데이터 분석: 구조방정식 모형》,《R을 이용한 다층모형》에도 소개되어 있습니다.

다. ggplot2 패키지를 이용한 데이터 시각화를 원하는 경우 반드시 긴 형태의 데이터로 변환하셔야만 합니다. 이유는 간단합니다. 넓은 형태의 데이터는 하나의 개념이 여러 변수에 걸쳐 존재합니다(예를 들어 affrmact 변수는 affrmact_1, affrmact_2, affrmact_3에 걸쳐 존재합니다). 다시 말해 넓은 형태의 데이터는 본질적으로 타이디데이터 규칙과 거리가 있습니다(물론 데이터를 어떻게 보는가에 따라 평가는 달라질 수 있습니다). 즉 타이디데이터 관점에서 보았을 때, 긴 형태의 데이터가 타이디데이터 규칙에 더 잘 부합합니다.

# 데이터 형태 변환

**데이터변환_문제_1:** 우선 "data_student_class.xls" 데이터를 열어보시기 바랍니다. 해당 데이터의 첫 번째 세로줄에는 연도, 두 번째 세로줄에는 서울시의 25개 구와 전체 합계 변수가 들어 있습니다. 그 다음부터는 학생수, 학급수, 학급당학생수 변수가 차례대로 유치원(3-5번 세로줄), 초등학교(6-8번 세로줄), 중학교(9-11번 세로줄), 고등학교(12-14번 세로줄)로 배치되어 있습니다. 이 데이터를 다음과 같은 형태에 맞도록 변환해보세요. [참고: 최종 변환된 데이터는 1352개의 가로줄과 6개의 세로줄을 갖는 행렬형태의 데이터입니다.]

| year<br>(년도) | district<br>(구 이름) | rank<br>(교육기관) | student<br>(학생수) | class<br>(학급수) | student.per.class<br>(학급당학생수) |
|:---:|:---:|:---:|:---:|:---:|:---:|
| ⋮ | ⋮ | ⋮ | ⋮ | ⋮ | ⋮ |

**데이터변환_문제_2:** 위의 '데이터변환_문제_1' 과정을 거쳐 얻은 데이터를 대상으로 다음과 같은 형태의 데이터를 생성해보세요. 데이터를 생성할 때에는 **district** 변수가 '합계'의 값을 갖는 사례들을 삭제하고, 고등학교에 대한 통계치만 고려하시기 바랍니다. [참고: 최종 변환된 데이터는 25개의 서울시 구, 14개의 변수(구의 이름, 2004~2016까지의 연도 변수)로 구성되어 있습니다.]

| district | student.per.class | | | | | | | | | | | | |
|:---:|:---:|:---:|:---:|:---:|:---:|:---:|:---:|:---:|:---:|:---:|:---:|:---:|:---:|
| | 2004 | 2005 | 2006 | 2007 | 2008 | 2009 | 2010 | 2011 | 2012 | 2013 | 2014 | 2015 | 2016 |
| ⋮ | ⋮ | ⋮ | ⋮ | ⋮ | ⋮ | ⋮ | ⋮ | ⋮ | ⋮ | ⋮ | ⋮ | ⋮ | ⋮ |

**데이터변환_문제_3:** 다음으로 "data_TESS3_131.sav" 데이터를 열어보시기 바랍니다. 해당 데이터에 대해 group_by() 함수, count() 함수, spread() 함수만을 이용하여 다음과 같은 형태의 교차표(cross-tabulation) 형태의 티블 데이터를 만들어보시기 바랍니다. [주의: R 베이스를 이용한 R 프로그래밍에 익숙하신 독자의 경우 절대 table() 함수를 이용하시지 마세요. 이 문제의 목적이 긴 형태 및 넓은 형태 데이터로의 변환과정을 학습하는 것이니 반드시 타이디버스 패키지의 함수들만 사용하시기 바랍니다.]

|        | Northeast | Midwest | South | West |
|--------|-----------|---------|-------|------|
| Male   | 55        | 71      | 97    | 67   |
| Female | 61        | 69      | 95    | 78   |

CHAPTER

# 04

# 데이터 합치기

연구상황에 따라 서로 다르게 저장된 데이터들을 공통되는 사례들을 중심으로 합쳐야 하는 상황이 종종 발생합니다. 예를 들어 행정구역별로 경찰청이 수집한 데이터와 행정안전부에서 수집한 데이터를 합치는 것을 생각해볼 수 있습니다. 마케팅이나 소비자 행동 연구분과에서는 소비자의 미디어 소비행태와 상품 구매내력을 '개인전화번호'나 혹은 'SNS 계정' 등을 이용해 통합하려는 움직임이 꾸준히 전개되고 있습니다. 아마도 독자들께서도 온라인 서비스를 이용하다가 개인정보 활용에 대한 공지를 접했던 것을 기억하실 것입니다. 이번 섹션에서는 '식별변수(identification variable)'를 중심으로 개별 데이터들을 합치는 방법에 대해 살펴보겠습니다. R 베이스를 사용해보셨던 분이라면 merge() 함수를 떠올리시면 됩니다만, 타이디버스 패키지에는 보다 다양한 함수들을 제공하고 있습니다.

데이터를 합칠 때 사용되는 타이디버스 패키지 제공 함수들은 다음과 같습니다.[1] 여기서 x, y는 데이터를 의미하며, ID는 개별사례를 식별하는 '식별변수'를 의미합니다. 만약 by="ID"를 지정하지 않으면 두 변수에 공통으로 들어간 이름의 변수를 식별변수로 취급합니다. 편리한 기능이지만, 가능하다면 식별변수를 지정하는 방식이 훨씬 더 타당합니다.

---

1  이 외에도 sql_join() 함수와 sql_semi_join() 함수가 있지만, R 이용이라는 맥락과는 다소 거리가 있기에 별도로 소개하지 않았습니다.

- `inner_join(x,y,by="ID")` 함수: 합쳐진 데이터에는 x 데이터와 y 데이터에 공통으로 등장하는 사례들만 포함됩니다(즉, 교집합 개념으로 데이터를 합칩니다).
- `full_join(x,y,by="ID")` 함수: 합쳐진 데이터에는 x 데이터와 y 데이터에서 최소한번이상 등장하는 사례들만 포함됩니다(즉, 합집합 개념으로 데이터를 합칩니다).
- `left_join(x,y,by="ID")` 함수: 합쳐진 데이터에는 x 데이터와 y 데이터에서 공통으로 등장하는 사례들과 x 데이터에 등장하는 사례들이 포함됩니다. 다시 말해 두 데이터 중에서 왼쪽에 정의된 데이터를 중심으로 사례들을 합칩니다.
- `right_join(x,y,by="ID")` 함수: 합쳐진 데이터에는 x 데이터와 y 데이터에서 공통으로 등장하는 사례들과 y 데이터에 등장하는 사례들이 포함됩니다. 다시 말해 두 데이터 중에서 오른쪽에 정의된 데이터를 중심으로 사례들을 합칩니다.
- `semi_join(x,y,by="ID")` 함수: y 데이터에 존재하는 x 데이터의 사례들만 남기고 다른 데이터는 다 제외시킨 x 데이터가 출력결과로 제시됩니다.
- `anti_join(x,y,by="ID")` 함수: y 데이터에 존재하는 x 데이터의 사례들만 배제하고 남은 x 데이터가 출력결과로 제시됩니다.

제 경험에 비추어 말씀드리자면, 일반적인 데이터 분석의 경우 앞의 4가지 함수들, 특히 `full_join()` 함수와 `inner_join()` 함수가 빈번하게 사용됩니다. `full_join()` 함수의 경우 버리는 데이터가 없다는 장점이 있으며, `inner_join()` 함수의 경우 합쳐진 데이터에 결측값이 없다는 장점이 있습니다. 물론 분석목적에 따라 `left_join()` 함수와 `right_join()` 함수도 사용됩니다만, 활용빈도가 높지는 않은 듯합니다.

마지막에 등장하는 두 함수들도 사용되기는 하지만, 일반적인 데이터 분석에서는 활발하게 이용되지 않는 것 같습니다. 저의 경우 `semi_join()` 함수와 `anti_join()` 함수를 사전기반 텍스트 분석(dictionary-based text analysis)에서 사용한 적이 있습니다.[2] 즉 텍스트 내부의 단어를 제거하는 경우 `anti_join()` 함수를, 혹은 선별하고자 원하는 단어를 남기는 `semi_join()` 함수를 이용하였습니다. 독자께서 접하시는 데이터 환경이

---

2   관련된 구체적 적용사례로는 졸저(2020) 《R를 이용한 텍스트 마이닝》을 참조하여 주시기 바랍니다. 보다 자세한 적용사례로는 실지와 로빈슨(Silge & Robinson, 2018)을 참조하시기 바랍니다.

어떤지는 모르겠습니다만, semi_join() 함수와 anti_join() 함수의 경우 기억해두셨다가 자신이 분석하고자 하는 데이터에 적절하게 적용하시면 될 것 같습니다.

우선 full_join() 함수부터 먼저 살펴보겠습니다. 사례로 "data_library.xls" 데이터와 "data_student_class.xls" 데이터를 불러와봅시다.

```
> seoul_library <- read_excel("data_library.xls")
> seoul_library %>% print(n=2)
# A tibble: 182 × 7
   기간   자치구      계 국립도서관 공공도서관 대학도서관 전문도서관
   <chr> <chr>   <dbl> <chr>              <dbl> <chr>      <chr>
1 2010   합계      464 3                    101 85         275
2 2010   종로구     50 -                      4 9          37
# i 180 more rows
# i Use `print(n = ...)` to see more rows
> seoul_educ <- read_excel("data_student_class.xls",skip=2)
New names:
• `학급수` -> `학급수...4`
• `학생수` -> `학생수...6`
• `학급수` -> `학급수...7`
• `학급당학생수` -> `학급당학생수...8`
• `학생수` -> `학생수...9`
• `학급수` -> `학급수...10`
• `학급당학생수` -> `학급당학생수...11`
• `학생수` -> `학생수...12`
• `학급수` -> `학급수...13`
• `학급당학생수` -> `학급당학생수...14`
> seoul_educ %>% print(n=2)
# A tibble: 338 × 14
   기간   지역      원아수 학급수...4 학급당원아수 학생수...6
   <chr> <chr>    <dbl>      <dbl>       <dbl>      <dbl>
1 2004   합계     87468       3605        24.3     736710
2 2004   종로구    1506         65        23.2      11256
# i 336 more rows
# i 8 more variables: 학급수...7 <dbl>, 학급당학생수...8 <dbl>,
#    학생수...9 <dbl>, 학급수...10 <dbl>,
#    학급당학생수...11 <dbl>, 학생수...12 <dbl>,
```

```
#   학급수...13 <dbl>, 학급당학생수...14 <dbl>
# i Use `print(n = ...)` to see more rows
```

두 데이터 모두에서 2016년도 사례들만 선별하고, "합계"라는 이름을 갖는 사례들은 제외합시다. 또한 각 데이터에서 첫 번째 세 변수들만 선별합시다. 앞서 배웠던 filter() 함수와 select() 함수를 적용한 결과는 다음과 같습니다.

```
> # 설명의 편의를 위해 간단한 데이터로 바꿈
> mydata1 <- seoul_library %>%
+   filter(기간==2016 & 자치구 != "합계") %>%
+   select(1:3)
> mydata1 %>% print(n=2)
# A tibble: 25 × 3
  기간   자치구     계
  <chr> <chr>   <dbl>
1 2016   종로구     50
2 2016   중구       57
# i 23 more rows
# i Use `print(n = ...)` to see more rows
> mydata2 <- seoul_educ %>%
+   filter(기간==2016 & 지역 != "합계") %>%
+   select(1:3)
> mydata2 %>% print(n=2)
# A tibble: 25 × 3
  기간   지역     원아수
  <chr> <chr>     <dbl>
1 2016   종로구     1330
2 2016   중구       1176
# i 23 more rows
# i Use `print(n = ...)` to see more rows
```

데이터를 살펴보시면 mydata1의 자치구 변수와 mydata2의 지역 변수는 모두 서울의 25개 구를 나타내는 변수인데, 서로 그 이름이 다른 것을 알 수 있습니다. 이렇듯 변수의 실질적 내용은 동일한데, 변수이름이 다른 경우 2가지 방법을 취할 수 있습니다. 우선 full_join() 함수에서 by 옵션을 c("자치구" = "지역")과 같이 지정하면 서로 다른 이름의 두 변수가 서로 동일하다고 지정할 수 있습니다. 좋은 방법이기는 하지만 개인적으로 저는 ID변수의 이름을 가급적 동일하게 사용하는 것을 선호합니다. 앞서 우리는 변수이름을 재지정하는 하는 방법을 배웠습니다. 변수의 이름을 아래와 같이 바꾼 후 full_join() 함수를 사용해봅시다.

```
> # 다음과 같이 해도 가능: full_join(mydata1,mydata2,by=c("자치구"="지역"))
> # 변수이름 조정 후 데이터 합치기
> names(mydata1)<-c("year","district","lib_total")
> names(mydata2)<-c("year","district","stdt_kinder")
> mydata1 %>%
+     full_join(mydata2,by="district")
# A tibble: 25 × 5
   year.x district lib_total year.y stdt_kinder
   <chr>  <chr>        <dbl> <chr>        <dbl>
 1 2016   종로구          50 2016          1330
 2 2016   중구            57 2016          1176
 3 2016   용산구          20 2016          1779
 4 2016   성동구           8 2016          2584
 5 2016   광진구          10 2016          3174
 6 2016   동대문구        18 2016          3388
 7 2016   중랑구           6 2016          3366
 8 2016   성북구          21 2016          5243
 9 2016   강북구          11 2016          2105
10 2016   도봉구           8 2016          3027
# i 15 more rows
# i Use `print(n = ...)` to see more rows
```

결과가 조금 이상하죠? 일단 두 데이터에 있던 year 변수의 이름이 각각 year.x, year.y로 바뀌었습니다. 다시 말해 첫 번째로 지정된 식별변수 외로 데이터에 동시에 등장한 변수이름의 경우 먼저 제시된 데이터의 변수에는 .x가, 두 번째로 제시된 데이터 내의 변수에는 .y가 입력되었습니다. 이를 방지하기 위해서는 by 옵션을 아래와 같이 바꾸어 주면 됩니다.

```
> # 식별변수가 2개 이상인 경우
> mydata1 %>%
+   full_join(mydata2,by=c("year","district"))
# A tibble: 25 × 4
   year  district lib_total stdt_kinder
   <chr> <chr>        <dbl>       <dbl>
 1 2016  종로구          50        1330
 2 2016  중구           57        1176
 3 2016  용산구          20        1779
 4 2016  성동구           8        2584
 5 2016  광진구          10        3174
 6 2016  동대문구         18        3388
 7 2016  중랑구           6        3366
 8 2016  성북구          21        5243
 9 2016  강북구          11        2105
10 2016  도봉구           8        3027
# i 15 more rows
# i Use `print(n = ...)` to see more rows
```

우리가 원하는 방식대로 데이터가 합쳐졌죠? 합쳐진 데이터를 보시면 데이터를 왜 합치는지 그 이유를 느끼실 수 있을 것입니다. 즉 구별 도서관 수와 구별 유치원생 수의 상관관계를 파악할 수 있게 되었습니다. 다시 말해 별개로 존재하던 데이터를 합치면 새로운 발견을 이끌어내는 것이 가능해집니다.

이제는 위에서 살펴본 데이터를 조금 더 복잡한 형태로 저장한 후 살펴봅시다. 우선 seoul_library 데이터와 seoul_educ 데이터를 다음과 같이 바꾸어봅시다.

```
> # 데이터를 다음과 같이 선별하여 저장
> mydata1 <- seoul_library %>%
+   filter(자치구 != "합계") %>%
+   select(1:3)
> names(mydata1) <- c("year","district","lib_total")
> mydata1 %>% print(n=2)
# A tibble: 175 × 3
  year  district lib_total
  <chr> <chr>        <dbl>
```

```
1 2010   종로구          50
2 2010   중구            57
# i 173 more rows
# i Use `print(n = ...)` to see more rows
> mydata2 <- seoul_educ %>%
+   filter(기간 <= 2013) %>%
+   select(1:3)
> names(mydata2) <- c("year","district","stdt_kinder")
> mydata2 %>% print(n=2)
# A tibble: 260 × 3
  year   district stdt_kinder
  <chr>  <chr>         <dbl>
1 2004   합계         87468
2 2004   종로구        1506
# i 258 more rows
# i Use `print(n = ...)` to see more rows
```

먼저 앞서 살펴본 **full_join()** 함수를 이용해 **mydata1**과 **mydata2** 데이터들을 합친 후, **year**와 **district** 변수에 따라 데이터를 정렬해봅시다.

```
> # 사례가 상이한 경우 full_join() 함수 이용 데이터 합치기
> mydata <- mydata1 %>%
+   full_join(mydata2,by=c("year","district"))
> mydata %>% count(is.na(lib_total)) # 도서관수 변수의 결측값수는?
# A tibble: 2 × 2
  `is.na(lib_total)`     n
  <lgl>              <int>
1 FALSE                175
2 TRUE                 160
> mydata %>% count(is.na(stdt_kinder)) # 유치원생 변수의 결측값수는?
# A tibble: 2 × 2
  `is.na(stdt_kinder)`    n
  <lgl>              <int>
1 FALSE                260
2 TRUE                  75
```

위의 결과에서 볼 수 있듯 2004년 사례들의 `lib_total` 변수와 `stdt_kinder` 변수에 결측값들이 들어 있습니다. 앞서 `full_join()` 함수가 합집합 개념으로 두 데이터를 합친다고 했던 것이 바로 이것을 의미합니다.

다음으로 교집합 개념의 `inner_join()` 함수를 이용해 두 데이터를 합쳐볼까요? 아래의 결과를 살펴보죠.

```
> # 사례가 상이한 경우 inner_join() 함수 이용 데이터 합치기
> mydata <- mydata1 %>%
+   inner_join(mydata2,by=c("year","district"))
> mydata %>% count(is.na(lib_total)) # 도서관수 변수의 결측값수는?
# A tibble: 1 × 2
  `is.na(lib_total)`      n
  <lgl>               <int>
1 FALSE                 100
> mydata %>% count(is.na(stdt_kinder)) # 유치원생 변수의 결측값수는?
# A tibble: 1 × 2
  `is.na(stdt_kinder)`      n
  <lgl>                 <int>
1 FALSE                   100
```

식별변수를 뺀 두 변수들의 경우 전혀 결측값이 없습니다. 왜 `inner_join()` 함수가 교집합 개념으로 두 데이터를 합치는 것인지 이해하실 수 있을 것입니다. 다음으로 `left_join()` 함수를 살펴봅시다.

```
> # 사례가 상이한 경우 left_join() 함수 이용 데이터 합치기
> mydata <- mydata1 %>%
+   left_join(mydata2,by=c("year","district"))
> mydata %>% count(is.na(lib_total)) # 도서관수 변수의 결측값수는?
# A tibble: 1 × 2
  `is.na(lib_total)`      n
  <lgl>               <int>
1 FALSE                 175
> mydata %>% count(is.na(stdt_kinder)) # 유치원생 변수의 결측값수는?
```

```
# A tibble: 2 × 2
  `is.na(stdt_kinder)`      n
  <lgl>                 <int>
1 FALSE                   100
2 TRUE                     75
```

왼쪽 데이터, 즉 첫 번째로 지정된 **mydata1** 데이터에 속한 **lib_total** 변수의 경우 결측값이 없지만, 두 번째로 지정된 **mydata2** 데이터에 속한 **stdt_kinder** 변수의 경우 결측값이 발견됩니다. **left_join()** 함수가 이해되었다면 **right_join()** 함수의 결과가 다음과 같이 나타나는 것을 이해하는 것은 어렵지 않으실 겁니다.

```
> # 사례가 상이한 경우 right_join() 함수 이용 데이터 합치기
> mydata <- mydata1 %>%
+   right_join(mydata2,by=c("year","district"))
> mydata %>% count(is.na(lib_total)) # 도서관수 변수의 결측값수는?
# A tibble: 2 × 2
  `is.na(lib_total)`      n
  <lgl>               <int>
1 FALSE                 100
2 TRUE                  160
> mydata %>% count(is.na(stdt_kinder)) # 유치원생 변수의 결측값수는?
# A tibble: 1 × 2
  `is.na(stdt_kinder)`      n
  <lgl>                 <int>
1 FALSE                   260
```

앞에서는 **full_join()** 함수, **inner_join()** 함수, **left_join()** 함수, **right_join()** 함수의 4가지를 살펴보았습니다. 이제 **semi_join()** 함수와 **anti_join()** 함수의 사례를 살펴보도록 하겠습니다. 일단 앞에서 생성했던 **inner_join()** 함수를 적용하여 데이터 합치기를 한 데이터를 **mydata**라고 저장해둡시다. 이와 별도로 소위 "강남 4구"(강동구, 강남구, 서초구, 송파구)로 구성된 아래와 같은 티블 데이터를 생성한 후 **filter_data**라는 이름으로 저장해봅시다.

```
> mydata <- mydata1 %>%
+   inner_join(mydata2,by=c("year","district"))
> # 강남 4구로 구성된 티블 데이터 구성
> filter_data <- tibble(
+   district=c("강동구", "강남구", "서초구", "송파구")
+ )
```

만약 어떤 연구자가 **mydata**에서 강남 4구에 해당되는 사례들만 골라내고 싶다면, semi_join() 함수를 사용하면 됩니다.

```
> # 강남 4구만 포함할 경우
> mydata %>%
+   semi_join(filter_data,by="district") %>%
+   count(district)
# A tibble: 4 × 2
  district     n
  <chr>    <int>
1 강남구       4
2 강동구       4
3 서초구       4
4 송파구       4
```

반면 강남 4구에 해당되는 사례들을 제거하고 싶다면 **anti_join()** 함수를 사용하면 됩니다.

```
> mydata %>%
+   anti_join(filter_data,by="district") %>%
+   count(district)
# A tibble: 21 × 2
  district     n
  <chr>    <int>
1 강북구       4
2 강서구       4
3 관악구       4
```

```
 4 광진구          4
 5 구로구          4
 6 금천구          4
 7 노원구          4
 8 도봉구          4
 9 동대문구        4
10 동작구          4
# i 11 more rows
# i Use `print(n = ...)` to see more rows
```

위의 사례들에서 느끼셨을지 모르지만, semi_join() 함수와 anti_join() 함수는 filter() 함수와 유사한 역할을 합니다. 독자께서는 왜 제가 텍스트 분석에서 "사전" 데이터를 이용하여 대상 텍스트의 지정된 표현만을 선별하는 혹은 제거하는 방식으로 두 함수를 사용하였는지 이해하실 수가 있을 것입니다. 비록 일반적인 데이터 분석 맥락에서 두 함수를 사용할 일은 그다지 많지 않지만, 맥락에 따라서는 filter() 함수를 이용해 처리하기 어려운 일이라도 semi_join() 함수와 anti_join() 함수를 이용하면 효율적으로 처리할 수 있습니다. semi_join() 함수와 anti_join() 함수의 분석사례는 제6부에서 비정형 텍스트 데이터를 처리할 때 다시 살펴보도록 하겠습니다.

# 데이터 합치기

※ 아래의 문제들에 답하기 위해서는 "data_foreign_aid.xlsx" 데이터와 "data_country.xlsx" 데이터를 불러온 후 사용하시면 됩니다. 편의상 두 데이터를 각각 foreign_aid 데이터, data_country 데이터라고 부르겠습니다.

**데이터 합치기_문제_1:** foreign_aid 데이터의 donor 변수와 data_country 데이터의 COUNTRY 변수를 각각 ID라는 이름의 변수로 변환한 후 두 데이터를 각각 full_join() 함수와 inner_join() 함수를 이용하여 합쳐보시기 바랍니다. 원래의 두 데이터와 2가지 방법으로 합쳐진 데이터를 이용해 아래의 벤다이어그램의 영역에 맞는 사례수가 어떻게 되는지 보고해주시기 바랍니다.

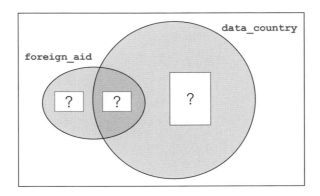

**데이터 합치기_문제_2:** foreign_aid 데이터에만 등장하지만 data_country 데이터에서는 등장하지 않는 ID의 변숫값은 무엇인가요? 아마 유럽연합(European Union)이 아닌 주권을 갖는 어떤 국민국가가 두 데이터에서 서로 다른 이름을 갖는다는 것을 발견하실 수 있을 것입니다. 이 국가의 이름은 무엇인가요?

**# 데이터 합치기_문제_3:** 위의 '# 데이터 합치기_문제_2'에서 발견하신 국민국가의 이름이 foreign_aid 데이터와 data_country 데이터에서 모두 동일하게 등장하도록 통일시킨 후 다시 full_join() 함수를 이용해 데이터를 합쳐보세요.

PART **3**

# 기술통계분석 및
# 분석결과 시각화

앞서 타이디버스 접근에서 어떻게 변수를 다루는가를 살펴보면서 간략한 기술통계기법들을 설명하였습니다. 여기서는 타이디버스 접근을 이용해 흔히 사용되는 통계치를 어떻게 구할 수 있으며, 어떻게 효과적으로 시각화할 수 있는지 구체적 사례들을 중심으로 살펴보겠습니다. 제3부에서 중점적으로 소개할 타이디버스 패키지의 함수들은 다음과 같습니다.

본서에서는 기술통계치 계산을 위한 타이디버스 패키지 내장함수들로 count() 함수와 summarize() 혹은 summarise()[1] 함수를 소개하였습니다. 기술통계치 계산과정에서 가장 중요한 함수는 바로 summarize() 함수입니다. 특히 앞서 mutate() 함수를 설명할 때 소개드렸던 across() 함수를 summarize() 함수와 같이 사용하면 매우 효율적인 데이터 분석이 가능합니다.

타이디버스 접근으로 얻은 기술통계분석 결과는 ggplot2 패키지의 함수들을 이용해 효과적이고 효율적으로 시각화할 수 있습니다. ggplot2 패키지에서는 다양한 그래프를 그릴 수 있는 함수들을 제공하고 있습니다. 본서에서는 보편적으로 널리 사용되는 히스토그램, 막대그래프, 빈도폴리곤(frequency polygon) 등으로 어떻게 데이터 분석결과를 제시할 수 있는지 소개하겠습니다[산점도(scatterplot)의 경우 모형추정 및 추정결과 시각화에서 소개하겠습니다]. ggplot2 패키지를 처음 접하는 분께서는 그래프 작업에 어려움을 겪으실 수도 있습니다.[2] 이런 독자들께는 ggplot2 패키지 함수들을 shiny 패키지를 이용해 이

---

1　개발자가 뉴질랜드 출신이라 최초에는 영국식 영어인 summarise() 사용하기 시작했지만, 지금은 summarise() 함수로 쓰든 summarize() 함수로 쓰든 동일한 결과가 산출됩니다.

2　만약 ggplot2 패키지를 이용한 그래픽 작업을 R 베이스를 이용해 구현하는 방법에 대해서는 저자가 2016년에 출간한 《R를 이용한 사회과학데이터 분석: 응용편》을 참조하시기 바랍니다. 타이디버스 접근이라는 점에서 보았을 때는 비효율적일 수 있지만, 그래픽의 문법(grammar of graphics)이라는 점에서 어떻게 ggplot2 패키지가 구성되어 있는지, 그리고 R 베이스의 어떤 함수들과 연관성을 갖는지를 파악

용자 상호작용성(user interactivity) 관점에서 잘 구현한 웹 페이지로 웹R(Web-R; http://web-r.org/)을 추천하고자 합니다(문건웅, 2015; Moon, 2016). 가톨릭대학교의 문건웅 교수님께서 구성하신 웹R에는 **ggplot2** 외에도 다양한 통계기법들이 이용자 상호작용성 관점에서 잘 소개되어 있습니다. 물론 웹R로 모든 것을 할 수 있는 것은 아니지만, R을 보다 친숙하게 접할 수 있고, 통계기법에 대한 지식만 어느 정도 갖추어져 있다면 R 프로그래밍에 익숙하지 않아도 분석결과를 얻을 수 있다는 매력이 있습니다.

---

하는 데는 도움이 될 것으로 생각합니다.

CHAPTER

# 01

# count( ) 함수를 이용한 빈도분석 및 분석결과의 시각화

우선 변수를 범주형 변수로 가정한 채 빈도분석을 실시해봅시다. 우선 "data_TESS3_131.sav" 데이터를 불러온 후, 성별(PPGENDER) 변수의 빈도를 구해봅시다. 이 과정은 앞서 소개한 리코딩 과정에서 이미 살펴보았으니 그다지 어렵지는 않을 것입니다. 기술통계분석과는 직접적 연관은 없지만, 어떤 분석을 하든 가장 먼저 해야 할 일은 데이터 사전처리(preprocessing)입니다. 이 데이터의 변수들의 경우 −1의 값은 '응답거부 (Refused)'입니다. 이에 더블형 변수가 −1의 변숫값을 갖는 경우 결측값으로 처리하였습니다. 데이터에 대한 사전처리 결과는 아래와 같습니다.

```
> # 데이터 불러오기
> data_131 <- read_spss("data_TESS3_131.sav")
> # 음수로 입력된 변숫값은 결측값
> mydata <- data_131 %>%
+    mutate(across(
+      .cols=where(is.double),
+      .fns=function(x){ifelse(x<0, NA, x)}
+    ))
```

이렇게 준비한 데이터에서 성별 응답자의 빈도표를 구하면 다음과 같습니다.

```
> # 간단한 명목변수 분석: 성별 응답자 빈도
> mydata %>%
+   count(PPGENDER)
# A tibble: 2 × 2
  PPGENDER     n
     <dbl> <int>
1        1   290
2        2   303
```

결과를 해석하는 것은 전혀 어렵지 않습니다. 남녀 응답자가 거의 비슷한 것을 알 수 있습니다. 하지만 1, 2이라는 숫자가 어떤 의미인지 변수의 코딩방식에 대한 지식이 없는 사람은 이해하기 어렵겠죠? 여기에 labelled() 함수를 이용해 라벨을 붙이면 다른 사람도 변숫값이 어떻게 구성되어 있는지 쉽게 이해할 수 있을 것입니다. 앞에서 배운 것을 활용해 변수에 라벨을 붙여봅시다.

```
> # 변수에 라벨을 붙이면 시각화에 좋음
> mydata <- mydata %>%
+   mutate(
+     female=labelled(PPGENDER,c(남성=1,여성=2))
+   )
> myfreq <- mydata %>%
+   count(female) %>%
+   print()
# A tibble: 2 × 2
  female          n
  <dbl+lbl>   <int>
1 1 [남성]      290
2 2 [여성]      303
```

만약 위의 분석결과를 시각화하면 어떻게 될까요? 물론 위와 같은 단순한 결과를 그래프로 나타내는 일은 거의 없을 것입니다. 하지만 간단한 사례이니 **ggplot2** 패키지를 이용한 시각화를 설명하는 데 보다 유용합니다. **ggplot2** 패키지를 이용한 데이터 시각화의 경우 최소 2개의 함수를 '+' 오퍼레이터를 이용해 병치시킵니다[ggplot(...) +

geom_*(...)과 같은 형태]. 타이디버스 패키지 함수들을 연결시킬 때 '**%>%**' 오퍼레이터를 사용하듯, **ggplot2** 패키지에서는 '**+**' 오퍼레이터를 사용합니다.[1]

일단 **ggplot2** 패키지를 이용해 위에서 얻은 빈도분석 결과표를 '막대그래프'로 그린 후, **ggplot(...) + geom_bar(...)** 형태의 표현이 의미하는 바를 설명드리겠습니다.

```
> # 시각화
> myfreq %>%
+    ggplot(aes(x=as_factor(female),y=n))+
+    geom_bar(stat="identity")
```

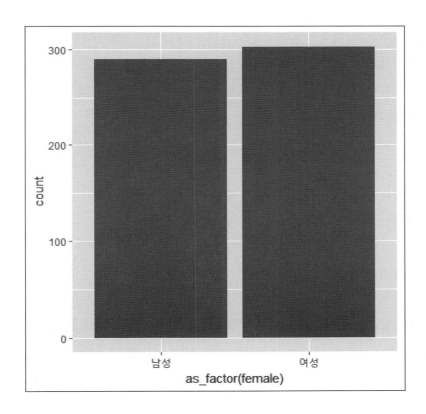

---

1   오퍼레이터의 형태가 다른 것은 매우 아쉽습니다. 이유는 **ggplot2** 패키지에서 사용되는 '**+**' 오퍼레이터
    가 **ggplot2** 패키지와는 다른 전통에서 만들어진 **magrittr** (타이디버스 패키지의 하위 패키지)보다 먼
    저 만들어졌기 때문입니다.

위의 명령문을 해석하면 다음과 같습니다: "**mydata**를 통해 얻은 빈도표 **myfreq**에서 **female** 변수를 이용해 그래프를 그리며, 여기서 라벨을 추출한 **female** 변수를 X축에 배치한다"는 의미입니다. 참고로 **ggplot**는 "그래프의 문법(grammar of graph)에 기반한 플롯(plot)"의 약자이며, **aes**는 미학(美學, aesthetics)이라는 단어의 첫 세 글자를 딴 것입니다[즉 그래프의 배치를 어떻게 할 것인가라는 판단과정을 미학적 판단(aesthetic judgment)이라고 개념화한 것입니다]. 다음으로 등장한 **geom_bar()** 함수는 **ggplot()** 함수에서 지정된 방식에 따라 막대그래프를 그린다는 뜻입니다. 여기서 'geom'이란 표현은 기하학(geometrics)의 첫 네 글자를 딴 것이고, 'bar'는 막대그래프(bargraph)를 의미합니다. 다시 말해 2차원의 데카르트 평면좌표로 표현된 기하학적 그래프 공간에 막대그래프를 그리겠다는 의미입니다. 아울러 **geom_bar()** 함수의 입력값 **stat="identity"**는 **ggplot()** 함수의 **aes()** 함수에 지정된 값들을 그대로(동일하게, identity) 사용한다는 것을 의미합니다.

이제 왜 위와 같은 그래프가 그려졌는지 이해되셨을 것입니다. 하지만 그래프가 보기 좋다는 느낌은 없네요. 그래프의 시각적 설득력(visual persuasiveness)을 높이기 위해 다음을 추가합시다.

- 추가작업 1: X축과 Y축의 라벨을 보다 읽기 좋게 바꾼다.
- 추가작업 2: Y축이 280부터 320까지의 범위를 갖도록 조정한다.

2가지 추가작업을 완료한 그래프는 다음과 같습니다.[2] '추가작업 1'은 **labs()** 함수를 이용해 그래프의 두 축의 라벨을 재지정하였으며, '추가작업 2'는 **coord_cartesian()** 함수를 이용해 완성하였습니다. **coord_cartersian()** 함수에서 **coord** 부분은 좌표(coordinate)를, **cartersian** 부분은 철학자이자 수학자인 '데카르트(de Cartes)'를 의미합니다. 다시 말해 **coord_cartersian()** 함수는 데카르트 좌표를 수정하는 함수이며, 지정된 **ylim** 옵션은 수동으로 지정된 Y축의 범위를 의미합니다.

---

2  개인적으로는 **ggplot()** 함수를 사용할 때 **theme_bw()**를 꼭 붙이는 편입니다. 해당 옵션을 덧붙이면 그래프의 바탕이 회색에서 백색으로 바뀌고 그래프의 외곽선이 뚜렷하게 그려집니다. 개인적인 취향에 불과하기에 본서에서는 디폴트를 따랐습니다.

```
> # 그래프를 보다 보기 좋게
> myfreq %>%
+     ggplot(aes(x=as_factor(female),y=n))+
+     geom_bar(stat="identity")+
+     labs(x="응답자의 성별",y="빈도수")+ # 추가 작업1
+     coord_cartesian(ylim=c(280,320)) # 추가 작업2
```

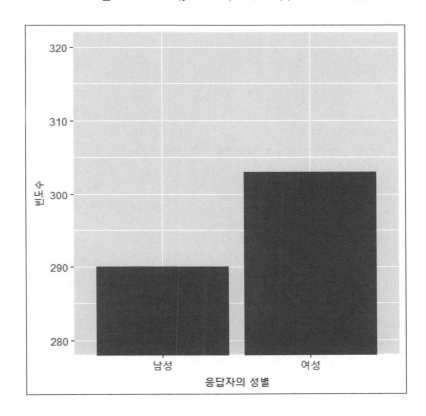

보다 보기 좋아졌습니다. 그러나 사실 위와 같은 방식으로 Y축을 재조정한 그래프는 '그래프의 악용(惡用)'에 가깝습니다. 왜냐하면 남성과 여성의 응답자수는 겨우 13명에 불과한데, 그래프가 던져주는 첫인상은 "여성 응답자가 남성보다 상당히 많군!"이기 때문입니다. 상황에 따라 반드시 그래프의 Y축(그리고 상황에 따라 X축도) 재조정해야 합니다만, 그래프를 악용해서는 안 됩니다(물론 사람마다 어느 정도가 청중의 이해를 돕는 것이고, 어느 정도가 연구자에 의해 악용된 것인가에 대해서는 판단기준이 조금씩 다를 수밖에 없습니다).

간단한 작업을 따라해보셨다면 이제 느낌이 오실 것입니다. 이제 조금 더 복잡한 데이터를 살펴봅시다. 종교 변수의 수준은 상당히 복잡했던 것 기억하실 것입니다. 이런 변수의 경우라도 빈도분석 그 자체는 어렵지 않습니다. 아래의 결과를 살펴보시죠.

```
> # 명목변수의 수준이 많은 경우 빈도분석
> myfreq <- data_131 %>%
+   count(REL1) %>%
+   print()
# A tibble: 14 × 2
   REL1                                                        n
   <dbl+lbl>                                               <int>
 1 -1 [Refused]                                                3
 2  1 [Baptist-any denomination]                              78
 3  2 [Protestant (e.g., Methodist, Lutheran, Presbyterian…  116
 4  3 [Catholic]                                             141
 5  4 [Mormon]                                                11
 6  5 [Jewish]                                                15
 7  6 [Muslim]                                                 3
 8  7 [Hindu]                                                  4
 9  8 [Buddhist]                                               3
10  9 [Pentecostal]                                           21
11 10 [Eastern Orthodox]                                       3
12 11 [Other Christian]                                       71
13 12 [Other non-Christian]                                   10
14 13 [None]                                                 114
```

종교와 종파를 설명하는 것이 본서의 목적이 아니기 때문에 구체적인 해석은 제시하지 않겠습니다. 대신 위의 결과를 막대그래프로 시각화해보죠. 수준의 수가 많은 경우 빈도표를 저장한 후 그래프 작업을 하는 것이 더 편합니다(또한 다음에 살펴볼 범주형 변수의 수준별 '평균'값에 대한 그래프 작업의 경우도 저장된 결과표를 이용하는 것이 더 낫습니다). 위의 빈도표는 14×2의 티블 데이터입니다. 이 경우 X축에는 **religion** 변수를, Y축에는 변수의 수준별 빈도인 n을 이용해 그래프 작업을 진행해야겠죠. **labs()** 함수는 앞에서 설명하였기에 다시 설명드리지 않겠습니다.

```
> # 시각화
> myfreq %>%
+     ggplot(aes(x=as_factor(REL1),y=n))+
+     geom_bar(stat="identity")+
+     labs(x="Respondents' religions (including 'Refused' & 'None')",
+          y="Number of respondents")
```

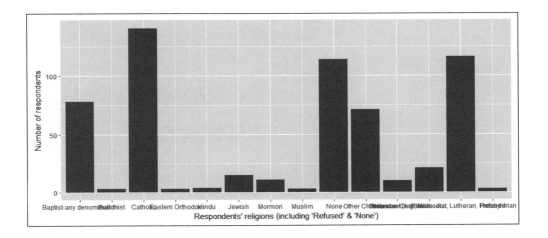

그래프를 얻었지만, 변숫값의 라벨이 길어서 읽기가 매우 어렵네요. 이런 경우 흔히 그래프를 뒤집습니다(보다 정확하게 말하자면 그래프를 시계방향으로 90도 회전시킵니다). coord_flip() 함수는 데카르트 평면의 좌표를 뒤집는다는 의미입니다.

```
> # 그래프 뒤집기
> myfreq %>%
+   ggplot(aes(x=as_factor(REL1),y=n))+
+   geom_bar(stat="identity")+
+   labs(x="Respondents' religions (including 'Refused' & 'None')",
+        y="Number of respondents")+
+   coord_flip()
```

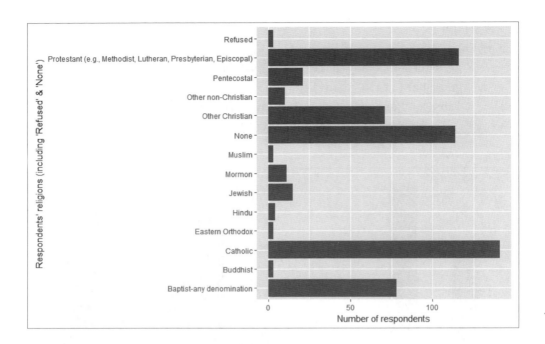

아까보다는 낫지만, 여전히 몇몇 수준의 라벨이 너무 기네요. 특히 "프로테스탄트"는 너무 긴 것 같습니다. 문자형 변수에 대한 리코딩 방식을 적용하여 해당 수준만 이름을 줄여보죠(구체적으로 괄호 안의 표현들을 지우겠습니다).

```
> # Protestant~ 이름 다음의 괄호표현은 삭제
> myfreq <-  myfreq %>%
+   mutate(
+     religion=as.character(as_factor(REL1)),
+     religion=ifelse(str_detect(religion,"Protestant"),
+                          "Protestants",religion)
+   )
> myfreq %>%
+   ggplot(aes(x=religion,y=n))+
+   geom_bar(stat="identity")+
+   labs(x="Respondents' religions (including 'Refused' & 'None')",
+        y="Number of respondents")+
+   coord_flip()
```

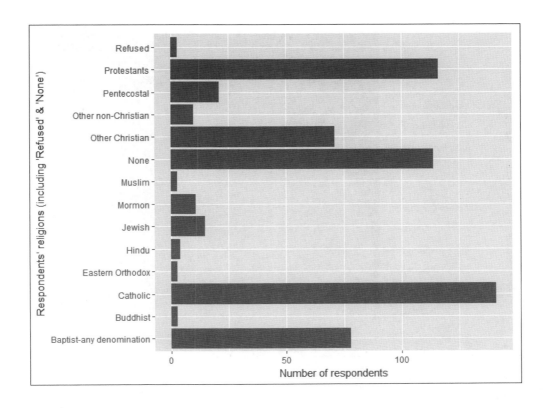

훨씬 더 나아지긴 했습니다. 하지만 그래프가 쉽게 눈에 들어오지는 않는 것 같습니다. 앞서 리코딩 작업에서 배웠던 `fct_reorder()` 함수를 이용해서 빈도수에 따라 범주형 변수의 수준들을 정리해보죠.

```
> # 명목변수 수준을 빈도수에 따라 정렬
> myfreq <- myfreq %>%
+   mutate(
+     religion=fct_reorder(religion,n)
+   )
> myfreq %>%
+   ggplot(aes(x=religion,y=n))+
+   geom_bar(stat="identity")+
+   labs(x="Respondents' religions (including 'Refused' & 'None')",
+        y="Number of respondents")+
+   coord_flip()
```

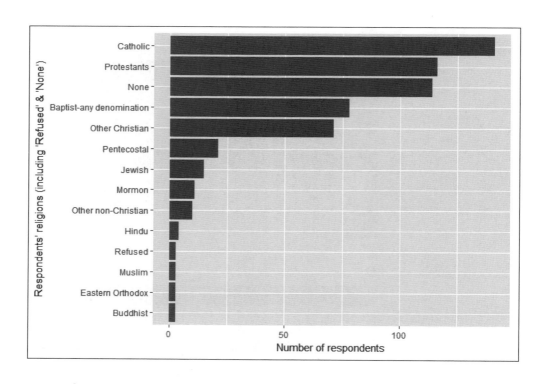

　훨씬 더 보기 좋아졌습니다. 위의 표는 쉽게 해석됩니다. 데이터에서 가장 많은 종교
(혹은 종파)는 5개입니다. 가장 많은 종교는 '가톨릭'이며, 그 다음은 '프로테스탄트'와 '무
종교', 그 다음은 '침례교', 그 다음은 '기타 기독교 종파'입니다. 나머지 종교들은 그 다지
두드러지지 않습니다.

　위의 사례는 보기 좋고 해석하기 편한 그래프를 그리려면 얼마나 많은 고민과 노력을
해야 하는지를 잘 보여줍니다. 간단한 그래프 하나라고 하더라도 직관적으로 쉽게 이해
되는 그래프는 '그냥 그린 그래프'에 비해서 훨씬 더 좋은 인상을 남깁니다. 연구자는 독
자나 청중이 어떤 그래프를 더 잘 이해할 수 있을지 고민해야만 합니다.

　이제 다음으로 2개의 범주형 변수들을 교차한 빈도분석을 실시해보죠. 두 범주형 변수
의 빈도표를 교차시킨 것을 흔히 '교차표(cross-tabulation)'라고 부르며, 교차표 분석은 흔
히 두 범주형 변수의 상관관계를 살펴보기 위해 실시됩니다. 또한 연구자는 교차표 분석
과 카이제곱분석을 동시에 고려한 후 두 범주형 변수의 상관관계에 대해 논의합니다. 이
번 섹션의 목적은 기술통계분석이기 때문에 카이제곱분석은 모형추정 및 추정결과의 시

각화 부분에서 보다 자세히 설명드리겠습니다.

일단 구체적인 사례부터 살펴봅시다. 응답자의 정치적 성향과 성별은 어떤 관계를 맺고 있을까요? 예를 들어 보수주의자에 비해 진보주의자에는 남성이 많을까요? 아니면 여성이 많을까요? 실제로 살펴봅시다. 우선 리커트 7점 척도로 측정된 정치적 성향 변수를 이용해 {진보, 중도, 보수}의 세 정치적 성향 집단 변수를 만들어봅시다. 제 경우 cut() 함수를 이용해 1, 2, 3의 값은 '진보', 4의 값은 '중도', 5, 6, 7의 값은 '보수'로 리코딩 하였습니다.

```
> # 정치적 성향(IDEO)변수를 3집단으로 리코딩
> mydata <- mydata %>%
+   mutate(
+     libcon3=as.double(cut(IDEO,c(0,3,4,Inf),1:3)),
+     libcon3=labelled(libcon3,c(진보=1,중도=2,보수=3))
+   )
```

우선 교차표를 그려보죠. 교차표를 위해서는 앞에서 살펴본 count() 함수를 사용하되, 두 변수를 나란히 사용하면 됩니다.

```
> # libcon3과 female 변수의 교차표
> mydata %>%
+   count(female,libcon3)
# A tibble: 8 × 3
  female     libcon3        n
  <dbl+lbl>  <dbl+lbl>  <int>
1 1 [남성]    1 [진보]      69
2 1 [남성]    2 [중도]     108
3 1 [남성]    3 [보수]     110
4 1 [남성]    NA             3
5 2 [여성]    1 [진보]      95
6 2 [여성]    2 [중도]     109
7 2 [여성]    3 [보수]      98
8 2 [여성]    NA             1
```

위의 빈도분석 결과는 '긴 형태(long format)' 데이터입니다. 찬찬히 살펴보면 이해하지 못할 것은 없지만, 흔히 우리가 보는 형태의 교차표는 아닙니다. 또 결측값으로 나타난 4명의 응답자는 극소수에 불과하니 분석에서 고려하지는 맙시다. 타이디버스 접근을 이용해 우리가 흔히 접하는 형태의 교차표를 만드는 방법은 의외로 쉽습니다. gather() 함수를 이용해 위의 데이터를 '넓은 형태(wide format)' 데이터로 변환시키면 됩니다. 결측값을 제거하고 myresult라는 이름으로 그 결과를 저장한 후, pivot_wider() 함수를 적용한 결과는 아래와 같습니다. 아마 아래의 결과는 매우 친숙하게 느껴지실 것입니다.

```
> # 만약 NA를 제외하고 성별X정치성향 형식의 교차표를 그린다면
> myfreq <- mydata %>%
+    count(female,libcon3) %>%
+    drop_na()
> myfreq %>%
+    mutate(libcon3=as_factor(libcon3)) %>%
+    pivot_wider(names_from=libcon3,values_from="n")
# A tibble: 2 × 4
  female      진보   중도   보수
  <dbl+lbl> <int> <int> <int>
1 1 [남성]      69   108   110
2 2 [여성]      95   109    98
```

위의 결과는 그 자체로 사용할 수도 있지만, 시각화 기법을 사용할 때 더 쉽게 독자에게 이해될 것입니다. 일단 독자께서도 이 사례가 앞의 사례(즉 범주형 변수 1개의 빈도분석 결과를 그래프로 나타낼 때)와 다르다는 사실을 느끼실 것입니다. 다시 말해 위의 데이터 결과는 성별의 빈도가 정치적 성향에 따라 다른지, 혹은 정치적 성향의 빈도가 성별에 따라 다른지 2가지 중 하나로 나타낼 수 있습니다. 물론 2가지 모두 일종의 '동전의 양면'입니다. 하지만 해석이라는 측면에서 둘은 동일하지 않겠죠? 일단 여기서는 두 가지 그래프를 모두 그려보겠습니다. 종교변수의 그래프 작업에서와 마찬가지로 빈도분석 결과를 저장한 데이터를 이용해 그래프 작업을 진행하겠습니다.

앞서 진행했던 그래프 작업과 대부분이 비슷하지만 한 가지가 다릅니다. ggplot() 함수 속 aes() 함수에서 x, y는 물론 fill이라는 옵션이 추가로 지정되어 있습니다. 여

기서 **fill**의 의미는 막대그래프의 막대기 내부를 채우는(fill) 색을 의미하며, 지정된 변수에 따라 막대기의 색을 구분한다는 의미입니다.

```
> # 막대그래프로 시각화
> myfreq %>%
+    ggplot(aes(x=as_factor(female),y=n,
+                      fill=as_factor(libcon3)))+
+    geom_bar(stat="identity")+
+    labs(x="응답자의 성별",y="빈도수",fill="정치적 성향")
```

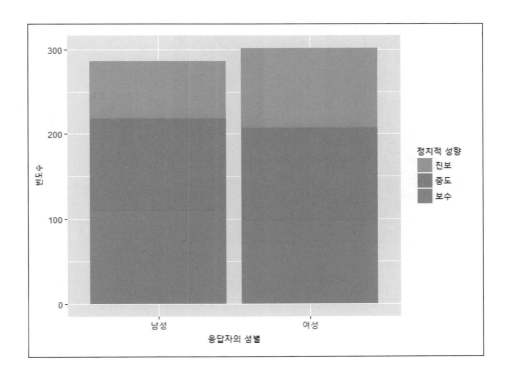

보는 사람에 따라 다를 수 있지만, 위의 그래프는 별로 보기 좋지 않습니다. 일단 제 경험에서 말씀드리자면, 남성 응답자 중 3집단의 정치적 성향과 여성 응답자 중 3집단의 정치적 성향이 수직으로 쌓인 형태가 아니라 수평으로 나란히 놓인 형태의 막대그래프가 더 보기 쉽고 널리 사용됩니다. 이를 위해서는 **geom_bar()** 함수에 **position="dodge"** 라는 옵션을 추가해주어야 합니다(dodge라는 단어는 '살짝 피하다'라는 뜻입니다).

```
> # 보다 보기 좋은 방식으로 시각화
> # 정치적 성향별 응답자를 쌓아두는 방식이 아니라 병렬시키는 방식
> myfreq %>%
+    ggplot(aes(x=as_factor(female),y=n,
+               fill=as_factor(libcon3)))+
+    geom_bar(stat="identity",position="dodge")+
+    labs(x="응답자의 성별",y="빈도수",fill="정치적 성향")
```

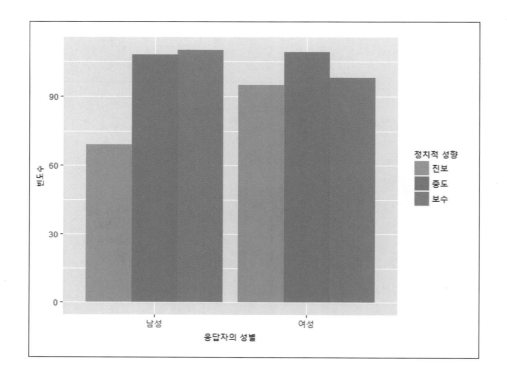

어떤가요? 보다 보기 좋아진 것 같죠? 위의 결과에서 우리는 여성 응답자의 경우 세 정치적 성향별 집단이 서로 엇비슷한데, 남성 응답자의 경우 진보 성향 집단이 유독 낮은 것을 발견할 수 있습니다. 다시 말해 남성에 비해 여성일수록 정치적 진보성향 집단에 속할 가능성이 높다고 볼 수 있습니다.

이제는 X축에 정치적 성향을 놓고, 응답자의 성별을 범례로 구분해보겠습니다. 어렵지 않습니다. ggplot() 함수 속 aes() 함수에서 x와 fill을 바꾸어서 지정하면 됩니다. 또한 labs() 함수의 경우도 이에 맞게 바꾸시면 됩니다.

```
> # 정치적 성향을 X축에, 성별을 범례로
> myfreq %>%
+     ggplot(aes(x=as_factor(libcon3),y=n,
+                        fill=as_factor(female)))+
+     geom_bar(stat="identity",position="dodge")+
+     labs(x="정치적 성향",y="빈도수",fill="응답자의 성별")
```

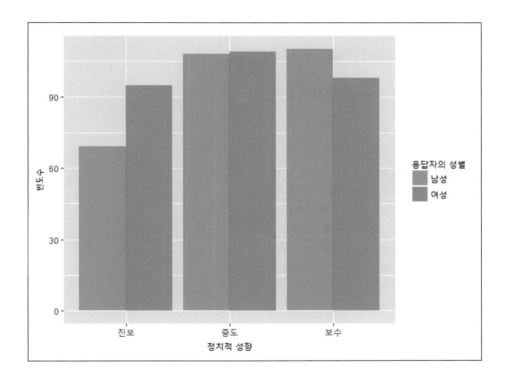

　　그래프를 통해서 얻을 수 있는 의미가 달라지지는 않았습니다. 하지만 앞의 그래프에 비해 성별 변수와 정치적 성향 변수가 어떤 연관관계를 갖는지에 대해 독자나 청중은 이 그래프를 훨씬 더 쉽게 이해할 것 같습니다. 왜냐하면 중도에서는 두 성별이 엇비슷한데, 진보에서는 여성이 보수에서는 남성이 더 많은 빈도를 보이고 있기 때문입니다.

　　2가지 방식의 그래프를 본 후 어떤 분은 다음과 같은 의문을 제기할지도 모르겠습니다. "남녀 응답자의 수가 비록 비슷하지만, 엄밀하게 말해 여성이 더 많은데, 위와 같이 빈도를 그래프로 나타내는 것이 타당할까? 비율로 그래프를 그려야 더 타당하지 않을까?" 좋은 지적입니다. 사실 위의 사례는 큰 문제가 없습니다만, 만약 데이터에 남성이

20%, 여성이 80%였다면 빈도를 제시하는 것보다는 상대적 비율(proportion, 혹은 %)을 제시하는 것이 더 나을 수 있습니다. 우선 각 정치적 성향별 남녀 응답자 퍼센트를 계산해보죠. myresult 데이터에서 응답자의 정치적 성향에 따라 집단을 구분한 후, 각 정치적 성향 집단별 남녀 응답자의 퍼센트(pct 변수)를 계산하면 아래와 같습니다.

```
> # 정치적 성향별 남녀 퍼센트 계산
> myfreq <- myfreq %>%
+   group_by(libcon3) %>%
+   mutate(
+     pct=100*n/sum(n)  #percent
+   ) %>% print()
# A tibble: 6 × 4
# Groups:   libcon3 [3]
  female      libcon3       n   pct
  <dbl+lbl>   <dbl+lbl> <int> <dbl>
1 1 [남성]    1 [진보]     69  42.1
2 1 [남성]    2 [중도]    108  49.8
3 1 [남성]    3 [보수]    110  52.9
4 2 [여성]    1 [진보]     95  57.9
5 2 [여성]    2 [중도]    109  50.2
6 2 [여성]    3 [보수]     98  47.1
```

위의 결과를 저장한 데이터를 이용해 그래프를 그릴 수도 있지만, geom_bar() 함수의 position="fill" 옵션을 지정하면 간단하게 '빈도'에서 '비율'로 전환된 막대그래프를 그릴 수 있습니다.

```
> # 만약 성별 내부의 정치적 성향 응답자 비율을 표시하고자 한다면?
> myfreq %>%
+   ggplot(aes(x=as_factor(libcon3),y=n,
+                       fill=as_factor(female)))+
+   geom_bar(stat="identity",position="fill")+
+   labs(x="정치적 성향",y="응답자 비율",fill="응답자의 성별")
```

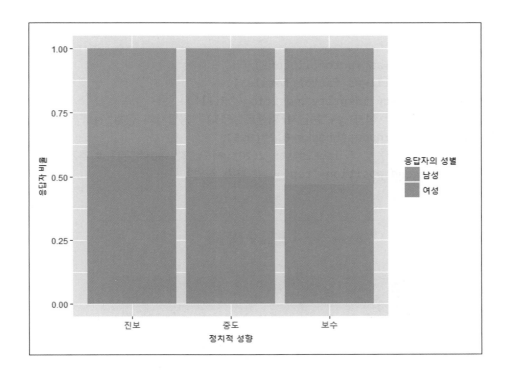

위의 그래프에서 2가지를 추가로 변화시켜보겠습니다.

- 추가작업 1: Y축을 비율이 아닌 퍼센트로 변화
- 추가작업 2: '응답자의 성별' 범례를 그래프 상단부로 위치 변경

'추가작업 1'의 경우 scale_y_continuous() 함수를 이용하면 됩니다. breaks 옵션은 눈금의 위치를, labels에는 눈금에 들어갈 라벨을 의미합니다. labels 옵션이 다소 어려워 보일 수 있지만 사실 문자형 변수의 리코딩 작업에서 배운 내용을 떠올리시면 이해할 수 있습니다. 즉 0, 1, 2, 3, 4, 5의 숫자에 20을 곱하고[20*(0:5) 부분; 이렇게 하면 0, 20, ..., 100이 되죠], 그 위에 % 기호를 붙이되("%" 부분) 공란을 두지 않는다는(sep="" 부분) 의미입니다. 그리고 '추가작업 2'의 경우 theme() 함수는 그림의 '테마'를 의미하며, 옵션의 의미는 말 그대로 범례를 위쪽에 배치한다는 뜻입니다.

```
> # 그래프에 대한 추가작업
> myfreq %>%
+   ggplot(aes(x=as_factor(libcon3),y=n,
+              fill=as_factor(female)))+
+   geom_bar(stat="identity",position="fill")+
+   labs(x="정치적 성향",y="응답자 퍼센트",fill="응답자의 성별")+
+   scale_y_continuous(breaks=0.2*(0:5),
+                      labels=str_c(20*(0:5),"%",sep=""))+ # 추가 작업1
+   theme(legend.position="top")   # 추가 작업2
```

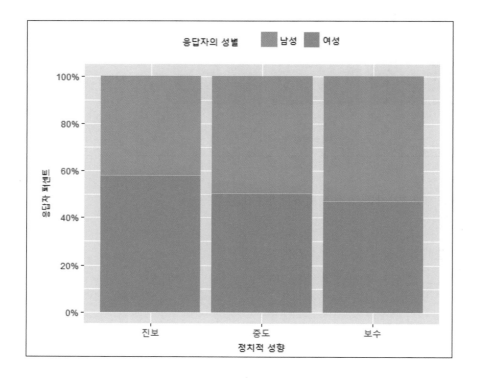

조금만 더 복잡한 사례를 살펴보고 빈도분석과 이에 대한 시각화를 마무리한 후, summarize() 함수를 이용한 기술통계분석으로 넘어가겠습니다. 만약 범주형 변수가 3개 존재한다면 어떨까요? 즉 응답자의 정치적 성향과 성별의 관계가 인종에 따라 어떻게 다르게 나타나는지 빈도분석을 실시하고 데이터를 시각화해보면 어떨까요? 타이디버스 접근을 이용하면 빈도분석에 투입되는 변수의 수가 많아도 쉽게 분석할 수 있으며, 시각화도 그다지 어렵지 않습니다. 하지만 분석이 간단하게 이루어져도, 독자나 청중이 분석결과를 쉽고 명확하게 이해할 수 있다고 보장할 수 없습니다. 다시 말해 R 코드가 간단하다고 해당 코드를 통해 얻은 결과가 간단하게 이해되는 것은 아닙니다.

구체적인 사례를 살펴보겠습니다. 위에서 사용한 '정치적 성향'(진보, 중도, 보수의 3집단), '성별'(남성, 여성의 2집단)에 '인종' 변수를 추가로 더 살펴보겠습니다. 저는 인종 변수인 PPETHM를 다수인종인 '백인'과 '소수인종' 두 집단으로 리코딩하였습니다. '정치적 성향', '성별', '인종'의 세 변수를 이용해 교차표를 얻은 결과는 다음과 같습니다.

```
> # 명목변수가 3개인 경우도 어렵지 않게 알 수 있음(그러나 해석은 까다로울 수 있음)
> mydata <- mydata %>%
+    mutate(
+       white=ifelse(PPETHM==1,1,0),
+       white=labelled(white,c(다수인종=1,소수인종들=0))
+    )
> myfreq <- mydata %>%
+    count(white,female,libcon3) %>%
+    print()
# A tibble: 15 × 4
   white          female      libcon3       n
   <dbl+lbl>    <dbl+lbl>    <dbl+lbl>  <int>
 1 0 [소수인종들]    1 [남성]    1 [진보]      21
 2 0 [소수인종들]    1 [남성]    2 [중도]      24
 3 0 [소수인종들]    1 [남성]    3 [보수]      15
 4 0 [소수인종들]    1 [남성]        NA        1
 5 0 [소수인종들]    2 [여성]    1 [진보]      26
 6 0 [소수인종들]    2 [여성]    2 [중도]      27
 7 0 [소수인종들]    2 [여성]    3 [보수]      16
 8 0 [소수인종들]    2 [여성]        NA        1
 9 1 [다수인종]     1 [남성]    1 [진보]      48
10 1 [다수인종]     1 [남성]    2 [중도]      84
11 1 [다수인종]     1 [남성]    3 [보수]      95
12 1 [다수인종]     1 [남성]        NA        2
13 1 [다수인종]     2 [여성]    1 [진보]      69
14 1 [다수인종]     2 [여성]    2 [중도]      82
15 1 [다수인종]     2 [여성]    3 [보수]      82
```

'긴 형태' 데이터의 교차표를 이해하는 것이 번거롭죠? 앞의 사례와 마찬가지로 결측 값은 제거한 후[drop_na() 함수], 정치적 성향과 성별의 교차표가 인종 변수의 수준에 따라 어떻게 다르게 나타나는지 살펴봅시다. 앞에서 소개했던 pivot_wider() 함수를 이용해 '넓은 형태' 데이터로 변환하는 과정은 아래와 같습니다.

```
> # 결측값 제거 후 인종변수 수준에 따라 성별X정치적 성향 교차표
> myfreq <- myfreq %>%
+   drop_na() %>%
+   mutate(across(
+     .cols=white:libcon3,
+     .fns=function(x){as_factor(x)}   #라벨추출
+   ))
> myfreq %>%
+   pivot_wider(names_from="libcon3", values_from="n")
# A tibble: 4 × 5
   white      female   진보     중도     보수
   <fct>      <fct>    <int>   <int>   <int>
1 소수인종들    남성      21       24      15
2 소수인종들    여성      26       27      16
3 다수인종     남성      48       84      95
4 다수인종     여성      69       82      82
```

결과를 이해하기가 어렵지는 않을 것입니다. 만약 인종별, 그리고 응답자의 성별에 따라 정치적 성향의 분포가 어떠한지 비교하려면, 아래와 같이 group_by() 함수를 이용하여 인종 변수와 성별 변수 수준에 따라 집단을 구분한 후, 정치적 성향 변수의 수준별 퍼센트를 계산하면 됩니다.

```
> # 인종별, 성별에 따른 정치적 성향 분포(%)
> mypct <- myfreq %>%
+   drop_na() %>%
+   mutate(across(
+     .cols=white:libcon3,
+     .fns=function(x){as_factor(x)}   #라벨추출
+   )) %>%
```

```
+    group_by(white,female) %>%
+    mutate(
+      pct=100*n/sum(n)
+    ) %>% print()
# A tibble: 12 × 5
# Groups:    white, female [4]
   white    female libcon3     n   pct
   <fct>    <fct>  <fct>   <int> <dbl>
 1 소수인종들   남성     진보      21    35
 2 소수인종들   남성     중도      24    40
 3 소수인종들   남성     보수      15    25
 4 소수인종들   여성     진보      26  37.7
 5 소수인종들   여성     중도      27  39.1
 6 소수인종들   여성     보수      16  23.2
 7 다수인종    남성     진보      48  21.1
 8 다수인종    남성     중도      84  37.0
 9 다수인종    남성     보수      95  41.9
10 다수인종    여성     진보      69  29.6
11 다수인종    여성     중도      82  35.2
12 다수인종    여성     보수      82  35.2
```

위의 결과를 그래프로 나타내볼까요? 앞서 그린 방식과 동일합니다만, 단 하나가 다릅니다. R 코드 맨 마지막에 "**facet_grid(.~as_factor(white))**"라는 함수가 바로 그것입니다. 이 함수는 제시된 변수의 수준에 따라 그래프의 면(面, facet)을 나눈다는 뜻입니다. 그래프 결과에서 알 수 있듯 응답자의 정치적 성향과 성별의 관계를 인종 변수의 수준으로 구분한 후 그래프를 얻을 수 있습니다.

```
> # 패시팅을 이용한 데이터 시각화
> mypct %>%
+    ggplot(aes(x=as_factor(female),y=n,fill=as_factor(libcon3)))+
+    geom_bar(stat='identity',position="fill")+
+    labs(x="응답자의 성별",y="응답자 퍼센트",fill="정치적 성향")+
+    scale_y_continuous(breaks=0.2*(0:5),
+                       labels=str_c(20*(0:5),"%",sep=""))+
+    theme(legend.position="top")+
+    facet_grid(.~as_factor(white))
```

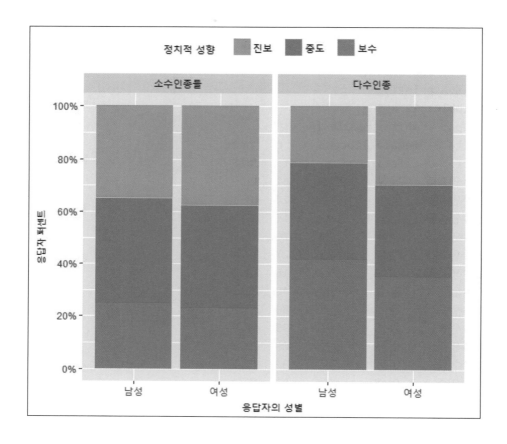

    `facet_grid()` 함수[3]를 이용하면, 범주형 변수들을 추가로 계속 넣어 보다 복잡한 그래프를 쉽게 그릴 수 있습니다. 예를 들어 응답자를 '고연령자'(51세 이상)과 '저연령자'(50세 이하)로 구분하는 gen2 변수를 생성한 후, 해당 변수를 더 추가해보죠.

```
> # 패시팅을 하면 4개 이상의 명목변수들도 고려할 수 있지만,
> # 분석결과 해석이 복잡하기 때문에 너무 많은 변수들을 분석에 포함하지 않는 것을 권장함
> mydata <- mydata %>%
+    mutate(
+      gen2=as.double(cut(PPAGE,c(0,50,99),1:2)),
```

---

3  `facet_*()` 함수에는 `facet_grid()` 함수와 `facet_wrap()` 함수 등이 가장 널리 사용됩니다. `facet_grid()` 함수의 경우 그래프들이 정사각형의 행렬형태로 그래프들을 제시할 때 유용하며, `facet_wrap()` 함수는 연구자가 가로줄과 세로줄의 수를 지정할 때 유용합니다. 제시된 그래프를 `facet_wrap()` 함수로 그린다면 `facet_wrap(~as_factor(gen2)+as_factor(white))`와 같이 표현하시면 됩니다.

```
+         gen2=labelled(gen2,
+                      c(`저연령(50세 이하)`=1,`고연령(51세 이상`=2))
+    )
> myfreq <- mydata %>%
+    count(gen2,white,
+          female,libcon3) %>%
+    drop_na() %>% # 결측값 제거
+    group_by(gen2,white,female) %>%
+    mutate(
+      pct=n/sum(n)
+    )
> myfreq %>%
+    ggplot(aes(x=as_factor(female),y=pct,fill=as_factor(libcon3)))+
+    geom_bar(stat='identity',position="fill")+
+    labs(x="응답자의 성별",y="응답자 퍼센트",fill="정치적 성향")+
+    scale_y_continuous(breaks=0.2*(0:5),
+                       labels=str_c(20*(0:5),"%",sep=""))+
+    theme(legend.position="top")+
+    facet_grid(as_factor(gen2)~as_factor(white))
```

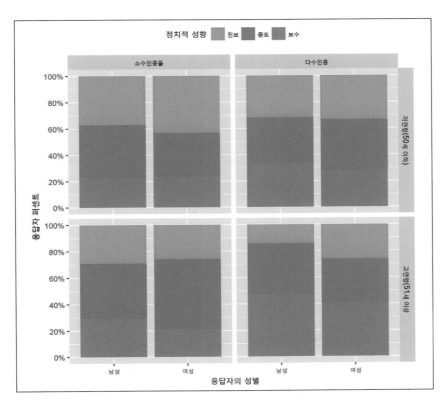

위의 그래프[1]에 대한 구체적인 해석결과는 제시하지 않겠습니다. 왜냐하면 각 조건별 분석에 사용된 응답자수가 많지 않고, 분석에 투입되는 변수의 수가 늘어날수록 '설명이 번잡해지는' 즉 해석이 쉽지 않기 때문입니다. 저는 그래프에 표시되는 설명변수가 3개를 넘지 않는 것을 '원칙'으로 삼고 있습니다(X축의 변수, 범례에 사용되는 변수, 패시팅에 사용되는 변수). 물론 이는 제 원칙에 불과합니다만, 제 경험상 나쁘지 않은 원칙이라고 생각합니다. 너무 많은 변수들이 그래프에 들어가면 그래프의 가독성이 낮아져 분석결과가 독자나 청중에게 더 잘 전달되지 않는 경우가 보통입니다. 흔히 '오컴의 면도날(Occam's razor)'이라고 불리는 '간명성(parsimony)' 원칙은 기술통계분석과 데이터 시각화에도 적용됩니다.

---

1  참고로 위의 그래프는 다음의 명령문을 통해 저장하였습니다. 그래프가 복잡한 경우 R Studio 윈도에 나타난 그림을 복사해서 쓰는 것보다 연구자가 그래프의 크기와 해상도를 원하는 대로 적용한 후 외부의 하드 드라이브나 클라우드 서버에 저장하는 것이 훨씬 더 유용합니다.

```
> ggsave("freq_gender_ideo_race_generation.jpeg",
+        width=16,height=16,units="cm")
```

CHAPTER

# 02

# summarize() 함수를 이용한 기술통계분석 및 분석결과의 시각화

앞서 배운 count() 함수는 빈도표를 구하는 데 유용합니다. 하지만 광범위하게 사용되기에는 다소 제약이 있습니다. 예를 들어 count() 함수로는 "응답자의 성별에 따른 평균연령"과 같은 기술통계치를 구할 수는 없습니다. 보다 다양한 기술통계분석과 많은 수의 변수들에 대한 효율적인 기술통계분석을 할 때는 summarize() 함수가 매우 유용합니다. 아울러 연구자가 지정한 조건을 충족시키는 여러 변수들에 대해 일괄적으로 기술통계분석을 실시하고자 할 경우 across() 함수를 summarize() 함수 내부에 지정하면 매우 효과적입니다. summarize() 함수 내부에 across() 함수를 적용하는 방법은 앞서 소개했던 mutate() 함수 내부에 across() 함수를 적용하는 방법과 본질적으로 동일합니다. 이번 장에서는 단일 변수를 대상으로 한 summarize() 함수 사용방법을 살펴본 후, across() 함수를 활용하여 여러 변수들을 대상으로 summarize() 함수를 어떻게 효율적 · 효과적으로 사용할 수 있는지 살펴보겠습니다.

어떤 데이터 분석이든 가장 먼저 실행할 일은 '사전처리'입니다. 앞에서 사용한 "data_TESS3_131.sav"를 다시 사용하겠습니다. '응답거부' 변숫값을 결측값을 처리하는 과정을 거친 티블 데이터를 mydata라는 이름으로 저장한 후, summarize() 함수를 어떻게 사용할 수 있는지 살펴보겠습니다.

```
> # summarize()/summarise() 함수사용 및 across() 함수 병행사용방법
> # 데이터 불러오기 및 사전처리 작업
> data_131 <- read_spss("data_TESS3_131.sav")
> mydata <- data_131 %>%
+   mutate(across(
+     .cols=where(is.double),
+     .fns=function(x){ifelse(x < 0, NA, x)}
+   ))
```

여기서 **Q14**부터 **Q18**라는 이름의 변수들을 살펴보겠습니다. 각 변수는 아래와 같이 진술문을 제시한 후 리커트 5점 척도를 이용해 각 진술문이 응답자에게 얼마나 중요한지를 측정하였습니다(5점에 가까울수록 각 진술문의 내용에 대해 중요하다고 판단함).

Q14. Freedom of speech for all citizens is a fundamental American right.

Q15. Some people are interested in what the Aryan Nation has to say, and they have the right to listen.

Q16. There is always a risk of violence and danger at Aryan Nation rallies.

Q17. A citizen's freedom to speak or hear what he or she wants.

Q18. City safety and security

변수의 의미가 어떤지 대략 파악을 하셨을 것입니다. 먼저 **Q14** 변수의 평균이 얼마인지를 **summarize()** 함수를 이용해 계산해보죠. 아래와 같이 원하는 변수에 대해 어떤 통계치를 원하는지 명시하면, 그 결과를 얻을 수 있습니다. **Q14** 변수에는 결측값이 있기 때문에 **na.rm=T** 옵션을 지정하지 않으면 평균값이 계산되지 않습니다.

```
> # 1개의 등간변수에 대한 기술통계치 구하기
> mydata %>%
+   summarize(mean(Q14,na.rm=T))
# A tibble: 1 × 1
  `mean(Q14, na.rm = T)`
                   <dbl>
1                   4.46
```

간단하죠? 상황에 따라 최종 출력 티블 데이터의 변수이름을 바꿀 필요도 있습니다. 이번 섹션과 관련해 분석결과를 시각화할 때 변수이름을 바꾸면 시각화 작업이 더 편합니다. 또 '다층모형(multi-level model)'처럼 집단수준(group-level)에서 변수의 요약치를 독립변수로 모형에 투입하는 경우에는 반드시 변수의 요약값에 이름을 붙여야 합니다[이와 관련해서는 저자(2018)의 《R을 이용한 다층모형》을 참조하시기 바랍니다]. 아무튼 방법은 아래와 같이 간단합니다.

```
> mydata %>%
+    summarize(mean_Q14=mean(Q14,na.rm=T))
# A tibble: 1 × 1
  mean_Q14
     <dbl>
1     4.46
```

분석의 현실적용 가능성은 낮지만 위의 결과를 시각화해봅시다. 간단한 그래프를 그리는 법을 이해하면 보다 복잡한 그래프도 쉽게 이해할 수 있으니까요. 만약 위의 결과를 막대그래프로 나타내면 어떨까요? count() 함수를 소개하면서 제시했던 방식과 유사하게 ggplot() 함수를 활용하시면 됩니다. ggplot() 함수 내부의 aes() 함수에서 x=""으로 지정한 이유는 시각화에 사용되는 티블 데이터에는 단 1개의 변수만 존재하기 때문입니다. 즉 X축에 놓일 변수가 없다는 것을 지정한 것입니다.

```
> # 막대그래프로 시각화
> mydata %>%
+    summarize(mean_Q14=mean(Q14,na.rm=T)) %>%
+    ggplot(aes(x="",y=mean_Q14))+
+    geom_bar(stat="identity")+
+    coord_cartesian(ylim=c(1,5))+ # 5점척도이기 때문
+    labs(x="Q14",y="Arithmatic mean")
```

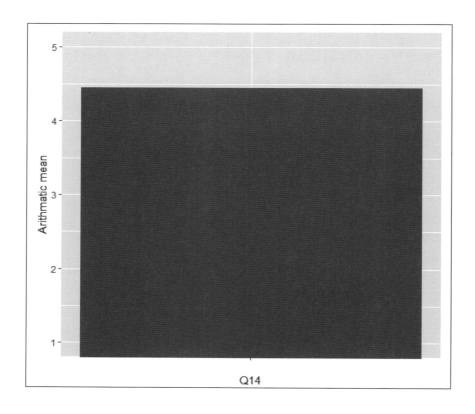

아주 볼품없는 그래프죠? 현실적으로 위와 같은 그래프를 사용할 일은 없을 것입니다. 하지만 제시된 **ggplot()** 함수를 이해하셨다면 앞으로 제시될 시각화 작업을 이해하는 데 큰 무리가 없을 것입니다.

'평균' 통계치를 막대그래프로 제시하기도 하지만, 연속형 변수로 취급되는 변수의 경우 평균과 함께 평균의 95% 신뢰구간(CI, confidence intervals)를 제시하거나 혹은 박스플롯[Box plot, 혹은 박스위스커 플롯(Box-Whisker plot)], 히스토그램, 빈도폴리곤 등을 제시하는 경우도 있습니다. 일단 평균과 평균의 95% CI를 제시하는 방법은 개인함수를 설정하여 분석결과를 시각화할 때 제시하기로 하고, 여기서는 박스플롯, 히스토그램, 빈도폴리곤을 그리는 간단한 방법을 소개하겠습니다. 각 그래프를 그리는 것과 별개로 추가로 분석결과 시각화에 유용한 2가지 함수들을 소개하겠습니다. 우선 **ggtitle()** 함수는 그림의 제목을 붙일 때 사용합니다. 아래와 같이 종류가 다른 여러 그래프들을 통합할 때 유용합니다. 제 경우 **patchwork** 패키지를 구동한 후, 저장된 세 그래프를 가로줄 한 줄에 나란히 병렬시켰습니다. "패키지::"은 해당 패키지를 구동시키지 않은 채 이 패키지에 존재하는 함수만을 잠시 사용한다는 뜻입니다.

```
> # 등간변수의 분포를 시각화하는 경우: 박스플롯, 히스토그램, 빈도폴리곤
> # 박스플롯으로 시각화
> g1 <- mydata %>%
+   filter(!is.na(Q14)) %>%
+   ggplot(aes(x="",y=Q14))+
+   geom_boxplot()+
+   ggtitle("Box-Whisker plot")
> # 히스토그램으로 시각화
> g2 <- mydata %>% filter(!is.na(Q14)) %>%
+   ggplot(aes(x=Q14))+
+   geom_histogram(bins=5)+
+   ggtitle("Histogram")
> # 빈도 폴리곤
> g3 <- mydata %>% filter(!is.na(Q14)) %>%
+   ggplot(aes(x=Q14))+
+   geom_freqpoly(bins=5)+
+   ggtitle("Frequency polygon")
> library(patchwork)
> g1+g2+g3
```

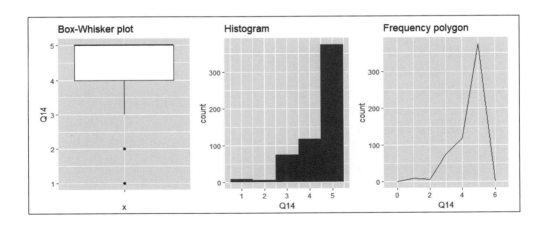

위의 박스플롯은 볼품없어 보이죠? 사회과학을 전공하지 않았다고 하더라도 그 이유를 이해하실 수 있을 겁니다. 리커트 5점 척도로 측정된 변수는 연속형 변수로 취급한다

고 가정될 뿐 연속형 변수로 보기에는 부족함이 많습니다. 5점 척도 혹은 7점 척도와 같이 변수의 범위에 비해 측정수준이 촘촘하지 못한 경우, 박스플롯과 같은 그래프는 그다지 효과적인 분석결과 시각화 도구라고 보기 어렵습니다. Q14 변수와 달리 아래와 같이 연령(PPAGE) 변수를 박스플롯으로 그려보면 훨씬 더 가독성이 높습니다. 물론 연속형 변수 하나만 박스플롯을 이용해 시각화하는 경우 역시 보통 사용되지 않습니다. 박스플롯은 집단에 따라 연속형 변수의 분포가 어떻게 다른지를 소개하는 것이 보통입니다. 만약 리커트 척도로 측정된 연속형 변수의 분포를 제공하고 싶다면 히스토그램이나 빈도폴리곤을 사용하시는 것이 좋습니다. 위의 R 코드에서 나타나듯 geom_histogram() 함수나 geom_freqpoly() 함수의 경우 연속형 변수의 범위에 따라 bins 옵션(구역을 구분하는 칸)을 적절하게 적용하시는 것이 좋습니다. 5점 척도이기 때문에 저는 5개의 칸을 지정하였습니다(bins=5).

변수를 바꾸어보죠. 연령과 같이 범위가 넓은 연속형 변수를 이용해 박스플롯, 히스토그램, 빈도폴리곤을 그려보면 어떨까요? 아래와 같이 리커트 척도에 비해 해당 연속형 변수가 분포된 상태를 보다 효과적으로 파악할 수 있습니다. 저는 bins=30으로 지정하였습니다(30은 디폴트값입니다). 독자께서는 bins 옵션을 다양하게 시도하시면서 히스토그램과 빈도폴리곤의 형태가 bins 값 변화에 따라 어떻게 다른 모습을 보이는지 느껴보시기 바랍니다.

```
> # 연령변수처럼 측정치가 치밀하면 훨씬 더 효과적
> g1 <- mydata %>%
+    ggplot(aes(x="",y=PPAGE))+
+    geom_boxplot()+
+    coord_cartesian(ylim=c(15,90))+
+    labs(x="",y="Age")+
+    ggtitle("Box-Whisker plot")
> g2 <- mydata %>%
+    ggplot(aes(x=PPAGE))+
+    geom_histogram(bins=30)+
+    coord_cartesian(xlim=c(15,90))+
+    scale_x_continuous(breaks=c(15,10*(2:9)))+
+    labs(x="Age",y="Frequency")+
```

```
+    ggtitle("Histogram")
> g3 <- mydata %>%
+    ggplot(aes(x=PPAGE))+
+    geom_freqpoly(bins=30)+
+    coord_cartesian(xlim=c(15,90))+
+    scale_x_continuous(breaks=c(15,10*(2:9)))+
+    labs(x="Age",y="Frequency")+
+    ggtitle("Frequency polygon")
> g1+g2+g3
```

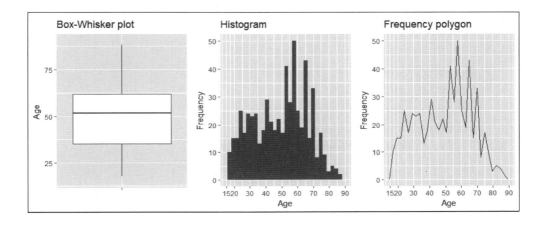

평균 외에 표준편차[sd() 함수], 최솟값[min() 함수]과 최댓값[max() 함수] 등의 다른 통계치들도 summarize() 함수 속에 넣을 수 있습니다. 다음을 살펴보죠.

```
> # summarize() 함수: 간단 사례
> mydata %>%
+    summarize(mean_Q14=mean(Q14,na.rm=T),
+              sd_Q14=sd(Q14,na.rm=T),
+              min_Q14=min(Q14,na.rm=T),
+              max_Q14=max(Q14,na.rm=T))
# A tibble: 1 × 4
  mean_Q14 sd_Q14 min_Q14 max_Q14
     <dbl>  <dbl>   <dbl>   <dbl>
1     4.46  0.852       1       5
```

개인함수를 지정하면 연구자가 원하는 데이터를 얻을 수도 있습니다. 일단 개인함수를 이용하는 방법은 조금 후에 다시 말씀드리도록 하겠습니다.

먼저 summarize() 함수와 across() 함수를 병용하는 방법을 이해하는 데 집중해보겠습니다. 만약 Q14~Q18의 다섯 연속형 변수들의 평균값들을 서로 비교해보면 어떨까요? 즉 응답자들은 어떤 진술문에 대해 가장 중요하다고 느끼는지를 비교해보는 것입니다. across() 함수 내부의 cols 옵션에 분석대상이 되는 변수들을 지정하면 매우 쉽고 빠르게 평균값들을 얻을 수 있습니다. 여러 차례 말씀드렸듯 타이디버스 접근은 데이터가 복잡하고 여러 변수들을 분석할 때 위력을 발휘합니다.

```
> # 타이디데이터 접근법의 위력은 대용량의 데이터
> # 여러 변수들(Q14:Q18)의 평균값 구하기
> myresult <- mydata %>%
+    summarize(across(
+      .cols=Q14:Q18,
+      .fns=function(x){mean(x, na.rm=TRUE)}
+    ))
> myresult
# A tibble: 1 × 5
     Q14    Q15    Q16    Q17    Q18
   <dbl>  <dbl>  <dbl>  <dbl>  <dbl>
1   4.46   3.21   3.90   4.15   4.30
```

위의 결과를 보면 어떤 진술문을 가장 중요하다고 생각하는지, 그리고 어떤 진술문이 가장 중요하지 않은지를 알 수 있습니다. 위의 결과는 '넓은 형태' 데이터네요. 이 데이터를 gather() 함수를 이용해 '긴 형태'로 전환한 후, 막대그래프로 시각화하면 다음과 같습니다.

```
> # 시각화
> myresult <- myresult %>%
+    pivot_longer(cols=everything()) %>%
+    print()
# A tibble: 5 × 2
```

```
   name   value
   <chr>  <dbl>
1  Q14    4.46
2  Q15    3.21
3  Q16    3.90
4  Q17    4.15
5  Q18    4.30
> myresult %>%
+    ggplot(aes(x=name,y=value))+
+    geom_bar(stat="identity")+
+    coord_cartesian(ylim=c(2.5,5))+
+    labs(x="Statements",y="Average (5 = more important)")
```

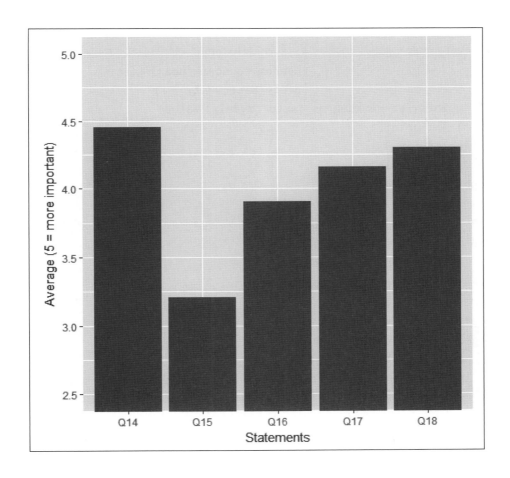

위와 같은 결과는 유용하게 사용될 수 있습니다. 하지만 Q14와 같은 명목상의 라벨보다 "Freedom of speech"와 같이 의미를 전달해주는 라벨(semantic label)을 붙이면 청중이나 독자가 더 쉽게 그래프를 이해할 수 있을 것입니다. 또한 앞에서 배운 **fct_reorder()** 함수를 이용하여 평균값의 크기에 맞게 결과를 정렬하면 보다 보기 좋은 그래프를 얻을 수 있겠죠? 앞서 배운 리코딩 작업을 아래와 같이 활용하시면 됩니다.

```
> # 보다 효과적인 시각화
> myresult <- myresult %>%
+   mutate(
+     mylbls=as.double(as.factor(name)),
+     mylbls=labelled(mylbls,c(`Freedom of speech`=1,
+                             `Right to listen`=2,
+                             `Risk of violence`=3,
+                             `Freedom to speak/hear`=4,
+                             `Safety & security`=5)),
+     mylbls=fct_reorder(as_factor(mylbls),value)
+     ) %>% print()
# A tibble: 5 × 3
  name   value mylbls
  <chr>  <dbl> <fct>
1 Q14     4.46 Freedom of speech
2 Q15     3.21 Right to listen
3 Q16     3.90 Risk of violence
4 Q17     4.15 Freedom to speak/hear
5 Q18     4.30 Safety & security
> myresult %>%
+   ggplot(aes(x=mylbls,y=value))+
+   geom_bar(stat="identity")+
+   coord_flip(ylim=c(2.5,5))+
+   labs(x="Statements",y="Average (5 = more important)")
```

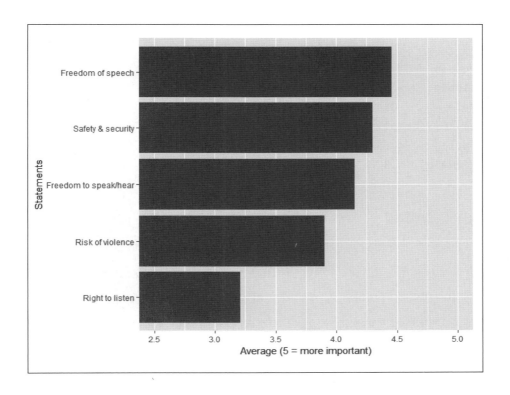

여기에 성별 변수 하나를 더 고려해봅시다. 즉 살펴본 5개의 연속형 변수 평균값들이 남성 응답자와 여성 응답자에 따라 어떻게 다르게 나타날까요? 우선 응답자의 성별에 따라 해당 변수들의 평균값이 어떻게 다르게 나타나는지 살펴봅시다. group_by() 함수를 이용해 응답자의 성별에 따라 집단을 구분한 후 각 집단별로 summarize() 함수와 across() 함수를 같이 사용하여 다섯 연속형 변수들의 평균값들을 계산하였습니다.

```
> # 성별에 따라 Q14:Q18의 평균값들은 어떤 차이?
> mydata <- mydata %>%
+    mutate(
+       female=labelled(PPGENDER,c(male=1,female=2))
+    )
> myresult <- mydata %>%
+    group_by(female) %>%
+    summarize(across(
+       .cols=Q14:Q18,
```

```
+       .fns=function(x){mean(x, na.rm=TRUE)}
+   ))
> myresult
# A tibble: 2 × 6
  female       Q14    Q15    Q16    Q17    Q18
  <dbl+lbl>   <dbl>  <dbl>  <dbl>  <dbl>  <dbl>
1 1 [male]     4.54   3.15   3.86   4.24   4.24
2 2 [female]   4.37   3.26   3.95   4.07   4.35
```

위의 결과를 그래프로 시각화해보죠. 크게 달라진 것은 없습니다. **pivot_longer()** 함수를 이용하여 5개 문항들을 name 변수로 변환한 후, 의미를 알 수 있도록 라벨을 생성하는 방법에 대해서는 앞에서 소개한 바 있습니다. 또한 **ggplot()** 함수에서 **fill** 옵션을 지정하여 성별을 구별하였고, 성별에 따라 다른 막대기는 **position="dodge"**옵션을 이용해 나란히 병치시켰고, **fill**이 지정되면서 **labs()** 함수에 성별을 나타내는 라벨을 추가하였습니다. 나머지는 앞서 살펴본 막대그래프 그리는 방법과 동일합니다.

```
> # 시각화
> myresult <- myresult %>%
+   pivot_longer(cols=Q14:Q18) %>%
+   mutate(
+     mylbls=as.double(as.factor(name)),
+     mylbls=labelled(mylbls,c(`Freedom of speech`=1,
+                              `Right to listen`=2,
+                              `Risk of violence`=3,
+                              `Freedom to speak/hear`=4,
+                              `Safety & security`=5)),
+     mylbls=fct_reorder(as_factor(mylbls),value)
+   ) %>% print()
# A tibble: 10 × 4
  female       name  value mylbls
  <dbl+lbl>    <chr> <dbl> <fct>
1 1 [male]     Q14    4.54 Freedom of speech
2 1 [male]     Q15    3.15 Right to listen
3 1 [male]     Q16    3.86 Risk of violence
```

```
 4 1 [male]   Q17    4.24 Freedom to speak/hear
 5 1 [male]   Q18    4.24 Safety & security
 6 2 [female] Q14    4.37 Freedom of speech
 7 2 [female] Q15    3.26 Right to listen
 8 2 [female] Q16    3.95 Risk of violence
 9 2 [female] Q17    4.07 Freedom to speak/hear
10 2 [female] Q18    4.35 Safety & security
> myresult %>%
+   ggplot(aes(x=mylbls,y=value,fill=as_factor(female)))+
+   geom_bar(stat="identity",position="dodge")+
+   coord_flip(ylim=c(2.5,5))+
+   labs(x="Statements",
+        y="Average (5 = more important)",
+        fill="Gender")+
+   theme(legend.position="top")
```

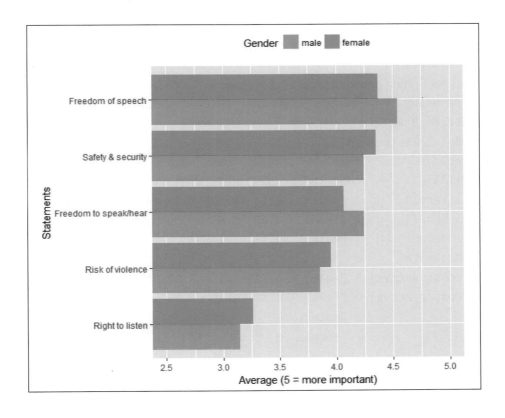

여기에 정치적 성향 집단변수를 추가로 추가해봅시다. 먼저 정치적 성향 집단변수를 생성한 후, group_by() 함수에 정치적 성향 변수와 성별 변수를 차례로 입력한 후 5개 변수들의 평균값을 구합니다. 같은 과정이 반복되기 때문에 어렵다고 느껴지지는 않을 것입니다.

```
> # 정치적 성향 집단변수를 추가로 투입
> mydata <- mydata %>%
+   mutate(
+     libcon3=as.double(cut(IDEO,c(0,3,4,Inf),1:3)),
+     libcon3=labelled(libcon3,c(liberal=1,moderate=2,conservative=3))
+   )
> myresult <- mydata %>%
+   group_by(libcon3,female) %>%
+   summarize(across(
+     .cols=Q14:Q18,
+     .fns=function(x){mean(x, na.rm=TRUE)}
+   )) %>% print()
`summarise()` has grouped output by 'libcon3'. You can
override using the `.groups` argument.
# A tibble: 8 × 7
# Groups:   libcon3 [4]
  libcon3            female       Q14   Q15   Q16   Q17   Q18
  <dbl+lbl>          <dbl+lbl>  <dbl> <dbl> <dbl> <dbl> <dbl>
1 1 [liberal]        1 [male]    4.54  3.13  3.68  4.28  4.12
2 1 [liberal]        2 [femal…   4.28  3.05  3.99  3.95  4.32
3 2 [moderate]       1 [male]    4.46  3.14  4     4.24  4.32
4 2 [moderate]       2 [femal…   4.22  3.27  4     3.93  4.34
5 3 [conservative]   1 [male]    4.61  3.16  3.82  4.20  4.24
6 3 [conservative]   2 [femal…   4.64  3.46  3.86  4.34  4.42
7 NA                 1 [male]    5     3.67  4.33  5     4.33
8 NA                 2 [femal…   3     3     3     3     3
```

정치적 성향 변수에서 결측값을 제거하겠습니다[사례수가 매우 적기 때문입니다. drop_na() 함수 사용]. 위의 결과를 시각화할 때는 X축에는 '문항'을, 범례로는 '정치적 이념성향'을, 패시팅 변수로는 '성별'을 사용하도록 하겠습니다. 위의 **myresult** 티블 데이터는 정치적 성향에 의해 여전히 집단구분이 되어 있기 때문에, **ungroup()** 함수를 이용해 집단구분을 해제해야 합니다. 이후 **facet_wrap()** 함수를 이용하여 패시팅된 그래프를 그렸습니다.

```
> # 시각화
> myresult <- myresult %>%
+    drop_na(libcon3) %>%
+    ungroup() %>%
+    pivot_longer(cols=Q14:Q18) %>%
+    mutate(
+      mylbls=as.double(as.factor(name)),
+      mylbls=labelled(mylbls,c(`Freedom of speech`=1,
+                                `Right to listen`=2,
+                                `Risk of violence`=3,
+                                `Freedom to speak/hear`=4,
+                                `Safety & security`=5)),
+      mylbls=fct_reorder(as_factor(mylbls),value)
+    )
> myresult %>%
+    ggplot(aes(x=mylbls,y=value,fill=as_factor(libcon3)))+
+    geom_bar(stat="identity",position="dodge")+
+    coord_flip(ylim=c(2.5,5))+
+    labs(x="Statements",
+         y="Average (5 = more important)",
+         fill="Political ideology")+
+    facet_wrap(~as_factor(female),nrow=2)
```

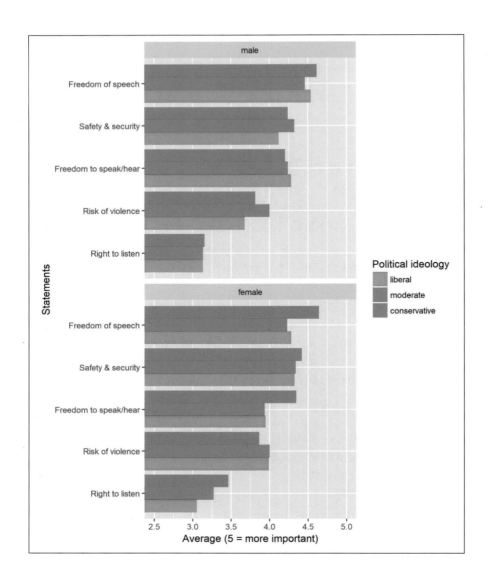

위와 같은 방식으로 집단별 연속형 변수의 평균을 계산하고 시각화하는 것은 매우 빈번한 일입니다. 특히 학술연구에서 제시된 기술통계 분석결과와 그래프는 일반선형모형 기법을 이용해 집단간 평균차이 테스트 결과와 같이 제시되는 것이 보통입니다. 집단간 평균차이 테스트 결과의 제시 방법에 대해서는 모형추정 및 추정결과 제시 파트에서 보다 자세하게 설명드리겠습니다.

다음으로는 연구자가 원하는 방식으로 개인함수를 만든 후 타이디버스 접근 기반에서 이 함수들을 사용하는 방법을 살펴보겠습니다. R의 CRAN에는 수많은 패키지들이 업로드되어 있으며, 어지간한 기술통계분석 결과 제시 방법들과 양식들이 다 포괄되어 있습니다. 기술통계분석 결과표의 경우도 **ztable** 패키지(가톨릭대학교의 문건웅 교수님 개발)를 이용하면 더 깔끔한 결과를 얻을 수 있으며, 제가 속한 언론학에서 주로 사용하는 APA(미국심리학회) 양식에 따른 통계표의 경우 **apaTables** 패키지[캐나다의 데이비드 스탠리(David Stanley) 개발]를 이용하면 편리하게 통계표를 그릴 수 있습니다.

이미 개발된 패키지 함수들을 이용하면 매우 편리하기는 하지만, 저는 독자께서 간단한 함수 정도는 스스로 작성해보길 권합니다. 그 이유는 2가지입니다. 첫째, 함수를 작성해보는 것은 R 코드를 이해하는 데 매우 크게 도움이 됩니다. 보다 솜씨 있는 개발자의 함수를 사용하는 것이 더 낫더라도 개인함수를 작성하고 실행하는 과정 자체가 R 프로그램을 학습하는 데 매우 중요한 과정이라고 생각합니다. 둘째, 이미 개발된 패키지 함수들은 일반적인 양식이나 규범을 따를 뿐이며, 연구자가 처한 데이터의 특수성과 맥락이 잘 반영되지 않을 수도 있기 때문입니다.

아무튼 개인함수를 이용해 연속형 변수를 투입하면 "평균(표준편차)"와 같은 기술통계분석 결과가 나오도록 해봅시다. 즉 특정 연속형 변수를 투입하면 평균과 표준편차를 산출한 후, 표준편차에는 괄호를 매겨 평균값 뒤에 배치하는 것입니다. 이 과정을 단계별로 요약하면 다음과 같습니다. 여기서는 사회과학의 관례를 따라 평균과 표준편차 모두 소수점 3자리에서 반올림한 후 소수점 2자리까지 나타나게 하겠습니다.

- 1단계: 투입된 연속형 변수의 평균을 구하고, 소수점 3자리에서 반올림하여 2자리까지 나타난 결과를 얻습니다.
- 2단계: 투입된 연속형 변수의 표준편차를 구하고, 소수점 3자리에서 반올림하여 2자리까지 나타난 결과를 얻습니다.
- 3단계: 2단계에서 얻은 표준편차의 왼쪽에는 " ("을 오른쪽에는 " )"을 붙입니다.
- 4단계: 1단계에서 얻은 평균과 3단계에서 얻은 "(표준편차)"를 붙여 최종 결과로 출력합니다.

위의 4단계를 반영한 개인함수는 아래와 같습니다.

```
> # 개인함수를 이용하여 효율적으로 기술통계분석하기
> MySummarize_mean_and_SD <- function(myvariable){
+     myMEAN <- round(mean(myvariable,na.rm=T),2) #1단계
+     mySD <- round(sd(myvariable,na.rm=T),2) #2단계
+     mySD2 <- str_c(" (",mySD,")",sep="") #3단계
+     STAT_I_WANT <- str_c(myMEAN,mySD2,sep="") #4단계
+     STAT_I_WANT
+ }
```

이제 정치적 성향별 3개 집단별로 **Q14**부터 **Q18**까지 5개 변수들을 대상으로 위에서 설정한 **MySummarize_mean_and_SD()** 함수를 적용해보겠습니다.

```
> myresult <- mydata %>%
+     group_by(libcon3) %>%
+     summarize(across(
+       .cols=Q14:Q18,
+       .fns=function(x){MySummarize_mean_and_SD(x)}
+     )) %>% print()
# A tibble: 4 × 6
  libcon3          Q14         Q15         Q16         Q17         Q18
  <dbl+lbl>        <chr>       <chr>       <chr>       <chr>       <chr>
1 1 [liberal]      4.39 (0.99) 3.09 (1.37) 3.86 (1.05) 4.09 (1.05) 4.24 (0.92)
2 2 [moderate]     4.34 (0.88) 3.2 (1.3)   4 (1.02)    4.09 (0.98) 4.33 (0.87)
3 3 [conservative] 4.63 (0.66) 3.3 (1.36)  3.84 (1.22) 4.27 (0.91) 4.32 (0.94)
4 NA               4.5 (1)     3.5 (1.91)  4 (0.82)    4.5 (1)     4 (0.82)
```

원하는 결과를 얻었습니다만, 저는 여기서 다음과 같은 점들을 고치고 싶네요. 첫째, 평균과 표준편차를 나란히 배치하는 것이 아니라 '평균'과 '(표준편차)' 사이를 줄 바꿈하고 싶습니다. 즉 4.39 (0.99)이 아니라 $\genfrac{}{}{0pt}{}{4.39}{(0.99)}$ 와 같이 표현하고 싶습니다. 둘째, 소수점 둘째 자리가 0이라고 하더라도 완전한 숫자로 표현되면 좋겠습니다. 즉 3.2이라고 표현되는 것이 아니라 3.20으로 표현되면 좋겠습니다. 셋째, 소수점이 꼭 2자리가 아니라 제가

지정한 숫자로 표현되면 좋겠습니다.

3가지가 반영되도록 개인함수를 편집한 것은 아래와 같습니다. 첫째, 줄 바꿈은 "\n"을 이용하였습니다. 둘째, 지정된 소수점까지 모두 표현되도록 만들기 위해 format() 함수의 nsmall 옵션을 이용했습니다. 셋째, 개인함수에 mydigit이란 변수를 지정하여 원하는 소수점 자리수를 조정하였습니다.

```
> # 결과가 좀 더 좋게 표현되도록 함수를 수정
> MySummarize_mean_and_SD <- function(myvariable,mydigit){
+    str_c(
+      format(round(mean(myvariable,na.rm=T),mydigit),nsmall=mydigit),
+      "\n(",
+      format(round(sd(myvariable,na.rm=T),mydigit),nsmall=mydigit),
+      ")",sep=""
+    )
+ }
```

이렇게 재편집된 개인함수를 이용해 정치적 성향 집단별로 **Q14~Q18** 변수들에 대한 기술통계분석을 적용한 결과는 아래와 같습니다.

```
> myresult <- mydata %>%
+    group_by(libcon3) %>%
+    summarize(across(
+      .cols=Q14:Q18,
+      .fns=function(x){MySummarize_mean_and_SD(x,2)}
+    )) %>% print()
# A tibble: 4 × 6
  libcon3           Q14             Q15             Q16        Q17     Q18
  <dbl+lbl>         <chr>           <chr>           <chr>      <chr>   <chr>
1 1 [liberal]       "4.39\n(0.99)"  "3.09\n(1.37)"  "3.86\n... "4.0... "4.2...
2 2 [moderate]      "4.34\n(0.88)"  "3.20\n(1.30)"  "4.00\n... "4.0... "4.3...
3 3 [conservative]  "4.63\n(0.66)"  "3.30\n(1.36)"  "3.84\n... "4.2... "4.3...
4 NA                "4.50\n(1.00)"  "3.50\n(1.91)"  "4.00\n... "4.5... "4.0...
```

위의 결과를 엑셀 형식으로 하드 드라이브나 클라우드 서버 등에 저장해보죠. 아래와 같이 `writexl::write_excel()` 함수를 이용해 위의 데이터를 `temporary_table.xlsx`라는 이름으로 저장한 후 엑셀이나 오픈 오피스, 한셀 등의 스프레드시트 프로그램으로 열어보면 다음과 같은 결과를 얻을 수 있습니다.

```
> # 이 결과는 엑셀파일로 반출한(exporting) 후 편집을 거쳐 사용
> myresult %>%
+     drop_na(libcon3) %>%
+     writexl::write_xlsx("temporary_table.xlsx")
```

| | A | B | C | D | E | F |
|---|---|---|---|---|---|---|
| 1 | libcon3 | Q14 | Q15 | Q16 | Q17 | Q18 |
| 2 | liberal | 4.389 (0.991) | 3.087 (1.371) | 3.857 (1.048) | 4.088 (1.048) | 4.236 (0.919) |
| 3 | moderate | 4.341 (0.878) | 3.205 (1.298) | 4.000 (1.021) | 4.085 (0.977) | 4.329 (0.871) |
| 4 | conservati | 4.627 (0.665) | 3.299 (1.355) | 3.839 (1.220) | 4.268 (0.914) | 4.322 (0.936) |
| 5 | NA | 4.500 (1.000) | 3.500 (1.915) | 4.000 (0.816) | 4.500 (1.000) | 4.000 (0.816) |

다음으로 개인함수를 이용한 시각화 방법을 살펴보겠습니다. 앞서 사용했던 막대그래프의 단점 중 하나는 평균만이 제시되고, 표본크기에 따른 평균값의 불확실성이 반영되지 않았다는 단점을 안고 있습니다. 표본크기에 따른 평균의 불확실성은 흔히 95% 신뢰구간(CI)을 통해 제시됩니다. 일반적으로 표본이 클수록 그리고 표준편차가 작을수록 95% CI의 범위가 좁게 나타납니다. 평균과 평균의 95% CI는 아래의 공식에 따라 계산됩니다($M$은 평균을, $n$은 사례수를, $s$는 표준편차를, $t_{.975}$의 .975는 95% 신뢰구간에서 벗어난 기각역이 .05을 좌·우의 두 영역으로 나눈 지점을 의미하며 이 지점에서의 $t$값).

$$M \pm t_{.975} = \frac{s}{\sqrt{n-1}}$$

제 지식 범위에서 평균과 평균의 95% CI를 그래프에 제시하는 방법으로는 2가지가 있습니다. 첫 번째는 윈스턴 창(Winster Chang)이 작성한 개인함수를 사용하는 방법입니다. 이 개인함수는 제가 여기서 제시하는 개인함수와 비교할 때 매우 좋습니다.[2] 하지만 R 프로그래밍에 익숙하지 않은 독자께서는 이해하기가 쉽지 않습니다. 두 번째는 ggpubr 패키지의 ggerrorplot() 함수를 이용하는 것입니다. 저도 사용해보았습니다. ggpubr 패키지는 95% CI 외에도 평균의 불확실성을 제시하는 여러 가지 다른 옵션들을 제공하고 있다는 점에서 매우 좋습니다. 혹시 평균과 평균의 불확실성을 다양한 방식의 그래프로 그려야만 하는 분이라면 ggpubr 패키지의 함수들을 사용해보시면 좋을 것입니다.

여기서는 제가 고안한 아주 간략한 방식의 개인함수를 소개하겠습니다. 제 경우 뒤에서 소개할 일반선형모형의 기본 함수인 lm() 함수를 활용하였습니다. Confidence_Interval_calculation이라는 이름으로 제가 만든 개인함수에는 평균의 CI를 구하기 위한 연속형 변수와 몇 %의 CI를 구할지를 정의한 값을 요구하고 있습니다. 예를 들어 Q14 변수의 95% CI를 구하고자 한다면 Confidence_Interval_calculation(Q14,0.95)와 같이 정의하면 됩니다. 각 부분에서 추출한 내용은 코멘트로 표현하였으니 무엇을 한 것인지 이해하기는 어렵지 않을 것입니다.

```
> # 신뢰구간(CI) 계산을 위한 개인함수
> Confidence_Interval_calculation <- function(myvariable,myproportion){
+     myCI <- confint(lm(myvariable~1), level=myproportion)
+     myEST <- coef(lm(myvariable~1))[1]
+     as.vector(abs(myCI[1]-myEST))
+ }
```

자 이제 위의 개인함수를 이용해 성별에 따라 Q14~Q15의 평균과 평균의 90% CI(95% CI가 아니라 90% CI를 구하고 있습니다)를 시각화한 그래프 작업을 해봅시다. 우선 평균과 평균의 90% CI를 구해봅시다. across() 함수의 cols 옵션에 Q14:Q18을 지정하는 방식

---

2   윈스턴 창의 개인함수는 아래의 웹사이트에서 복사하여 사용하시면 됩니다. 구체적인 사용방법은 윈스턴 창의 책을 참조하세요(Chang, 2013).

    http://www.cookbook-r.com/Graphs/Plotting_means_and_error_bars_(ggplot2)/

을 취하였습니다.

```
> # 평균
> myresult_M <- mydata %>%
+   group_by(female) %>%
+   summarise(across(
+     .cols=Q14:Q18,
+     .fns=function(x){mean(x, na.rm=TRUE)}
+   )) %>%
+   pivot_longer(cols=Q14:Q18) %>%
+   rename(M=value)
> # 신뢰구간(90%)
> myresult_ci <- mydata %>%
+   group_by(female) %>%
+   summarise(across(
+     .cols=Q14:Q18,
+     .fns=function(x){Confidence_Interval_calculation(x, 0.90)}
+   )) %>%
+   pivot_longer(cols=Q14:Q18) %>%
+   rename(ci=value)
> # 평균과 신뢰구간 데이터 합침
> myresult <- full_join(myresult_M,myresult_ci,by=c("female","name"))
> myresult
# A tibble: 10 × 4
    female     name       M      ci
    <dbl+lbl>  <chr>  <dbl>   <dbl>
 1  1 [male]   Q14     4.54  0.0786
 2  1 [male]   Q15     3.15  0.139
 3  1 [male]   Q16     3.86  0.109
 4  1 [male]   Q17     4.24  0.0932
 5  1 [male]   Q18     4.24  0.0911
 6  2 [female] Q14     4.37  0.0856
 7  2 [female] Q15     3.26  0.121
 8  2 [female] Q16     3.95  0.105
 9  2 [female] Q17     4.07  0.0955
10  2 [female] Q18     4.35  0.0840
```

예를 들어 Q16 변수의 여성 응답자의 평균과 평균의 90% CI는 "3.95 (3.845, 4.005)" 입니다. 이제 이 데이터를 기반으로 ggplot() 함수를 이용한 시각화 작업을 진행하겠습니다. 먼저 각 변수들을 이해하기 좋게 변화시키고 평균값에 따라 정렬하는 과정은 앞서 이미 소개하였습니다. 그러나 ggplot() 함수의 구성방식은 막대그래프를 그리는 것과는 조금 다릅니다. 우선 막대그래프를 그리는 것이 아니기 때문에 geom_bar() 함수를 사용하지 않았습니다. 대신 평균을 점(point)으로 표시하기 위해 geom_point() 함수를 이용했으며, 평균의 90% CI를 표시하기 위해 geom_errorbar() 함수를 사용했습니다. 다시 말해 2가지 geom_*() 함수를 겹쳐 그리는 방식을 택한 것입니다. geom_point() 함수의 경우 남녀의 통계치가 겹치지 않도록 하였습니다. 두 집단의 평균들의 사이를 .5의 간격으로 띄우기 위해 position=position_dodge(width=0.5) 옵션을 지정했습니다(만약 평균점들의 사이를 좁히려면 0.5보다 작은 수를, 넓히려면 보다 큰 수를 입력하세요). 이 옵션은 geom_errorbar() 함수에서도 동일하게 사용했습니다. geom_errorbar() 함수에서 가장 중요한 부분은 aes() 함수입니다. 여기서 ymin 옵션은 평균의 90% CI의 하한(下限, lower limit)을, ymax 옵션은 상한(上限, upper limit)을 의미합니다. width 옵션은 상한과 하한의 막음선의 두께를 의미합니다(0.3보다 큰 수를 지정하면 막음선 부분이 커집니다). 나머지 부분은 앞서 설명한 부분과 동일합니다.

```
> # 시각화
> myresult <- myresult %>%
+   mutate(
+     mylbls=as.double(as.factor(name)),
+     mylbls=labelled(mylbls,c(`Freedom of speech`=1,
+                              `Right to listen`=2,
+                              `Risk of violence`=3,
+                              `Freedom to speak/hear`=4,
+                              `Safety & security`=5)),
+     mylbls=fct_reorder(as_factor(mylbls),M)
+   )
> # 평균을 점으로, 90% CI를 덧붙임
> myresult %>%
+   ggplot(aes(x=mylbls,y=M,color=as_factor(female)))+
+   geom_point(position=position_dodge(width=0.5))+
```

```
+      geom_errorbar(aes(ymin=M-ci,ymax=M+ci),
+                    width=0.2,position=position_dodge(width=0.5))+
+      labs(x="Statements",y="Average (5 = more important)",
+           color="Gender")+
+      coord_flip()+
+      theme(legend.position="top")
```

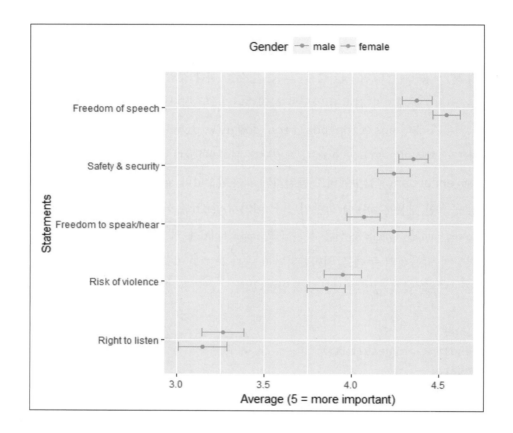

위 결과는 평균값을 단순하게 표시한 막대그래프보다 훨씬 더 유용한 정보를 담고 있습니다. 문항별로 남녀 집단의 평균값이 얼마나 다른지 평균의 불확실성을 감안한 결과를 살펴볼 수 있으며, 또한 문항들 사이의 평균값이 얼마나 다른지도 보다 명확하게 판단할 수 있습니다.

물론 막대그래프 형태에 평균의 90% CI를 덧붙여 그리는 것도 가능합니다. 그래프를 겹쳐 그리는 것이 유연하다는 것은 **ggplot2** 패키지의 큰 장점입니다. **geom_point()**

대신 **geom_bar()** 함수를 알맞게 변형하여 넣으면 됩니다. 예를 들면 다음과 같이 말이죠.

```
> # 평균을 막대로, 90% CI를 덧붙임
> myresult %>%
+    ggplot(aes(x=mylbls,y=M,fill=as_factor(female)))+
+    geom_bar(stat="identity",position=position_dodge(width=1))+
+    geom_errorbar(aes(ymin=M-ci,ymax=M+ci),
+                    width=0.2,position=position_dodge(width=1))+
+    labs(x="Statements",y="Average (5 = more important)",
+        fill="Gender")+
+    coord_flip(ylim=c(2.8,4.8))+
+    theme(legend.position="top")
```

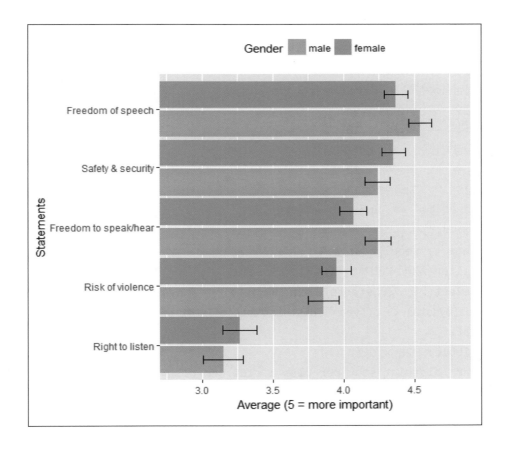

개인적으로 저는 막대그래프에 CI를 덧붙이는 것보다, 점그래프에 CI를 덧붙이는 것이 보다 깔끔하고 보기 좋은 것 같습니다. 물론 가장 좋은 그래프는 연구자가 속한 분과에서 쉽게 소통되는 그래프일 것입니다.

마지막으로 박스플롯 시각화를 살펴보고 기술통계분석을 마무리하겠습니다. 데이터를 바꾸어서 "**data_student_class.xls**"를 불러옵시다. 이 데이터에서 지역 변수가 **"합계"**인 경우는 제거하고, 기간, 지역, 학급당원아수(유치원의 경우)와 **학급당학생수_*(초·중·고교)**를 나타내는 변수들만 선별한 티블 데이터를 **mydata**라는 이름으로 저장해보죠. 또한 프로그래밍의 효율성을 위해 변수이름을 모두 영문으로 바꾸었습니다.

```
> # 박스플롯
> seoul_educ <- read_excel("data_student_class.xls",skip=2)
New names:
• `학급수` -> `학급수...4`
• `학생수` -> `학생수...6`
• `학급수` -> `학급수...7`
• `학급당학생수` -> `학급당학생수...8`
• `학생수` -> `학생수...9`
• `학급수` -> `학급수...10`
• `학급당학생수` -> `학급당학생수...11`
• `학생수` -> `학생수...12`
• `학급수` -> `학급수...13`
• `학급당학생수` -> `학급당학생수...14`
> # 데이터 정리
> mydata <- seoul_educ %>%
+    filter(지역!="합계") %>%
+    select(기간,지역,starts_with("학급당"))
> names(mydata) <- c("year","district",str_c("stdt_per_clss",1:4,sep="_"))
> mydata
# A tibble: 325 × 6
   year  district stdt_per_clss_1 stdt_per_clss_2 stdt_per_clss_3
   <chr> <chr>              <dbl>           <dbl>           <dbl>
 1 2004  종로구              23.2            30.8            34.6
 2 2004  중구                23.7            31.1            31.8
```

| | | | | | |
|---|---|---|---|---|---|
| 3 | 2004 | 용산구 | 24.9 | 29.8 | 31 |
| 4 | 2004 | 성동구 | 23.7 | 32.7 | 32.3 |
| 5 | 2004 | 광진구 | 23.2 | 35.3 | 35 |
| 6 | 2004 | 동대문구 | 22.9 | 34.2 | 33.3 |
| 7 | 2004 | 중랑구 | 24.6 | 33.4 | 33.9 |
| 8 | 2004 | 성북구 | 23.7 | 31.5 | 33.6 |
| 9 | 2004 | 강북구 | 23.8 | 34.4 | 34.4 |
| 10 | 2004 | 도봉구 | 24.1 | 33.7 | 33.4 |

```
# i 315 more rows
# i 1 more variable: stdt_per_clss_4 <dbl>
# i Use `print(n = ...)` to see more rows
```

교육기관(유치원, 초·중·고교)을 변수로 삼아 이 데이터를 '긴 형태' 데이터로 바꾸어보
겠습니다. 아래의 과정은 이미 앞에서 배운 것을 응용한 것이라 이해하는 것이 어렵지는
않을 것입니다.

```
> # 긴 형태 데이터로 정리
> mydata <- mydata %>%
+   pivot_longer(cols=starts_with("stdt_per_clss")) %>%
+   mutate(
+     type=as.double(as.factor(name)),
+     type=labelled(type,
+                 c(유치원=1,초등학교=2,중학교=3,고등학교=4))
+   )
> mydata
# A tibble: 1,300 × 5
   year  district name          value type
   <chr> <chr>    <chr>         <dbl> <dbl+lbl>
 1 2004  종로구   stdt_per_clss_1  23.2 1 [유치원]
 2 2004  종로구   stdt_per_clss_2  30.8 2 [초등학교]
 3 2004  종로구   stdt_per_clss_3  34.6 3 [중학교]
 4 2004  종로구   stdt_per_clss_4  34.1 4 [고등학교]
 5 2004  중구     stdt_per_clss_1  23.7 1 [유치원]
 6 2004  중구     stdt_per_clss_2  31.1 2 [초등학교]
 7 2004  중구     stdt_per_clss_3  31.8 3 [중학교]
```

```
 8 2004    중구     stdt_per_clss_4  32.5 4 [고등학교]
 9 2004    용산구    stdt_per_clss_1  24.9 1 [유치원]
10 2004    용산구    stdt_per_clss_2  29.8 2 [초등학교]
# i 1,290 more rows
# i Use `print(n = ...)` to see more rows
```

먼저 **type** 변수가 유치원인 사례들만 선별하여 시간에 따라 유치원 학급당 원아수의
박스플롯을 그려보도록 하죠. 앞서 연령 변수를 박스플롯으로 시각화한 것과 크게 다르
지 않습니다.

```
> # 일단 유치원만을 대상으로 살펴보자
> mydata %>% filter(type==1) %>%
+    ggplot(aes(x=year,y=value))+
+    geom_boxplot()+
+    labs(x="년도",y="유치원: 학급당 원아수")
```

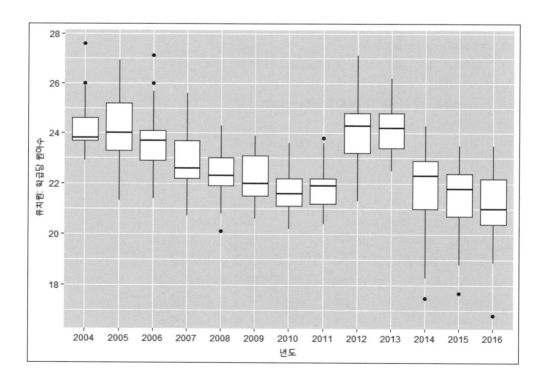

2012년과 2013년에 학급당 원아수 수치가 전반적으로 늘어나기는 하지만 시간이 지날수록 유치원의 학급당 원아수가 감소하는 패턴을 보이는 것을 발견하실 수 있을 것입니다. 만약 유치원은 물론 초·중·고교의 학급당 학생수가 시간변화에 따라 어떻게 변화하는지 살펴봅시다. 크게 달라진 것이 없습니다. 교육기관의 유형인 **type** 변수를 **fill** 옵션을 이용해 지정하고, 각 교육기관들의 박스플롯이 겹치지 않도록 **position=position_ dodge(width=1.2)**을 지정하였습니다.

```
> # 유치원, 초/중/고교까지 모두 살펴보자
> mydata %>%
+    ggplot(aes(x=year,y=stdn_per_clss,fill=type))+
+    geom_boxplot(position=position_dodge(width=1.2))+
+    labs(x="년도",y="학급당 원아수/학생수",fill="교육기관")+
+    theme(legend.position="top")
```

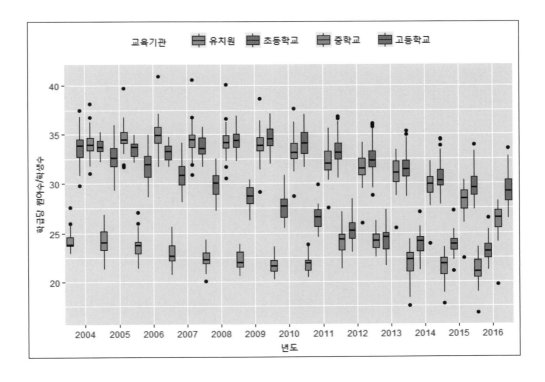

흥미롭습니다. 위의 그래프는 시간변화에 따라 학급당 학생(원아)수가 어떻게 변화하는지 한눈에 확인할 수 있습니다. 물론 위의 박스플롯 대신 패시팅을 이용할 수도 있습니다. 네 집단 정도면 위와 같은 방법도 가능하겠지만, 만약 집단의 수가 많다면 패시팅을 적용한 그래프의 가독성이 더 높을 것입니다.

```
> # 유치원, 초/중/고교까지 다 살펴보자(패시팅 이용)
> mydata %>%
+    ggplot(aes(x=year,y=stdn_per_clss))+
+    geom_boxplot(fill="grey70")+
+    labs(x="년도",y="학급당 원아수/학생수")+
+    facet_wrap(~type,ncol=1)
```

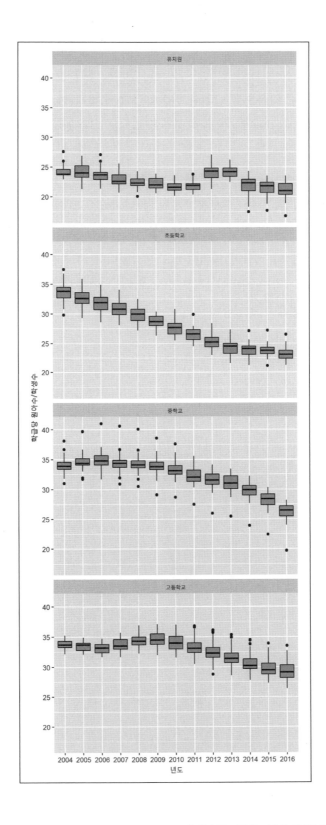

지금까지 범주형 변수를 중심으로 한 기술통계분석과 시각화를 살펴보았습니다. 가장 먼저 단일 범주형 변수에 대한 빈도분석을 실시한 후, 범주형 변수들 사이의 교차표를 계산하여 보았습니다. 다음으로 범주형 변수의 수준에 따라 연속형 변수의 평균값을 비교하는 방법, 즉 범주형 변수와 연속형 변수의 관계를 기술통계분석 관점에서 살펴보았습니다.

그렇다면 연속형 변수들 사이의 관계에 대해서는 어떻게 기술통계분석을 적용할 수 있을까요? 연속형 변수들 사이의 상관관계의 경우 '피어슨 상관계수'가 가장 널리 사용됩니다만, 피어슨 상관계수는 기술통계분석의 영역이기보다 추리통계분석, 즉 모형추정과 추정결과의 시각화에 더 적합한 영역이라고 생각합니다. 따라서 대표적인 연속형 변수들 사이의 상관관계 시각화 기법인 산점도(scatterplot)는 일반선형모형의 추정과정과 결과 제시 부분에서 소개하도록 하겠습니다.

# 기술통계분석 및 시각화

※ 아래의 문제들에 답할 때는 "data_survey_comma.csv" 데이터를 사용하시면 됩니다.

**기술통계분석_문제_1:** gender 변수와 ageyear 변수를 먼저 다음과 같이 리코딩하시기 바랍니다.

- **gender 변수:** 이 변수는 남성인 경우 1로, 여성인 경우 2로 코딩되어 있습니다. 독자께서 원하시는 대로 이분변수(0/1)로 리코딩하세요.
- **ageyear 변수:** 연령에 따라 10살을 기준으로 세대를 구분하는 변수를 리코딩하세요. 예를 들어 '10대'는 10세부터 19세까지의 응답자들을 통칭하는 범주입니다.

위의 두 변수들을 이용해 해당 데이터에서 세대별 남녀 응답자의 분포가 어떤지를 효과적으로 보여줄 수 있는 그래프를 제시하세요. 또한 제시된 그래프를 바탕으로 통계분석 결과를 잘 모르는 사람도 그 결과를 쉽게 이해할 수 있는 '쉬운 설명'을 제시해보세요.

**기술통계분석_문제_2:** SWL이라는 표현이 들어간 변수는 응답자가 느끼는 삶에 대한 만족도(satisfaction with life)를 아래의 5가지 문장을 제시한 후, 각 문장에 대해 얼마나 동의하는지를 리커트 타입의 5점 척도('1' = '매우 동의하지 않음'; '5' = '매우 동의함')를 이용해 측정한 것입니다.

- **SWL1 변수:** 전반적으로 볼 때 나의 삶은 이상향에 가깝다.
- **SWL2 변수:** 내 삶의 상황들은 아주 좋다.
- **SWL3 변수:** 나는 내 삶에 만족한다.
- **SWL4 변수:** 지금까지 내 삶에서 내가 성취하길 원했던 중요한 일들을 이루어냈다.
- **SWL5 변수:** 만약 삶을 다시 살 수 있다면 나는 지금의 삶에서 거의 아무것도 바꾸지 않을 것이다.

위의 '기술통계분석_문제_1'에서 얻은 두 변수를 교차하여 얻은 집단별로 언급한 5개의 삶에 대한 만족도 측정문항들의 평균과 평균의 95% 신뢰구간(CI, confidence interval)이 어떻게 나타나는지를 (1) 평균의 95% CI가 포함된 막대그래프와 (2) 평균의 95% CI가 포함된 점그래프로 각각 제시해보시기 바랍니다. [사족(蛇足): 제 생각에는 X축에는 '세대' 변수를, Y축에는 각 문항의 '평균 및 평균의 95% CI'를, 범례에는 '성별' 변수를 배치하시고, 삶에 대한 만족도(SWL) 문항구분에 따라 패시팅을 제시하는 것이 가장 좋은 것 같습니다. 독자분의 생각은 저랑 같을 수도, 아니면 다를 수도 있습니다. 만약 다른 방식으로 어떻게 분석결과를 시각화할 수 있을지 고민해본다면 R 프로그래밍 학습에 큰 도움이 될 것 같습니다.]

PART **4**

# 일반선형모형(GLM) 추정

연구자가 주목하는 변수들의 관계가 어떤지 탐색해보는 것이 목적이라면 기술통계분석으로도 충분합니다. 그러나 연구자가 발견된 변수들의 관계, 혹은 어떤 변수가 다른 변수에 미치는 효과에 대해 확률적 확실성을 추정할 경우 변수들의 관계에 대해 추리통계모형을 적용하는 것이 보통입니다. 종속변수와 독립변수의 관계를 선형방정식으로 설명하는 일련의 통계모형들을 일반선형모형(GLM, generalized linear model)이라고 부르며, 가장 널리 사용되고 있습니다. 거의 모든 학문분과에서 사용되고 있는 티테스트(*t*-test), 분산분석(ANOVA, analysis of variance), 회귀모형(regression models) 등은 모두 특정한 상황에서 사용되는 GLM의 또 다른 이름으로 볼 수 있습니다.

물론 GLM을 추정하는 것과 타이디버스 접근은 필연적 관계를 갖지 않습니다. 왜냐하면 GLM을 추정할 때 사용되는 R의 함수들은 모두 R 베이스의 함수들이기 때문입니다. 즉 GLM을 추정하고 결과를 얻는 것이 목적이라면 타이디버스 접근을 반드시 택할 이유는 없을 것입니다. 하지만 타이디버스 접근을 사용해 GLM을 추정하면 다음과 같은 점들에서 장점이 있습니다. 첫째, 데이터를 집단별로 구별한 후 동일한 GLM을 반복하여 적용해야 할 때 시간과 노력이 절약됩니다. 이와 관련 이번 섹션에서는 `group_by()` 함수와 함께 `group_modify()` 함수와 `group_map()` 함수를 이용하는 방법을 구체적 사례를 통해 설명드리겠습니다. 둘째, GLM 추정 후 독립변수 수준별 모형추정값에 대한 그래프 작업이 매우 효율적입니다. 이와 관련 본 섹션에서는 `modelr` 패키지의 `data_grid()` 함수와 `add_predictions()` 함수를 어떻게 사용할 수 있는지 설명드리겠습니다. 이와 관련 학술논문 작성 시 모형추정 결과를 그래프로 나타낼 일이 많은 독자께서는 특히 더 큰 도움을 받으실 수 있을 것입니다. 셋째, GLM 추정 결과를 저장하고 재활용할 때 매우 유용합니다. 이와 관련 `broom` 패키지의 `tidy()` 함수와 `glance()` 함수를 이용하는 사례를 제시하도록 하겠습니다.

이번 섹션은 두 부분으로 이루어져 있습니다. 첫 번째 파트에서는 피어슨 상관계수,

티테스트, 카이제곱분석처럼 2개의 변수가 투입된 모형의 적용사례를 설명드리겠습니다. 이들 기법들은 간단하며, 동시에 추정결과의 그래프 작업도 어렵지 않은 편입니다. 하지만 '데이터 과학'에서는 그다지 많이 사용되는 방법은 아닐 것 같습니다. 타이디버스 접근에서 소개하는 파이프 오퍼레이터가 GLM 추정 및 추정결과 확인 시 어떻게 확인되는지를 이해하는 데 집중하시면 충분할 것 같습니다. 두 번째 파트에서는 가장 널리 그리고 빈번하게 사용되는 분산분석(ANOVA)과 선형회귀(linear regression) 모형들을 소개하겠습니다. 모형추정 결과의 그래프 작업과 추정결과를 정리하는 방법 등과 관련하여 `modelr`, `broom` 패키지 등을 살펴보면 타이디버스 접근의 매력과 유용성을 맛볼 수 있을 것 같습니다.[1]

본격적인 설명에 앞서 짧게 당부 말씀 하나만 드리고 싶습니다. 본서의 목적은 GLM에 대한 이론적 배경을 설명하는 것이 아닙니다. 만약 GLM과 관련된 핵심적 개념들, 이를테면 ANOVA의 경우 제곱합(SS, sum of squares)이나 평균제곱합(MS, mean sum of squres), 회귀분석의 경우 회귀계수(regression coefficient), 표준오차(SE, standard error), 설명분산($R^2$) 등과 같은 용어를 잘 모르신다면 우선 관련 교과서를 먼저 학습하시기 바랍니다. 여기서는 독자께서 GLM에 등장하는 핵심개념들에 대한 충분한 지식을 갖고 있다고 가정하겠습니다. 본서의 목적은 타이디버스 접근 맥락에서 GLM을 어떻게 추정하는지, 추정결과를 어떻게 시각화하고 정리할 수 있는지를 소개하는 것이지 GLM을 설명하는 것이 아니기 때문입니다.

---

1  다항명목 로짓모형(multinominal logit model), 프로빗 모형(probit model) 등은 별도로 설명하지 않았습니다. 하지만 여기 제시된 사례들에 익숙해지면 R의 `glm()` 함수로 가능한 모든 회귀모형 결과들을 다 익숙하게 다룰 수 있을 것입니다.

**CHAPTER**

# 종속변수와 독립변수, 두 변수의 관계를 다루는 통계기법

## 01-1  피어슨 상관계수

피어슨 상관계수는 여러 다양한 상관계수들 중 하나이지만, 가장 널리 사용되기 때문에 흔히 '피어슨'이라는 표현 없이 '상관계수'라고만 불리기도 합니다. 피어슨 상관계수는 2개의 변수가 모두 연속형 변수일 경우, 두 변수의 선형관계(linear relationship)를 정량화하고자 할 때 사용하며, 종종 '산점도(scatterplot)'로 시각화됩니다. 우선 산점도를 제시한후, 산점도에서 나타난 두 연속형 변수의 상관계수를 구해봅시다.

사례로 사용할 데이터는 "data_library.xls", "data_population.xls" 2가지입니다. 이 두 데이터를 '연도'와 '구(區)'를 이용해 통합시킨 후, 각 구별 인구수와 도서관의 유형별 수가 어떤 관계를 맺고 있는지 살펴보도록 하죠. 우선 두 데이터를 불러온 후변수를 사전처리해봅시다. 두 데이터는 다음과 같은 사전처리를 거쳤습니다. 첫째, 25개구의 합계 정보를 담고 있는 가로줄은 데이터에서 제외하였습니다. 둘째, -표시가 된 변숫값은 모두 0으로 바꾸었으며, '도서관 수' 혹은 '거주민 수'는 모두 더블형으로 변환하였습니다. 셋째, "data_population.xls"의 경우 내국인과 외국인, 그리고 합계로 구분되어 있는데, 이 중 내국인 자료만 데이터에 포함시켰습니다. 넷째, 프로그래밍의 편의를 위해 변수명을 모두 영문으로 바꾸었습니다. 새로 부여된 변수명은 아래 명령문을 참조하시기 바랍니다. 아래에서 보실 수 있듯 같은 종류의 변수임을 확인할 수 있는 표현을 덧붙였습니다. 끝으로 2016년 자료만 선별하였습니다(다른 연도는 조금 후에 살펴보겠습니다. 우선 간단한 사례부터 점검해보도록 하시죠).

```
> seoul_library <- read_excel("data_library.xls")
> seoul_pop <- read_excel("data_population.xls")
New names:
• `구분` -> `구분...2`
• `구분` -> `구분...3`
> # 데이터 사전처리: '합계' 표시 사례 제거, - 표시를 0으로 전환
> mydata1 <- seoul_library %>%
+   filter(자치구!="합계") %>%
+   mutate(across(
+     .cols=c(국립도서관,대학도서관,전문도서관),
+     .fns=function(x){as.double(str_replace(x,"-","0"))}
+   ))
> # 변수이름 교체
> names(mydata1) <- c("year","district",
+                 str_c("lib_",c("tot","nat","pub","uni","spe"),sep=""))
> mydata1 %>% print(n=2)
# A tibble: 175 × 7
  year  district lib_tot lib_nat lib_pub lib_uni lib_spe
  <chr> <chr>      <dbl>   <dbl>   <dbl>   <dbl>   <dbl>
1 2010  종로구        50       0       4       9      37
2 2010  중구          57       0       2       2      53
# i 173 more rows
# i Use `print(n = ...)` to see more rows
> # 데이터 사전처리: '합계' 표시 사례 제거, 한국인만 포함, - 표시를 0으로 전환
> mydata2 <- seoul_pop %>%
+   filter(구분...2 != "합계" & 구분...3 == "한국인") %>%
+   mutate(
+     계=as.double(str_replace_all(계,",",""))
+   ) %>%
+   mutate(across(
+     .cols=4:25,
+     .fns=function(x){as.double(str_replace(x,"-","0"))}
+   )) %>%
```

```
+    select(-구분...3)
> # 변수이름 정리
> names(mydata2) <- c("year","district","total",
+                   str_c("gen_",names(mydata2)[4:24],sep=""))
> names(mydata2) <- str_replace(names(mydata2)," 이상\\+","_")
> names(mydata2) <- str_replace(names(mydata2),"세","")
> names(mydata2) <- str_replace(names(mydata2),"~","_")
> mydata2 %>% print(n=2)
# A tibble: 100 × 24
  year  district   total gen_0_4 gen_5_9 gen_10_14 gen_15_19 gen_20_24
  <chr> <chr>      <dbl>   <dbl>   <dbl>     <dbl>     <dbl>     <dbl>
1 2014  종로구    156993    4445    4886      6622      9004     11384
2 2014  중구      128065    4582    3874      4148      5754      8497
# i 98 more rows
# i 16 more variables: gen_25_29 <dbl>, gen_30_34 <dbl>,
#   gen_35_39 <dbl>, gen_40_44 <dbl>, gen_45_49 <dbl>,
#   gen_50_54 <dbl>, gen_55_59 <dbl>, gen_60_64 <dbl>,
#   gen_65_69 <dbl>, gen_70_74 <dbl>, gen_75_79 <dbl>,
#   gen_80_84 <dbl>, gen_85_89 <dbl>, gen_90_94 <dbl>,
#   gen_95_99 <dbl>, gen_100_ <dbl>
# i Use `print(n = ...)` to see more rows
> # 두 데이터를 합치고 2016년 자료만 남기자
> mydata <- full_join(mydata1,mydata2,by=c("year","district")) %>%
+    filter(year==2016)
> mydata %>% print(n=2)
# A tibble: 25 × 29
  year  district lib_tot lib_nat lib_pub lib_uni lib_spe  total
  <chr> <chr>      <dbl>   <dbl>   <dbl>   <dbl>   <dbl>  <dbl>
1 2016  종로구        50       0       6       7      37 152737
2 2016  중구          57       0       5       2      50 125249
# i 23 more rows
# i 21 more variables: gen_0_4 <dbl>, gen_5_9 <dbl>, gen_10_14 <dbl>,
#   gen_15_19 <dbl>, gen_20_24 <dbl>, gen_25_29 <dbl>,
#   gen_30_34 <dbl>, gen_35_39 <dbl>, gen_40_44 <dbl>,
#   gen_45_49 <dbl>, gen_50_54 <dbl>, gen_55_59 <dbl>,
#   gen_60_64 <dbl>, gen_65_69 <dbl>, gen_70_74 <dbl>,
#   gen_75_79 <dbl>, gen_80_84 <dbl>, gen_85_89 <dbl>, …
# i Use `print(n = ...)` to see more rows
```

산점도를 그리려면 **ggplot()** 함수 다음에 **geom_point()** 함수를 이용하면 됩니다. 이때 X축과 Y축에 배치될 변수는 모두 연속형 변수여야 합니다. 다음과 같이 X축에는 총 거주민수를, Y축에는 도서관 총수를 지정한 후 산점도를 그렸습니다.

```
> # 전체 도서관 수와 거주민 총수의 관계는?
> mydata %>%
+    ggplot(aes(x=total,y=lib_tot))+
+    geom_point()+
+    labs(x="거주민 총수",y="도서관 총수")
```

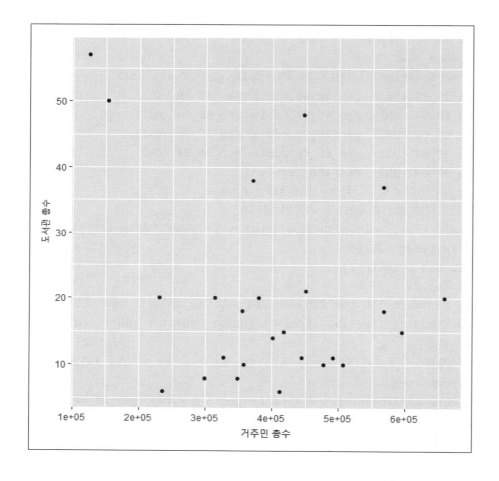

산점도를 해석하는 것은 어렵지 않을 것입니다. 하지만 X축의 라벨이 **1e+05**와 같이 되어 있어 쉽게 해석되지 않습니다. 이에 X축의 거주민 수를 십만(100,000)명 단위로 나누고 라벨에는 "~만명"과 같이 표현되도록 X축의 라벨을 조정하였습니다. 또한 **coord_cartesian()** 함수를 통해 X축과 Y축의 범위로 조금 조정하였습니다. 그 결과는 아래와 같습니다.

```
> # 시각적 설득력을 향상시킨 결과
> mydata %>%
+   ggplot(aes(x=(total/100000),y=lib_tot))+
+   geom_point()+
+   scale_x_continuous(breaks=0:7,labels=str_c(10*(0:7),"만명",sep=""))+
+   coord_cartesian(ylim=c(0,60),xlim=c(0.5,6.5))+
+   labs(x="거주민 총수",y="도서관 총수")
```

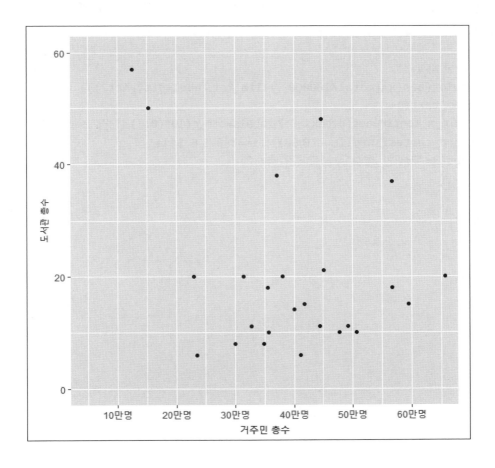

하지만 왠지 아쉽습니다. 왜냐하면 각 점이 어떤 의미인지 쉽게 다가오지 않기 때문입니다. 만약 점 대신에 구의 이름을 그래프에 배치시키면 어떨까요? 서울시의 지역구는 '중구'와 같이 두 글자인 경우도 있지만, '서대문구'와 같이 네 글자인 경우도 있습니다. 이에 우선 str_sub() 함수를 이용해 모든 지역구의 첫 두 글자만 따 모든 지역구 이름을 동일한 길이로 맞추었습니다.

```
> # 점이 아니라 지역구의 이름을 표기
> mydata <- mydata %>%
+   mutate(
+     district2=str_sub(district,1,2)
+   )
```

점 대신 문자를 배치할 때는 aes() 함수 내부에 문자형 데이터 변수를 label로 지정해 주고, geom_point() 함수 대신에 geom_text() 함수를 넣어주면 됩니다. 즉 '산점(點)도'가 아니라 '산문자(文子)도'를 그린다고 생각하시면 됩니다.

```
> mydata %>%
+   ggplot(aes(x=(total/100000),y=lib_tot,label=district2))+
+   geom_text()+
+   scale_x_continuous(breaks=0:7,labels=str_c(10*(0:7),"만명",sep=""))+
+   coord_cartesian(ylim=c(0,60),xlim=c(0.5,6.5))+
+   labs(x="거주민 총수",y="도서관 총수")
```

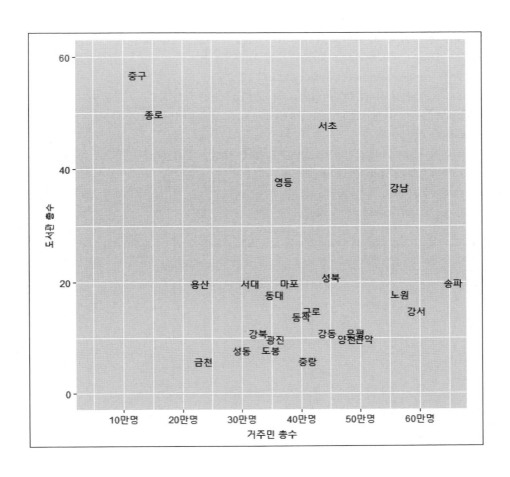

위의 결과는 훨씬 더 흥미롭습니다. 왼쪽 상단의 '중구'와 '종로구'는 다른 구들과 상당히 동떨어져 있는 모습을 보이고 있습니다. 왜 그럴까요? 즉 왜 '중구'와 '종로구'는 거주민 수에 비해 도서관 총수가 많은 것일까요? '서울'이라는 공간에 대한 사회적·역사적 지식이 있는 분이라면 왜 이런지 쉽게 답을 얻을 수 있을 것입니다.

하지만 여기서는 조금 다른 방식으로 그 원인을 찾아봅시다. 전체 도서관 수는 '국립도서관', '공공도서관', '대학도서관', '전문도서관'의 총합입니다. 만약 이 4가지 도서관을 분리한 후 거주민 총수와 어떤 관계를 갖고 있는지 찾아본다면 위와 같은 산점도 패턴을 이해할 수 있지 않을까요? 이를 위해 **mydata**를 도서관 유형에 따라 긴 형태 데이터로 변환한 후, 도서관 유형 변수를 기준으로 패시팅된 4가지 산점도를 그려보겠습니다.

```
> # 도서관 유형별로 어떻게 다를까?
> mydata_long1 <- mydata %>%
+   pivot_longer(cols=starts_with("lib"))
> mydata_long1 %>% filter(name != "lib_tot") %>%
+   ggplot(aes(x=(total/100000),y=value,label=district2))+
+   geom_text()+
+   scale_x_continuous(breaks=0:7,labels=str_c(10*(0:7),"만명",sep=""))+
+   coord_cartesian(xlim=c(0.5,6.5))+
+   labs(x="거주민 총수",y="도서관 총수")+
+   facet_wrap(~name,ncol=2)
```

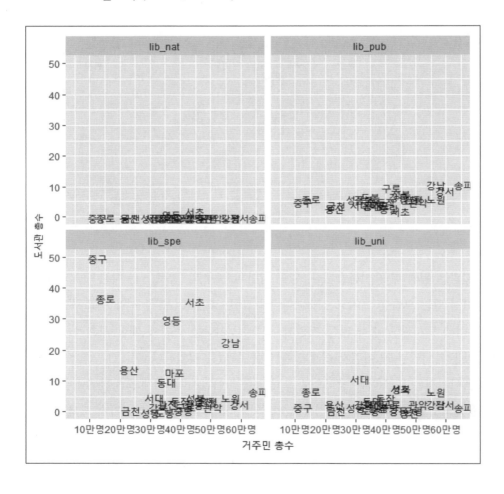

일단 그림이 보기 좋지는 않습니다. 하지만 왼쪽 하단의 산점도에서 볼 수 있듯, 우리가 제일 처음에 얻은 산점도와 같은 패턴이 나타난 이유는 '전문도서관(lib_spe 변수)'에 의해 비롯된 것임을 알 수 있습니다.

위와 같이 비교되는 산점도의 축의 범위가 다를 때는 패시팅이 적용된 변수의 수준별로 변수를 표준화해주는 것이 좋습니다. 여기서 저는 group_by() 함수를 이용해 도서관 유형 변수 수준에 따라 도서관수를 다음의 공식을 이용해 표준화시켰습니다. 아래의 공식을 적용한 변수는 최솟값은 0, 최댓값은 1로 표준화됩니다.

$$X_2 = \frac{X_1 - \min(X_1)}{\max(X_1) - \min(X_1)}$$

```
> # 도서관 유형별 도서관수를 0-1로 표준화
> mydata_long1 %>% filter(name != "lib_tot") %>%
+    group_by(name) %>%
+    mutate(
+      value2=(value-min(value))/(max(value)-min(value))
+    ) %>%
+    ggplot(aes(x=(total/100000),y=value2,label=district2))+
+    geom_text()+
+    scale_x_continuous(breaks=0:7,labels=str_c(10*(0:7),"만명",sep=""))+
+    coord_cartesian(xlim=c(0.5,6.5))+
+    labs(x="거주민 총수",y="도서관 총수(0-1의 값으로 재조정)")+
+    facet_wrap(~name,
+               ncol=2,
+               labeller=as_labeller(c("lib_nat" = "국립도서관",
+                                      "lib_pub" = "공공도서관",
+                                      "lib_spe" = "특별도서관",
+                                      "lib_uni" = "대학도서관")))
```

최솟값과 최댓값의 범위를 0-1로 표준화하는 대신 Y축의 값을 패시팅 대상 변수 수준에 따라 개별적으로 제시하는 방법도 존재합니다. 아래와 같이 facet_wrap() 함수의 scales 옵션을 "free_y"라고 지정하면 Y축의 값이 패시팅 대상 변수 수준에 따라 자유롭게 설정됩니다(반면 "free_x"라고 지정할 경우 X축의 값이 자유롭게 설정되며, "free"로

하면 X축과 Y축이 모두 자유롭게 설정됩니다). 좋은 방법이기는 하지만, 반드시 Y축이 패시팅 변수의 수준에 따라 다르다는 것을 알려주어야 합니다(독자나 청중들이 충분히 주목하지 않을 수도 있기 때문입니다).

```
> # 만약 원래 스케일을 그대로 살리고 싶다면?
> mydata_long1 %>% filter(name != "lib_tot") %>%
+     group_by(name) %>%
+     ggplot(aes(x=(total/100000),y=value,label=district2))+
+     geom_text()+
+     scale_x_continuous(breaks=0:7,labels=str_c(10*(0:7),"만명",sep=""))+
+     coord_cartesian(xlim=c(0.5,6.5))+
+     labs(x="거주민 총수",y="도서관 총수(알림: 도서관 유형마다 Y축의 범위가 상이함)")+
+     facet_wrap(name~.,ncol=2,scales="free",
+                 labeller=as_labeller(c("lib_nat" = "국립도서관",
+                                        "lib_pub" = "공공도서관",
+                                        "lib_spe" = "특별도서관",
+                                        "lib_uni" = "대학도서관")))
```

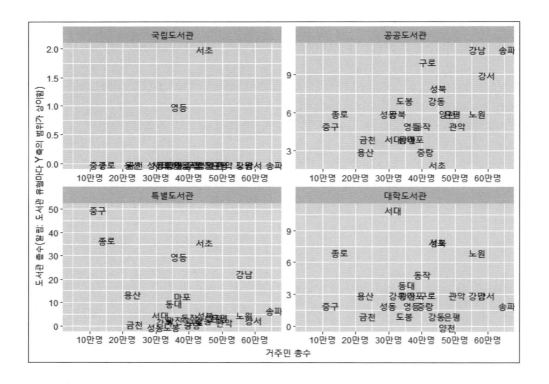

거주민수와 도서관수의 선형관계는 어디서 나타난다고 보시나요? 우선 국립도서관은 도서관수가 많지 않아 의미 있는 선형관계를 찾는 것은 불가능합니다($y$=0이라는 선형관계를 찾을 수 있지만 의미 있는 선형관계는 아니죠). 나머지 세 유형의 도서관에서 거주민수와 도서관수의 상관관계는 어떨까요? 우선 공공도서관의 경우 양의 상관관계가 나타나는 것 같습니다(즉 거주민수가 많을수록 공공도서관수가 많음). 반면 특별도서관의 경우 조금 독특하지만 음의 상관관계처럼 보입니다(즉 거주민수가 적을수록 특별도서관수가 많음). 그러나 대학도서관의 경우 별다른 패턴이 없어 보입니다.

아무튼 국립도서관을 제외한 나머지 세 유형의 도서관을 대상으로 거주민수와 도서관수의 피어슨 상관계수를 계산하는 방법은 다음과 같습니다(참고로 아래와 같은 방법은 결코 효율적이라고 보기 어렵다는 점 감안하시고 봐 주세요). 피어슨 상관계수를 구하려면 대상이 되는 데이터를 지정한 후, **%>%** 오퍼레이터를 지정한 후 피어슨 상관계수를 계산하는 **cor.test( )** 함수에 아래와 같은 방식으로 두 연속형 변수를 지정한 후, **data=.**를 지정하면 됩니다 (즉 앞에서 등장한 데이터를 그대로 사용한다는 뜻). 파이프 오퍼레이터를 이용한 방법에 대한 보다 구체적인 설명은 조금 후에 제시하도록 하고, 일단 결과를 먼저 봅시다.

```
> # 공공도서관수와 거주민수
> mydata_long1 %>%
+     filter(lib_type=="lib_pub") %>%
+     cor.test(~ total+number,data=.)

        Pearson's product-moment correlation

data:  total and number
t = 3.0373, df = 23, p-value = 0.005853
alternative hypothesis: true correlation is not equal to 0
95 percent confidence interval:
 0.1774258 0.7678447
sample estimates:
      cor
0.5350465

> # 특별도서관수와 거주민수
```

```
> mydata_long1 %>%
+    filter(lib_type=="lib_spe") %>%
+    cor.test(~ total+number,data=.)

        Pearson's product-moment correlation

data:  total and number
t = -2.0364, df = 23, p-value = 0.05338
alternative hypothesis: true correlation is not equal to 0
95 percent confidence interval:
 -0.680829454  0.005072864
sample estimates:
        cor
-0.3908415

> # 대학도서관수와 거주민수
> mydata_long1 %>%
+    filter(lib_type=="lib_uni") %>%
+    cor.test(~ total+number,data=.)

        Pearson's product-moment correlation

data:  total and number
t = -0.25929, df = 23, p-value = 0.7977
alternative hypothesis: true correlation is not equal to 0
95 percent confidence interval:
 -0.4397365  0.3485808
sample estimates:
         cor
-0.05398585
```

상관계수들을 정리하면 다음과 같습니다. 산점도를 통해 추론한 방향과 동일하게 나왔습니다. 특별도서관의 경우 전통적인 통계적 유의도 검정기준($\alpha < .05$)을 따르자면 0과 다를 바 없는 상관계수를 얻었지만, 사례수가 25개라는 점을 감안할 때 전통적인 유의도 검증기준에 집착할 필요는 없다고 생각합니다.

- 공공도서관: $r(23)=.54$, $p=.006$
- 특별도서관: $r(23)=-.39$, $p=.053$
- 대학도서관: $r(23)=-.05$, $p=.80$

결과는 그렇다고 하더라도, R 베이스를 이용해 cor.test() 함수를 이용해보신 분들은 연속형 변수를 지정하는 방식이 좀 괴기스럽다(?)고 느끼실 수도 있습니다. R 베이스를 소개하는 자리는 아니지만 보통은 cor.test(mydata_long1$total, mydata_long1$number)와 같은 방식으로 cor.test() 함수를 사용하기 때문입니다. 위와 같은 방식, 즉 "cor.test(~ total+number, data=.)"과 같은 방식을 '공식(formula) 표현방식'이라고 부르며, 타이디버스 접근에서는 이와 같은 방식을 선호합니다. 만약 전통적인 방식으로 cor.test() 함수를 이용하시려면, cor.test() 함수 호출 이전의 파이프 오퍼레이터를 %>%가 아니라 %$%로 바꾼 후 사용하시면 됩니다. %$%를 사용하면 왼쪽의 데이터에 속한 변수들을 그대로 사용할 수 있습니다. 예를 들어 공공도서관 유형의 상관계수를 %$% 오퍼레이터를 이용해 계산하고 싶다면, 아래와 같이 하시면 됩니다.

```
> # %$% 오퍼레이터 사용
> mydata_long1 %>%
+    filter(lib_type=="lib_pub") %$%
+    cor.test(total,number)

        Pearson's product-moment correlation

data:  total and number
t = 3.0373, df = 23, p-value = 0.005853
alternative hypothesis: true correlation is not equal to 0
95 percent confidence interval:
 0.1774258 0.7678447
sample estimates:
      cor
0.5350465
```

R의 경우 지금까지 살펴본 상관관계 계수 추정결과 역시도 하나의 오브젝트입니다. 예를 들어 공공도서관수와 거주민수의 상관계수 추정결과 오브젝트가 어떻게 구성되어 있는지 str() 함수를 이용하여 살펴보면 아래와 같습니다. 아래의 출력결과에서 확인할 수 있듯, 상관계수 추정결과 오브젝트는 statistic, parameter, p.value, estimate 등등의 하위 오브젝트들로 구성되어 있습니다. 이들 하위 오브젝트들을 321쪽에 정리된 양식(template)에 맞도록 정리한 후, 상관관계 테스트 결과를 제시해보겠습니다.

```
> # 상관계수 추정결과 대상 오브젝트의 구성
> mydata_long1 %>%
+    filter(name == "lib_pub") %>%
+    cor.test(~ total+value,data=.) %>%
+    str()
List of 9
 $ statistic  : Named num 3.04
  ..- attr(*, "names")= chr "t"
 $ parameter  : Named int 23
  ..- attr(*, "names")= chr "df"
 $ p.value    : num 0.00585
 $ estimate   : Named num 0.535
  ..- attr(*, "names")= chr "cor"
 $ null.value : Named num 0
  ..- attr(*, "names")= chr "correlation"
 $ alternative: chr "two.sided"
 $ method     : chr "Pearson's product-moment correlation"
 $ data.name  : chr "total and value"
 $ conf.int   : num [1:2] 0.177 0.768
  ..- attr(*, "conf.level")= num 0.95
 - attr(*, "class")= chr "htest"
```

broom 패키지의 tidy() 함수를 이용하면 아래와 같이 상관계수 추정결과를 바로 티블 데이터로 변환할 수 있습니다.

```
> # broom 패키지의 tidy() 함수의 위력
> library("broom")
> mydata_long1 %>%
+   filter(name == "lib_pub") %>%
+   cor.test(~ total+value,data=.) %>%
+   tidy()
# A tibble: 1 × 8
  estimate statistic p.value parameter conf.low conf.high method
     <dbl>     <dbl>   <dbl>     <int>    <dbl>     <dbl> <chr>
1    0.535      3.04 0.00585        23    0.177     0.768 Pearson's p…
# i 1 more variable: alternative <chr>
```

cor.test() 함수의 형태를 어떻게 선택하든 도서관 유형별로 상관계수를 계산하는 과정은 번잡하죠. 왜냐하면 도서관 유형을 일일이 filter() 함수를 통해 선별한 후, 동일한 상관계수 계산을 수행해야 하기 때문입니다. 사실 4개 정도면 할 만하죠. 만약 40개였다면? 매우 번잡한 일입니다. 역시 이럴 때 타이디버스 접근이 위력을 발휘합니다. 앞에서 우리는 group_by() 함수를 이용해 범주형 변수 수준별로 집단을 구분하는 방법을 살펴보았습니다. 상관계수를 계산하는 데 이 방법을 응용하지 못할 이유가 없을 것입니다. 상관계수 계산과 같이 모형추정 함수를 사용할 경우 ~tidy() 함수에 모형추정 함수를 지정하면 되며, 추정된 결과를 집단별로 정리하여 저장할 경우 group_modify() 함수를 사용하면 매우 편합니다. 아래를 살펴보시면 4가지 유형의 도서관별로 상관계수 테스트 결과가 깔끔한 티블 데이터로 정리된 것을 확인하실 수 있습니다.

```
> # 네 유형의 도서관에 대해 모두 적용하여, 그 결과를 오브젝트로 저장
> myresult <-  mydata_long1 %>%
+   filter(name != "lib_tot") %>%
+   group_by(name) %>%
+   group_modify(
+     ~tidy(
+       cor.test(~ total+value,data=.)
+     )
+   ) %>% print()
# A tibble: 4 × 9
# Groups:   name [4]
```

```
   name   estimate statistic p.value parameter conf.low conf.high method
   <chr>     <dbl>     <dbl>   <dbl>     <int>    <dbl>     <dbl> <chr>
1 lib_…    0.0527     0.253 0.802         23   -0.350     0.439  Pears…
2 lib_…    0.535      3.04  0.00585       23    0.177     0.768  Pears…
3 lib_…   -0.391     -2.04  0.0534        23   -0.681     0.00507 Pears…
4 lib_…   -0.0540    -0.259 0.798         23   -0.440     0.349  Pears…
# i 1 more variable: alternative <chr>
```

위의 결과만으로도 깔끔하지만, 한 번 더 위의 결과를 변환시켜보겠습니다. 저는 $r(df)=.xxx$, $p=.xxx$와 같은 형태의 상관계수 결과 출력을 원하고 있습니다. 다음과 같이 하면 어렵지 않게 깔끔하게 데이터를 정비할 수 있습니다.

```
> # 다음과 같이 정리하면 훨씬 더 간결함
> myresult %>%
+   mutate(
+     Pearson_r=format(round(estimate,3),3),
+     p_value=format(round(p.value,3),3),
+     what_i_want=str_c("r(",parameter,") = ",Pearson_r,", p = ",p_value)
+   ) %>% select(what_i_want)
Adding missing grouping variables: `name`
# A tibble: 4 × 2
# Groups:   name [4]
  name    what_i_want
  <chr>   <chr>
1 lib_nat r(23) = 0.053, p = 0.802
2 lib_pub r(23) = 0.535, p = 0.006
3 lib_spe r(23) = -0.391, p = 0.053
4 lib_uni r(23) = -0.054, p = 0.798
```

개인함수를 이용하면 피어슨 상관계수에 통계적 유의도를 단계적으로 표시하는 기호를 붙인 결과를 두고두고 사용할 수 있습니다. 앞에서 정리한 방식을 응용하려 **Correlation_statistics_summary**라는 이름의 개인함수를 만들어봅시다. 통계적 유의도 표시 기호는 통상적인 관례를 따랐습니다($+p<.10$, $*p<.05$, $**p<.01$, $***p<.001$).

```
> # 통계적 유의도 표시 기호를 붙이는 개인함수 만들기
> Correlation_statistics_summary <- function(my_cor_result,mydigit){
+    my_cor_result %>%
+      mutate(
+      Pearson_r=format(round(estimate,mydigit),mydigit),
+      mystar=cut(p.value,c(0,0.001,0.01,0.05,0.10,1),right=FALSE,
+                 c("***","** ","*  ","+  ","   ")),
+      r_star=str_c(Pearson_r,mystar,sep="")
+    ) %>% select(r_star)
+ }
```

개인함수를 이용하면 다음과 같이 간결하게 요약된 형태의 결과를 얻을 수 있습니다. 이 함수를 실행시켜두면 연구자가 필요할 때마다 이용할 수 있습니다.

```
> Correlation_statistics_summary(myresult,3)
Adding missing grouping variables: `name`
# A tibble: 4 × 2
# Groups:    name [4]
  name    r_star
  <chr>   <chr>
1 lib_nat "0.053    "
2 lib_pub "0.535**  "
3 lib_spe "-0.391+  "
4 lib_uni "-0.054   "
```

위의 상관계수들은 다음과 같은 방식의 그래프로도 나타낼 수 있습니다. 상관계수의 95% CI가 0을 포함하지 않을 경우 통상적 기준에서 통계적으로 유의미한 결과입니다. 따라서 각 도서관 유형별 상관계수의 95% CI를 표시한 후 0에 해당되는 기준선을 표현하여, 95% CI 오차막대가 0을 포함하는지 포함하지 않는지를 시각화시키는 방식입니다. 0의 기준선을 그리기 위해 geom_hline() 함수를 이용하였습니다. 만약 수직선 형태의 직선을 원하신다면 geom_vline() 함수를 사용하시면 됩니다.

```
> # 상관계수의 95% 신뢰구간을 그래프로 표시
> myresult %>%
+   ggplot(aes(x=1:4))+
+   geom_errorbar(aes(ymin=conf.low,ymax=conf.high),
+                 width=0.2,color='blue')+
+   geom_hline(yintercept=0,linetype=2,color='red')+
+   scale_x_continuous(breaks=1:4,label=c("국립도서관","공공도서관",
+                                "특별도서관","대학도서관"))+
+   coord_cartesian(ylim=c(-1,1),xlim=c(0.5,4.5))+
+   labs(x="도서관 유형",y="거주민수와 도서관수의 피어슨 상관계수")
```

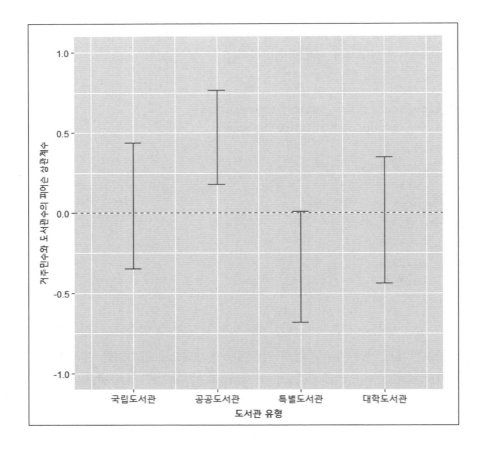

앞에서는 기간을 2016년으로 한정하였습니다. 이제는 두 데이터에서 동시에 등장하는 모든 기간을 다 고려해보도록 하겠습니다. inner_join() 함수를 사용하면 연도와 구가 겹쳐지는 데이터들만 합칠 수 있습니다. 이렇게 합친 데이터를 앞에서 소개한 방식과 동일하게 긴 형태 데이터로 전환하였으며, 앞에서와 마찬가지로 전체도서관수는 분석에서 배제하였습니다.

```
> # 기간이 공존하는 경우
> mydata <- mydata1 %>%
+   inner_join(mydata2,by=c("year","district"))
> # 긴 형태로 전환 후, 전체도서관은 분석에서 배제
> mylong <- mydata %>%
+   pivot_longer(cols=starts_with("lib_")) %>%
+   filter(name != "lib_tot")
```

다음으로 앞에서 소개한 것과 본질적으로 동일한 과정을 밟으면 손쉽게 년도별 및 도서관 유형별로 티블 데이터로 정리된 상관계수 추정결과들을 얻을 수 있습니다. group_by() 함수에 name 변수와 함께 year를 추가했을 뿐이며, 나머지 부분은 완전히 동일합니다.

```
> # 년도와 도서관 유형 변수의 수준별로 상관계수 구함
> myresult <- mylong %>%
+   group_by(year,name) %>%
+   group_modify(
+     ~tidy(
+       cor.test(~ total+value,data=.)
+     )
+   ) %>% print()
# A tibble: 12 × 10
# Groups:   year, name [12]
   year  name  estimate statistic p.value parameter conf.low conf.high
   <chr> <chr>    <dbl>     <dbl>   <dbl>     <int>    <dbl>     <dbl>
 1 2014  lib_...  0.0492    0.236  0.815        23   -0.353    0.436
 2 2014  lib_...  0.377     1.95   0.0635       23   -0.0218   0.672
 3 2014  lib_... -0.381    -1.98   0.0602       23   -0.675    0.0166
 4 2014  lib_... -0.0952   -0.459  0.651        23   -0.473    0.312
 5 2015  lib_...  0.0495    0.238  0.814        23   -0.353    0.436
 6 2015  lib_...  0.511     2.85   0.00912      23    0.145    0.754
 7 2015  lib_... -0.391    -2.04   0.0530       23   -0.681    0.00432
```

```
 8  2015   lib_...   -0.0959      -0.462 0.648          23  -0.473     0.311
 9  2016   lib_...    0.0527       0.253 0.802          23  -0.350     0.439
10  2016   lib_...    0.535        3.04  0.00585        23   0.177     0.768
11  2016   lib_...   -0.391       -2.04  0.0534         23  -0.681     0.00507
12  2016   lib_...   -0.0540      -0.259 0.798          23  -0.440     0.349
# i 2 more variables: method <chr>, alternative <chr>
```

이제 위의 데이터를 이용해 상관계수의 95% CI를 그래프로 나타내봅시다. 위의 결과에 연도와 도서관 유형 변수를 아래와 같이 설정하여 그래프 제작용 데이터를 `myfigure`라는 이름으로 저장하였습니다. 이를 이용하여 그래프를 그리되 연도 변수를 기준으로 그래프를 패시팅하였습니다.

```r
> # 시각화
> myresult %>%
+   ggplot(aes(x=name,y=estimate))+
+   geom_point(size=2)+
+   geom_errorbar(aes(ymin=conf.low,ymax=conf.high),
+                 width=0.2,color='blue')+
+   geom_hline(yintercept=0,linetype=2,color='red')+
+   scale_x_discrete(breaks=c("nat","pub","spe","uni"),
+                 label=c("국립도서관","공공도서관",
+                         "특별도서관","대학도서관"))+
+   coord_cartesian(ylim=c(-1,1),xlim=c(0.5,4.5))+
+   labs(x="도서관 유형",y="거주민수와 도서관수의 피어슨 상관계수")+
+   facet_wrap(~year)
```

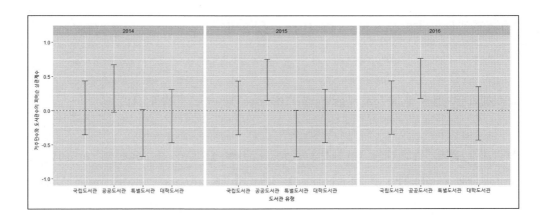

이상으로 두 연속형 변수의 선형관계를 나타내는 추리통계기법인 피어슨 상관계수를 살펴보았습니다. 피어슨 상관계수는 매우 직관적이고 널리 사용되지만, 두 연속형 변수 가 선형관계가 아니거나, 작은 데이터에서 이상값이 발견되면 쉽게 왜곡된다는 문제가 있습니다. 따라서 두 연속형 변수의 관계를 제시하는 경우 피어슨 상관계수와 함께 산점 도를 같이 제시하는 것이 보통입니다. 그러나 사회과학에서 자주 등장하는 리커트 5점 혹은 7점으로 측정된 변수의 경우 산점도는 그다지 매력적이지 않은 옵션인 경우가 많습 니다. 이 경우 흔히 '히트맵(heat map)'이라는 이름의 그래프를 사용하기도 합니다. 일단 히트맵 사례는 나중에 선형 회귀분석을 소개할 때 소개하겠습니다.

끝으로 "피어슨 상관계수는 나중에 설명드릴 OLS 선형 회귀모형의 특수한 사례"라는 점을 언급하며 피어슨 상관계수 섹션을 마무리하겠습니다. 즉 산점도는 독립변수가 연 속형 변수인 OLS 선형 회귀모형 추정결과에 대한 그래프 작업 시 매우 자주 사용되는 시각화 기법입니다.

# 피어슨 상관계수

※ 아래의 문제들을 풀 때 "data_gss_panel06.dta" 데이터를 이용하십시오.

**상관계수_문제 _ 1**: 해당 데이터에서 polviews_1, sex_1, age_1, abany_1, abdefect_1, abhlth_1, abnomore_1, abpoor_1, abrape_1, absingle_1 변수들을 선별한 후, 이들 변수에서 최소 하나라도 결측값이 발견된 사례는 데이터에서 제외하시기 바랍니다. 이후 abany_1, abdefect_1, abhlth_1, abnomore_1, abpoor_1, abrape_1, absingle_1 변수들의 값이 1인 경우에는 0의 값을, 2인 경우에는 1의 값을 부여한 후 총 7개의 변수들의 합을 구한 변수를 anti_abortion이라는 이름(즉, 낙태 반대 태도)으로 생성하세요. 참고로 이들 7개의 변수들은 여성의 낙태에 대한 응답자의 의견을 '네(1의 값으로 코딩)' 혹은 '아니오(2의 값으로 코딩)'로 묻고 있습니다.[1] 응답자의 정치적 이념성향을 나타내는 polviews_1 변수와 anti_abortion 변수의 상관관계를 시각화해보고, 피어슨 상관계수를 구해보세요. [제언: anti_abortion 변수를 이용하여 피어슨 상관계수를 구하는 것이 타당할까 여부도 한번 진지하게 고민해보시기 바랍니다.]

---

1 차례대로, "임신 여성이 원한다면 언제든 낙태할 수 있다", "태아에게 심각한 문제가 있을 때 낙태할 수 있다", "임신 여성의 건강에 문제가 있다면 낙태할 수 있다", "임신 여성이 더 이상 아이를 원치 않는 경우 낙태할 수 있다", "임신 여성이 빈곤한 상황이라면 낙태할 수 있다", "강간으로 인한 임신이라면 낙태할 수 있다", "임신 여성이 독신인 경우라면 낙태할 수 있다"입니다.

**상관계수_문제_2 :** 응답자의 연령을 나타내는 **age_1** 변수를 이용해 '10~20대', '30~40대', '50~60대', '70대 이상'의 네 수준을 갖는 범주형 변수를 생성하여 세대 변수를 만드세요. 또한 **sex_1** 변수는 응답자가 남성인 경우는 1로, 응답자가 여성이 경우는 2로 코딩되어 있습니다. 성별 변수와 세대 변수를 이용하여 아래 인구집단에서 나타난 정치적 이념성향과 낙태 반대 태도의 피어슨 상관계수 $r$과 $r$의 95% 신뢰구간(CI)을 그래프로 나타내보세요. 또한 이 결과를 일반인도 알기 쉽게 설명해보세요.

**상관계수_문제_3 :** 이번에는 '상관계수_문제_2'에서 사용한 성별 변수(2개 수준)와 세대 변수(4개 수준)를 교차하여 총 8개의 집단을 구분해보세요. 이 여덟 집단별로 정치적 이념 성향과 낙태 반대 태도의 피어슨 상관계수 $r$과 $r$의 95% 신뢰구간(CI)을 그래프로 나타내보고, 이 결과를 일반인도 쉽게 이해할 수 있는 평이한 용어로 설명해보세요.

## 01-2  티테스트

티테스트는 추리통계분석기법을 소개하는 교과서에서 가장 먼저 소개되는 기법입니다. 티테스트에는 종속변수에는 연속형 변수가, 독립변수에는 두 수준을 갖는 범주형 변수가 투입되며, 흔히 실험상황에서 실험집단과 통제집단의 종속변수 평균이 유사한지, 아니면 유사하지 않은지를 테스트할 때 사용합니다.

티테스트 사례로는 앞서 기술통계분석에서 사용했던 "data_TESS3_131.sav" 데이터를 이용하겠습니다. 이 데이터의 STUDY1_ASSIGN 변수의 1과 2의 값은 각각 실험집단과 통제집단의 두 집단을 나타냅니다(두 집단에 부여된 메시지 자극물에 대한 구체적 내용은 같이 첨부된 "TESS3 131 Leeper Survey.docx" 파일을 참조해주시기 바랍니다). 실험집단, 통제집단에 속한 응답자가 '학자금 탕감 정책(student loan forgiveness program)'에 대해 얼마나 찬성하는지를 리커트 7점 척도로 측정한 것이 Q2 변수입니다.

티테스트 실시에 앞서 데이터 사전처리를 실시합시다. 우선 −1과 같이 '응답거부'로 나타난 변숫값들에 대해 결측값을 처리한 후, STUDY1_ASSIGN 변수에 적절한 라벨을 붙였습니다. 그 과정은 아래와 같습니다.

```
> ## 티테스트
> data_131 <- read_spss("data_TESS3_131.sav")
> # 음수로 입력된 변숫값은 결측값
> mydata <- data_131 %>%
+   mutate(across(
+     .cols=where(is.double),
+     .fns=function(x){ifelse(x < 0, NA, x)}
+   ))
> # 실험집단 변수에 라벨 작업
> mydata <- mydata %>%
+   mutate(
+     treat1=labelled(STUDY1_ASSIGN,
+                     c(treatment=1,control=2))
+   )
```

이제 바로 티테스트를 실시할 수도 있지만, 먼저 실험집단과 통제집단별로 종속변수가 어떤 기술통계치를 가지는지, 그리고 평균과 평균의 95% CI가 어떻게 나타나는지 살펴보도록 하겠습니다[평균의 95% CI 표기는 기술통계분석 파트에서 소개하였던 Confidence_Interval_calculation() 함수를 이용하였습니다].

```
> # 평균과 표준편차는?
> mydata %>%
+   group_by(treat1) %>%
+   summarize(M=mean(Q2,na.rm=T),
+             SD=sd(Q2,na.rm=T))
# A tibble: 2 × 3
  treat1           M    SD
  <dbl+lbl>     <dbl> <dbl>
1 1 [treatment]  3.03  1.89
2 2 [control]    3.98  1.99
> # 평균과 95% CI를 표시해봅시다.
> myresult <- mydata %>%
+   group_by(treat1) %>%
+   summarize(q2_m=mean(Q2,na.rm=T),
+             q2_ci=Confidence_Interval_calculation(Q2,0.95))
> myresult %>%
+   ggplot(aes(x=as_factor(treat1),y=q2_m))+
+   geom_point(size=5)+
+   geom_errorbar(aes(ymin=q2_m-q2_ci,ymax=q2_m+q2_ci),width=0.05)+
+   labs(x="Treatment, Study 1",
+        y="Support for student loan forgivness program\n(7, stronger support)")+
+   coord_cartesian(ylim=c(2.5,4.5))
```

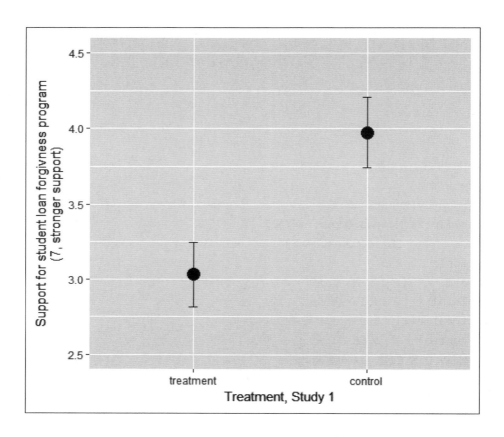

두 집단의 평균값이 거의 1 정도 차이가 나며, 위의 그래프에서도 쉽게 확인할 수 있
듯, 두 집단의 95% CI 범위도 전혀 겹쳐지지 않습니다. 즉 티테스트를 추가로 실시하지
않아도 두 집단의 종속변수 평균값은 서로 유의미하게 다를 것으로 추정할 수 있습니다.
이제는 티테스트를 이용해 이 평균값의 차이를 확인해보겠습니다. 이와 같이 독립된 두
집단의 평균값을 비교하는 티테스트를 '독립표본 티테스트(independent sample *t*-test)' 혹은
'이표본 티테스트(two sample *t*-test)'라고 부릅니다. 이번 사례에서는 두 집단의 종속변수
분산이 서로 이질적이라는 가정을 취했습니다만, 만약 동질적이라는 가정을 원하신다면
var.equal=TRUE 옵션을 추가로 지정하시면 됩니다.

```
> # 독립표본(independent sample)[혹은 이표본(two sample)] t-test
> # treat1 변수 수준별 Q2 변수 평균비교
> # R 베이스의 경우: t.test(Q2~treat1,data=mydata)
> mydata %>% t.test(Q2~treat1,data=.)
```

```
      Welch Two Sample t-test

data:  Q2 by treat1
t = -5.916, df = 580.95, p-value = 5.636e-09
alternative hypothesis: true difference in means is not equal to 0
95 percent confidence interval:
 -1.2596545 -0.6317344
sample estimates:
mean in group 1 mean in group 2
       3.030000        3.975694
```

티테스트에 대한 통계적 지식을 갖고 계시다면, 결과를 해석하는 것은 어렵지 않을 것입니다. 위의 결과 역시 broom 패키지의 **tidy()** 함수를 이용하면 티테스트 결과를 데이터 형태로 변환할 수 있습니다.

```
> # 출력결과 정리
> myresult <- mydata %>% t.test(Q2~treat1,data=.) %>%
+   tidy(.)
> myresult
# A tibble: 1 × 10
  estimate estimate1 estimate2 statistic   p.value parameter conf.low
     <dbl>     <dbl>     <dbl>     <dbl>     <dbl>     <dbl>    <dbl>
1   -0.946      3.03      3.98     -5.92   5.64e-9      581.    -1.26
# i 3 more variables: conf.high <dbl>, method <chr>,
#   alternative <chr>
```

예를 들어 위의 티테스트 결과를 아래와 같은 형식의 개인함수를 이용해 정리된 형태로 표현할 수도 있습니다.

```
> # 원하는 형태로
> ttest_Interval_calculation<-function(my_ttest_result,mydigit){
+   my_ttest_result %>% mutate(
+     t_stat=format(round(statistic,mydigit),mydigit),
```

```
+       mystar=cut(p.value,c(0,0.001,0.01,0.05,0.10,1),right=FALSE,
+               c("***","** ","*  ","+  ","    ")),
+     report=str_c("t(",format(round(parameter,0),0),") = ",
+             t_stat,mystar)
+   ) %>% select(report)
+ }
> ttest_Interval_calculation(myresult,3)
# A tibble: 1 × 1
  report
  <chr>
1 t(581) = -5.916***
```

사실 종속변수가 하나인 경우, 위와 같이 타이디버스 접근에 기반해 티테스트를 실시하는 것은 별로 효율적인 방법이 아닙니다. 하지만 반복적으로 티테스트를 실시하는 경우에는 타이디버스 접근을 사용하는 것이 훨씬 더 효율적이고 효과적이겠죠. 앞서 성별에 따라 **Q14** 변수부터 **Q18** 변수 총 5개 변수들에 대해 평균값이 통계적으로 유의미한 차이를 나타내는지 살펴보죠. 우선 다음과 같이 데이터를 사전처리하였습니다. 첫째, 성별 변수에 대한 사전처리를 실시하였습니다(이 부분은 하지 않아도 기술적 문제는 없지만, 무엇을 분석하는지를 명시한다는 점에서 의의를 찾을 수 있습니다). 둘째, 분석에 필요한 변수들만 선별하였습니다. 셋째, 넓은 형태 데이터를 긴 형태 데이터로 변환하였습니다.

```
> # 성별 변수를 생성한 후, 성별 변수와 Q14-Q18 변수들을 선별
> mysubdata <- mydata %>%
+   mutate(
+     female=labelled(PPGENDER,c(male=1,female=2)),
+     female=as_factor(female)
+   ) %>%
+   select(female,Q14:Q18) %>%
+   pivot_longer(cols=Q14:Q18)
```

이제 group_by() 함수를 이용해 문항에 따라 데이터를 구분하고, 각 문항에 대해 티테스트를 적용한 후 그 결과를 tidy() 함수와 group_modify() 함수를 활용하여 티블 데이터로 정리하였습니다. 그 결과는 아래와 같습니다.

```
> # 문항별로 각각 티테스트를 실시 후 결과를 저장
> myresult <- mysubdata %>%
+   group_by(name) %>%
+   group_modify(
+     ~tidy(
+       t.test(value ~ female, data=.)
+     )
+   ) %>% print()
# A tibble: 5 × 11
# Groups:   name [5]
  name  estimate estimate1 estimate2 statistic p.value parameter
  <chr>    <dbl>     <dbl>     <dbl>     <dbl>   <dbl>     <dbl>
1 Q14     0.170      4.54      4.37      2.41  0.0162      574.
2 Q15    -0.116      3.15      3.26     -1.04  0.300       562.
3 Q16    -0.0937     3.86      3.95     -1.02  0.306       576.
4 Q17     0.174      4.24      4.07      2.16  0.0316      578.
5 Q18    -0.112      4.24      4.35     -1.50  0.135       575.
# i 4 more variables: conf.low <dbl>, conf.high <dbl>, method <chr>,
#   alternative <chr>
```

위의 결과에 대해 앞서 설정한 개인함수인 **ttest_Interval_calculation** 함수를 이용해 결과를 일목요연하게 정리하였습니다. 지금 5개 변수에 대해 티테스트를 실시했지만, 이 변수의 수가 몇 배로 더 늘어도 위와 같이 10줄도 되지 않는 R 코드를 통해 분석결과를 깔끔하게 정리할 수 있습니다. 이게 바로 타이디버스 접근의 매력이죠.

```
> # 앞서 설정했던 ttest_Interval_calculation 함수를 이용해 결과를 정리
> ttest_Interval_calculation(myresult,3)
Adding missing grouping variables: `name`
# A tibble: 5 × 2
# Groups:   name [5]
  name  report
  <chr> <chr>
1 Q14   "t(574) = 2.412*   "
2 Q15   "t(562) = -1.036    "
```

```
3 Q16    "t(576) = -1.024    "
4 Q17    "t(578) = 2.155*    "
5 Q18    "t(575) = -1.495    "
```

위의 결과를 다음과 같이 시각화하면 금상첨화입니다. 즉 응답자의 성별은 동그라미와 세모를 이용해 구분하였으며, 두 집단이 통계적으로 유의미한 평균차이를 보인다는 티테스트 결과인 경우 청색을, 그렇지 않은 경우 적색으로 평균의 95% CI를 표현하였습니다. 시각화 방법의 경우 기술통계분석에서 이미 설명하였기 때문에 추가 설명을 제시하지는 않았습니다.

```
> # 평균과 95% CI를 그린 후, 성별에 따라 통계적으로 유의미한 차이가 나타나는 문항과
> # 그렇지 않은 문항을 구분하여 시각화
> myfigure <- mysubdata %>%
+   group_by(female, name) %>%
+   summarize(y_mn=mean(value,na.rm=T),
+             y_ci=Confidence_Interval_calculation(value,0.95)) %>%
+   mutate(
+     significance=ifelse(name=="Q14"|name=="Q17",
+                         "significant","insignificant")
+   )
`summarise()` has grouped output by 'female'. You can override using
the `.groups` argument.
> myfigure %>%
+   ggplot(aes(x=name,y=y_mn,shape=female))+
+   geom_point(stat='identity',size=3,
+              position=position_dodge(width=0.5))+
+   geom_errorbar(aes(ymin=y_mn-y_ci,ymax=y_mn+y_ci,
+                     color=significance),
+                 width=0.2, linewidth=1,
+                 position=position_dodge(width=0.5))+
+   labs(x="Statements",y="Average (5 = more important)",
+        shape="Gender",color="Significantly different?")+
+   scale_x_discrete(breaks=str_c("Q",14:18),
+                    labels=c("Freedom of speech",
+                             "Right to listen",
```

```
+                               "Risk of violence",
+                               "Freedom to speak/hear",
+                               "Safety & security"))+
+   coord_cartesian(ylim=c(2.5,5))+
+   theme(legend.position="top")
```

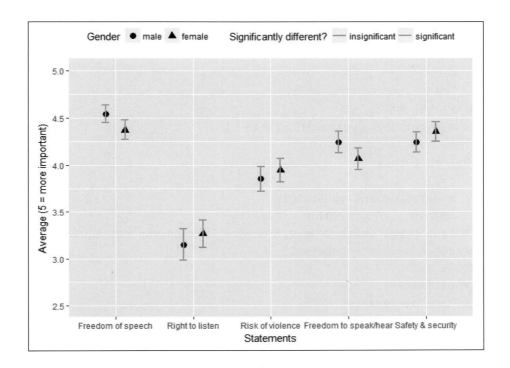

티테스트에는 지금까지 살펴본 독립표본 티테스트 외에도 '대응표본 티테스트(paired sample *t*-test)'라는 이름의 티테스트도 종종 사용됩니다. 독립표본 티테스트에서는 두 집단의 평균을 비교하지만, 대응표본 티테스트에서는 짝지어져 있는(즉 대응되는) 두 변수의 평균을 비교합니다. 어디까지나 제 개인적인 생각입니다만, 결론부터 말씀드리자면, 대응표본 티테스트의 경우 타이디버스 접근을 사용하는 것이 생각보다 다소 불편합니다. 그 이유는 다음과 같습니다.

첫째, 타이디버스 접근에서는 긴 형태 데이터를 기반으로 합니다. 그러나 대응표본 티테스트의 경우 긴 형태 데이터보다 넓은 형태 데이터를 기반으로 테스트되는 것이 보통입니다. 둘째, `tidy()` 함수의 경우 공식(formula) 형태의 함수형태를 갖습니다. 물론 대응표본 티테스트의 경우도 공식 형태로 **t.test()** 함수에 포함될 수 있지만, 보편적으로 사용되는 방식이 아닙니다.

본서가 타이디버스 접근 위주로 서술되었지만, 우선 R 베이스 기반으로 대응표본 티테스트를 실시하는 방법을 먼저 서술해보겠습니다. 형식은 다음과 같이 아주 간단합니다. **t.test()** 함수에 비교하고자 하는 두 변수를 지정한 후, **paired=TRUE** 옵션을 지정하여 대응표본 티테스트를 실시한다는 것을 명시해주면 끝입니다. 복잡하거나 어렵지 않을 것입니다.

```
> # R 베이스의 경우
> t.test(mydata$Q14,mydata$Q15,paired=T)


        Paired t-test

data:  mydata$Q14 and mydata$Q15
t = 22.394, df = 573, p-value < 2.2e-16
alternative hypothesis: true difference in means is not equal to 0
95 percent confidence interval:
 1.139569 1.358689
sample estimates:
mean of the differences
              1.249129
```

그러나 본서에서 계속 사용해 왔던 파이프 오퍼레이터인 **%>%**을 사용할 경우 상황이 다소 복잡해집니다. 우선은 **%>%**이 아니라 **%$%** 오퍼레이터를 사용해보겠습니다. **%$%** 오퍼레이터를 사용하면 **%$%** 오퍼레이터 다음의 함수에서는 별도로 데이터를 지정하지 않아도 상관없습니다. 아래의 예는 **%$%** 오퍼레이터 앞에 지정된 데이터에 속한 두 변수에 대해 대응표본 티테스트를 실시한 후, **tidy()** 함수를 이용해 티테스트 결과를 정리된 형태로 저장한 것입니다.

```
> mydata %$%  # 오퍼레이터 바뀐 것 주의
+   t.test(Q14,Q15,paired=TRUE) %>%
+   tidy()
# A tibble: 1 × 8
```

```
  estimate statistic  p.value parameter conf.low conf.high method
     <dbl>     <dbl>    <dbl>     <dbl>    <dbl>     <dbl> <chr>
1    1.25      22.4 2.89e-80       573     1.14      1.36 Paired t-t…
# i 1 more variable: alternative <chr>
```

만약 **%>%** 오퍼레이터를 사용한다면, 상황이 복잡해집니다. 말씀드렸듯 타이디버스 접근에서는 긴 형태 데이터에 기반하며, 변수의 나열이 아닌 변수와 변수의 관계가 함수 형태로 정의되어야 하기 때문입니다. 따라서 **%>%** 오퍼레이터를 사용할 경우 첫째, 넓은 형태 데이터를 긴 형태 데이터로 전환시켜야 하며, 둘째, 대응표본 티테스트를 공식의 형태로 표현해야 합니다. 이 두 과정을 실시할 때, 변숫값의 제시 순서가 바뀌면 안 됩니다(예를 들어 Q14 변수의 제시 순서와 Q15 변수의 제시 순서가 정확하게 일치된 상태에서 데이터 형태 변환이 이루어져야 합니다). 즉 필수적인 것은 아니지만, 가급적 사례의 고유번호(ID)를 유지하시는 것이 의도치 않은 실수를 막는 방법입니다. 긴 형태 데이터를 대상으로 공식을 이용한 방법으로 대응표본 티테스트를 실시하는 방법은 아래와 같습니다. 즉 우선 비교하고자 하는 두 변수를 설정한 후, 리스트제거 방식으로 결측값 사례를 제거합니다. 이후 관측값과 문항구분값을 앞서 살펴본 공식의 형태로 넣은 후, **data=.**와 같이 지정하시면 대응표본 티테스트를 실시할 수 있습니다.

```
> # 그러나 타이디데이터 접근에서는 긴 형태 데이터를 선호하기 때문에,
> # 대응표본 티테스트의 경우 사용이 까다로운 편
> mydata_complete <- mydata %>%
+   select(Q14:Q15) %>%
+   drop_na()
> mydata_complete %>%
+   pivot_longer(cols=Q14:Q15) %>%
+   t.test(value ~ name,.,paired=T) %>%
+   tidy()
# A tibble: 1 × 8
  estimate statistic  p.value parameter conf.low conf.high method
     <dbl>     <dbl>    <dbl>     <dbl>    <dbl>     <dbl> <chr>
1    1.25      22.4 2.89e-80       573     1.14      1.36 Paired t-t…
# i 1 more variable: alternative <chr>
```

동일한 결과를 확인하실 수 있습니다. 하지만 개인적으로 저는 타이디버스 접근을 기반으로 대응표본 티테스트를 실시하는 것을 권하지 않습니다. 우선 아래의 사례를 보시기 바랍니다. 아래의 사례에서 저는 t.test() 함수를 실현하기 전에 데이터를 name 변수와 value 변수를 기준으로 정렬하였습니다.

```
> # 실수하기 쉽다
> mydata_complete %>%
+    pivot_longer(cols=Q14:Q15) %>%
+    arrange(name, value) %>% # 이 부분이 추가되어 결과가 달라짐
+    t.test(value ~ name,.,paired=T) %>%
+    tidy()
# A tibble: 1 × 8
   estimate statistic   p.value parameter conf.low conf.high method
      <dbl>     <dbl>     <dbl>     <dbl>    <dbl>     <dbl> <chr>
1      1.25      35.9 6.31e-149       573     1.18      1.32 Paired t-…
# i 1 more variable: alternative <chr>
```

독자께서는 결괏값이 달라진 것(statistic, 즉 테스트 통계치가 22.4에서 35.9로 바뀐 것)을 확인하실 수 있을 것입니다. 왜일까요? 그 이유는 Q14 변수의 첫 번째 값과 Q15 변수의 첫 번째 값이 하나의 사례에서 나온 것이 아니기 때문입니다. 즉 R이 대응되는 변수들을 다르게 파악하고 있는 것이죠. 제가 ID 변수를 강조한 이유가 바로 이것입니다. 대응표본 티테스트와 같이 개체내 요인의 변수가 투입되는 경우 ID 변수를 통해 데이터의 정렬 방식이 어떻게 변해도 변수들이 서로 대응되는 사례를 찾을 수 있습니다.

```
> mydata_complete %>%
+    mutate(id=row_number()) %>%
+    pivot_longer(cols=Q14:Q15) %>%
+    arrange(name,value) %>%
+    arrange(id) %>% # 아이디 변수를 이용하면 실수할 가능성이 감소함
+    t.test(value ~ name,.,paired=T) %>%
+    tidy()
# A tibble: 1 × 8
```

```
  estimate statistic  p.value parameter conf.low conf.high method
     <dbl>     <dbl>    <dbl>     <dbl>    <dbl>     <dbl> <chr>
1     1.25      22.4 2.89e-80       573     1.14      1.36 Paired t-t…
# i 1 more variable: alternative <chr>
```

지금까지 두 변수들을 대상으로 대응표본 티테스트를 실시하는 방법에 대해 살펴보았습니다. 만약 여러 변수들을 대상으로 대응표본 티테스트를 반복하여 계산해야 하는 상황이라면 어떻게 할 수 있을까요? 구체적으로 예시데이터에서 Q14부터 Q18까지의 5개 변수들을 교차한다면 총 10회의 대응표본 티테스트를 실시해야 할 것입니다. 이러한 상황이라면 다음과 같은 방법을 고려해볼 수 있습니다.

먼저 일련의 대응표본 티테스트를 실시해야 할 변수들로 구성된 데이터를 하나 더 생성하고, 새로 생성된 데이터 변수들의 이름을 변경합니다. 여기서는 Q14부터 Q18까지의 변수들로 구성된 데이터를 myset1, myset2라는 이름으로 생성한 후, myset2의 변수들의 경우 변수이름의 알파벳 대문자를 소문자로 변경하였습니다. 이후 두 데이터셋을 하나로 합친 후, 대문자로 시작하는 변수들은 Q라는 이름을 갖는 긴 형태 데이터로 변환하고, 소문자로 시작하는 변수들을 q라는 이름을 갖는 긴 형태 데이터로 변환하였습니다. 또한 각 변수의 측정값은 각각 value_Q, value_q라는 이름으로 변환하였습니다. 이후 응답자 개별 아이디에 따라 데이터를 정렬하고(왜 이렇게 했는지에 대해서는 앞에서 사례를 통해 설명드린 바 있습니다), Q와 q의 수준을 교차한 후 총 25번의 대응표본 티테스트를 실시하였습니다.

```
> # Q14-Q18까지의 변수들을 대상으로 10회의 대응표본 티테스트 반복 실시
> myset1 <- mydata %>% select(Q14:Q18)
> myset2 <- mydata %>% select(Q14:Q18)
> names(myset2) <- str_to_lower(names(myset2))
> myset_paired_ttest <- bind_cols(myset1, myset2) %>%
+   mutate(id=row_number()) %>%
+   pivot_longer(cols=Q14:Q18,names_to="Q",values_to="value_Q") %>%
+   pivot_longer(cols=q14:q18,names_to="q",values_to="value_q") %>%
+   group_by(Q,q) %>%
+   arrange(id) %>%
```

```
+    group_modify(
+      ~tidy(
+        t.test(Pair(value_Q, value_q)~1, data=.)
+      )
+    )
```

이렇게 얻은 결과를 정리한 후, 다음과 같이 넓은 형태의 데이터로 전환하면 총 25차례 계산된 대응표본 티테스트 결과를 행렬 형태로 확인할 수 있습니다. 예를 들어 **Q14** 변수와 다른 네 변수들(Q15, Q16, Q17, Q18)과의 대응표본 티테스트 결과는 출력결과의 두 번째 세로줄에서 쉽게 확인할 수 있습니다.

```
> ttest_Interval_calculation(myset_paired_ttest,3) %>%
+   pivot_wider(names_from="q", values_from="report")
Adding missing grouping variables: `Q`, `q`
# A tibble: 5 × 6
# Groups:   Q [5]
  Q     q14                  q15               q16        q17    q18
  <chr> <chr>                <chr>             <chr>      <chr>  <chr>
1 Q14   NA                   t(573) = 22.394*** t(574) =… "t(5… "t(5…
2 Q15   "t(573) = -22.394***" NA                t(575) =… "t(5… "t(5…
3 Q16   "t(574) = -9.233***"  t(575) = 9.805*** NA         "t(5… "t(5…
4 Q17   "t(574) = -10.117***" t(574) = 17.707*** t(576) =… NA     "t(5…
5 Q18   "t(577) = -3.227** "  t(577) = 16.479*** t(579) =… "t(5…  NA
```

개인적 생각이지만, 대응표본 티테스트와 같이 개체 내 요인을 넓은 형태의 데이터로 추정해야 하는 경우 타이디버스 접근을 매우 조심스럽게 사용하는 것이 좋으며, 무엇보다 꼭 필요한 작업인지에 대해서 한 번 더 생각해볼 필요가 있습니다. 여러 개의 변수들 사이의 평균차이에 대해 대응표본 티테스트를 반복적으로 사용하고자 하는 경우에도 전통적인 R 베이스 관점을 택하는 것이 효율성은 조금 떨어지더라도 실수를 범할 가능성은 더 낮을 수 있습니다(하지만 이 경우 또 다른 문제가 발생합니다. 왜냐하면 반복적으로 티테스트를 사용하는 것 자체가 바람직하지 않기 때문입니다).

하지만 무엇보다 '데이터 과학'이라는 이름으로 다루는 연구에서는 대응표본 티테스트를 사용할 일이 많지 않습니다. 왜냐하면 대응표본 티테스트는 표본이 클 경우 그다지 유용한 방법이 아니기 때문입니다(물론 소규모 표본일 경우 분명히 유용합니다). 또한 유사한 데이터 분석 맥락에서 대응표본 티테스트 대신 혼합모형(mixed effects model) 혹은 다층모형(multi-level model)을 사용하는 것이 더 나은 경우가 적지 않기 때문입니다.[2]

이런 관점에서 본서에서는 짝지워진 여러 변수들에 반복적으로 대응표본 티테스트를 적용하는 방법에 대해서는 언급하지 않겠습니다. 혹시 이 부분이 필요하신 독자께서는 온라인 자료에 포함된 R 코드를 참조하시기 바랍니다. 또한 대응표본 티테스트와 같이 제공되는 그래프 작업은 이미 기술통계분석 부분에서 언급하였으니, 이 부분을 다시 참조하시기 바랍니다.

---

2   혼합모형 혹은 다층모형에 대해서는 최근 출간된 졸저(2018) 《R을 이용한 다층모형》을 참조하여 주시기 바랍니다.

# 티테스트

※ 아래의 두 문제들은 앞서 살펴본 상관계수 섹션의 연습문제에서 설명드렸던 변수들로 구성된 데이터를 사용하여주세요. 즉 아래의 두 문제들도 마찬가지로 연령 변수, 세대 변수, 정치적 이념성향 변수, 낙태 반대 태도의 네 변수를 다루고 있습니다.

**티테스트_문제_1:** 티테스트 결과 성별에 따라 낙태 반대 태도의 평균은 통계적으로 유의미한 차이가 있다고 할 수 있나요? 티테스트 결과를 알기 쉽게 설명해보세요.

**티테스트_문제_2:** 네 수준으로 구분된 각 세대별로 낙태 반대 태도가 성별에 따라 유의미한 차이를 보이고 있는지 티테스트를 실시해보시기 바랍니다. 어떤 세대(들)에서 성별에 따른 낙태 반대 태도의 평균차이가 나타났나요? 테스트 결과와 시각화 결과를 제시하고, 쉬운 말로 결과를 설명해보세요.

**티테스트_문제_3:** "data_student_class.xls" 데이터를 불러온 후, 아래에 제시된 조건에 맞도록 데이터를 사전처리해주세요.

- 조건 1: 데이터에서 기간, 지역, 학급당원아수 세 변수를 선별합니다.
- 조건 2: 이 중 2015년과 2016년 데이터만 선별합니다.
- 조건 3: 또한 지역의 변숫값이 "합계"라고 표시된 데이터는 제외합니다.

이렇게 사전처리된 데이터를 이용해 서울의 25개 구를 분석단위로 2015년의 유치원 학급당 원아수의 평균과 2016년의 유치원 학급당 원아수의 평균을 비교한 후, 그 차이가 통계적으로 유의미한 차이인지 티테스트를 이용하고자 합니다. 티테스트를 실시한 후, 그 결과를 쉬운 말로 설명해보세요. [주의할 것: 앞서 말씀드렸듯 티테스트에는 독립표본 티테스트와 대응표본 티테스트가 있습니다. 위의 사례에서는 어떤 티테스트를 사용하는 것이 타당할까요?]

## 01-3　카이제곱분석

　　카이제곱분석은 두 범주형 변수 사이의 연관관계를 살펴볼 때 사용하는 추리통계기법입니다(말을 조금 바꾸면, 특정 범주형 변수의 수준별로 다른 범주형 변수의 분포가 동일한지 여부를 테스트하는 추리통계기법이라고도 할 수 있습니다). 카이제곱분석 역시 앞서 소개했던 대응표본 티테스트와 같이 타이디버스 접근을 사용할 때 조금 주의하셔야 합니다. 왜냐하면 카이제곱분석에 사용하는 `chisq.test()` 함수에는 '교차표(crosstabulation)'가 투입되며, 교차표 형태의 데이터는 타이디버스 접근법에서는 긴 형태 데이터를, R 베이스 접근법에서는 넓은 형태 데이터를 사용하기 때문입니다. 이 차이만 유의한다면 `tidy()` 함수를 이용해 매우 효과적으로 카이제곱분석 결과를 요약·정리할 수 있습니다.

　　`chisq.test()` 함수의 작동방식을 이해하기 위해 먼저 R 베이스 상황에서 카이제곱분석을 실시해보겠습니다. 카이제곱분석의 실시사례로 "data_TESS3_131.sav" 데이터에서 성별(PPGENDER), 인종(PPETHM), 정치적 성향(IDEO)의 세 변수를 이용하겠습니다. 우선 해당 데이터에서 결측값을 정리한 후, 아래에서와 같이 성별 변수(남성, 여성), 인종 변수(백인, 비백인), 정치적 성향집단 변수(진보, 중도, 보수)와 같이 범주형 변수들을 준비했습니다. 끝으로 정치적 성향집단 변수에 등장하는 몇몇 결측값은 제거하였습니다.

```
> mydata <- data_131 %>%
+   mutate(across(
+     .cols=where(is.double),
+     .fns=function(x){ifelse(x < 0, NA, x)}
+   )) %>%
+   mutate(
+     libcon3=cut(IDEO,c(0,3,4,7),
+                 c("liberal","moderate","conservative")),
+     female=labelled(PPGENDER,c(male=1,female=2)),
+     white=ifelse(PPETHM==1,1,2),
+     white=labelled(white,c(white=1,nonwhite=2))
+   ) %>% select(libcon3,female,white) %>%
+   drop_na()
```

위의 **mydata**를 기반으로 count() 함수를 이용해 인종별 성별 변수와 정치적 성향집단 변수의 교차빈도표를 그려보면 다음과 같습니다. 기술통계분석에서 설명한 부분이 반복되기 때문에 별도의 설명을 제시하지는 않았습니다.

```
> # 빈도표 계산
> mydata %>%
+    count(white,female,libcon3) %>%
+    pivot_wider(names_from="libcon3", values_from="n")
# A tibble: 4 × 5
  white          female        liberal moderate conservative
  <dbl+lbl>      <dbl+lbl>        <int>    <int>        <int>
1 1 [white]      1 [male]            48       84           95
2 1 [white]      2 [female]         69       82           82
3 2 [nonwhite]   1 [male]            21       24           15
4 2 [nonwhite]   2 [female]         26       27           16
```

우선 R 베이스를 기반으로 카이제곱분석을 실시하는 것을 살펴보겠습니다. table() 함수를 이용해 두 변수의 교차표를 생성한 후, 이 교차표를 chisq.test() 함수에 투입하면 교차표에 배치된 두 범주형 변수의 상관관계의 통계적 유의미성을 테스트할 수 있습니다.

```
> # R 베이스를 이용한 카이제곱분석
> mytable<-table(mydata$female,mydata$libcon3)
> mytable

         liberal moderate conservative
  male        69      108          110
  female      95      109           98
> chisq.test(mytable)

    Pearson's Chi-squared test

data:  mytable
X-squared = 4.4397, df = 2, p-value = 0.1086
```

분석결과에 따르면 성별 변수와 정치적 성향집단 변수는 서로 상관관계가 없다고 볼 수 있습니다. 위의 결과 역시 다음과 같이 `tidy()` 함수를 이용해 추정결과를 정리할 수 있습니다.

```
> chisq.test(mytable) %>% tidy()
# A tibble: 1 × 4
  statistic p.value parameter method
      <dbl>   <dbl>     <int> <chr>
1      4.44   0.109         2 Pearson's Chi-squared test
```

타이디버스 접근을 적용하여 위의 결과를 얻기 위해서는 두 범주형 변수의 교차표를 `table()` 함수가 아닌 공식 형식을 적용한 `xtabs()` 함수를 이용해 얻어야 합니다. 빈도를 나타내는 변수와 해당 빈도의 교차조건을 나타내는 변수들을 아래와 같은 방식의 공식으로 적용하면 `xtabs()` 함수를 이용해 빈도표를 얻을 수 있습니다.

```
> # 2개의 범주형 변수들인 경우
> mydata %>%
+   xtabs(~female+libcon3, data=.) %>%
+   chisq.test() %>%
+   tidy()
# A tibble: 1 × 4
  statistic p.value parameter method
      <dbl>   <dbl>     <int> <chr>
1      4.44   0.109         2 Pearson's Chi-squared test
```

그렇다면 두 수준의 범주형 변수가 아니라 여러 수준의 범주형 변수인 경우에는 어떻게 하면 될까요? 앞서의 사례들과 마찬가지로 `group_by()` 함수와 함께, `tidy()` 함수를 `group_modify()` 함수에 반영하여 같이 사용하시면 됩니다. 예를 들어 응답자의 성별 변수 수준에 따라 정치적 성향집단 변수와 인종 변수가 통계적으로 유의미한 상관관계를 갖는지를 살펴보죠. 아래와 같이 먼저 `group_by()` 함수를 사용하여 응답자를 성별수준에 따라 구분한 후, `tidy()` 함수를 통해 정리된 카이제곱 테스트 결과를 group_ `modify()` 함수를 사용해 집단별로 구분하여 정리하면 됩니다.

```
> # 특정 범주형 변수의 수준에 따라 다른 범주형 변수들 사이의 카이제곱분석
> # 이를테면 만약 성별로 인종과 정치적 성향집단의 상관관계를 확인한다면?
> myresult <- mydata %>%
+   group_by(female) %>%
+   group_modify(
+     ~tidy(
+       xtabs(~white+libcon3, data=.) %>% chisq.test()
+     )
+   ) %>% print()
# A tibble: 2 × 5
# Groups:   female [2]
  female     statistic p.value parameter method
  <dbl+lbl>      <dbl>   <dbl>     <int> <chr>
1 1 [male]        7.42  0.0245        2 Pearson's Chi-squared test
2 2 [female]      3.69  0.158         2 Pearson's Chi-squared test
```

위의 결과 역시 원하는 방식으로 편집하여 사용하실 수 있습니다. 예를 들어 다음과 같은 방식으로 편집해볼 수도 있습니다.[3] 아래의 결과에서 우리는 남성 응답자의 경우 인종 변수와 정치적 성향집단 변수 사이에 통계적으로 유의미한 상관관계를 발견할 수 있지만, 여성 응답자의 경우 두 변수는 유의미한 상관관계를 갖지 않는 것을 알 수 있습니다.

```
> # 추가로 편집하면
> myresult %>%
+   mutate(
+     chi2=format(round(statistic,3),3),
+     mystar=cut(p.value,c(0,0.001,0.01,0.05,0.10,1),right=FALSE,
+              c("***","** ","*  ","+  ","   ")),
```

---

3   R에서 그리스 문자를 사용하거나(예를 들어 $\chi^2$과 같은 경우) 이탤릭체 표기를 하는 경우($p$) expression() 함수를 이용해야 합니다. 이 부분은 상당한 수준의 R 프로그래밍 능력이 요구되기 때문에 자주 사용되지 않기 때문에 별도의 설명을 제시하지 않겠습니다.

```
+       report=str_c("CHI2(",parameter,") = ",
+                    chi2,mystar)
+   ) %>% select(report)
Adding missing grouping variables: `female`
# A tibble: 2 × 2
# Groups:   female [2]
  female      report
  <dbl+lbl>   <chr>
1 1 [male]    "CHI2(2) = 7.418*   "
2 2 [female]  "CHI2(2) = 3.694    "
```

위에서는 남성과 여성으로 두 집단을 구분한 것에 불과했지만, 만약 집단을 구분하는 변수의 수준이 여러 개이거나 여러 변수들을 교차시킨 변수를 기준으로 구분했다고 가정 해보죠(이를테면 성별과 연령대를 교차하여, 20대 남성…과 같이 여러 집단으로 구분된 경우). 이런 경우 독자께서는 위와 같은 방식이 매우 효과적이고 효율적이라는 것에 동의하실 것입니 다.

# 카이제곱분석

※ 아래의 문제들에 해당되는 데이터는 "data_gss_panel06.dta" 데이터입니다.

**카이제곱_문제_1:** 우선 해당 데이터에서 sex_1, educ_1, astrosci_1 변수를 선별하신 후, 해당 변수 중 단 하나라도 결측값이 발견된 경우 데이터에서 제거하시기 바랍니다. 또한 educ_1 변수의 경우 [0, 12], [13, 15], [16, 20]의 세 수준으로 나누어 '교육수준'이라는 범주형 변수를 생성하시기 바랍니다. astrosci_1 변수는 "점성술이 과학적이라고 생각하는가?"에 대한 응답자의 응답을 담고 있습니다. 이 변수는 1로 코딩된 경우는 "매우 과학적"이라는 응답을 뜻하며, 2로 코딩된 경우는 "어느 정도 과학적"이라는 응답을, 3으로 코딩된 경우는 "전혀 과학적이 아님"이라는 응답을 뜻합니다. 이 변수에서 1과 2의 응답을 묶어 하나의 범주로 만든 후 '점성술에 대한 평가' 변수를 만들어보세요.

이렇게 사전처리된 변수들을 이용해 '성별' 변수와 '점성술에 대한 평가' 변수 사이의 관계와 '교육수준' 변수와 '점성술에 대한 평가' 변수 사이의 관계를 각각 카이제곱 테스트를 통해 통계적 유의도 테스트를 실시해보시기 바랍니다. 어떤 결과를 발견하셨나요?

**카이제곱_문제_2:** 다음으로 남성 응답자와 여성 응답자를 구분한 후, 각 응답자 집단에 대해 '교육수준' 변수와 '점성술에 대한 평가' 변수 사이의 관계가 통계적으로 유의미한 관계인지 카이제곱 테스트를 실시해보세요. 어떤 성별 집단에서 '교육수준' 변수와 '점성술에 대한 평가' 변수 사이의 관계가 더 강한 연관관계를 보이나요? 카이제곱 테스트 결과와 아울러 성별 집단별 두 변수의 연관관계를 쉽게 비교할 수 있는 그래프도 그려보세요. 독자 여러분 생각에 왜 성별에 따라 '교육수준' 변수와 '점성술에 대한 평가' 변수 사이의 연관관계의 강도(strength)가 다르게 나타났다고 생각하시나요?

지금까지 피어슨 상관계수, 티테스트, 카이제곱분석을 살펴보았습니다. 이들은 통계모형에 단 2개의 변수들만 투입되는 간단한 분석기법입니다. 이들 기법들은 간단하기 때문에 이해하기 쉽다는 장점이 있지만, 반대로 데이터가 크거나 복잡한 현상을 분석하고 모형화하는 데는 분명한 한계가 있습니다.

　　다음부터 살펴볼 분산분석(ANOVA)과 선형회귀모형 등에서는 하나의 종속변수를 설명하는 데 여러 개의 독립변수들을 모형에 투입합니다. 따라서 변수들의 보다 복잡한 관계를 모형화할 수 있으며, 따라서 여러 가지 모형추정 결과들이 산출됩니다. 다시 말해 앞에서 소개했던 `group_by()` 함수와 함께, `broom` 패키지의 `tidy()` 함수를 `group_modify()` 함수에 반영하여 같이 사용하시면 데이터 분석의 효율성이 매우 증대됩니다. 아울러 지금까지 소개하지 않았던 `modelr` 패키지 함수들을 이용해 복잡한 모형의 추정결과를 효율적으로 시각화하는 방법도 소개하도록 하겠습니다.

CHAPTER

# 02

# 분산분석(ANOVA)과 공분산분석 (ANCOVA)

앞서 다룬 독립표본 티테스트의 경우 2개 집단의 평균을 비교할 수 있지만, 범주형 변수의 수준이 세 수준 혹은 그 이상인 경우 사용하기 어렵습니다. 물론 독립표본 티테스트를 반복적으로 사용할 수도 있지만, 분석의 효율성이 떨어지며 통계적 유의도 수준과 관련된 염려[흔히 족내 오차(familywise error)라고 알려져 있습니다]로 인해 권장되지 않고 있습니다. 범주형 변수의 수준이 세 수준 혹은 그 이상일 때 연속형 변수인 종속변수의 평균을 비교하는 추리통계기법으로 흔히 분산분석(ANOVA, analysis of variance)이 사용됩니다. 만약 분산분석에 흔히 공변량(covariate)이라고 불리는 변수를 추가로 통제할 경우, 공분산분석(ANCOVA, analysis of covariance)이라고 불립니다.

분산분석과 공분산분석의 실제 사례를 살펴보겠습니다. 우선 아래와 같이 "data_TESS3_131.sav" 데이터를 불러온 후, 결측값을 처리하도록 하겠습니다. 이 데이터에서 STUDY2_ASSIGN 변수는 총 5개의 수준을 갖고 있습니다.

```
> data_131 <- read_spss("data_TESS3_131.sav")
> # 음수로 입력된 변숫값은 결측값
> mydata <- data_131 %>%
+   mutate(across(
+     where(is.double),
```

```
+        .fns=function(x){ifelse(x<0,NA,x)}
+   ))
> # 2번째 실험의 경우 5개 실험집단입니다.
> mydata %>% count(STUDY2_ASSIGN)
# A tibble: 5 × 2
  STUDY2_ASSIGN       n
          <dbl> <int>
1             1   119
2             2   114
3             3   112
4             4   119
5             5   129
```

　해당 변수에 적합한 라벨을 붙였습니다. 5개의 집단 중 마지막 집단에 배치된 응답자는 'DREAM 법안(act)'이라는 가상의 이민자 관련 법안의 배경만 제시하였습니다. 그러나 1~4번에 배치된 응답자는 해당 법안의 배경과 함께 이 법안의 긍정적−부정적 속성을 추가로 언급하였으며, 또한 민주당과 공화당이 각각 어떤 입장을 취하고 있는지에 대해서도 추가설명하였습니다. 1번 집단에 배치된 응답자는 해당 법안의 긍정적 속성을 제시받으면서 공화당과 민주당이 서로 대립하고 있다는 상황을 접하였으며, 2번 집단에 배치된 응답자는 해당 법안의 긍정적 속성을 제시받으면서 공화당과 민주당이 비슷한 입장을 취하고 있다는 상황을 접했습니다. 반면 3번 집단에 배치된 응답자는 해당 법안의 부정적 속성을 제시받으면서 공화당과 민주당이 서로 대립하고 있다는 상황을, 4번 집단에 배치된 응답자는 해당 법안의 부정적 속성 정보와 함께 공화당과 민주당이 서로 유사한 입장이라는 상황을 접하였습니다. 2번째 실험처치방법에 대해서는 온라인 자료 중 "TESS 131 Leeper Survey.docx"를 참조하시기 바랍니다. 원래 데이터에서는 통제집단이 다섯 번째 순서의 값을 갖지만, 제 경우 첫 번째 순서의 값을 갖도록 재배치하였습니다.

```
> # 변수의 라벨 작업
> mydata <- mydata %>%
+   mutate(
+     treat2=labelled(STUDY2_ASSIGN,
+                        c(pro_cue_y_pol=1,
+                          pro_cue_n_pol=2,
+                          con_cue_y_pol=3,
+                          con_cue_n_pol=4,
+                          control=5)),
+     treat2=fct_relevel(as_factor(treat2),"control")
+   )
```

분산분석을 실시하기에 앞서 5개의 실험조건별로 종속변수인 **Q6** 변수(메시지를 통해 접한 DREAM 법안에 대한 지지 정도)의 평균을 살펴보겠습니다(리커트 7점 척도로 측정되었으며, 7점에 가까울수록 지지 정도가 강합니다). 평균과 평균의 95% CI를 시각화시킨 결과는 아래와 같습니다.

```
> # 기술통계분석 및 시각화
> myresult <- mydata %>%
+   group_by(treat2) %>%
+   summarize(mn=mean(Q6, na.rm=T),
+             ci=Confidence_Interval_calculation(Q6, 0.95))
> myresult %>%
+   ggplot(aes(x=treat2,y=mn))+
+   geom_point(size=3)+
+   geom_errorbar(aes(ymin=mn-ci,ymax=mn+ci),width=0.05)+
+   labs(x="Groups",
+        y="Support for the DREAM act (7, stronger support)")+
+   scale_x_discrete(labels=c("Control","Pro-cue with\nparty polarization",
+                             "Pro-cue without\nparty polarization",
+                             "Con-cue with\nparty polarization",
+                             "Con-cue without\nparty polarization"))+
+   coord_cartesian(ylim=c(2.5,5.5)
```

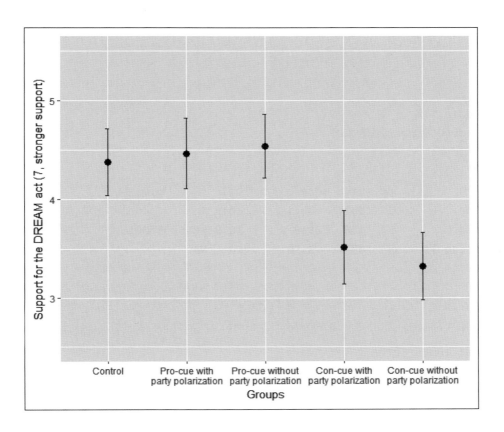

이제 분산분석을 실시해보겠습니다. 분산분석은 aov() 함수를 이용하며, 마찬가지로
"종속변수 ~ 독립변수"와 같은 방식의 공식이 투입됩니다. summary() 함수를 이용하면
추정된 분산분석 결과를 확인할 수 있습니다.

```
> # ANOVA
> mydata %>%
+   aov(Q6~treat2,.) %>%
+   summary()
            Df Sum Sq Mean Sq F value  Pr(>F)
treat2       4  155.6   38.91   10.82 1.8e-08 ***
Residuals  584 2099.0    3.59
---
Signif. codes:  0 '***' 0.001 '**' 0.01 '*' 0.05 '.' 0.1 ' ' 1
4 observations deleted due to missingness
```

분산분석의 결과 역시 broom 패키지의 tidy() 함수를 이용하면 깔끔하게 정리됩니다.

```
> mydata %>%
+   aov(Q6~treat2,.) %>%
+   tidy()
# A tibble: 2 × 6
  term          df sumsq meansq statistic     p.value
  <chr>      <dbl> <dbl>  <dbl>     <dbl>       <dbl>
1 treat2         4  156.   38.9      10.8 0.0000000180
2 Residuals    584 2099.    3.59       NA   NA
```

위의 분석결과에서 알 수 있듯 5개 집단들의 Q6 변수의 평균값을 비교한 결과, 최소한 쌍(at least one pair) 이상에서 통계적으로 유의미한 평균차이를 발견할 수 있었습니다 $[F(4, 584)=10.83, p<.001]$.

하지만 위의 결과는 핵심적인 정보를 제공해주지는 못합니다. 왜냐하면 구체적으로 어떤 평균값이 서로 다른 것인지 알 수 없기 때문입니다. 각 수준별 평균차이를 살펴보기 위해 흔히 사후비교(post hoc comparison)를 실시합니다. 많이 사용되는 뚜끼의 HSD(honest significance difference) 사후비교 기법을 적용해보겠습니다. 마찬가지로 tidy() 함수를 사용하면 매우 유용합니다. 아래를 보시죠.

```
> # 사후비교의 경우도 타이디데이터로 정리
> mydata %>%
+   aov(Q6~treat2,.) %>%
+   TukeyHSD(.,which="treat2") %>%
+   tidy() %>%
+   filter(adj.p.value < .05) #통계적으로 유의미한 차이를 보이는 쌍(pair)은?
# A tibble: 6 × 7
  term   contrast    null.value estimate conf.low conf.high adj.p.value
  <chr>  <chr>            <dbl>    <dbl>    <dbl>     <dbl>       <dbl>
1 treat2 con_cue_y...         0   -0.861    -1.53    -0.189     0.00449
2 treat2 con_cue_n...         0   -1.06     -1.72    -0.395     0.000141
3 treat2 con_cue_y...         0   -0.948    -1.64    -0.261     0.00166
```

```
4 treat2 con_cue_n...        0    -1.14    -1.82    -0.467    0.0000447
5 treat2 con_cue_y...        0    -1.02    -1.71    -0.330    0.000576
6 treat2 con_cue_n...        0    -1.22    -1.90    -0.536    0.0000127
```

위의 결과와 앞서 제시된 평균과 평균의 95% CI 그래프를 비교해보면 어떤 집단들이
서로 통계적으로 유의미한 평균차이를 보이는지 쉽게 확인하실 수 있습니다. 즉 통제집
단, DREAM 법안의 긍정적 속성을 제시한 두 집단들의 평균이 DREAM 법안의 부정적
속성을 제시한 두 집단들의 평균에 비해 유의미하게 높은 값을 갖고 있습니다. 앞서 제
시한 그래프에 분산분석 사후비교 결과를 같이 시각화하여 제시해보겠습니다(즉 통계적으
로 유의미하게 다른 두 집단으로 범주형 변수의 수준별 평균과 평균의 95% CI 막대기들을 다른 색으로
표시).

```
> # 사후비교 결과를 이용 시각화를 조금 더 개선
> # 5개 집단을 평균차이가 명확하게 나타나는 집단에 따라 구분함
> # A/B 집단을 구분하여 시각화
> myresult <- myresult %>%
+     mutate(
+       posthoc=as.factor(c(rep('A',3),rep('B',2)))
+     )
> myresult %>%
+     ggplot(aes(x=treat2,y=mn,color=posthoc))+
+     geom_point(size=3)+
+     geom_errorbar(aes(ymin=mn-ci,ymax=mn+ci),width=0.05)+
+     labs(x="Groups",
+          y="Support for the DREAM act (7, stronger support)",
+          color="Grouping based on Tukey's HSD")+
+     scale_x_discrete(labels=c("Control","Pro-cue with\nparty polarization",
+                               "Pro-cue without\nparty polarization",
+                               "Con-cue with\nparty polarization",
+                               "Con-cue without\nparty polarization"))+
+     coord_cartesian(ylim=c(2.5,5.5))+
+     theme(legend.position="top")
```

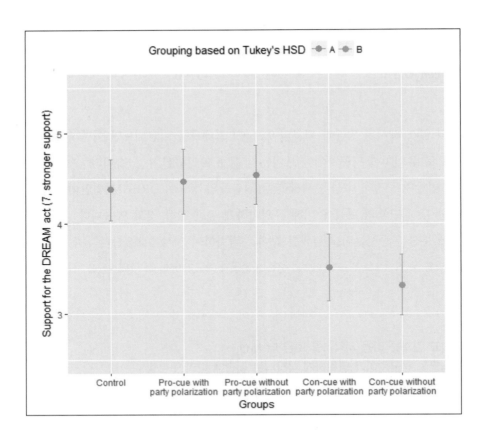

연구자에 따라 사후비교가 아니라 계획비교(planned contrast)를 실시하고자 할 수 있습니다. 예를 들어 통제집단을 고려하지 않은 채, DREAM 법안에 대한 부정적 속성을 언급한 2집단들과 긍정적 속성을 언급한 2집단들의 평균을 비교할 수 있습니다. 이 경우 연구자가 원하는 비교코딩(contrast coding) 계획을 먼저 수립해야 합니다. `treat2` 변수에 대해 다음과 같은 비교코딩 계획을 적용하여 계획비교를 실시해봅시다. 참고로 아래의 계획비교는 다음과 같은 귀무가설을 테스트한 것입니다.

$$H_0 : 0 \times M_1 + M_2 + M_3 = M_4 + M_5$$

$M_1$ : control group

$M_2$: Pro-cue with party polarization

$M_3$: Pro-cue without party polarization

$M_4$: Con-cue with party polarization

$M_5$: Con-cue without party polarization

```
> mydata %>%
+   aov(Q6~treat2,data=.,contrasts=list(treat2=mycontrast)) %>%
+   tidy()
# A tibble: 2 × 6
  term          df sumsq meansq statistic  p.value
  <chr>      <dbl> <dbl>  <dbl>     <dbl>    <dbl>
1 treat2         1  136.   136.      37.5  1.64e-9
2 Residuals    587 2119.    3.61       NA  NA
```

위의 결과에서 **treat2** 변수의 자유도에 주목하시기 바랍니다. 자유도가 1이 나온 것을 확인하실 수 있을 것입니다. 다시 말해 위와 같은 방식의 비교코딩을 적용한 결과 $F(1, 587)=37.54$, $p<.001$의 값을 얻어, 긍정적 속성의 정보를 받은 집단들은 부정적 속성의 정보를 받은 집단들에 비해 DREAM 법안에 대한 지지수준이 통계적으로 유의미하게 더 높게 나타난 것을 발견할 수 있습니다.

공변량이 추가로 투입된 공분산분석은 분산분석과 크게 다르지 않습니다. 위의 분산분석 모형에 정치적 성향(**IDEO** 변수)을 공변량으로 추가 투입한 공분산분석 결과는 아래와 같습니다.

```
> mydata %>%
+   aov(Q6~treat2+IDEO,.) %>%
+   tidy()
# A tibble: 3 × 6
  term          df sumsq meansq statistic  p.value
  <chr>      <dbl> <dbl>  <dbl>     <dbl>    <dbl>
1 treat2         4  156.   39.1      13.1  3.12e-10
2 IDEO           1  371.  371.      124.    2.72e-26
3 Residuals    579 1727.    2.98       NA  NA
```

그러나 공분산분석과 분산분석의 결과를 그래프로 시각화하는 것은 다릅니다. 분산분석의 경우 범주형 변수 수준별 종속변수의 단순평균(simple mean)과 단순평균의 95% CI를 그리면 되었지만, 공분산분석의 경우 추가로 통제된 공변량의 수준에 따라 종속변수의 모형예측값(predicted value)이 달라지기 때문에 그래프 작업에 단순평균이 아닌 조정된 평균(adjusted mean)을 사용해야 합니다. 조정된 평균을 계산할 때는 공변량의 값을 평균 값으로 가정하며, 범주형 변수의 수준에 따라 이렇게 얻은 조정된 평균값과 이에 따른 95% CI를 그래프에 제시하는 것이 보통입니다(만약 범주형 변수가 공변량으로 투입된 경우 보통 가장 빈도수가 높은 수준을 기준으로 삼습니다). 하지만 연구자의 관점, 혹은 연구맥락에 따라 공변량의 수준을 별도로 지정하기도 합니다.

공변량의 값이 특정 수준인 경우 종속변수의 예측값을 구하는 과정은 **modelr** 패키지 덕분에 매우 쉬워졌습니다. 아래에 특정 조건에서의 종속변수의 예측값을 구하는 방법을 제시하였습니다. **modelr** 패키지의 **data_grid()** 함수와 **add_predictions()** 함수를 이용하면 매우 유용합니다. 종속변수 예측값을 구하는 과정은 크게 3단계입니다. 첫째, 예측값을 얻기 위한 최종 모형을 확정한 후, 별도의 오브젝트로 저장합니다. 둘째, **data_grid()** 함수를 이용해 연구자가 원하는 독립변수의 수준을 지정합니다. 독립변수 다음에 특정한 값을 지정하면 해당 독립변수는 지정된 값으로 '상수'화되며, 별도의 특정값을 지정하지 않으면 독립변수의 모든 수준들이 설정됩니다. 셋째, 끝으로 **add_predictions()** 함수에 첫 번째 단계에서 확정한 모형을 입력하면 지정된 모형에 기반한 종속변수의 예측값을 얻을 수 있습니다.

```
> # ANCOVA 모형기반 종속변수 예측값 추정 및 시각화
> library("modelr")  # data_grid(), add_predictions() 함수
> # 1단계
> my_ANCOVA <- mydata %>% lm(Q6~treat2+IDEO,.)
> mygrid <- mydata %>%
+   drop_na(Q6,treat2,IDEO) %>%
+   data_grid(treat2,IDEO=mean(mydata$IDEO,na.rm=T)) %>% # 2단계
+   add_predictions(my_ANCOVA)  # 3단계
> mygrid
# A tibble: 5 x 3
  treat2         IDEO  pred
  <fct>         <dbl> <dbl>
1 control        4.14  4.28
2 pro_cue_y_pol  4.14  4.47
3 pro_cue_n_pol  4.14  4.62
4 con_cue_y_pol  4.14  3.49
5 con_cue_n_pol  4.14  3.34
```

위의 결과를 막대그래프로 시각화하면 아래와 같습니다.

```
> mygrid %>%
+   ggplot(aes(x=treat2,y=pred))+
+   geom_bar(stat="identity")+
+   labs(x="Groups",
+       y="Support for the DREAM act
+       (7, stronger support, covariate is assumed at its mean)")+
+   scale_x_discrete(labels=c("Control","Pro-cue with\nparty polarization",
+                             "Pro-cue without\nparty polarization",
+                             "Con-cue with\nparty polarization",
+                             "Con-cue without\nparty polarization"))+
+   coord_cartesian(ylim=c(2.5,5.5))
```

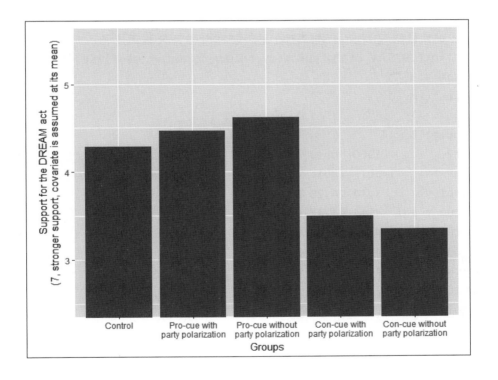

아쉽지만 현재의 **modelr** 패키지(version 0.1.11)의 **add_predictions()** 함수에서는
모형의 예측값만 추정됩니다. 즉 조정된 평균값은 물론 조정된 평균값의 95% CI를 같이

시각화하고 싶다면 아래와 같이 조금 더 번거로운 수작업을 진행해야 합니다. 아마 modelr 패키지의 버전이 개선되면 add_predictions() 함수에 평균의 표준오차(SE)나 신뢰구간(CI)을 깔끔하게 계산해주는 옵션들이 추가될 것으로 기대합니다. 하지만 mutate() 함수와 predict() 함수를 병행하여 사용하면 95% CI를 시각화하기 어렵지는 않습니다.

```
> # 95% CI를 같이 그리는 경우는 조금 복잡
> # 아마 broom 패키지 버전이 업그레이드되면 해소될 것
> mygrid <- mydata %>%
+   drop_na(Q6,treat2,IDEO) %>%
+   data_grid(treat2,IDEO=mean(mydata$IDEO,na.rm=T)) %>% # 2단계
+   mutate(
+     pred=predict(my_ANCOVA,newdata=.),
+     my_df=predict(my_ANCOVA,newdata=.,se=T)$df,
+     # 95% 신뢰구간 기준, 다른 조건인 경우 .975의 값 조정 필요
+     ci=qt(.975,my_df)*predict(my_ANCOVA,newdata=.,se=T)$se.fit
+   ) %>% # 3단계
+   select(-my_df)
> mygrid
# A tibble: 5 x 4
  treat2        IDEO  pred    ci
  <fct>        <dbl> <dbl> <dbl>
1 control       4.14  4.28 0.303
2 pro_cue_y_pol 4.14  4.47 0.314
3 pro_cue_n_pol 4.14  4.62 0.321
4 con_cue_y_pol 4.14  3.49 0.322
5 con_cue_n_pol 4.14  3.34 0.311
> mygrid %>%
+   ggplot(aes(x=treat2,y=pred))+
+   geom_point(size=3)+
+   geom_errorbar(aes(ymin=pred-ci,ymax=pred+ci),width=0.05)+
+   labs(x="Groups",y="Support for the DREAM act
+         (7, stronger support, covariate is assumed at its mean)")+
+   scale_x_discrete(labels=c("Control","Pro-cue with\nparty polarization",
+                             "Pro-cue without\nparty polarization",
```

```
+                                    "Con-cue with\nparty polarization",
+                                    "Con-cue without\nparty polarization"))+
+    coord_cartesian(ylim=c(2.5,5.5))+
+    theme(legend.position="top")
```

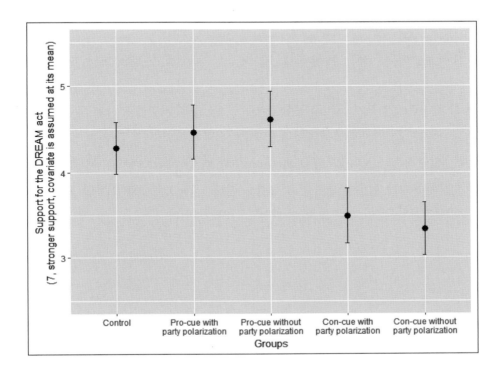

만약 공변량에 투입된 변수를 연구자가 원하는 특정한 값으로 지정할 경우 다음과 같이 하면 됩니다. 예를 들어 **IDEO** 변수의 값이 7, 즉 강한 보수적 성향인 경우로 지정하면 그 값은 다음과 같습니다. 독자께서는 종속변수의 예측값이 달라진 것을 확인하실 수 있을 것입니다.

```
> # 만약 IDEO = 7(강한 보수적 성향)인 경우, 예측값은?
> mygrid2 <- mydata %>%
+    drop_na(Q6,treat2,IDEO) %>%
+    data_grid(treat2,IDEO=7) %>% # 2단계
+    add_predictions(my_ANCOVA)  # 3단계
> mygrid2
```

```
# A tibble: 5 x 3
  treat2         IDEO  pred
  <fct>         <dbl> <dbl>
1 control        7.00  2.75
2 pro_cue_y_pol  7.00  2.93
3 pro_cue_n_pol  7.00  3.08
4 con_cue_y_pol  7.00  1.96
5 con_cue_n_pol  7.00  1.81
```

독자께 한 가지만 상기시켜 드리고 분산분석과 공분산분석 기법을 이용한 모형추정과 추정결과의 시각화를 마무리하겠습니다. 일반화선형모형이라는 점에서 ANOVA, ANCOVA는 일반최소자승 회귀모형[OLS(ordinary least squares) regression model]과 동일합니다. 다시 말해 aov() 함수를 이용한 모형추정 결과는 lm() 함수를 이용한 모형추정 결과로 언제든 전환할 수 있으며, 그 반대 과정도 마찬가지입니다.

연습문제 Exercise 　　　　　# 분산분석

**분산분석_문제_1 :** "data_TESS3_131.sav" 데이터를 이용해 문제에 답하세요. 해당 데이터의 **STUDY3_ASSIGN** 변수는 범주형 변수이며, 아래와 같이 총 4개의 수준으로 구성되어 있습니다.

1 = treatment local

2 = control local

3 = treatment distant

4 = control distant

여기서 treatment/control은 메시지 실험처치의 종류를 의미합니다. 간단히 설명드리면, 응답자에게 백인우월주의자인 '아리안 민족(Aryan Nation)'이라는 단체가 시위를 벌이려고 한다는 내용만 전달된 집단에 배치된 응답자는 control의 값을, 그리고 추가적으로 해당 단체의 시위가 보안상의 문제를 일으킬 수 있기에 금지되어야 한다는 의견과 동시에 '표현의 자유'를 보장하기 위해 허가되어야 한다는 의견을 동시에 제시받은 응답자는 treatment의 값을 부여받았습니다.

또한 local/distant는 백인우월주의자의 시위가 벌어지는 장소가 응답자가 현재 거주하고 있는 도시에서 벌어진다는 메시지를 받은 경우는 local의 값이, 현재 거주지에서 멀리 떨어진 다른 도시에서 벌어진다는 메시지를 받은 경우에는 distant의 값이 부여되었습니다.

즉 **STUDY3_ASSIGN** 변수는 '실험처치여부' 그리고 시위지역과 응답자 거주지역의 '거리'라는 2개의 변수로 구성된 변수입니다.

그리고 **Q10** 변수는 메시지 실험처치 후, 응답자에게 백인우월주의자의 시위가 허가되어야 하는가에 대한 의견을 리커트 7점 척도로 측정하였습니다(7에 가까울수록 시위를 허가해야 한다고 생각하는 것으로 코딩되었습니다. 또한 [1, 7]의 범위에서 벗어난 관측값은 결측값입니다).

**Q10** 변수를 종속변수로 '실험처치여부' 그리고 시위지역과 응답자 거주지역의 '거리'라는 2개의 변수로 투입한 2원 분산분석을 실시한 후(독립변수의 주효과와 상호작용효과 모두 투입하시기 바랍니다), 그 결과를 알기 쉬운 말로 설명해보세요.

**분산분석_문제_2**: '분산분석_문제_1'에 이어 REL1 변수와 REL2 변수를 다음과 같이 추가로 사전처리해보세요. 응답자의 종교를 측정한 REL1 변수에서 "Baptist-any denomination", "Protestant(e.g., Methodist, Lutheran, Presbyterian, Episcopal)", "Catholic", "Other Christian", "Other non-Christian", "None"이라고 응답한 응답자들만 선별하세요. 다음으로 응답자가 얼마나 자주 종교기관을 방문하는지를 나타내는 REL2 변수를 '비종교적인 사람("Never", "Once a year or less")'과 '종교적인 사람("More than once a week", "Once a week", "Once or twice a month", "A few times a year")'으로 구분하여 리코딩해보세요. 이후 Q10 변수를 종속변수로 '실험처치 여부' 그리고 시위지역과 응답자 거주지역의 '거리', '종교성(종교기관 방문빈도)'라는 3개의 변수로 투입한 3원 분산분석을 실시한 후(독립변수의 주효과와 2원 상호작용효과, 3원 상호작용효과 모두 투입하시기 바랍니다), 그 결과를 알기 쉬운 말로 설명해보세요. 만약 흥미로운 결과를 발견했다면 분석결과 역시 시각화해보시기 바랍니다.

CHAPTER

# 03

# 회귀분석: 종속변수가 정규분포를 갖는 경우

OLS 회귀분석은 종속변수가 정규분포를 갖는다고 가정할 경우 사용하는 회귀분석입니다. 바로 직전에 말씀드렸지만, ANOVA 추정결과는 OLS 회귀분석 추정결과와 언제든 서로 교환될 수 있습니다. 앞에서 살펴보았던 ANOVA 모형과 ANCOVA 모형을 OLS 회귀모형으로 전환해보겠습니다. 먼저 `lm()` 함수를 이용하여 ANOVA 추정결과를 OLS 추정결과로 전환해보겠습니다.

```
> # 사실 ANOVA/ANCOVA = OLS
> mydata %>%
+     aov(Q6~treat2,.) %>%
+     lm() %>%
+     summary()

Call:
lm(formula = .)

Residuals:
    Min      1Q  Median      3Q     Max
-3.5351 -1.4615  0.4649  1.5385  3.6807

Coefficients:
                Estimate Std. Error t value Pr(>|t|)
(Intercept)      4.37500    0.16757  26.108  < 2e-16 ***
```

```
treat2pro_cue_y_pol    0.08654      0.24249      0.357 0.721311
treat2pro_cue_n_pol    0.16009      0.24415      0.656 0.512276
treat2con_cue_y_pol   -0.86149      0.24589     -3.504 0.000494 ***
treat2con_cue_n_pol   -1.05567      0.24142     -4.373 1.45e-05 ***
---
Signif. codes:  0 '***' 0.001 '**' 0.01 '*' 0.05 '.' 0.1 ' ' 1

Residual standard error: 1.896 on 584 degrees of freedom
  (4 observations deleted due to missingness)
Multiple R-squared:  0.06903,    Adjusted R-squared:  0.06265
F-statistic: 10.83 on 4 and 584 DF,  p-value: 1.798e-08
```

OLS의 출력결과는 크게 두 파트입니다. 첫 번째 파트는 "Coefficients:"라고 불리는 회귀계수 추정치이며, 두 번째 파트는 R-squared라는 이름의 회귀모형에 대한 모형적합도 지수 관련 부분입니다. 회귀분석의 경우 결과를 관리하고 저장할 때 사용했던 tidy() 함수를 이용해 회귀계수 추정치를 저장하며, glance() 함수를 이용해 모형적합도 지수 관련 부분을 저장합니다. 즉 위의 OLS 모형추정 결과는 다음과 같이 추정할 수 있습니다.

```
> # OLS 추정결과 정리
> lm(Q6~treat2,mydata) %>% tidy()
# A tibble: 5 × 5
  term                 estimate std.error statistic   p.value
  <chr>                   <dbl>     <dbl>     <dbl>     <dbl>
1 (Intercept)              4.38     0.168      26.1  3.71e-100
2 treat2pro_cue_y_pol    0.0865     0.242     0.357  7.21e- 1
3 treat2pro_cue_n_pol     0.160     0.244     0.656  5.12e- 1
4 treat2con_cue_y_pol    -0.861     0.246     -3.50  4.94e- 4
5 treat2con_cue_n_pol    -1.06      0.241     -4.37  1.45e- 5
> lm(Q6~treat2,mydata) %>% glance(.)
# A tibble: 1 × 12
  r.squared adj.r.squared sigma statistic  p.value    df logLik   AIC
      <dbl>         <dbl> <dbl>     <dbl>    <dbl> <dbl>  <dbl> <dbl>
1    0.0690        0.0627  1.90      10.8  1.80e-8     4 -1210. 2432.
# i 4 more variables: BIC <dbl>, deviance <dbl>, df.residual <int>,
#   nobs <int>
```

회귀계수를 추정한 결과는 동일합니다만, 모형적합도의 경우 summary() 함수를 사용해서 확인한 결과 외에 다른 지수들(이를테면 logLik, AIC, BIC, deviance 등)도 보고됩니다(해당 지수들의 경우 다음 섹션에서 소개할 종속변수에 대해 정규분포를 가정하기 어려운 회귀모형에서 매우 귀중하게 사용되는 모형적합도 지수들입니다. 해당 지수를 어떻게 이해할 수 있는지에 대해서는 다음 섹션을 참고하시기 바랍니다). 일단 OLS에서는 r.squared($R^2$)와 adj.r.squared($R^2_{adj}$)만 살펴보도록 하겠습니다.

　절편은 모든 독립변수의 값이 0인 경우 예측된 종속변수의 값을 의미합니다. 위의 결과에서는 통제집단을 기준으로 각 실험집단들을 비교하였기 때문에 절편값인 4.375는 통제집단의 종속변수 예측값을 의미합니다. 앞에서 제가 treat2 변수를 생성할 때 왜 통제집단을 다섯 번째 집단에서 첫 번째 집단으로 바꾸었는지 이해하실 수 있을 것입니다. 왜냐하면 기준이 되는 집단을 첫 번째 집단으로 설정할 경우 회귀분석 결과를 해석하기 쉽기 때문입니다. treat2~로 시작하는 변수들은 통제집단을 기준으로 해당 실험집단의 종속변수 예측값이 얼마나 차이가 나는지, 그리고 그 차이값이 통계적으로 유의미한 차이값이라고 볼 수 있는지 테스트한 것입니다. 즉 DREAM 법안에 대해 긍정적 정보를 담으며 '두 정당의 대립을 언급한 집단'(pro_cue_y_pol)과 '두 정당의 대립을 언급하지 않은 집단'(pro_cue_y_pol)의 경우 통제집단의 종속변수 예측값인 4.375에 비해 크게 다르지 않은 종속변수 예측값을 보였지만, 법안에 대한 부정적 정보를 담은 경우 통제집단에 비해 통계적으로 유의미하게 낮은 예측값을 보인 것을 확인할 수 있습니다. 또한 glance() 함수 결과에서 나타나듯 분석에 투입된 4개의 독립변수로 종속변수인 Q6 분산 중 약 6.9%를 설명할 수 있습니다. $R^2_{adj}$(adj.r.squared)은 독립변수의 수를 조정한 후 계산된 $R^2$입니다.

　분산분석과 마찬가지로 공분산분석도 OLS 회귀분석 결과로 전환할 수 있습니다.

```
> # ANCOVA 역시도 마찬가지
> my_ancova <- mydata %>%
+    aov(Q6~treat2+IDEO,.) %>%
+    lm()
> tidy(my_ancova)
> my_ancova <- mydata %>%
+    aov(Q6~treat2+IDEO,.) %>%
+    lm()
```

```
> tidy(my_ancova)
# A tibble: 6 × 5
  term                 estimate std.error statistic   p.value
  <chr>                   <dbl>     <dbl>     <dbl>     <dbl>
1 (Intercept)              6.51    0.245      26.6   2.83e-102
2 treat2pro_cue_y_pol      0.184   0.222       0.831 4.06e-  1
3 treat2pro_cue_n_pol      0.333   0.225       1.48  1.39e-  1
4 treat2con_cue_y_pol     -0.788   0.225      -3.50  4.94e-  4
5 treat2con_cue_n_pol     -0.941   0.221      -4.26  2.41e-  5
6 IDEO                    -0.536   0.0481    -11.2   2.72e- 26
> glance(my_ancova)
# A tibble: 1 × 12
  r.squared adj.r.squared sigma statistic  p.value    df logLik   AIC
      <dbl>         <dbl> <dbl>     <dbl>    <dbl> <dbl>  <dbl> <dbl>
1     0.234         0.227  1.73      35.4 1.35e-31     5 -1147. 2308.
# i 4 more variables: BIC <dbl>, deviance <dbl>, df.residual <int>,
#   nobs <int>
```

현재 공변량으로 투입된 **IDEO** 변수는 연속형 변수이며, 회귀계수인 "−.536"은 **IDEO** 변수가 1단위 증가하면, 다른 독립변수들의 효과를 통제하였을 때, **Q6**의 예측값이 약 .536점 감소하는데, 이 감소분은 통계적으로 유의미하다는 것을 나타냅니다. 또한 `r.squared` 값에서 알 수 있듯, 위의 ANCOVA 모형은 종속변수의 분산을 약 23.4%가량 설명하고 있습니다.

하지만 그냥 지나치지 말아야 할 것은 '절편'입니다. 앞서 설명드렸듯, 절편은 투입된 독립변수들이 모두 0인 경우 종속변수의 예측값입니다. 다시 말해 절편값인 6.505는 **IDEO** 변수의 값이 0이면서 **treat2** 변수의 수준이 통제집단인 경우의 **Q6**의 예측된 평균입니다. 하지만 곰곰이 생각해보면 매우 이상하다는 것을 느끼실 것입니다. 왜냐하면 **IDEO** 변수의 범위는 1−7이며, 절대로 0이 나올 수 없기 때문입니다. 즉 위의 회귀분석 추정결과는 매우 비현실적입니다. 회귀모형 추정결과를 보다 현실적으로, 그리고 보다 쉽게 해석할 수 있도록 하기 위해 사용되는 방법이 연속형 독립변수의 '평균중심화변환(mean centering)'입니다. 앞서 ANCOVA 모형추정 결과를 시각화할 때 공변량의 값을 평균값으로 설정한 것을 기억하고 계실 것입니다. 즉 평균중심화변환은 연속형 독립변수에서 해당 독립변수의 평균을 빼주는 방식으로 연속형 독립변수를 리코딩하는 것을 뜻합니다. 평균중심화변환을 실시하면 위의 결과가 어떻게 바뀌는지 살펴보시죠.

```
> tidy(my_ols_MC)
# A tibble: 6 × 5
  term               estimate std.error statistic  p.value
  <chr>                 <dbl>     <dbl>     <dbl>    <dbl>
1 (Intercept)            4.28    0.154     27.8   1.30e-108
2 treat2pro_cue_y_pol    0.184   0.222      0.831 4.06e-  1
3 treat2pro_cue_n_pol    0.333   0.225      1.48  1.39e-  1
4 treat2con_cue_y_pol   -0.788   0.225     -3.50  4.94e-  4
5 treat2con_cue_n_pol   -0.941   0.221     -4.26  2.41e-  5
6 IDEO2                 -0.536   0.0481    -11.2   2.72e- 26
> glance(my_ols_MC)
# A tibble: 1 × 12
  r.squared adj.r.squared sigma statistic  p.value    df logLik   AIC
      <dbl>         <dbl> <dbl>     <dbl>    <dbl> <dbl>  <dbl> <dbl>
1     0.234         0.227  1.73      35.4 1.35e-31     5 -1147. 2308.
# i 4 more variables: BIC <dbl>, deviance <dbl>, df.residual <int>,
#   nobs <int>
```

결과를 비교해보면 절편의 추정치를 제외한 모든 것이 다 동일한 것을 발견하실 수 있을 것입니다. 평균중심화변환을 적용하면 회귀모형의 추정결과를 해석하기가 더 쉬워집니다. 즉 IDEO2 변수가 0인 경우는 IDEO 변수가 평균값을 갖는 경우를 의미하기 때문에, 절편의 값은 "응답자가 평균수준의 정치적 성향을 보유할 때 통제집단에 속한 사람들의 DREAM 법안 지지도는 약 4.28이다"라고 해석할 수 있습니다.

모형에 투입되는 변수가 단 2개에 불과했던 피어슨 상관계수, 카이제곱분석, 티테스트와 달리, 그리고 종속변수의 예측값이 명시적으로 나타나지 않았던 분산분석이나 공분산분석과 달리 회귀분석에서는 독립변수가 범주형이든 연속형이든, 그리고 여러 독립변수들이 동시에 투입되어 사용될 수 있다는 장점을 갖습니다.

OLS 회귀모형 사례를 더 살펴보기 전에 tidy() 함수와 glance() 함수를 이용해 모형추정 결과를 요약하는 함수를 먼저 설명드리겠습니다. 제 경우 회귀계수 추정결과의 경우 회귀계수와 표준오차, 통계적 유의도 3가지 정보를 제공하되, 통계적 유의도는 통상적인 유의도 수준 단계구분 기호를 이용하여 회귀계수 옆에 붙였습니다. 또한 모형적합도의 경우 모형 전체에 투입된 모형의 모수와 잔차의 모수, 그리고 모형 전체의 설명력을 테스트하는 $F$값을 제시한 후, $R^2$와 $R^2_{adj}$의 결과를 제시하도록 하겠습니다. 예를

들어 방금 살펴본 OLS 회귀모형을 제가 만든 OLS_summary_function()에 투입하면
다음과 같은 결과를 얻을 수 있습니다.

```
> # OLS 회귀계수의 결과요약
> OLS_summary_function <- function(my_model_estimation, mydigit){
+    mycoefs <- tidy(my_model_estimation) %>%
+      mutate(
+        est2=format(round(estimate, mydigit),mydigit),
+        se2=format(round(std.error, mydigit),mydigit),
+        mystars=cut(p.value,c(0,0.001,0.01,0.05,0.10,1),
+                    c("***","**","*","+",""),right=F),
+        report=str_c(" ",est2,mystars,"\n(",se2,")",sep="")
+      ) %>% select(term,report)
+    myGOF <- glance(my_model_estimation) %>%
+      mutate(
+        mystars=cut(p.value,c(0,0.001,0.01,0.05,0.10,1),
+                    c("***","**","*","+",""),right=F),
+        model_dfs = str_c("(",(df-1),", ",df.residual,")"),
+        statistic = format(round(statistic, mydigit),nsmall=mydigit),
+        model_F = str_c(statistic,mystars),
+        R2=format(round(r.squared,mydigit),mydigit),
+        adjR2=format(round(adj.r.squared,mydigit),mydigit)
+      ) %>% select(model_F, model_dfs, R2, adjR2) %>%
+      pivot_longer(cols=everything(), names_to="term", values_to="report")
+    # sortid를 만든 이유는 여러 모형들의 결과를 하나의 표에 합칠 경우
+    mytable <- bind_rows(mycoefs,myGOF) %>%
+      mutate(sortid=row_number()) %>%
+      select(sortid,term,report) %>%
+      mutate(across(
+        .cols=2:3,
+        .fns=function(x){as.character(x)}
+      ))
+    mytable
+ }
> OLS_summary_function(my_ols_MC,2)
# A tibble: 10 × 3
   sortid term              report
    <int> <chr>             <chr>
 1      1 (Intercept)       " 4.28***\n(0.15)"
```

```
  2        2 treat2pro_cue_y_pol " 0.18\n(0.22)"
  3        3 treat2pro_cue_n_pol " 0.33\n(0.22)"
  4        4 treat2con_cue_y_pol " -0.79***\n(0.22)"
  5        5 treat2con_cue_n_pol " -0.94***\n(0.22)"
  6        6 IDEO2               " -0.54***\n(0.05)"
  7        7 model_F             "35.36***"
  8        8 model_dfs           "(4, 579)"
  9        9 R2                  "0.23"
 10       10 adjR2               "0.23"
```

위의 결과는 엑셀 형식 혹은 CSV 형식의 데이터로 저장하여 엑셀이나 오픈오피스 등으로 열면 회귀계수와 표준오차가 줄나눔된 형태로 나타납니다(제가 익숙한 사회과학 연구에서 표준적인 방식의 회귀모형 제시 표입니다).

이제는 상호작용효과를 살펴보겠습니다. Q6 변수를 종속변수로 하고, `treat2` 변수와 Q7 변수를 독립변수로 투입하되 두 독립변수의 주효과 효과만 테스트한 OLS 회귀모형(`model_mainE`)과 상호작용효과도 같이 테스트한 OLS 회귀모형(`model_interactE`)을 추정하겠습니다. 여기서 Q7 변수는 Q6 문항에서 응답자가 밝힌 응답에 대해 스스로 얼마나 확신하는가를 리커트 7점 척도로 측정한 것입니다. 아래에 제시된 표는 위에서 제가 설정한 `OLS_summary_function()` 함수를 이용해 요약된 OLS 회귀모형 추정결과를 약간의 편집을 거쳐 제시한 것입니다.

```
> # 상호작용효과 테스트 및 시각화
> mydata <- mydata %>%
+   mutate(Q7_mc=Q7-mean(Q7,na.rm=T))
> model_mainE <- lm(Q6~treat2+Q7_mc,mydata)
> model_interactE <- lm(Q6~treat2*Q7_mc,mydata)
> myresult <- full_join(OLS_summary_function(model_mainE,2)[,-1],
+                        OLS_summary_function(model_interactE,2),
+                        by="term") %>%
+   arrange(sortid) %>%
+   select(-sortid)
> writexl::write_xlsx(myresult,"model_comparison_table.xlsx")
```

표 5. OLS 회귀모형 추정결과 비교

| | 주효과 모형 | 상호작용 효과모형 |
|---|---|---|
| 절편 | 4.35*** (0.17) | 4.36*** (0.17) |
| 실험조건(기준집단 = 통제집단) | | |
| 긍정적 정보와 정당간 대립양상 | 0.11 (0.24) | 0.09 (0.24) |
| 긍정적 정보와 정당간 합의양상 | 0.18 (0.24) | 0.21 (0.24) |
| 부정적 정보와 정당간 대립양상 | −0.84*** (0.25) | −0.84*** (0.24) |
| 부정적 정보와 정당간 합의양상 | −1.01*** (0.24) | −0.91*** (0.24) |
| 주관적 의견 확실성 | −0.10* (0.05) | −0.07 (0.10) |
| 긍정적 정보와 정당간 대립양상*주관적 의견 확실성 | | 0.18 (0.15) |
| 긍정적 정보와 정당간 합의양상*주관적 의견 확실성 | | 0.22 (0.15) |
| 부정적 정보와 정당간 대립양상*주관적 의견 확실성 | | −0.22 (0.15) |
| 부정적 정보와 정당간 합의양상*주관적 의견 확실성 | | −0.39* (0.16) |
| 모형 통계치 | 9.57*** | 7.79*** |
| $(df_1, df_2)$ | (5, 582) | (9, 578) |
| 설명분산($R^2$) | 0.08 | 0.11 |
| 조정된 설명분산($R^2_{adj}$) | 0.07 | 0.09 |

알림. $+p<.10$, $*p<.05$, $**p<.01$, $***p<.001$. 비표준화 회귀계수와 표준오차를 보고. 주관적 의견 확실성 변수는 평균중심화변환 실시. $N=589$.

위의 결과에서 우리는 treat2 변수와 Q7 변수 사이에 통계적으로 상호작용효과를 발견할 수 있었습니다. 구체적으로 해석하자면 DREAM 법안에 대한 부정적 정보를 포함시키고 공화당과 민주당이 합의했다는 뉴스를 제시받은 경우, 통제집단에 비해 DREAM 법안을 지지하지 않으며, 이 경향은 자신의 의견을 보다 확신하는 사람에게서 더 강하게 나타납니다. 주효과와 달리 상호작용효과는 독자나 청중들에게 그 내용을 전달하기가 쉽지 않습니다. 상호작용효과를 가장 효과적으로 전달하기 위한 방법은 바로 시각화입니다. **treat2** 변수와 Q7 변수 사이의 상호작용효과를 시각화해보겠습니다. 우선 상호작용효과 시각화를 위해 상호작용효과 모형을 이용해 종속변수의 예측값을 구하는 과정은 다음과 같습니다. 그래프의 가독성을 위해 중심화 변환된 값의 경우 원래의 값으로 변환하였습니다.

```
> # 상호작용효과의 시각화
> # 예측값 산출
> mygrid <- mydata %>%
+    drop_na(Q6,treat2,Q7_mc) %>%
+    data_grid(treat2,Q7_mc) %>%
+    add_predictions(model_interactE) %>%
+    mutate(
+      Q7=Q7_mc+mean(mydata$Q7,na.rm=T)
+    )
```

우선은 실험처치를 X축에 위치시키고, 응답자의 의견 확실성 인식을 범례에 배치한 상호작용효과 그래프를 그려보겠습니다. 응답자의 의견 확실성 인식 수준은 7점 척도로 측정되었으며, 이를 모두 그래프에 제시하는 것은 그다지 현명한 방법이라고 할 수 없습니다(그래프가 너무 복잡해 보이기 때문입니다). 이에 해당 변수의 값들 중 2점, 4점, 6점의 값들만 선택하여 제시하는 방법을 사용하였습니다. 결과는 다음과 같습니다.

```
> # 범례를 사용
> mygrid %>%
+    filter(Q7==2|Q7==4|Q7==6) %>%
+    ggplot(aes(x=factor(as.double(treat2)),y=pred,fill=factor(Q7)))+
+    geom_bar(stat="identity",position=position_dodge(width=0.8))+
+    labs(x="Experimental conditions",
+        y="Support for the DREAT act (7, stronger support)",
+        fill="Certainty about own opinion")+
+    scale_x_discrete(breaks=1:5,
```

```
+                      labels=c("Control\n","Pro-cue with\nparty polarization",
+                                "Pro-cue without\nparty polarization",
+                                "Con-cue with\nparty polarization",
+                                "Con-cue without\nparty polarization"))+
+   scale_fill_discrete(breaks=c(2,4,6),
+                        labels=c("Weak (2)","Moderate (4)","Strong (6)"))+
+   coord_cartesian(ylim=c(1.5,5.5))+
+   theme(legend.position="top")
```

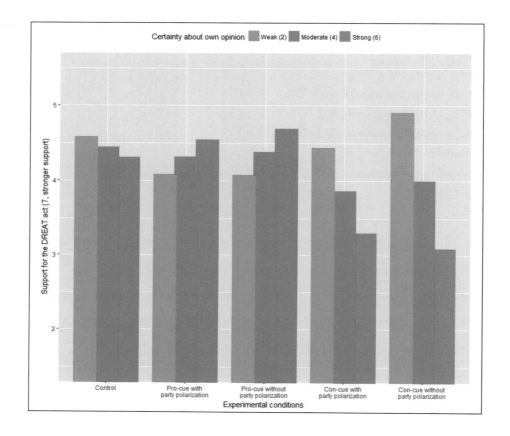

위의 결과에서 알 수 있듯 5번째 집단에서 응답자의 주관적 의견 확실성 인식 수준에 따라 DREAM 법안에 대한 지지 여부가 대폭 변하는 것을 발견할 수 있습니다.

이번에는 X축에 응답자의 주관적 의견 확실성 인식 수준을 배치한 후, 실험조건에 따라 법안에 대한 응답자의 지지가 어떻게 변하는지를 제시해보도록 하죠. 패시팅을 이용하면 다음과 같습니다.

```
> # 패시팅 라벨 생성
> treat2_names <- c(
+     "control" = "Control\n",
+     "pro_cue_y_pol" = "Pro-cue with\nparty polarization",
+     "pro_cue_n_pol" = "Pro-cue without\nparty polarization",
+     "con_cue_y_pol" = "Con-cue with\nparty polarization",
+     "con_cue_n_pol" = "Con-cue without\nparty polarization"
+ )
> mygrid %>%
+     ggplot(aes(x=Q7,y=pred))+
+     geom_line()+
+     labs(x="Certainty about own opinion",
+         y="Support for the DREAT act (7, stronger support)",
+         color="Experimental\nconditions")+
+     coord_cartesian(ylim=c(1.5,6.0),xlim=c(0.5,7.5))+
+     facet_wrap(~treat2,ncol=3,labeller=as_labeller(treat2_names))
```

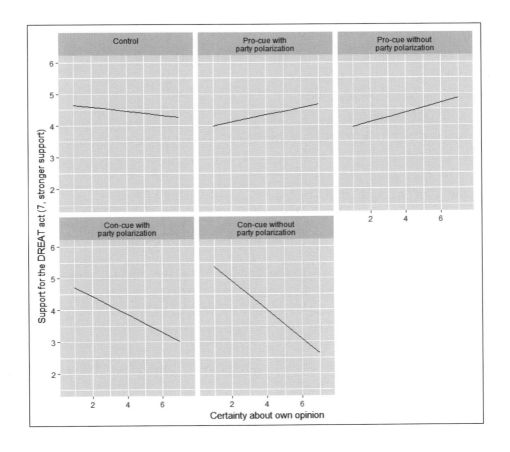

위의 결과는 실험조건에 따라 응답자의 주관적 의견 확실성 수준과 법안 지지 정도가 어떤 관계를 갖는가를 잘 보여주고 있습니다. 그러나 위와 같은 방식으로 그래프를 그리면, 모형추정 결과가 명확하게 제시된다는 장점이 있지만, 제시된 패턴이 실제 데이터와 얼마나 부합된다고 할 수 있는지에 대해서는 답해주기 어렵습니다. 이에 일반적으로 모형추정값을 제시할 때, 원데이터의 산점도를 같이 제시하기도 합니다. 그러나 리커트 척도로 측정된 사회과학 데이터의 경우 산점도를 통해 명확한 의미를 전달하지 못하는 경우도 종종 발생합니다. 이 경우 히트맵(heat map)이 효과적입니다. 예를 들어 X축과 Y축의 두 변수 모두 리커트 형식의 7점 척도인 경우, 7×7의 교차표를 생각해볼 수 있습니다. 교차표 각 칸에서 어떤 칸은 빈도가 높을 것이며, 또 다른 어떤 칸은 빈도가 낮거나 없을 수도 있습니다. 히트맵은 빈도가 높을수록 특정한 색을 갖거나 혹은 명도가 짙어지게 배치하는 방식으로 그린 그래프입니다. `geom_tile()` 함수를 이용하면 히트맵 그래프를 그릴 수 있습니다. 아래와 같이 히트맵을 그린 후, 그 위에 모형추정값을 배치하면 모형추정 결과가 얼마나 데이터에 부합하는가도 같이 살펴볼 수 있습니다.

```
> # 7점 척도 측정변수를 등간변수로 하는 경우 히트맵이 보기 좋음
> crosstab_Q6_Q7 <- mydata %>%
+    drop_na(Q6,Q7,treat2) %>%
+    count(Q6,Q7,treat2)
> ggplot(crosstab_Q6_Q7,aes(x=Q7,y=Q6))+
+    geom_tile(aes(fill = n))+
+    scale_fill_gradient(low = "grey80", high = "black")+
+    geom_line(data=mygrid,aes(y=pred),color='blue')+
+    labs(x="Certainty about own opinion",
+        y="Support for the DREAT act (7, stronger support)",
+        fill="Respondents\nfor each cell")+
+    facet_wrap(~treat2,ncol=3,labeller=as_labeller(treat2_names))+
+    theme_bw()  # 그래프 배경을 회색으로 하면 패턴이 잘 안 드러남
```

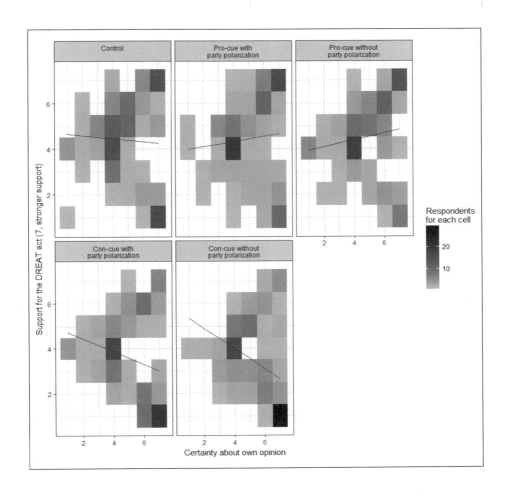

위의 결과는 상당히 흥미로우면서 동시에 상식에 부합합니다. 즉 자신의 의견에 대해 확신하면 확신할수록 정책에 대해서는 강하게 지지하거나 혹은 강하게 반대하는 것은 당연합니다. 다시 말해 위의 히트맵에서 나타난 < 형태의 패턴은 상식적으로 타당하다고 볼 수 있으며, Q6 변수와 Q7 변수는 단선형 관계를 띤다고 가정하기 어렵다는 것이 위의 그래프에서 명확하게 나타납니다. 즉 위의 결과는 OLS 회귀모형의 가정과 부합하지 않는다는 점에서 그 타당성이 의심스럽다고도 생각해볼 수 있습니다. 회귀모형의 적합성에 대한 추가적 분석(이를테면 잔차분석, 이상치 점검 등)의 경우 `broom` 패키지의 `augment()` 함수를 사용하면 매우 유용합니다. 본서에서는 `augment()` 함수의 사용법에 대해서는 자세한 설명을 제시하지 않았습니다. 모형추정 후 추가적 분석이 필요하신 분께서는 `?augment.lm`을 실행하시면 `augment()` 함수의 사용방법을 보다 구체적으로

확인하실 수 있습니다.

위에서 추정한 데이터는 실험설계를 기반으로 얻은 데이터이며, 따라서 분산분석을 실시하든 회귀모형을 적용하든 비교적 분석이 간단합니다. 그러나 설문을 통해 얻은 자료 혹은 아카이브나 온라인 공간에서 수집된 자료 등의 경우 관심 있는 독립변수와 종속변수의 관계가 허위관계가 아니라는 것을 보여주기 위해 많은 변수들이 '통제변수'로 회귀모형에 추가 투입됩니다. 실험연구가 아닌 관측연구(observational study) 자료에 대한 회귀모형 분석사례를 위해 "data_survey_comma.csv"를 불러와 봅시다. 데이터 이름에서 알 수 있듯 이 데이터는 설문조사 자료입니다. 제시된 데이터에는 결측값이 존재하지 않는 데이터이기 때문에 결측값에 대한 걱정은 하실 필요 없습니다.

```
> data_survey <- read_csv("data_survey_comma.csv")
Rows: 331 Columns: 20
── Column specification ──────────────────────────────
Delimiter: ","
dbl (20): SWL1, SWL2, SWL3, SWL4, SWL5, SCA1, SCA2, SCA3, SCA4, SC...

i Use `spec()` to retrieve the full column specification for this data.
i Specify the column types or set `show_col_types = FALSE` to quiet
this message.
> data_survey %>% print(n=2)
# A tibble: 331 × 20
   SWL1  SWL2  SWL3  SWL4  SWL5  SCA1  SCA2  SCA3  SCA4  SCA5  SCA6
  <dbl> <dbl> <dbl> <dbl> <dbl> <dbl> <dbl> <dbl> <dbl> <dbl> <dbl>
1     2     2     2     2     1     3     4     2     3     2     2
2     3     3     4     3     3     3     3     3     3     3     3
# i 329 more rows
# i 9 more variables: SCB7 <dbl>, SCB8 <dbl>, SCB9 <dbl>,
#   SCB10 <dbl>, SCB11 <dbl>, gender <dbl>, ageyear <dbl>,
#   educ <dbl>, income <dbl>
# i Use `print(n = ...)` to see more rows
```

일단 변수들의 이름을 살펴보면, 동일한 표현을 공유하는 변수들이 줄지어 나열된 것을 확인하실 수 있습니다. 여기서 SWL이라는 표현으로 시작하는 변수는 응답자의 '삶에 대한 만족도(satisfaction with life)'를 측정한 변수를 뜻합니다. 또한 SC라는 표현이 붙은 변수는 응답자의 '사회비교성향(social orientation)'을 측정한 변수를 의미하며, A라고 붙은 경우 타인의 능력과 응답자 본인의 능력을 비교하려는 성향을 의미하며, B라고 붙은 경우 타인의 의견과 응답자의 의견을 비교하려는 성향을 의미합니다. 또한 **gender**(성별: 1 = 남, 2 = 여), **ageyear**(만연령), **educ**(교육수준), **income**(소득수준) 등은 응답자의 인구통계학적 변수들을 의미합니다. 여기서 저는 응답자의 인구통계학적 배경과 사회비교성향이 삶에 대한 만족도에 미치는 효과를 OLS 회귀모형으로 살펴보려고 합니다.

여기서 삶에 대한 만족도(SWL)와 2가지 사회비교성향(SC)의 측정문항은 복수로 측정되어 있습니다. 우선 해당 문항들의 평균값을 취하는 방식으로 각 개념들을 하나의 변수로 만들었습니다. 이 과정에서 각 개념을 측정하는 여러 변수들이 단일차원을 형성하는지[흔히 '수렴타당도(convergent validity)'라고 불립니다], 그리고 각 개념을 측정하는 변수들이 다른 개념을 측정하는 변수들과 구별되는지[흔히 '판별타당도(discriminant validity)'라고 불립니다] 점검하는 과정이 필요합니다(Babbie, 2016; Schutt, 2015). 이 부분에 대한 이야기는 회귀모형들을 설명한 후에 설명드리겠습니다. 일단 아래와 같이 개념을 측정하기 위해 평균값을 취하는 것에 아무런 문제가 없다고 가정하겠습니다. 또한 성별 변수는 남성인 경우 0, 여성인 경우 1로 리코딩하여 가변수로 만들어 두었습니다.

```
> # 각 개념들을 단일변수로
> mydata <- data_survey %>%
+   mutate(
+     swl=rowMeans(data_survey %>% select(starts_with("SWL"))),
+     sca=rowMeans(data_survey %>% select(starts_with("SCA"))),
+     scb=rowMeans(data_survey %>% select(starts_with("SCB"))),
+     fem=ifelse(gender==1,0,1)
+   )
```

흔히 OLS 회귀분석을 실시하기 전 변수들 사이에 피어슨 상관계수를 살펴보기도 합니다. 탐색적으로 독립변수와 종속변수가 어떤 상관관계를 갖는지 살펴보며, 무엇보다 독립변수들 사이의 상관계수가 너무 높아 다중공선성(mulicolinearity) 문제는 없는지 등을 살피는 것이 목적입니다. 이제 회귀모형에 투입될 모든 변수들의 피어슨 상관계수들이

어떤지 살펴보겠습니다. 우선 상관계수 그 자체만을 살펴보는 것이 목적이라면 **%$%** 오
퍼레이터를 이용하는 다음과 같은 방법이 간단합니다.

```
> # 모형투입 변수들 사이의 상관계수 점검
> mydata %>%
+    select(fem,ageyear,educ,income,sca,scb,swl) %>%
+    cor() %>%
+    round(2)
          fem ageyear  educ income   sca   scb   swl
fem      1.00   -0.27 -0.05  -0.04  0.17 -0.01 -0.02
ageyear -0.27    1.00  0.49   0.04 -0.13 -0.11 -0.19
educ    -0.05    0.49  1.00   0.10 -0.07 -0.07  0.03
income  -0.04    0.04  0.10   1.00  0.05  0.01  0.15
sca      0.17   -0.13 -0.07   0.05  1.00  0.64 -0.03
scb     -0.01   -0.11 -0.07   0.01  0.64  1.00  0.12
swl     -0.02   -0.19  0.03   0.15 -0.03  0.12  1.00
```

만약 상관계수와 더불어 각 계수의 통계적 유의도 정보를 얻고자 한다면 `Hmisc` 패키
지의 `rcorr()` 함수를 사용하시면 편합니다. 이 결과는 `tidy()` 함수를 통해 아래의 데
이터와 같이 정리할 수도 있습니다.

```
> mydata %>%
+    select(fem,ageyear,educ,income,sca,scb,swl) %>%
+    as.matrix() %>%
+    Hmisc::rcorr() %>%
+    tidy()
# A tibble: 21 × 5
   column1 column2 estimate     n   p.value
   <chr>   <chr>      <dbl> <int>     <dbl>
 1 ageyear fem       -0.272   331 0.000000496
 2 educ    fem       -0.0513  331 0.353
 3 educ    ageyear    0.488   331 0
 4 income  fem       -0.0430  331 0.435
 5 income  ageyear    0.0417  331 0.449
```

```
 6 income    educ        0.100      331 0.0682
 7 sca       fem         0.170      331 0.00193
 8 sca       ageyear    -0.134      331 0.0149
 9 sca       educ       -0.0721     331 0.191
10 sca       income      0.0452     331 0.412
# i 11 more rows
# i Use `print(n = ...)` to see more rows
```

변수들 사이의 상관계수는 행렬 형태로 제시하는 것이 보통입니다. tidy() 함수로 얻은 결과가 티블 데이터라는 점에서 위의 결과를 활용하여 상관계수를 소수점 둘째자리에서 반올림하고, 통상적으로 사용하는 통계적 유의도 표시기호를 덧붙인 후, 변수들 사이의 상관계수 행렬로 전환하면 아래와 같습니다.

```
> mydata %>%
+   select(fem,ageyear,educ,income,sca,scb,swl) %>%
+   as.matrix() %>%
+   Hmisc::rcorr() %>%
+   tidy() %>%
+   mutate(
+     coef=format(round(estimate,2), nsmall=2),
+     pstar=cut(p.value, c(-Inf, 0.001, 0.01, 0.05, 1),
+               right=F,labels=c("***","**","**","")),
+     report=str_c(coef,pstar)
+   ) %>%
+   select(column1,column2,report) %>%
+   pivot_wider(names_from="column2",values_from="report")
# A tibble: 6 × 7
  column1 fem       ageyear     educ      income    sca       scb
  <chr>   <chr>     <chr>       <chr>     <chr>     <chr>     <chr>
1 ageyear "-0.27***" NA          NA        NA        NA        NA
2 educ    "-0.05"   " 0.49***"  NA        NA        NA        NA
3 income  "-0.04"   " 0.04"     " 0.10"   NA        NA        NA
4 sca     " 0.17**" "-0.13**"   "-0.07"   " 0.05"   NA        NA
5 scb     "-0.01"   "-0.11**"   "-0.07"   " 0.01"   " 0.64***" NA
6 swl     "-0.02"   "-0.19***"  " 0.03"   " 0.15**" "-0.03"   " 0.12**"
```

이제 OLS 회귀모형을 실시해보겠습니다. 제 경우 가변수인 성별을 뺀 나머지 변수들을 연속형 변수로 간주하고 있습니다(물론 교육수준이나 경제수준을 연속형 변수로 보는 것이 타당한지에 대해 어떤 독자들은 저에게 동의하시지 않을 수도 있습니다). OLS 회귀분석 추정결과 해석의 용이성을 높이기 위해 종속변수를 제외한 다른 독립변수들에 대해서는 평균중심화변환을 실시했습니다. 평균중심화변환을 실시한 결과는 아래와 같습니다.

```
> mydata2 <- mydata %>%
+   select(swl,fem,ageyear,educ,income,sca,scb) %>%
+   mutate(across(
+     .cols=c(ageyear:scb),
+     .fns=function(x){x - mean(x, na.rm=TRUE)}
+   ))
```

이 데이터를 이용해 다음과 같이 SCA(능력에 대한 사회비교성향)가 SWL(삶에 대한 만족도)에 미치는 효과가 인구통계학적 변수들의 수준에 따라 어떻게 달라지는지 테스트해보았습니다. 이때 SCB(의견에 대한 사회비교성향)가 SWL에 미치는 효과는 통제하였습니다. OLS 회귀모형의 추정결과는 다음과 같습니다.

```
> my_interaction_model <- lm(swl ~ (fem+ageyear+educ+income)*sca+scb,mydata2)
> OLS_summary_function(my_interaction_model,2)
# A tibble: 15 × 3
   sortid term        report
   <int> <chr>       <chr>
 1      1 (Intercept) " 2.85***\n(0.06)"
 2      2 fem         " -0.10\n(0.09)"
 3      3 ageyear     " -0.02***\n(0.00)"
 4      4 educ        " 0.09*\n(0.04)"
 5      5 income      " 0.05**\n(0.02)"
 6      6 sca         " 0.04\n(0.10)"
 7      7 scb         " 0.22**\n(0.08)"
 8      8 fem:sca     " -0.37**\n(0.11)"
 9      9 ageyear:sca " 0.01\n(0.01)"
10     10 educ:sca    " -0.10*\n(0.05)"
```

```
11    11 income:sca  " 0.04\n(0.03)"
12    12 model_F     "6.02***"
13    13 model_dfs   "(9, 320)"
14    14 R2          "0.16"
15    15 adjR2       "0.13"
```

위의 결과에서 통계적으로 유의미한 2개의 상호작용효과를 얻었습니다. 첫째, 다른 변수들의 효과를 통제하였을 때, sca가 swl에 미치는 효과는 남성에 비해 여성에게 더 부정적으로 나타났습니다. 둘째, 다른 변수들의 효과를 통제하였을 때, sca가 swl에 미치는 효과는 교육수준이 높을수록 더 부정적으로 나타났습니다. 이 2가지 상호작용효과를 시각화해보겠습니다.

우선 다른 변수들을 통제하였을 때, 성별 변수와 sca의 상호작용효과를 먼저 시각화해봅시다. 앞에서 살펴보았던 방식과 마찬가지로 data_grid() 함수를 사용하여 성별과 sca 수준별로 예측치 계산용 데이터를 생성합니다. 이때 통제되는 다른 변수들은 모두 0으로 배치합니다(범주형 변수의 경우 연구자가 원하는 수준을 텍스트 형태로 지정해주면 됩니다. 예를 들어 인종 변수를 white/nonwhite로 문자형 데이터로 입력하였을 때, white가 기준집단으로 인종 변수를 통제하고 싶은 경우 race="white"와 같이 지정해주면 됩니다). 또한 add_predictions() 함수를 사용하면 쉽게 위의 OLS 모형에 기반한 예측값을 계산해낼 수 있습니다.

```
> # 우선 성별과 SCA 상호작용 효과 시각화
> # 모형 예측치를 선정
> mygrid <- mydata2 %>%
+   data_grid(sca,fem,ageyear=0,educ=0,income=0,scb=0) %>%
+   add_predictions(my_interaction_model)
```

이제 그래프의 가독성을 높이기 위해 중심화 변환을 적용했던 sca 변수를 원래 형태로 전환한 후, 데이터 시각화를 실시해보겠습니다. 우선은 모형추정 결과만 그래프에 반영해봅시다.

```
> # 중심화 변환을 한 경우 원래의 변수로 되돌리는 과정
> mygrid <- mygrid %>%
+   mutate(
+     sca=sca+mean(mydata$sca)
+   )
> # 범례를 사용하고, 모형예측 결과만 사용하는 경우
> ggplot(mygrid,aes(x=sca,y=pred,color=factor(fem)))+
+   geom_line(size=2)+
+   scale_color_discrete(breaks=c(0,1),label=c("남성","여성"))+
+   labs(x="사회비교성향(능력비교)",y="삶에 대한 만족도",
+        color="성별")+
+   coord_cartesian(ylim=c(1.8,3.7),xlim=c(0.5,5.5))
```

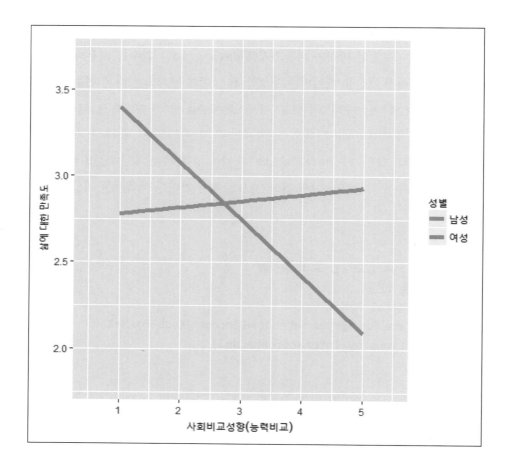

위의 그래프는 성별과 능력에 대한 사회비교성향의 상호작용이 어떤지 아주 잘 보여주고 있습니다. 즉 타인의 능력과 자신의 능력을 비교하는 성향이 삶의 만족도에 미치는 효과는 남성에게서는 나타나지 않지만, 여성에게서는 매우 부정적으로 나타납니다. 사실 이 그래프가 나쁜 것은 아닙니다만, 모형의 예측값만 제시되어 있기 때문에 위의 패턴은 통계적 환상(statistical artifact)일 뿐이라고 폄하될 수도 있습니다. 이를 방지하기 위해서라면 앞서 히트맵 사례와 같이 모형의 예측값은 물론 실제 데이터도 같이 제시하면 효과적입니다. 아래의 사례는 성별에 따라 패시팅한 후, 실제 데이터를 산점도로 제시하고 모형의 예측선을 덧붙이는 방식으로 그래프를 그린 것입니다. sca 변수와 swl 변수 모두 리커트 5점 척도로 측정되었지만, 여러 측정문항들의 평균을 낸 것이기 때문에 여기서는 산점도를 제시하였습니다. 또한 alpha 옵션을 이용하여 사례수가 많이 겹칠 경우 색깔이 보다 진해지도록 배치하였습니다.

```
> # 패시팅을 사용하고, 원데이터 산점도에 모형예측 결과 추가 사용
> ggplot(mydata,aes(x=sca,y=swl))+
+    geom_point(aes(color=factor(fem)),alpha=0.3)+
+    geom_line(data=mygrid,aes(y=pred,color=factor(fem)),size=1)+
+    scale_color_discrete(breaks=c(0,1),label=c("남성","여성"))+
+    labs(x="사회비교성향(능력비교)",y="삶에 대한 만족도",
+        color="성별")+
+    coord_cartesian(ylim=c(0.8,5.2),xlim=c(0.5,5.5))+
+    facet_wrap(~factor(fem),
+                labeller=as_labeller(c("0"="남성","1"="여성")))
```

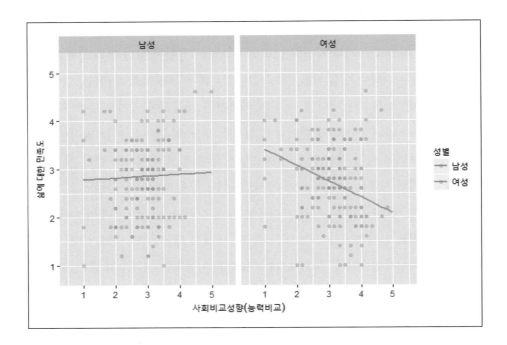

위의 결과에서 볼 수 있듯 위에서 우리가 추정했던 OLS 모형의 추정결과는 전반적 데이터 패턴과 일치한다고 볼 수 있습니다. 즉 우리가 얻었던 성별 변수와 능력에 대한 사회비교 성향의 상호작용효과는 믿을 만한 모형추정 결과라고 볼 수 있습니다.

이제 다음으로 교육수준과 능력에 대한 사회비교 성향의 상호작용효과를 그래프로 제시해보겠습니다. 앞에서 다루었던 성별 변수의 경우 0과 1의 값을 갖는 범주형 변수였던 반면, 교육수준 변수는 연속형 변수입니다. 다시 말해 성별 변수와 같이 명확하게 집단구분이 되는 변수가 아니기 때문에 상호작용효과를 제시할 때, 인과관계의 조건이 되는 연속형 변수, 즉 조절변수(moderating variable)의 수준을 지정해줄 필요가 있습니다. 조절변수의 수준을 지정하는 방법은 2가지입니다. 첫째, 조절변수의 크기를 기준으로 정렬한 후 10%째, 25%째, 50%째, 75%째, 90%째의 값(percentile)을 선정한 후, 이 다섯 지점에서 나타난 인과관계를 그래프로 나타내는 방법입니다. 둘째, 조절변수의 평균과 평균보다 1표준편차 큰 값과 작은 값의 세 지점에서 나타난 인과관계를 그래프로 나타내는 방법입니다. 저 개인적으로는 두 번째 방법을 더 선호합니다만, 분과에 따라 그리고 연구자의 목적에 따라 조절변수 수준을 다르게 선정하는 것도 불가능하지는 않을 것입니다. 아무튼 저는 교육수준을 $M-SD$, $M$, $M+SD$로 구분한 후, 해당 지점에 따라 sca 변수가 sw1 변수에 미치는 효과를 구분해 제시하도록 하겠습니다. 이때, 우선 educ 변수의 표준편차를 구한 후, 제가 선정하고자 하는 세 시점을 data_grid() 함수에 아래와 같이 지정하였습니다(평균중심화변환을 실시했기 때문에 평균은 당연히 0이 됩니다).[1]

```
> # 다음으로 교육수준과 SCA 상호작용효과 시각화
> # 모형예측치를 선정(성별의 경우 0.5는 남성/여성이 1:1의 비율인 경우)
> # 연속형 변수의 경우 M-SD/M/M+SD의 세 수준으로 나누는 것이 보통
> mydata2 %>% summarize(sd(educ))
# A tibble: 1 x 1
  `sd(educ)`
       <dbl>
1       1.26
> mygrid_group3 <- mydata2 %>%
+   data_grid(sca,educ=c(-1.26,0.00,1.26),
+             fem=0.5,ageyear=0,income=0,scb=0) %>%
+   add_predictions(my_interaction_model)
```

앞에서와 마찬가지로 그래프의 가독성을 위해 중심화 변환된 sca 변수를 원래 변수로 되돌린 후, 교육수준별 집단은 그 순서에 따라 1, 2, 3의 값을 갖는 범주형 변수로 변환했습니다(그래프 작업을 용이하게 만들기 위한 목적입니다).

```
> # 중심화 변환을 한 경우 원래의 변수로 되돌리는 과정
> mygrid <- mygrid_group3 %>%
+   mutate(
+     sca=sca+mean(mydata$sca),
+     educ=factor(as.double(factor(educ)))
```

---

1  5개 지점을 선정하고자 할 경우 다음과 같이 실행하시면 됩니다.

```
> # 각주: 만약에 10th, 25th, 50th, 75th, 90th 위치를 지정하려고 한다면
> mylocation<-quantile(mydata2$educ,c(.10,.25,.5,.75,.90))
> mygroup_group5 <- mydata2 %>%
+   data_grid(sca,educ=mylocation,
+             fem=0.5,ageyear=0,income=0,scb=0) %>%
+   add_predictions(my_interaction_model)
```

이제 그림을 그려봅시다. 우선은 모형추정 결과만 제시하는 그래프를 그려봅시다.

```
> # 범례를 사용하고, 모형예측 결과만 사용하는 경우
> ggplot(mygrid,aes(x=sca,y=pred,color=factor(educ)))+
+    geom_line(size=2)+
+    scale_color_discrete(breaks=1:3,
+        label=c("낮은 교육수준","평균 교육수준","높은 교육수준"))+
+    labs(x="사회비교성향(능력비교)",y="삶에 대한 만족도",
+        color="교육수준")+
+    coord_cartesian(ylim=c(2.2,3.6),xlim=c(0.5,5.5))+
+    theme(legend.position="top")
```

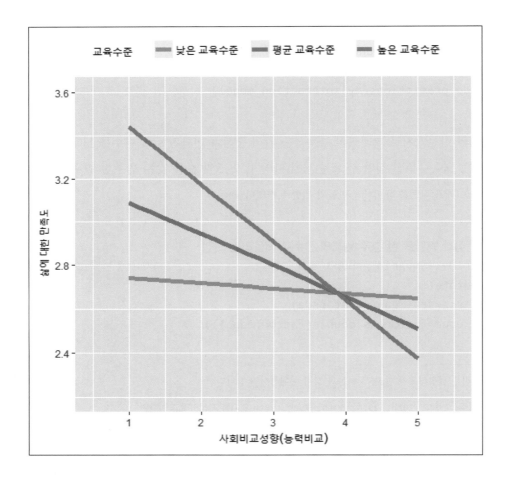

상호작용효과가 어떤 의미인지 명확하게 이해될 것입니다. 회귀계수만 보았을 때 교육수준이 높을수록 능력에 대한 사회비교성향이 삶의 만족도에 미치는 효과가 부정적이라는 것을 알았습니다. 하지만 위의 그래프는 그 의미가 무엇인지 명확하게 보여줍니다. 즉 자신의 능력과 타인의 능력을 비교하는 사회비교성향이 강한 사람의 경우 교육수준에 따른 차이가 상대적으로 미미한 반면, 능력에 대한 사회비교성향이 약한 사람의 경우 교육수준에 따른 차이가 매우 강하게 나타납니다. 현재 교육수준 세 집단이 모이는 지점은 능력에 대한 사회비교성향이 약 4인 경우입니다만, 만약 이 지점이 2 정도였다고 한다면 현실에 나타난 상호작용효과의 의미는 사뭇 달라졌을 것입니다(상호작용효과의 회귀계수가 비록 동일하다고 하더라도).

끝으로 실제 데이터를 산점도로 같이 제시하는 방법을 생각해봅시다. 일단 앞에서 보았던 것과 같이 패시팅 결과를 제시하는 것은 불가능합니다. 왜냐하면 조절변수인 교육수준은 연속형 변수이고, 앞에서 데이터를 우리가 설정했던 $M-SD$, $M$, $M+SD$의 값을 공유하는 세 집단으로 분류할 수 없기 때문입니다. 따라서 산점도를 세 집단으로 구분하여 제시할 수 없습니다. 이런 경우 제가 아는 지식 범위에서는 다음과 같이 전체 집단의 산점도를 제시하되, 지정된 세 교육수준값에 맞는 회귀모형 추정선을 덧붙이는 것입니다.

```
> # 패시팅을 사용하고, 원데이터 산점도에 모형예측 결과 추가 사용
> ggplot(mydata,aes(x=sca,y=swl))+
+     geom_point(alpha=0.2)+
+     geom_line(data=mygrid,aes(y=pred,color=educ),size=2)+
+     scale_color_discrete(breaks=1:3,
+                          label=c("낮은 교육수준","평균 교육수준","높은 교육수준"))+
+     labs(x="사회비교성향(능력비교)",y="삶에 대한 만족도",
+          color="교육수준")+
+     coord_cartesian(ylim=c(0.8,5.2),xlim=c(0.5,5.5))+
+     theme(legend.position="top")
```

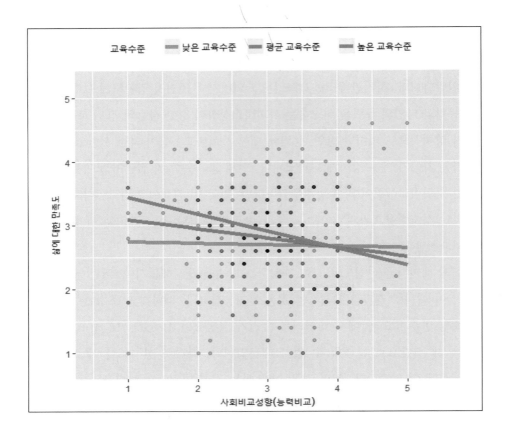

범주형 변수와 연속형 변수의 상호작용효과보다 만족스럽지는 않을지 몰라도 위의 그래프는 앞에서처럼 모형추정 결과만 제시한 것보다 많은 정보를 제공해주고 있습니다. 왜냐하면 적어도 능력에 대한 사회비교성향 점수 범위가 1~2인 경우와 4~5인 경우의 모형예측치는 그다지 크게 고려할 부분이 아닌 것을 알 수 있기 때문입니다(산점도에서 점이 두드러지게 관측되지 않고 있기 때문입니다). 즉 원데이터와 OLS 회귀모형 추정결과를 같이 제시하는 것은 보다 많은 정보를 하나의 그래프에 제공하는 좋은 시각화 기법입니다.

지금까지 broom 패키지의 tidy() 함수와 modelr 패키지의 data_grid(), add_predictions() 함수들을 이용해 종속변수가 정규분포를 갖는다고 가정되는 경우에 사용되는 OLS 회귀모형 추정결과를 어떻게 정리하고 효과적으로 시각화할 수 있는지 살펴보았습니다. 다음 섹션에서는 종속변수가 정규분포가 아닌 이항분포, 포아송분포 등을 갖는 경우 사용되는 일반선형모형(GLM)들을 살펴보겠습니다.

**OLS 회귀분석 _ 문제 _ 1** : "data_gss_panel06.dta" 데이터에서 인구통계학적 변수들로 **sex_1**(성별), **race_1**(인종), **age_1**(연령), **educ_1**(교육년수), **income06_1**(소득수준)과 응답자가 지난 한 주 동안의 노동시간은 어느 정도인지를 측정한 **hrs1_1** 변수만 선별하세요. 이후 성별과 인종은 아래의 표와 같이 0/1의 값을 갖는 이분변수로 리코딩하고, 연령, 교육년수, 소득수준 변수들은 모두 평균중심화변환을 실시하시기 바랍니다. 5개의 인구통계학적 변수들을 이용해 응답자의 노동시간을 예측하는 OLS 회귀모형으로 아래의 표와 같은 3가지 모형을 추정했습니다(음영 표시된 부분은 통계치를 추정하였으며, 음영 표시가 없는 부분은 통계치를 추정하지 않았습니다). 아래의 표를 보고 적절한 통계치를 추정하여 보고하세요. [참조: 절편값은 이미 제가 추정하였습니다. 또한 모형을 추정하실 때, 독립변수들을 어떻게 사전처리하였는지 세심하게 살펴주시기 바랍니다.]

응답자의 인구통계학적 속성에 따른 근무시간 추정 OLS 회귀모형 비교

| | 모형 1 | 모형 2 | 모형 3 |
|---|---|---|---|
| 절편 | 45.49***<br>(0.66) | 48.34***<br>(0.83) | 48.78***<br>(0.85) |
| 성별(여성 = 1) | | | |
| 인종(비백인 = 1) | | | |
| 연령 | | | |
| 연령(제곱항) | | | |
| 교육년수 | | | |
| 교육년수(제곱항) | | | |
| 인종*교육수준 | | | |
| 인종*교육수준(제곱항) | | | |
| 소득수준 | | | |
| 소득수준(제곱항) | | | |
| 모형적합도 테스트 통계치($F$) | | | |
| $(df_1, df_2)$ | | | |
| $R^2$ | | | |
| $R^2_{adjusted}$ | | | |

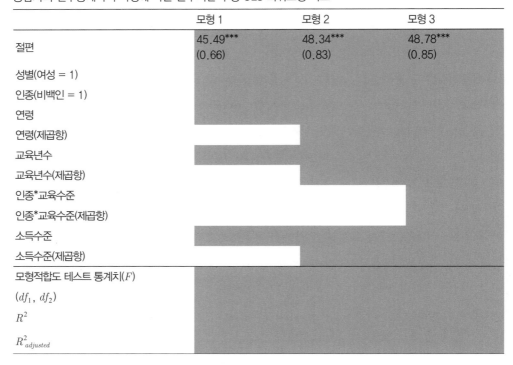

알림. $*p<.05$, $**p<.01$, $***p<.001$. $N=1,048$. 비표준화 회귀계수와 표준오차(SE)를 투입하였음. 성별과 인종 변수는 0/1로 코딩된 이분변수이며, 연령, 교육수준, 소득수준은 연속형 변수로 가정한 후 모두 평균중심화 변환을 수행한 후 모형을 추정하였음.

**OLS회귀_문제_2:** 다른 변수들을 통제하였을 때, 연령 변화에 따라 노동시간은 어떻게 변하나요? 다른 변수들을 통제한 후 연령 변수와 노동시간 변수의 관계를 시각화한 그래프를 제시해보세요. 그래프에는 원데이터를 산점도로 제시하고, 모형추정 결과를 덧그리시기 바랍니다.

**OLS회귀_문제_3:** 다른 변수들을 통제하였을 때, 교육년수 변화에 따라 노동시간은 어떻게 변하며, 응답자의 인종(백인/비백인)에 따라 그 관계는 어떻게 변하나요? 다른 변수들을 통제한 후 교육년수 변수와 노동시간 변수의 관계가 응답자의 인종 수준에 따라 어떻게 다르게 나타나는지를 시각화한 그래프를 제시해보세요. 그래프에는 원데이터를 산점도로 제시하고, 모형추정 결과를 덧그리시기 바랍니다.

**CHAPTER**

# 04

# 회귀분석: 종속변수가 비정규분포를 갖는 경우

## 04-1  로지스틱 회귀모형

지금까지 소개한 피어슨 상관계수, 티테스트, 카이제곱분석, 분산분석 및 공분산분석, 회귀모형 등도 모두 GLM, 즉 일반화선형모형의 특수 사례들입니다. 그러나 이들 기법들을 GLM이라고 부르는 경우는 드문 편입니다. 보통 종속변수가 이항분포(binominal distribution)인 경우에 사용되는 로지스틱 회귀모형이나 프로빗 회귀모형, 포아송분포 (Poisson distribution)인 경우 사용되는 포아송 회귀모형 등에 대해 GLM이라는 용어를 붙입니다(물론 이 외에도 링크함수[1]를 어떻게 지정하는가에 따라 다양한 이름의 회귀모형들이 존재합니다만, 이번 섹션에서는 널리 사용되는 GLM만 언급하였을 뿐입니다). 이번 섹션에서는 일반적으로 널리 사용되는 로지스틱 회귀모형과 포아송 회귀모형 2가지를 어떻게 추정하며, 그 결과를 시각화하는 방법을 소개하도록 하겠습니다. 앞서 OLS 회귀모형과 마찬가지로 여기서는 로지스틱 회귀모형과 포아송 회귀모형에 대한 통계학적 설명을 제시하지 않습니다. 모형추정 과정에서 등장하는 용어가 낯설다고 느끼시는 분들은 우선 관련 교과서

---

1   링크함수의 종류가 궁금하시면, R 콘솔창에 `?make.link`라고 타이핑해보시기 바랍니다. R 베이스에서는 현재 9개의 링크함수들이 제공되고 있습니다.

를 먼저 살펴보신 후 R 프로그래밍 과정을 점검해보시는 것이 좋습니다.

이번 섹션에서 사례로 살펴볼 데이터는 "**data_gss_panel06.dta**"입니다. 타이디버스 접근에서의 데이터 관리 섹션에서 설명드린 바 있지만, 해당 데이터는 세 번의 시점에 걸쳐 반복측정된 패널 데이터입니다. 상당히 방대한 데이터이지만, 여기서는 다음의 세 조건에 맞는 변수와 사례들만 선별하겠습니다. 첫째, 첫 번째 측정시점에서 얻은 변수들만 선별하였습니다. 둘째, 응답자의 성별, 연령, 인종, 교육수준, 가계소득 수준, 정치적 성향 변수들과 suicide라는 표현이 포함된 변수들만을 선별하였습니다. suicide라는 표현이 포함된 변수는 총 4가지이며, 특정 상황이 주어졌을 때 자살을 해도 괜찮은 것인지에 대한 물음에 '예/아니오(Yes/No)'로 측정한 이분변수입니다. 셋째, suicide라는 표현이 포함된 네 변수들에서 하나라도 결측값이 발견된 사례는 제외하였습니다(즉리스트제거 방식을 적용하였습니다). 데이터를 사전처리한 과정은 아래와 같습니다.

```
> # 분포가 정규분포가 아닌 종속변수인 경우 GLM
> gss_panel <- read_dta("data_gss_panel06.dta")
> # 세 조건에 맞는 변수들과 사례들만 선별
> mydata <- gss_panel %>%
+     select(starts_with("suicide"),
+            sex_1,age_1,race_1,educ_1,income06_1,polviews_1) %>%
+     select(ends_with("_1")) %>%
+     drop_na()
```

이렇게 사전처리된 데이터를 대상으로 몇 가지 추가적인 데이터 사전처리 작업을 수행하였습니다. 첫째, "_1"이라는 표현을 제거하였습니다(이번 섹션에서는 모형추정 시에 측정시점을 고려하지 않기 때문입니다). 둘째, 성별과 인종 변수를 각각 가변수로 리코딩하였습니다. 성별의 경우 남성을 0, 여성을 1로, 인종의 경우 백인인 경우 0, 비백인인 경우를 1로 리코딩하였습니다. 셋째, suicide라는 표현이 포함된 네 변수에 대해 '예(Yes)'라는 응답에 대해서는 1, '아니오(No)'라는 응답에 대해서는 0으로 리코딩하였습니다. 끝으로 정치적 성향 변수를 숫자가 클수록 보수적이라는 것이 드러나도록 이름을 변환하였습니다.

```
> # 변수이름에서 _1이라는 표현을 제거
> names(mydata) <- str_replace(names(mydata),"_1","")
> # 변수들을 사전처리 합시다.
> mydata <- mydata %>%
+    mutate(
+      fem = sex, nonwhite = race
+    ) %>%
+    mutate(across(
+      .cols=c(fem,nonwhite),
+      .fns=function(x){ifelse(x==1,0,1)}
+    )) %>%
+    mutate(across(
+      .cols=suicide1:suicide4,
+      .fns=function(x){ifelse(x==1,1,0)}
+    )) %>%
+    rename(libcon7=polviews)
```

끝으로 회귀모형을 테스트하기 전에 연속형 변수 형태의 독립변수들에 대해 평균중심화변환을 적용하였습니다.

```
> # 결과의 이해를 돕기 위해 연속형 변수의 경우 중심화 변환을 실시
> mydata_center <- mydata %>%
+    mutate(across(
+      .cols=c(age,educ,income06,libcon7),
+      .fns=function(x){x - mean(x)}
+    ))
```

이제 종속변수로 suicide1 변수(치료가 불가능한 병에 걸렸을 때 자살을 할 것인가?)를 투입하고, 독립변수로 성별(fem), 연령(age), 인종(nonwhite), 교육수준(educ), 소득수준(income06), 정치적 성향(libcon7) 변수들을 투입한 로지스틱 회귀모형을 추정해보겠습니다. 이때 연령 변수는 일차항은 물론 제곱을 취한 이차항도 같이 투입하여 연령과 suicide1 변수에서 '네'라고 응답할 가능성이 'U자' 혹은 '뒤집힌 U자'(inverted U) 형태를 띠는지 테스트하였습니다. 로지스틱 회귀모형으로는 2가지 모형을 상정하였습니다. 첫

번째 모형은 독립변수들의 주효과만을 고려한 모형이며(Logistic_mainE), 두 번째 모형은 소득수준과 정치적 성향의 상호작용효과를 추가로 고려한 모형입니다(Logistic_interactE). 로지스틱 회귀모형 추정결과 역시 OLS 회귀모형 추정결과와 마찬가지로 tidy() 함수와 glance() 함수를 이용할 수 있습니다. 모형을 추정한 후 추정결과를 살펴보겠습니다.

```
> # 주효과만 고려한 모형
> Logistic_mainE <- glm(suicide1~fem+age+I(age^2)+nonwhite+educ+
+                            income06+libcon7,mydata_center,
+                        family=binomial(link='logit'))
> tidy(Logistic_mainE)
# A tibble: 8 × 5
  term          estimate std.error statistic  p.value
  <chr>            <dbl>     <dbl>     <dbl>    <dbl>
1 (Intercept)    1.06      0.132        8.05  8.54e-16
2 fem           -0.404     0.136       -2.97  3.02e- 3
3 age           -0.00194   0.00432     -0.449 6.53e- 1
4 I(age^2)      -0.000519  0.000217    -2.40  1.65e- 2
5 nonwhite      -0.675     0.157       -4.29  1.80e- 5
6 educ           0.0842    0.0235       3.58  3.42e- 4
7 income06       0.0129    0.0133       0.975 3.29e- 1
8 libcon7       -0.274     0.0491      -5.58  2.35e- 8
> glance(Logistic_mainE) %>%
+   data.frame() %>% round(3) # 소숫점3자리까지 표시
  null.deviance df.null  logLik      AIC      BIC deviance df.residual
1      1382.031    1037 -644.068 1304.136 1343.697 1288.136        1030
  nobs
1 1038
```

tidy() 함수를 이용한 회귀계수 추정결과보다 우선 glance() 함수를 이용한 모형적합도 지수부터 살펴보겠습니다.

첫째, 세 번째로 등장하는 로그우도(log-likelihood; LogLik)는 추정된 모형의 우도(가능도, likelihood)가 데이터에서 얼마나 벗어나 있는가의 정량화 지수입니다. 다시 말해 로그

우도의 절댓값이 크면 클수록 추정된 모형은 데이터에 잘 부합하지 않는다고 볼 수 있습니다.

둘째, null.deviance와 deviance 통계치는 흔히 '이탈도($D$, deviance)'라고 불리는 통계치이며, 로그우도(log-likelihood; LogLik)에 −2를 곱한 값입니다. 실제로 위에 보고된 logLik −644.0682에 −2를 곱하면 deviance인 1288.136을 얻을 수 있습니다. 여기서 보고된 null.deviance는 독립변수를 전혀 투입하지 않았을 때(독립변수가 전혀 없는 모형을 흔히 null model이라고 부릅니다) 얻은 로그우도값에 −2를 곱한 값입니다.

셋째, df.null와 df.residual 통계치는 모형의 잔차 자유도입니다. df.residual은 추정된 모형의 잔차 자유도이며, df.null은 독립변수가 전혀 투입되지 않은 모형의 잔차 자유도입니다. 두 번째에서 얻은 이탈도의 차이는 흔히 로그우도 카이제곱(log-likelihood $\chi^2$)이라고 불리며, 세 번째에서 얻은 '잔차의 자유도 차이'를 '자유도'로 하여 통계적 유의도 테스트를 실시할 수 있습니다. 다시 말해 두 이탈도의 차이값인 93.895(=1382.031−1288.136), 잔차 자유도의 차이값인 7을 이용하여 다음과 같은 카이제곱 테스트를 실시한 결과에서 드러나듯 추정된 주효과 모형은 통계적으로 유의미한 설명력을 갖는다는 것을 알 수 있습니다.

```
> 1 - pchisq((1382.031-1288.136), (1037-1030))
[1] 0
```

넷째, AIC(아카이케 정보지수, Akaike Information Criteria)와 BIC(베이지안 정보지수, Bayesian Information Criteria)는 정보지수(information criteria)이며, 앞서 보고된 로그우도와 모형추정에 투입된 모수(parameter)의 수, 그리고 표본수를 이용해 도출된 모형적합도 지수입니다. 모형적합도의 적합도가 높을수록 AIC와 BIC의 값은 낮게 나타납니다.

종속변수가 정규분포를 갖지 않는 회귀모형의 경우 OLS 회귀모형에서 발견했던 $R^2$ 값은 보고되지 않습니다. 이 때문에 흔히 임의−$R^2$(pseudo−$R^2$)을 계산하여 사용합니다.[2]

---

2  다양한 임의−$R^2$의 공식과 계산방법을 소개한 책으로는 롱의 책(Long, 1997)을 능가하는 것을 아직껏 보지 못하였습니다.

여러 가지 임의-$R^2$이 존재합니다만, 제 경우 맥파든의 임의-$R^2$(McFadden's pseudo-$R^2$)을 선호하는 편입니다(계산이 간단하며, 직관적으로 해석되기 때문입니다). 분과에 따라 그리고 연구자의 선호에 따라 다른 방식의 임의-$R^2$들(이를테면 네겔커크의 임의-$R^2$이나 콕스와 스넬의 임의-$R^2$ 등)을 사용하기도 하니 그에 맞게 사용하시기 바랍니다. 맥파든의 임의-$R^2$은 다음의 공식에 따라 계산됩니다.

$$R^2_{\text{McFadden}} = \frac{(D_{\text{null}} - D_{\text{model}})}{D_{\text{null}}}$$

OLS 회귀모형에서 모형적합도 통계치로 $F(df_1, df_2)$, $R^2$, $R^2_{adj}$를 보고하였듯, 로지스틱 회귀모형의 모형적합도 통계치로 $R^2_{\text{McFadden}}$과 로그우도 카이제곱과 모형의 잔차 자유도, 그리고 AIC와 BIC를 제시하도록 하겠습니다.

다음으로 로지스틱 회귀모형의 회귀계수 추정결과인 `tidy(Logistic_mainE)`에 대해 해석해보겠습니다. 로지스틱 회귀모형은 그 이름에서 잘 드러나듯 로짓함수를 이용하여 0/1로 코딩된 종속변수의 값을 변환시킨 로짓을 추정한 회귀모형입니다. 다시 말해 추정된 회귀계수는 0/1로 코딩된 종속변수에 바로 적용할 수 있는 결과가 아니라, 로짓으로 변환된 종속변수를 추정한 결과입니다. 이 때문에 로지스틱 회귀계수를 해석할 때는 회귀계수가 아니라 회귀계수에 지수함수를 적용해준 변환값, 흔히 승산비(OR, odds ratio) 혹은 위험비(RR, risk ratio)를 이용합니다.

예를 들어 설명하겠습니다. 성별변수의 회귀계수인 $-.202$를 이용해 결과를 해석하지 않고, $.817 = e^{-.202}$를 이용하여 결과를 해석합니다. $.817$이라는 승산비를 구체적으로 해석하면, 다음과 같습니다: "남성 응답자에 비해 여성 응답자일수록 불치병에 걸렸을 때 자살할 것이라는 응답을 할 가능성이 약 18.3% 낮으며, 이는 통계적으로 유의미한 차이다($p < .001$)." 다음으로 회귀계수가 양수인 경우를 살펴봅시다. 교육수준 변수의 회귀계수인 $.084$를 해석하는 것 역시 마찬가지로 지수함수 변환을 적용하며($1.088 = e^{.084}$), 구체적인 해석은 다음과 같습니다: "교육수준이 1단위 증가하면 불치병에 걸렸을 때 자살할 것이라는 응답을 할 가능성이 약 8.8%가량 증가하며, 이는 통계적으로 유의미한 증가분이다($p < .001$)."

한 가지 흥미로운 것은 바로 '연령' 변수입니다. 이 모형에서 연령은 일차항과 이차항이 같이 투입되었습니다. 다시 말해 불치병에 걸렸을 때 자살하겠다고 답할 가능성은 연령이 높아질수록 점차 증가하다가 어느 순간이 되면 다시 감소하는 패턴을 보이고 있습니다. 이런 경우 회귀계수에 지수함수를 적용한 결과는 별 의미가 없습니다. 예를 들어 I(age^2)의 회귀계수인 −.001을 "다른 모든 변수들을 통제하였을 때, 연령의 이차항이 1단위 증가하면 불치병에 걸렸을 때 자살하겠다고 응답할 확률은 0.1%씩 감소한다"라고 해석하는 것은 현실적으로 아무 의미가 없습니다. 왜냐하면 연령의 일차항이 고정된 상태에서 연령의 이차항이 1단위 증가할 수 없기 때문입니다. 연령의 이차항 값이 변하면 일차항도 같이 변할 수밖에 없기 때문입니다. 따라서 연령 변수와 같이 일차항과 다차항을 동시에 추정하는 경우 승산비를 이용한 구체적 해석을 제시하는 것보다 변수의 변화에 따라 종속변수에서 1이 나타날 확률(probability)이 어떻게 변하는지를 시각화하는 것이 훨씬 효과적입니다. 아래는 model_mainE를 기반으로 연령의 변화에 따라 불치병에 걸렸을 때 자살하겠다는 응답을 할 예측확률이 어떻게 변하는지를 보여준 그래프입니다.

우선 응답자의 연령 변수를 제외한 나머지 변수들을 통제한 후, 종속변수에서 1의 값의 확률을 계산해봅시다(아래의 사례에서 성별은 여성을, 그리고 인종은 백인 집단을 선정하였습니다. fem=0과 nonwhite=0 참조). data_grid() 함수는 그대로 사용하시면 되지만, 안타깝게도 add_predictions() 함수는 사용이 어렵습니다. 하지만 mutate() 함수와 predict() 함수를 같이 사용하면 예측확률을 얻는 것이 어렵지는 않습니다. 마지막으로 앞서 말씀드렸듯 로지스틱 회귀모형의 경우 링크함수를 사용해 종속변수를 변환시키기 때문에, predict() 함수의 예측값을 type="response"으로 설정해야 종속변수의 확률값 [0~1]을 얻을 수 있습니다.

```
> # 모형의 예측값을 저장: 아깝지만 add_predictions() 함수는 사용 불가
> myfigure <- mydata_center %>%
+    data_grid(age,fem=0,nonwhite=0,educ=0,income06=0,libcon7=0) %>%
+    mutate(pred=predict(Logistic_mainE,.,type="response"))
```

OLS 회귀모형과 마찬가지로 평균중심화변환이 적용된 연령 변수를 원래 변수로 환원한 후, 연령에 따른 종속변수의 확률변화를 그래프로 그리면 아래와 같습니다.

```
> # 중심화 변환된 연령변수를 원래대로 바꿈
> myfigure <- myfigure %>%
+   mutate(age=age+mean(mydata$age,na.rm=T))
> # 예측확률을 시각화
> myfigure %>%
+   ggplot(aes(x=age,y=pred)) +
+   geom_line(linewidth=1)+
+   labs(x="age",y="Probability of 'yes'
+        (Suicide, if incurable disease?)")+
+   scale_x_continuous(breaks=10*(2:8))+
+   coord_cartesian(ylim=c(0.4,.8),xlim=c(15,90))
```

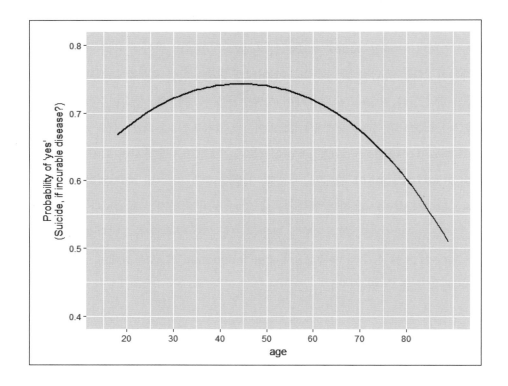

물론 예측값과 아울러 실측데이터를 같이 제시하는 것도 가능합니다. 그러나 로지스틱 회귀모형이나 다른 비정규분포의 종속변수에 대한 회귀모형에서는 실측데이터를 같이 제시하는 것이 큰 도움이 되지는 못합니다(왜냐하면 종속변수가 0이나 1의 값만을 갖기 때문입니다). 아무튼 모형의 추정결과와 실측데이터를 같이 제시한 그래프는 아래와 같습니다.

```
> # 예측확률과 실측데이터를 같이 시각화
> ggplot(data=mydata,aes(x=age,y=suicide1)) +
+   geom_point(alpha=.05)+
+   geom_line(data=myfigure,aes(y=pred),linewidth=1)+
+   labs(x="age",y="Probability of 'yes'
+        (Suicide, if incurable disease?)")+
+   scale_x_continuous(breaks=10*(2:8))+
+   coord_cartesian(ylim=c(0,1),xlim=c(15,90))
```

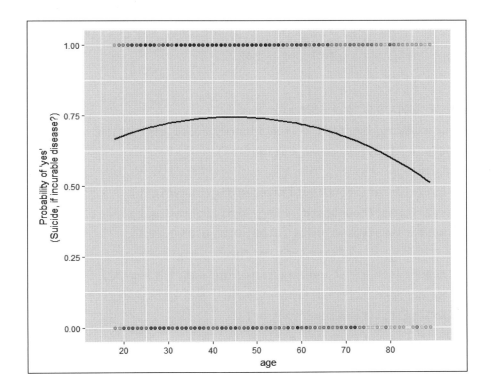

승산비 통계치는 로지스틱 회귀모형을 해석할 때 유용하게 사용되지만, 사용되기 어려운 상황도 종종 발생한다는 것에 유념하시기 바랍니다. 로지스틱 회귀모형 추정결과를 제시할 때 보통 OLS 회귀모형처럼 회귀계수와 표준오차를 제시하는 것은 물론, 회귀계수의 승산비도 같이 제시하도록 하겠습니다(물론 앞서 살펴본 것처럼 곡선관계를 추정하기 위한 다차항이 투입된 경우, 혹은 다음에 다시 설명드릴 상호작용효과가 투입된 경우 회귀계수에 지수함수를 곧바로 적용한 승산비는 아무 의미가 없다는 사실에 유의하시기 바랍니다. 상호작용효과항에 바로 지수함수를 적용한 승산비의 문제점에 대해서는 `model_interactE` 모형을 설명하면서 다시 말씀드리겠습니다).

정리해보겠습니다. 저는 로지스틱 회귀모형을 추정한 후, 추정된 회귀계수와 표준오차, 그리고 승산비를 제시하고자 합니다(물론 각 회귀계수에는 통계적 유의도를 표시하는 관례적 기호를 같이 병행하겠습니다). 또 로지스틱 회귀모형의 모형적합도 지수의 경우 맥파든의 임의$-R^2$, 로그우도 카이제곱 통계치와 자유도, AIC와 BIC를 제시하고자 합니다. 위와 같은 통계치들을 정리하여 제가 원하는 방식의 표를 생성하는 개인함수를 다음과 같이 작성해보았습니다. 사실 `Logistic_summary_function()` 함수는 `tidy()` 함수와 `glance()` 함수 결과를 편집 · 요약한 것에 불과합니다.

```
> # 로지스틱 회귀계수의 결과 요약
> Logistic_summary_function <- function(my_model_estimation, mydigit){
+    mycoefs <- tidy(my_model_estimation) %>%
+      mutate(
+        est2=format(round(estimate, mydigit),mydigit),
+        se2=format(round(std.error, mydigit),mydigit),
+        mystars=cut(p.value,c(0,0.001,0.01,0.05,0.10,1),
+                    c("***","**","*","+",""),right=F),
+        report=str_c(" ",est2,mystars,"\n(",se2,")",sep=""),
+        my_or=format(round(exp(estimate), mydigit),mydigit)
+      ) %>% select(term,report,my_or)
+    myGOF <- glance(my_model_estimation) %>%
+      mutate(
+        LL_CHI2=null.deviance-deviance,
+        DF_CHI2=df.null-df.residual,
+        p.value=1 - pchisq(LL_CHI2,DF_CHI2),
+        McFaddenR2=format(round((null.deviance-deviance)/null.deviance,
+                          mydigit),mydigit),
+        LL_CHI2=format(round(LL_CHI2, mydigit),mydigit),
+        mystars=cut(p.value,c(0,0.001,0.01,0.05,0.10,1),
+                    c("***","**","*","+",""),right=F),
+        my_CHI2 = str_c(LL_CHI2,mystars),
```

```
+        LL_CHI2_df = str_c("(",DF_CHI2,")"),
+        AIC=format(round(AIC,mydigit),mydigit),
+        BIC=format(round(BIC,mydigit),mydigit)
+      ) %>% select(McFaddenR2, my_CHI2, LL_CHI2_df, AIC, BIC) %>%
+      pivot_longer(cols=everything(), names_to="term", values_to="report") %>%
+      mutate(my_or="")
+    # sortid를 만든 이유는 여러 모형들의 결과를 하나의 표에 합칠 경우에 대비하기 위해
+    mytable <- bind_rows(mycoefs,myGOF) %>%
+      mutate(sortid=row_number()) %>%
+      select(sortid,term,report,my_or) %>%
+      mutate(across(
+        .cols=2:4,
+        .fns=function(x){as.character(x)}
+      ))
+    mytable
+ }
```

이제 아래와 같이 **model_interactE** 모형을 추정한 후, 앞서 추정했던 **model_mainE** 모형의 추정결과와 같이 묶어보겠습니다. OLS 회귀모형 추정결과들을 통합하는 방식과 크게 다르지 않기 때문에 그다지 어렵지 않을 것입니다.

```
> # 상호작용효과를 추가로 고려한 모형
> Logistic_interactE <- glm(suicide1~fem+age+I(age^2)+nonwhite+educ+
+                           income06*libcon7,mydata_center,
+                           family=binomial(link='logit'))
> myresult <- full_join(Logistic_summary_function(Logistic_mainE,3)[,-1],
+                       Logistic_summary_function(Logistic_interactE,3),by="term") %>%
+   arrange(sortid) %>% select(-sortid)
> # 엑셀 파일로 저장 후 편집하여 사용
> writexl::write_xlsx(myresult,"Logistic_regression_table.xlsx")
```

표 6. 로지스틱 회귀모형 추정결과 비교

| | 주효과 모형 | | 상호작용효과 모형 | |
|---|---|---|---|---|
| | 회귀계수<br>(표준오차) | 승산비<br>(Odds Ratio) | 회귀계수<br>(표준오차) | 승산비<br>(Odds Ratio) |
| 절편 | 1.062***<br>(0.132) | | 1.118***<br>(0.134) | |
| 성별(여성 = 1) | −0.202**<br>(0.068) | 0.817 | −0.222**<br>(0.069) | 0.801 |
| 연령 | −0.002<br>(0.004) | 0.998 | −0.002<br>(0.004) | 0.998 |
| 연령(제곱) | −0.001*<br>(<.001) | 0.999 | −0.001*<br>(<.001) | 0.999 |
| 인종(비백인 = 1) | −0.675***<br>(0.157) | 0.509 | −0.693***<br>(0.158) | 0.500 |
| 교육수준 | 0.084***<br>(0.024) | 1.088 | 0.089***<br>(0.024) | 1.093 |
| 소득수준 | 0.013<br>(0.013) | 1.013 | 0.012<br>(0.013) | 1.012 |
| 정치적 이념성향 (진보−보수) | −0.274***<br>(0.049) | 0.760 | −0.294***<br>(0.050) | 0.745 |
| 소득수준 ×<br>정치적 이념성향(진보−보수) | | | −0.025**<br>(0.008) | 0.975 |
| 모형적합도 지수 | | | | |
| 맥파든의 임의−R2 | 0.068 | | 0.075 | |
| 로그우도 카이제곱 | 93.894*** | | 103.91*** | |
| (자유도) | (7) | | (8) | |
| AIC | 1304.136 | | 1296.121 | |
| BIC | 1343.697 | | 1340.626 | |

알림. $+p<.10$, $*p<.05$, $**p<.01$, $***p<.001$. 비표준화 회귀계수와 표준오차를 보고. 연령, 교육수준, 소득수준, 정치적 이념성향 변수들의 경우 평균중심화변환 실시. $N=1038$.

말씀드렸듯, 연령 변수의 경우 다차항이 투입되었기 때문에 승산비를 이용해 모형추정 결과를 해석하는 것은 타당하지 않습니다. 또한 "소득수준×정치적 이념성향(진보−보수)"의 상호작용효과 역시도 승산비를 이용하여 해석하지 말아야 합니다. 왜냐하면 "소득수준에 정치적 이념성향을 곱한 값이 1단위 증가할 때, 종속변수에서 1의 값이 나타날 가능성이 약 2.5% 감소한다"는 해석은 현실적으로 아무런 의미가 없는 설명이기 때문입니다. 앞서 살펴본 연령 변수 사례와 마찬가지로 상호작용효과의 경우도 모형추정 결과를 그래프로 시각화하여 제시하는 것이 가장 적절합니다. 또한 소득수준과 정치적 이념성향 변수 모두가 연속형 변수이기 때문에, 조절변수의 5개 지점(즉, 10th, 25th, 50th, 75th, 90th 위치의 변숫값 기준) 혹은 3개 지점(즉, $M-SD$, $M$, $M+SD$ 위치의 변숫값 기준)에 따라 원인변수와 종속변수의 관계를 시각화할 필요가 있습니다.

그래프 작업을 할 때, 저는 원인변수로는 소득수준을, 그리고 조절변수로는 정치적 이념성향 변수를 지정하였으며, 조절변수는 3개 시점($M-SD$, $M$, $M+SD$)을 선정하였습니다. 이번에는 성별과 인종 변수의 경우 각각 .50을 부여하였으며(다시 말해 남성과 여성의 평균, 그리고 백인과 비백인의 평균을 상정하였습니다), 연령과 교육수준은 평균값을 택하여 통제하였습니다. 끝으로 평균중심화변환이 적용된 연속형 변수는 모두 원수준으로 환원하였고, 조절변수의 3시점에는 적절한 의미의 라벨을 붙였습니다.

```
> # 소득수준과 정치적 성향의 상호작용효과 시각화
> mydata %>% summarize(sd(libcon7))
# A tibble: 1 × 1
  `sd(libcon7)`
          <dbl>
1          1.43
> mygrid <- mydata_center %>%
+   data_grid(income06,libcon7=c(-1.43,0,1.43),fem=0.5,nonwhite=0.5,age=0,educ=0) %>%
+   mutate(pred=predict(Logistic_interactE,.,type="response"))
> mygrid <- mygrid %>%
+   mutate(
+     libcon7=libcon7+mean(mydata$libcon7),
+     income06=income06+mean(mydata$income06),
+     libcon3=cut(libcon7,c(0,3,4.5,Inf),
+                 c("Liberal (M-SD)","Moderate (M)","Conservative (M+SD)"))
+   )
```

위에서 얻은 원인변수와 조절변수 수준에 따른 모형추정치를 그래프로 나타내면 다음과 같습니다. 그림에서 잘 드러나듯, 저소득층의 경우 정치적 이념성향에 따른 차이가 매우 미미한 반면, 고소득층의 경우 진보적 정치성향을 갖고 있는 사람일수록 불치병에 걸렸을 때 자살을 택하겠다는 응답을 할 확률이 높아지는 것을 확인할 수 있습니다.

```
> mygrid %>%
+   ggplot(aes(x=income06,y=pred))+
+   geom_line(aes(color=libcon3),size=1)+
+   labs(x="Household income",y="probability to choose 'yes'",
+        color="Political ideology")+
+   coord_cartesian(ylim=c(0.3,0.9),xlim=c(0,26))+
+   scale_x_continuous(breaks=c(1+5*(0:4)),
+                      label=c("under\n$1000","$6,000-\n$6999",
+                              "$15000-\n17499","$30000-\n$34999",
+                              "$75000-\n$89999"))+
+   ggtitle("Suicide, if incurable disease?")+
+   theme(legend.position="bottom")
```

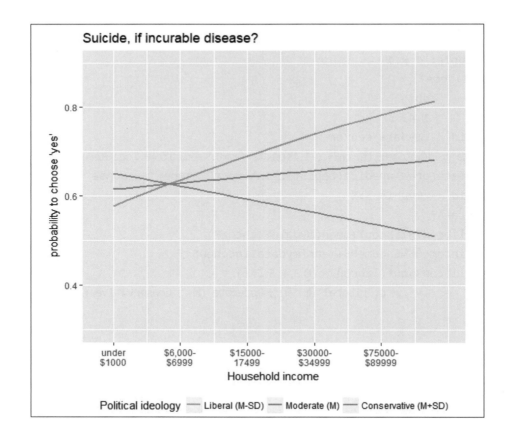

물론 모형추정 결과에 실제 관측데이터를 덮어 그리는 것도 가능하겠지만, 앞서 연령변수 사례에서도 확인할 수 있듯 효과적인 그래프라고 보기 어렵습니다(적어도 제게는 그렇습니다). 이에 추가적인 사례는 제시하지 않겠습니다.

그러나 위와 같은 상호작용효과 그래프가 확정된 후에는 승산비를 이용한 상호작용효과 설명이 가능합니다. 다시 표로 돌아가 보겠습니다. 다른 변수들을 통제한 후 다음의 세 조건에서 소득수준(income06 변수)의 승산비를 각각 구해봅시다.

- 평균중심화변환된 libcon7 변수가 −1.43인 경우의 승산비

$$e^{0.012+(-0.294\times-1.43)+(-0.025\times-1.43)}=1.597$$

- 평균중심화변환된 libcon7 변수가 0인 경우의 승산비

$$e^{0.012+(-0.294\times0)+(-0.025\times0)}=1.012$$

- 평균중심화변환된 libcon7 변수가 +1.43인 경우의 승산비

$$e^{0.012+(-0.294\times1.43)+(-0.025\times1.43)}=0.641$$

위의 과정을 통해 얻은 승산비는 실질적인 해석이 가능합니다. 즉 평균보다 1단위 표준편차 진보적인 응답자의 경우 소득수준이 1단위 증가하면 "불치병에 걸렸을 때 자살하겠다는 응답가능성"이 약 60%의 증가 효과를 보이지만, 평균수준의 정치적 이념성향을 갖는 응답자의 경우 소득수준의 효과가 거의 나타나지 않으며, 1단위 표준편차만큼 더 보수적인 응답자에게서는 약 36% 감소효과를 보입니다. 즉 상호작용효과의 경우 조절변수의 수준이 '적절하게 선택되면' 보다 구체적으로 추정결과를 해석할 수 있습니다. 하지만 독자께서 느끼셨을 테지만, 승산비를 이용한 해석결과는 청중이나 다른 독자에게 위에서 제시한 그래프만큼 직관적이면서 명확하게 전달되기 어렵습니다. 상호작용효과의 경우 그래프보다 좋은 결과제시 방법은 없지 않을까 싶습니다.

지금까지 로지스틱 회귀모형을 살펴보았습니다. 만약 링크함수로 프로빗(probit) 함수를 설정하시면 프로빗 회귀모형을 실시할 수 있습니다. 이를 위해서는 glm() 함수의 family 옵션을 binominal("probit")으로 바꾸시면 됩니다. 나머지 과정은 크게 다르지 않기에 별도의 설명은 제시하지 않겠습니다.

## 04-2 포아송 회귀분석

    앞에서는 종속변수가 0이나 1로 입력된 이항분포를 가지는 이분변수를 다루었습니다. 다음으로 종속변수가 정수형 데이터 형태의 횟수(count)로 측정되어 있으며, 포아송 분포를 따르는 경우에 사용되는 GLM인 포아송 회귀분석을 살펴보겠습니다. 포아송 회귀분석을 적용할 종속변수로는 **suicide**라는 표현으로 시작하는 네 변수들의 총합을 사용하도록 하겠습니다. 앞에서 살펴보았듯 **suicide1** 변수에서는 "불치병에 걸렸을 경우(if incurable disease) 자살해도 되는지"를 물었으며, **suicide2** 변수는 "파산했을 때(if bankrupt) 자살해도 되는지", **suicide3** 변수는 "가족의 명예에 누를 끼쳤을 때(if dishonored family) 자살해도 되는지", 끝으로 **suicide4** 변수는 "삶에 지쳤을 때(if tired of living) 자살해도 되는지"에 대해 물은 후 네(yes) 혹은 아니오(no)라는 응답을 측정한 것입니다. 저는 아래와 같은 방식으로 **sui4**라는 변수를 새로 생성하였습니다.

```
> # 포아송 회귀분석(Poisson regression)
> mydata <- mydata %>%
+    mutate(
+       sui4=rowSums(mydata %>% select(1:4))
+    )
```

sui4 변수가 과연 포아송 분포를 가질까요? 일단 저는 가진다고 보았습니다.[3] 해당 변수의 히스토그램을 살펴보면 다음과 같습니다.

---

3  큰 무리는 없을 듯합니다. 아래는 실제 데이터의 분포와 λ=1인 경우 포아송 분포의 밀도함수(density function)를 겹쳐서 그린 그래프입니다. 완전하게 적합하지는 않지만, 그렇다고 완전히 빗나갔다고 보기도 어렵습니다.

```
> # 각주: 데이터의 분포와 lambda=1인 경우 포아송 분포
> P_Poisson <- dpois(x=0:4, lambda=1) # density function for Poisson distribution
> tmp <- tibble(P_Poisson)
> mydata %>%
+    ggplot(aes(x=sui4,y=after_stat(density))) +
+    geom_histogram(bins=5,fill="lightblue")+
+    geom_line(data=tmp,aes(x=0:4,y=P_Poisson),
+              size=1,color='red')+
+    labs(x="Summed number of 'yes' for 4 conditions",
+         y="Probability")
```

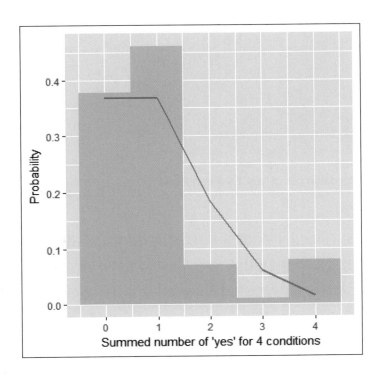

```
> # 포아송 분포가 아닐 수도 있지만 맞다고 가정해보자
> mydata %>%
+    ggplot(aes(x=sui4)) +
+    geom_histogram(bins=5,fill="lightblue")+
+    labs(x="Summed number of 'yes' for 4 conditions",
+         y="Frequency")
```

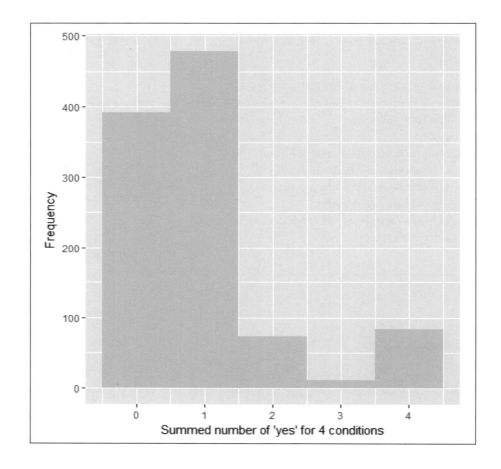

이 sui4 변수를 종속변수로 하고, 앞서 추정했던 로지스틱 회귀분석의 독립변수들을
그대로 사용한 포아송 회귀모형을 추정해봅시다. 마찬가지로 주효과만 추정한 모형
(Pois_mainE)과 소득수준과 정치적 이념성향의 상호작용효과를 추가로 추정한 모형
(Pois_InteractE), 2가지를 추정해보도록 하겠습니다. 먼저 독립변수 중 연속형 변수들
에 대해 평균중심화변환을 적용한 후, 주효과항들만 투입된 포아송 모형을 추정해봅시

다. 로지스틱 회귀모형과 마찬가지로 tidy() 함수를 이용하면 회귀계수를, glance()
함수를 이용하면 모형적합도를 추정할 수 있습니다.

```
> # 중심화 변환 처리
> mydata_center <- mydata %>%
+    mutate(across(
+      .cols=c(age,educ,income06,libcon7),
+      .fns=function(x){x-mean(x)}
+    ))
>
> # 포아송 회귀모형 추정
> Pois_mainE <- glm(sui4~fem+age+I(age^2)+nonwhite+educ+income06+libcon7,
+                 mydata_center,family=poisson(link='log'))
> tidy(Pois_mainE)
# A tibble: 8 × 5
   term         estimate std.error statistic  p.value
   <chr>            <dbl>     <dbl>     <dbl>    <dbl>
1 (Intercept)    0.125    0.0586       2.14 3.24e- 2
2 fem           -0.197    0.0640      -3.07 2.12e- 3
3 age           -0.00379  0.00210     -1.81 7.10e- 2
4 I(age^2)      -0.000159 0.000109    -1.46 1.45e- 1
5 nonwhite      -0.333    0.0822      -4.05 5.20e- 5
6 educ           0.0539   0.0116       4.65 3.35e- 6
7 income06       0.00812  0.00664      1.22 2.22e- 1
8 libcon7       -0.158    0.0223      -7.11 1.17e-12
> glance(Pois_mainE)
# A tibble: 1 × 8
   null.deviance df.null logLik   AIC   BIC deviance df.residual  nobs
           <dbl>   <int>  <dbl> <dbl> <dbl>    <dbl>       <int> <int>
1          1289.    1037 -1306. 2628. 2668.    1159.        1030  1038
```

위에서 언급한 결과들은 모두 로지스틱 회귀모형 추정결과들과 유사합니다. 물론 링
크함수가 달라졌습니다만, log 함수를 사용했기 때문에 위의 회귀계수 역시 지수함수를
이용해 변환하여 해석해주어야 합니다['승산비'라는 말 대신 '발생비(IRR, incidence rate ratio)'라
는 용어를 씁니다]. 예를 들어 성별(fem) 변수의 회귀계수인 −.098을 해석하면 다음과 같습

니다: "다른 변수들의 효과를 통제할 때, 남성 응답자 기준 여성 응답자일수록 네 상황에 대한 자살 응답의 총합은 약 10%씩 감소하며, 이는 통계적으로 유의미한 감소분이다." 또, 교육수준(educ) 변수의 회귀계수인 .054를 해석하면 다음과 같습니다: "다른 변수들의 효과를 통제하였을 때, 교육수준이 1단위 증가하면 네 상황에 대한 자살 응답의 총합은 약 5%씩 증가하는 패턴을 보이는데, 이는 통계적으로 유의미한 증가 패턴이다." 마찬가지로 다차항을 넣은 경우는 지수함수가 적용된 수치를 해석하지 않습니다. 흥미롭게도 여기서는 연령의 이차항이 통계적으로 유의미하지 않은 값이 나왔습니다($p=.145$). 따라서 여기서는 연령 변화에 따른 4가지 자살상황에 대한 '네' 응답의 총합이 어떻게 변하는지 보여주는 별도의 그래프를 제시하지는 않겠습니다.

로지스틱 회귀모형과 포아송 회귀모형의 결과가 크게 다르지 않기 때문에 여기서는 `Logistic_summary_function()` 함수를 그대로 복사하여 `Poisson_summary_function()` 함수라는 이름으로 사용하겠습니다. 앞서 언급한 `Pois_mainE`와 `Pois_interactE`의 추정결과를 표로 정리하면 아래와 같습니다.

```
> # 상호작용효과를 추가로 고려한 모형
> Pois_interactE <- glm(sui4~fem+age+I(age^2)+nonwhite+educ+income06*libcon7,
+                       mydata_center,family=poisson(link='log'))
> # Logistic_summary_function()을 그대로 사용해도 무방
> Poisson_summary_function <- Logistic_summary_function
> # 정리하여 엑셀 파일로 저장 후 편집하여 사용
> myresult <- full_join(Poisson_summary_function(Pois_mainE,3)[,-1],
+                    Poisson_summary_function(Pois_interactE,3),by="term") %>%
+    arrange(sortid) %>% select(-sortid)
> writexl::write_xlsx(myresult,"Poisson_regression_table.xlsx")
```

**표 7.** 포아송 회귀모형 추정결과 비교

| | 주효과 모형 | | 상호작용효과 모형 | |
|---|---|---|---|---|
| | 회귀계수<br>(표준오차) | 발생비<br>(Incidence<br>Rate Ratio) | 회귀계수<br>(표준오차) | 발생비<br>(Incidence<br>Rate Ratio) |
| 절편 | 0.125*<br>(0.059) | 1.134 | 0.133*<br>(0.059) | 1.143 |
| 성별(여성 = 1) | −0.098**<br>(0.032) | 0.906 | −0.102**<br>(0.032) | 0.903 |
| 연령 | −0.004+<br>(0.002) | 0.996 | −0.004+<br>(0.002) | 0.996 |
| 연령(제곱) | <.001<br>(<.001) | 1.000 | <.001<br>(<.001) | 1.000 |
| 인종(비백인 = 1) | −0.333***<br>(0.082) | 0.717 | −0.330***<br>(0.082) | 0.719 |
| 교육수준 | 0.054***<br>(0.012) | 1.055 | 0.054***<br>(0.012) | 1.055 |
| 소득수준 | 0.008<br>(0.007) | 1.008 | 0.004<br>(0.007) | 1.004 |
| 정치적 이념성향 (진보−보수) | −0.158***<br>(0.022) | 0.854 | −0.154***<br>(0.022) | 0.857 |
| 소득수준 ×<br> 정치적 이념성향(진보−보수) | | | −0.008*<br>(0.004) | 0.992 |
| 모형적합도 지수 | | | | |
| 　맥파든의 임의-$R^2$ | 0.101 | | 0.104 | |
| 　로그우도 카이제곱 | 129.738*** | | 133.974*** | |
| 　(자유도) | (7) | | (8) | |
| 　AIC | 2628.182 | | 2625.947 | |
| 　BIC | 2667.743 | | 2670.452 | |

알림. $+p<.10$, $*p<.05$, $**p<.01$, $***p<.001$. 비표준화 회귀계수와 표준오차를 보고. 연령, 교육수준, 소득수준, 정치적 이념성향 변수들의 경우 평균중심화변환 실시. $N=1038$.

응답자의 소득수준과 정치적 이념성향의 상호작용효과를 발견할 수 있습니다. 로지스틱 회귀모형과 마찬가지로 포아송 회귀모형에서도 상호작용효과의 발생비(IRR) 정보는 현실적 의미를 갖지 않으며, 그래프를 이용해 그 결과를 설명하는 것이 가장 좋습니다. 마찬가지로 data_grid() 함수를 이용해 모형추정 결과를 계산하기 위한 데이터를 생성한 후, mutate() 함수와 predict() 함수를 이용해 추정결과가 계산된 데이터를 준비하였습니다. 최종적으로 연속형 변수를 원래 값으로 환원시키고 그래프를 그린 결과는 아래와 같습니다.

```
> # 소득수준과 정치적 성향의 상호작용 효과 시각화
> mygrid <- mydata_center %>%
+    data_grid(income06,libcon7=c(-1.43,0,1.43),
+              fem=0.5,nonwhite=0.5,age=0,educ=0) %>%
+    mutate(pred=predict(Pois_interactE,.,type="response"))
> mygrid <- mygrid %>%
+    mutate(
+      libcon7=libcon7+mean(mydata$libcon7),
+      income06=income06+mean(mydata$income06),
+      libcon3=cut(libcon7,c(0,3,4.5,Inf),
+                  c("Liberal (M-SD)","Moderate (M)","Conservative (M+SD)"))
+    )
> mygrid %>%
+    ggplot(aes(x=income06,y=pred))+
+    geom_line(aes(color=libcon3),size=1)+
+    labs(x="Household income",y="Summed score of 'yes'",
+         color="Political ideology")+
+    coord_cartesian(ylim=c(0.5,1.5),xlim=c(0,26))+
+    scale_x_continuous(breaks=c(1+5*(0:4)),
+                       label=c("under\n$1000","$6,000-\n$6999",
+                               "$15000-\n17499","$30000-\n$34999",
+                               "$75000-\n$89999"))+
+    ggtitle("Suicide, if 1) incurable disease, 2) bankrupt?,
+                       3) dishonored family, 4) tired of living")+
+    theme(legend.position="bottom")
```

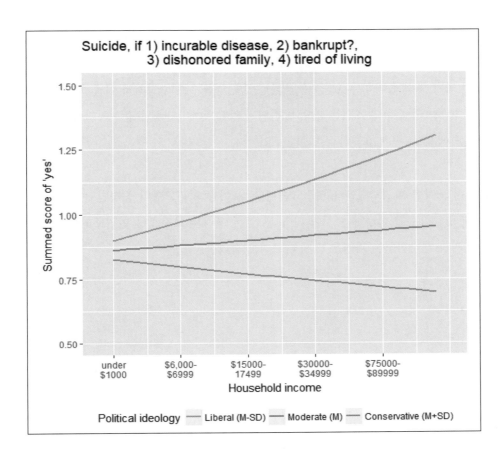

로지스틱 회귀분석 결과와 마찬가지로 위의 상호작용효과 그래프가 확정된 후에는 발생비를 이용한 보다 구체적인 상호작용효과 해석이 가능합니다. 다시 표로 돌아가 보겠습니다. 다른 변수들을 통제한 후 다음의 세 조건에서 소득수준(income06 변수)의 발생비를 각각 구해봅시다.

- 평균중심화변환된 libcon7 변수가 −1.43인 경우의 발생비

$$e^{0.004+(-0.154\times-1.43)+(-0.008\times-1.43)}=1.265$$

- 평균중심화변환된 libcon7 변수가 0인 경우의 발생비

$$e^{0.004+(-0.154\times0)+(-0.008\times0)}=1.004$$

- 평균중심화변환된 libcon7 변수가 +1.43인 경우의 발생비

$$e^{0.004+(-0.154\times1.43)+(-0.008\times1.43)}=0.796$$

위와 같이 계산된 발생비는 실질적인 해석이 가능합니다. 즉 평균보다 1단위 표준편차 진보적인 응답자의 경우 소득수준이 1단위 증가하면 "각 상황별 자살에 대한 긍정응답의 합산값"이 약 27%씩 증가하는 효과가 나타난 반면, 평균수준의 정치적 이념성향을 갖는 응답자의 경우 소득수준의 효과는 거의 발견되지 않았으며, 1단위 표준편차만큼 더 보수적인 응답자에게서는 약 20% 감소효과를 보입니다.

지금까지 포아송 회귀모형을 살펴보았습니다. 포아송 회귀모형의 종속변수에 대한 가정에 맞게 링크함수를 설정하는 것이 다를 뿐 앞서 살펴본 로지스틱 회귀모형을 추정하고 추정결과를 시각화하는 과정은 크게 다르지 않습니다.

## 연습문제 Exercise  로지스틱 회귀모형 및 포아송 회귀모형

**로지스틱 회귀분석_문제_1**: "data_gss_panel06.dta" 데이터를 불러온 후 다음의 조건에 맞도록 데이터 사전처리를 진행하시기 바랍니다.

- affrmact_1, affrmact_2, affrmact_3, sex_1, age_1, race_1, educ_1, income06_1, polviews_1 변수들만 선별하세요.
- 선별된 변수들을 기준으로 리스트단위 결측값 제거(listwise deletion)를 적용하시기 바랍니다.
- affrmact_* 변수는 소수인종에 대한 적극적 인종차별 철폐 정책(affirmative action policy)에 대한 설문응답자의 의견을 묻고 있으며, 리커트 형태의 4점 척도로 측정되었습니다(1은 적극 찬성, 2는 찬성, 3은 반대, 4는 적극 반대를 의미). 응답 중에서 '적극 찬성'과 '찬성' 의견에 대해서는 1을 '적극 반대'와 '반대' 의견에 대해서는 0을 부여하여 이분변수로 리코딩하시기 바랍니다.
- 성별(sex_1), 인종(race_1) 변수는 모두 이분변수로 변환시키시기 바랍니다. 구체적으로 성별은 "남성 vs. 여성"으로, 인종은 "백인 vs. 비백인"으로 변환시켜 주시기 바랍니다.
- 연령(age_1), 교육수준(educ_1), 소득(income06_1), 정치적 이념성향(polviews_1) 변수들은 모두 평균중심화변환시켜 주시기 바랍니다.

**로지스틱 회귀 _ 문제 _ 2:** 각 시점별로 적극적 인종차별 철폐 정책에 대한 찬성/반대 의견을 (1) 성별, 인종, 연령의 일차항과 이차항, 교육수준, 소득수준, 정치적 이념성향과 (2) 정치적 이념성향과 성별, 인종, 연령의 일차항과 이차항, 교육수준, 소득수준의 2차 상호작용효과들을 추정하는 로지스틱 회귀모형을 추정하신 후, "인구통계학적 변수들의 수준이 0일 때" 정치적 이념성향이 적극적 인종차별 철폐 정책에 대한 찬성 의견에 미치는 효과를 승산비(OR, odds ratio)를 이용하여 해석하세요.

**로지스틱 회귀 _ 문제 _ 3:** 위의 '로지스틱 회귀_문제_2'에서 추정한 모형에서 교육수준과 정치적 이념성향의 상호작용효과가 어떤지를 보여주는 시각화 결과를 제시하시고, 통계기법을 모르는 사람도 이해할 수 있도록 알기 쉬운 말로 설명하세요.

# PART 5

# 개념측정의 신뢰도와
# 타당도,
# 그리고 데이터의 축약

**CHAPTER**

# 01

# 측정의 신뢰도와 타당도

　측정의 신뢰도(reliability)와 타당도(validity) 부분은 일반적인 데이터 과학에서 다루는 영역은 아닙니다. 하지만 전통적인 사회과학분과에서는 중요하게 다루는 영역입니다 (Babbie, 2016; Schutt, 2015). 본서에서는 제가 속한 분과의 관점에서 측정의 신뢰도와 타당도 관련된 기법들로 주성분분석(PCA, principal component analysis), 탐색적 인자분석 (EFA, exploratory factor analysis), 내적 일치도(internal consistency) 평가 통계치인 크론바흐의 알파(Cronbach's $\alpha$)를 다루도록 하겠습니다. 물론 여기서 다루는 기법들은 측정의 신뢰도와 타당도를 다루는 다양한 기법들 중 일부에 불과합니다. 예를 들어 확증적 인자분석 (CFA, confirmatory factor analysis)이나 문항반응이론(IRT, item response theory)[1] 등과 같은 척도화 기법(scaling methods)은 다루지 않고 있습니다. 여기서 소개드린 기법들은 복수의 측정문항들(multiple indicators)을 활용하는 사회과학 연구에서 매우 자주 등장하는 기법들입니다. 이번 섹션의 목표는 타이디버스 접근을 이용해 해당 기법을 이용할 수 있는지 살펴보고, 분석결과를 어떻게 저장·활용할 수 있는지 간략하게 살펴보는 것입니다. 만약

---

1　CFA의 경우 졸저(2017) 《R를 이용한 사회과학데이터 분석: 구조방정식모형 분석》에서 보다 자세하게 다루었으며, IRT의 경우 졸저(2018) 《R을 이용한 다층모형》에서 다층모형과의 관련성을 언급하면서 일부 소개한 바 있습니다. 관심 있는 분들께서는 부족하지만 제 저서나 혹은 다른 전문서적들을 참고해주시기 바랍니다.

R 베이스에 기반하여 주성분분석, 탐색적 인자분석, 크론바흐의 알파 계산 등을 수행하고 싶은 분들은 졸저(2015) 《R를 이용한 사회과학데이터 분석: 기초편》을 참조하여 주시기 바랍니다.

아쉬운 일이지만, 여기서 소개할 기법들의 추정결과에 대해서는 broom 패키지의 tidy() 함수를 사용할 수 없습니다.[2] 주성분분석의 경우 prcomp() 함수를 사용할 경우 tidy() 함수를 사용할 수 있습니다만, 제 좁은 지식 범위에서 보통의 사회과학자가 해당 함수를 사용한 주성분 결과를 쉽게 이해하기는 어려울 것 같습니다. 이번 섹션에서는 심리학 연구분과 관점에서 개발된 psych 패키지의 함수들을 소개하겠습니다. 주성분분석을 위해서는 principal() 함수를, 탐색적 인자분석을 위해서는 fa() 함수를, 그리고 크론바흐의 알파를 계산하기 위해서는 alpha() 함수를 사용하도록 하겠습니다.

## 01-1 주성분분석(PCA)

주성분분석과 탐색적 인자분석은 측정의 구성타당도(construct validity), 보다 구체적으로 수렴타당도(convergent validity)와 판별타당도(discriminant validity)를 점검할 때 사용되는 분석기법입니다. 흔히 두 기법들은 같은 분석이라고 분류되기도 하지만, 엄밀하게 말해 두 분석기법의 가정이 공유되지 않는 상이한 추정기법입니다(Fabrigar & Wegener, 2011). 물론 충분하게 큰 데이터에 대해 적용한 두 기법의 분석결과는 매우 유사한 것이 보통입니다(주성분 혹은 인자와 측정항목들 사이의 연결관계라는 점에서).

하지만 주성분분석의 주목적은 데이터의 요약인 반면(인과관계: 측정항목 → 주성분), 탐색적 인자분석의 주목적은 데이터의 잠재적 인자구조(latent factor structure)를 탐색하는 것이라는 점에서(인과관계: 잠재적 인자구조 → 측정항목) 동일하지 않습니다. 또한 주성분분석에서는 측정항목의 분산을 주성분에 적재되는 분산과 오차분산으로 나누는 반면(variance partitioning), 탐색적 인자분석에서는 측정항목의 분산을 인자에 적재되는 분산

---

2  broom 패키지가 다루는 오브젝트 속성에 뒤에서 소개할 psych 패키지의 오브젝트가 포함되어 있지 않기 때문입니다.

(communality), 측정항목 고유의 분산(uniqueness), 그리고 오차분산으로 나눈다는 점에서 추정결과가 미미하게라도 다르게 나올 수밖에 없습니다.[3]

그렇다면 둘 중에 어떤 기법을 쓰는 것이 더 나을까요? 답은 없다고 생각합니다(보다 정확하게 제가 확신을 갖고 드릴 답이 없습니다). 이 질문에 대한 적절한 답을 두고 계량심리학 내부에서도 상당한 논란과 상호비판이 존재하고 있는 것으로 저는 알고 있습니다. 본서의 목적은 주성분분석이나 탐색적 인자분석에 대한 통계학적 설명을 제시하거나 두 기법 사이의 우월성을 탐색하는 것이 아닙니다. 따라서 본 섹션에서는 동일한 데이터를 대상으로 어떻게 주성분분석이나 탐색적 인자분석을 실시할 수 있는 방법을 사례로 설명드리겠습니다.

우선 앞서 소개드렸던 "**data_survey_comma.csv**"를 불러오겠습니다. 해당 데이터에서 SWL이라는 표현으로 시작하는 5개의 변수는 '삶에 대한 만족도'에 대한 측정항목들(indicators)이며, SCA로 시작하는 6개의 변수는 '타인의 능력과 나의 능력을 비교하는 사회비교성향'에 대한 측정항목들이고, SCB로 시작하는 5개의 변수는 '타인의 의견과 나의 의견을 비교하는 사회비교성향'에 대한 측정항목들입니다. 이 16개의 변수들을 이용해 우선 주성분분석을 실시해보겠습니다. 데이터를 불러온 후, 주성분분석을 실시할 16개의 변수들만 추려낸 데이터를 **mydata**라는 이름으로 저장해보았습니다.

```
> # 데이터를 불러오기
> mydata <- read_csv("data_survey_comma.csv") %>%
+    select(starts_with("SWL"),starts_with("SCA"),
+          starts_with("SCB"))
Rows: 331 Columns: 20
── Column specification ───────────────────────────────
Delimiter: ","
dbl (20): SWL1, SWL2, SWL3, SWL4, SWL5, SCA1, SCA2, SCA3, SCA4, SCA5...

i Use `spec()` to retrieve the full column specification for this data.
i Specify the column types or set `show_col_types = FALSE` to quiet
```

---

**3** 이와 관련 파브리거와 베게너(Fabrigar & Wegener, 2011)의 얇으면서도 매우 잘 정리된 책을 추천하고 싶습니다.

```
this message.
> mydata %>% print(n=2)
# A tibble: 331 × 16
    SWL1  SWL2  SWL3  SWL4  SWL5  SCA1  SCA2  SCA3  SCA4  SCA5  SCA6
   <dbl> <dbl> <dbl> <dbl> <dbl> <dbl> <dbl> <dbl> <dbl> <dbl> <dbl>
1      2     2     2     2     1     3     4     2     3     2     2
2      3     3     4     3     3     3     3     3     3     3     3
# i 329 more rows
# i 5 more variables: SCB7 <dbl>, SCB8 <dbl>, SCB9 <dbl>, SCB10 <dbl>,
#   SCB11 <dbl>
# i Use `print(n = ...)` to see more rows
```

 R 베이스에서는 주성분분석을 실시할 수 있는 함수로 `prcomp()` 함수를 제공하고 있으며, 이를 통해 추정된 결과는 `tidy()` 함수를 이용하여 깔끔하게 정리 가능합니다. 그러나 `prcomp()` 함수는 사회과학자들이 사용하기에 편하게 구성된 함수는 아닌 듯합니다[특히 추출된 주성분을 회전(rotation)시키는 것이 다소 불편한 편입니다]. 여기서는 사회과학분과 중 주성분분석이나 인자분석을 가장 많이 활용하는 분과인 심리학 관점에서 개발된 `psych` 패키지의 `principal()` 함수를 이용해 주성분분석을 실시하고, 분석결과를 어떻게 정리할 수 있으며 시각화할 수 있는지 살펴보겠습니다. 데이터에 대한 사전처리를 마친 후, 주성분분석에 투입하고자 하는 변수들로 구성된 데이터를 이용해 주성분분석을 실시하기 전에 최소 2가지 사전결정을 내려야 합니다.

 첫째, 주성분의 개수를 정하는 일입니다. 저자의 지식 범위에서 주성분의 개수를 얻는 방법에는 '카이저 규칙(Kaiser's rule)', '스크리플롯(scree-plot)', '평행분석(parallel analysis)', '이론적 판단'의 4가지 방법이 있습니다. 우선 카이저 규칙은 추출된 주성분의 분산이 최소 1을 넘는 경우에 해당되는 주성분까지 포함시켜 주성분의 개수를 결정하는 방법입니다. 카이저 규칙은 일반적인 상업용 통계처리 프로그램(이를테면 SPSS)에서 디폴트로 지정되어 있을 정도로 널리 알려진 방법입니다만, 주성분분석에 투입된 변수의 수가 많은 경우 적지 않은 수의 주성분들이 기준선인 '1'의 주변에 몰리기 때문에 판단의 타당성이 낮을 수 있다는 문제가 있습니다. 다음으로 스크리플롯의 경우 주성분에 투입된 변수의 수가 많을 때 유용하지만, 분석자의 주관이 쉽게 개입된다는 단점이 있습니다. 끝으로 평행분석은 시뮬레이션 기법을 이용해 데이터에서 발견되는 주성분의 개수를 추정합니다

(Glorfeld, 1995; Horn, 1965). 평행분석을 통해 얻은 주성분분석의 개수는 카이저 규칙으로 추정된 주성분분석 개수에 비해 보수적인 경향(즉, 적은 수의 주성분을 추출)을 갖습니다. 마지막으로 이론적 판단은 데이터에 대해 연구자가 갖고 있는 이론적 기대를 적용하는 방법입니다. 그러나 측정문항에 대한 이론적 근거가 없을 경우에는 이 방법을 쓸 수가 없습니다. 다음에 소개할 주성분분석 사례에서는 이론적 근거에 기반하여 3개의 주성분을 가정하도록 하겠습니다(변수이름에서 명확하게 구분되듯). 물론 각주를 통해 카이저 규칙, 스크리플롯, 평행분석 기법들을 실행할 수 있는 R 코드를 제시하였습니다.[4]

---

**4** 주성분 개수를 결정하는 방법으로는 아래를 참조하시기 바랍니다.

```
> myeigen <- prcomp(mydata, scale=TRUE)$sdev^2
> myeigen[myeigen>1]
[1] 5.391704 3.434351 1.110277
> # 스크리 플롯
> myeigen %>% as_tibble() %>%
+   ggplot(aes(x=1:16,y=value))+
+   geom_line(color='red')+
+   labs(x="principal component",y="Eigen-value")+
+   scale_x_continuous(breaks=1:16)
```

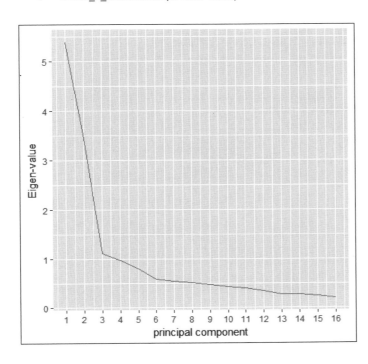

둘째, 추출된 주성분을 회전시키는 방법을 결정하셔야 합니다. 주성분의 개수를 정한 후, 주성분을 회전시키는 방법은 크게 '직교회전(orthogonal rotation)'과 '사각회전(oblique rotation)' 2가지가 존재합니다. 직교회전이란 추출된 주성분과 주성분이 서로에 대해 직각의 관계, 즉 0의 상관관계를 갖는 축을 중심으로 새로운 주성분 공간(space)을 형성하는 방법을 의미하며, 사각회전이란 원데이터의 주성분과 주성분의 관계를 유지한 채로 최적의(optimal) 새로운 주성분 공간을 형성하는 방법을 의미합니다. 어느 회전방식을 결정해야 하는가에 대해서는 연구자의 관점과 연구자가 속한 분과의 선호기법에 따라 결정이 달라질 것입니다. 제 개인적인 선호는 '사각회전'이며, 이 중에서도 프로맥스 회전(promax rotation)이기에, 여기서는 프로맥스 회전 위주로 주성분분석 사례를 진행하도록 하겠습니다.

주성분분석을 실시할 때, R 베이스에 포함된 `prcomp()` 함수를 이용할 수도 있습니다만, 함수의 사용방법이 편리하지는 않은 듯합니다. `psych` 패키지의 `principal()` 함수를 이용하면 다음과 같이 간단하게 주성분분석을 실시하고 그 결과를 확인할 수 있습니다. 제 경우 `library(psych)`를 실시한 후 `principal()` 함수를 실행하는 대신 `psych::principal()`을 실시하였습니다.

```
> # 평행분석
> psych::fa.parallel(cor(mydata),n.obs=331,cor="cor",plot=T)
Parallel analysis suggests that the number of factors =  4  and the number of
components =  2
```

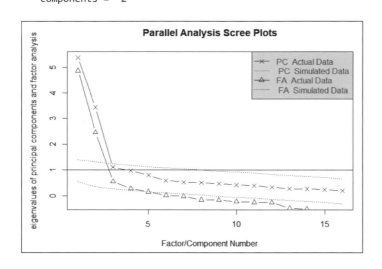

```
> # 주성분분석(PCA)
> my_PCA1 <- mydata %>%
+   psych::principal(.,3,rotate="promax")  #default = varimax
> my_PCA1
Principal Components Analysis
Call: psych::principal(r = ., nfactors = 3, rotate = "promax")
Standardized loadings (pattern matrix) based upon correlation matrix
         RC1   RC2   RC3  h2   u2  com
SWL1    0.02  0.84 -0.03 0.69 0.31 1.0
SWL2    0.01  0.88 -0.03 0.77 0.23 1.0
SWL3   -0.07  0.86 -0.03 0.75 0.25 1.0
SWL4    0.03  0.76  0.03 0.58 0.42 1.0
SWL5    0.04  0.75 -0.01 0.56 0.44 1.0
SCA1    0.84 -0.03 -0.13 0.61 0.39 1.1
SCA2    0.72  0.02  0.07 0.57 0.43 1.0
SCA3    0.61  0.06  0.21 0.56 0.44 1.3
SCA4    0.79 -0.04  0.00 0.63 0.37 1.0
SCA5    0.84  0.02 -0.04 0.67 0.33 1.0
SCA6    0.75  0.00  0.07 0.63 0.37 1.0
SCB7    0.38  0.01  0.47 0.56 0.44 1.9
SCB8    0.18  0.00  0.73 0.70 0.30 1.1
SCB9    0.10 -0.10  0.79 0.71 0.29 1.1
SCB10   0.03  0.00  0.79 0.65 0.35 1.0
SCB11  -0.29  0.08  0.61 0.28 0.72 1.5

                        RC1  RC2  RC3
SS loadings            3.94 3.38 2.61
Proportion Var         0.25 0.21 0.16
Cumulative Var         0.25 0.46 0.62
Proportion Explained   0.40 0.34 0.26
Cumulative Proportion  0.40 0.74 1.00

 With component correlations of
      RC1   RC2  RC3
RC1  1.00 -0.04 0.55
RC2 -0.04  1.00 0.15
RC3  0.55  0.15 1.00
```

```
Mean item complexity =  1.1
Test of the hypothesis that 3 components are sufficient.

The root mean square of the residuals (RMSR) is  0.06
 with the empirical chi square  314.07  with prob <  5.2e-31

Fit based upon off diagonal values = 0.97
```

RC라는 이름의 라벨은 회전된 주성분(Rotated Component)을 의미합니다. 3개의 주성분을 지정하였기[5] 때문에, RC1, RC2, RC3이라는 값을 확인할 수 있습니다. 이 세 값들은 측정항목이 각 주성분에 어느 정도나 적재(load)되었는가를 알려주는 값입니다[정확하게 말하자면 적재치의 제곱값이 측정항목과 주성분의 공유분산(shared variance)입니다]. 다음으로 h2는 주성분의 분산비율[흔히 공통분산(communality)이라고 불림]을, u2는 주성분에 적재되지 못한 분산비율[흔히 고유분산(uniqueness)이라고 불림]을 의미합니다. 끝으로 com은 각 측정항목의 복잡도(complexity for an item)를 뜻합니다.[6]

적재치와 공통분산, 고유분산, 측정항목의 복잡도 통계치 아래 부분에는 주성분에 적재된 분산과 관련된 정보가 제시되어 있습니다. "SS loadings"란 부분은 각 주성분의 적재치의 제곱값의 총합을 의미하며, 흔히 아이겐값(eigen-value)이라고도 불립니다. "Proportion Var"은 전체 16개 변수의 총분산 중 각 주성분이 차지하는 분산의 비율을 의미합니다. 윗단에 제시된 공통분산과 고유분산의 합이 1이듯, 여기서 전체 16개의 변수들의 총분산은 16이 됩니다. 예를 들어 첫 번째 주성분은 전체 분산 중 총 25%를 차지하고 있습니다. "Cumulative Var"은 추출된 전체 주성분들의 분산합을 의미합니다. 위의 결과에서 나타나듯, 3개로 추출한 주성분은 전체 분산중 총 62%를 설명할 수 있습니다. 그 아래에 나타난 "Proportion Explained"은 추출된 62%의 분산을 기준으로 각 주성분의 분산이 차지하는 비율을 의미하며, "Cumulative Proportion"의 결과를

---

5  nfactors=3이라는 표현은 엄밀하게 말해 잘못된 것입니다. 왜냐하면 주성분(principal component)은 인자(factor)가 아니기 때문입니다.

6  공식은 다음과 같습니다. 여기서 $a_i$는 각 측정항목의 $i$번째 주성분을 의미합니다.

$$\text{complexity} = \frac{[\sum a_i^2]^2}{\sum a_i^4}$$

통해 62%의 분산을 기준으로 계산된 값이라는 것을 확인하실 수 있을 것입니다.

　그 아래에 나타난 상관계수 행렬은 추출된 주성분들의 상관계수를 의미합니다. 해석하는 방법은 피어슨 상관계수에 적용되는 방법 그대로입니다. 그 아래 제시된 통계치는 모형적합도 지수들입니다. "Mean item complexity"는 분석에 투입된 측정항목들의 복잡도 평균을 의미하며, 1에서 벗어난 값을 가질수록 측정항목과 주성분의 관계가 명확하지 않음(complex)을 의미합니다. 그 다음에 제시된 RMSR은 잔차의 평균제곱을 의미하며, 0에 가까울수록 추출된 주성분 구조와 데이터 구조가 일치한다고 볼 수 있습니다. 그 다음에 제시되는 카이제곱 통계치(empirical chi square)는 추출된 주성분 구조와 데이터 구조 사이의 차이를 카이제곱 통계치로 제시한 것입니다. 따라서 카이제곱 통계치가 작을수록(그리고 통계적 유의도가 1에 가까울수록) 추출된 주성분 구조가 좋다고 볼 수 있습니다만, 카이제곱 통계치의 특성상 표본이 크면 클수록 카이제곱 통계치도 커지고 통계적 유의도 역시 0에 수렴하기 때문에 신뢰도가 높다고 보기는 어렵습니다. 끝으로 "Fit based upon off diagonal values"는 측정항목들의 상관계수 행렬을 기반으로 계산된 적합도입니다. 이름에서 드러나듯 서로 다른 변수들의 상관관계를 기반으로 계산된 값이며, 1에 근접할수록 추출된 주성분 구조가 데이터 구조와 일치한다고 평가받습니다.

　결과를 해석해보겠습니다. 우선 com이라는 이름의 값을 보면 유독 높게 나타나는 측정항목이 있습니다. 가장 높은 측정항목은 SCB7이며, 그 다음으로는 SCB11의 com이라는 값이 매우 높습니다(각각 1.9, 1.5). 이들의 적재치를 살펴봅시다. 독자께서는 공통점이 있는 것을 발견할 수 있을 것입니다. 두 항목 모두 RC1과 RC3에 걸린 적재치가 상당히 높습니다. 흔히 이런 상황에 놓인 측정항목을 '이중 적재 항목(item with dual loading)'이라고 부릅니다. 쉽게 말해 어느 주성분에 해당된다고 명확하게 밝히기 어려운 측정항목을 의미합니다. 여러 가지 방법이 있겠지만, 제가 아는 대부분의 사회과학 연구에서는 모호한 항목들을 '제거'하는 방법을 택합니다(과연 이것이 옳은지 여부는 논란의 여지가 있을 수밖에 없다고 저는 생각합니다. 이 두 항목들을 제거한 후, 주성분분석을 실시하는 것은 독자께서 직접 수행해보시기 바랍니다[7]).

---

[7]　다음의 R 코드를 실행하면 됩니다. 결과는 제시하지 않았습니다.

```
my_PCA2 <- mydata %>%
  select(-SCB7,-SCB11) %>%
```

이제 주성분분석 결과를 요약·정리하고 시각화해보겠습니다. 분과에 따라 차이가 있 겠지만, 저는 주성분 적재치(component loadings)와 각 주성분의 총분산[흔히 아이겐값 (eigen-value)으로 불림], 그리고 전체분산 중에서 각 주성분의 총분산이 차지하는 비율 및 누적비율만 정리하여 제시하는 방식에 익숙합니다. 다시 말씀드리지만, 독자께서 속한 분과에 따라 주성분분석 결과 제시 양식이 다를 것입니다. 제시된 방법은 하나의 예시사 례로만 받아들이시고, 독자의 필요에 따라 편집하여 사용하시기 바랍니다. 아무튼 현재 **psych** 패키지의 오브젝트 클래스(class)는 **broom** 패키지에서 고려되지 않고 있기 때문 에 **tidy()** 함수나 **glance()** 함수를 쓰지 못합니다. 하지만 결과를 요약·정리하는 개 인함수를 작성하는 방법은 크게 어렵지 않습니다.

```
> # 주성분분석 정리 결과
> PCA_summary_function <- function(my_PCA_result, mydigit){
+    # 아이겐값과 각 아이겐값이 차지하는 분산비 및 누적분산비
+    eigenvalues <- matrix(NA,nrow=3,ncol=my_PCA_result$factors)
+    for (i in 1:my_PCA_result$factors){
+      eigenvalues[1,i] <- sum(my_PCA_result$loadings[,i]^2)
+      eigenvalues[2,i] <- eigenvalues[1,i]/dim(my_PCA_result$loadings[,])[1]
+    }
+    eigenvalues[3,] <- cumsum(eigenvalues[2,])
+    # 적절하게 이름을 붙이고
+    rownames(eigenvalues) <- c("eigenvalue",
+                              "var_explained","cum_var_explained")
+    # 적재치 결과와 합쳐서 제공함
+    temp <- round(rbind(my_PCA_result$loadings[,], eigenvalues),mydigit)
+    myresult <- as_tibble(temp) %>%
+      mutate(source=rownames(temp)) %>% # 가로줄 이름을 저장
+      select(source,colnames(temp))
+    myresult
+ }
> PCA_summary_function(my_PCA1,2)
# A tibble: 19 × 4
```

psych::principal(.,nfactors=3,rotate="promax")
 my_PCA2

|    | source            | RC1   | RC2   | RC3   |
|----|-------------------|-------|-------|-------|
|    | <chr>             | <dbl> | <dbl> | <dbl> |
| 1  | SWL1              | 0.02  | 0.84  | -0.03 |
| 2  | SWL2              | 0.01  | 0.88  | -0.03 |
| 3  | SWL3              | -0.07 | 0.86  | -0.03 |
| 4  | SWL4              | 0.03  | 0.76  | 0.03  |
| 5  | SWL5              | 0.04  | 0.75  | -0.01 |
| 6  | SCA1              | 0.84  | -0.03 | -0.13 |
| 7  | SCA2              | 0.72  | 0.02  | 0.07  |
| 8  | SCA3              | 0.61  | 0.06  | 0.21  |
| 9  | SCA4              | 0.79  | -0.04 | 0     |
| 10 | SCA5              | 0.84  | 0.02  | -0.04 |
| 11 | SCA6              | 0.75  | 0     | 0.07  |
| 12 | SCB7              | 0.38  | 0.01  | 0.47  |
| 13 | SCB8              | 0.18  | 0     | 0.73  |
| 14 | SCB9              | 0.1   | -0.1  | 0.79  |
| 15 | SCB10             | 0.03  | 0     | 0.79  |
| 16 | SCB11             | -0.29 | 0.08  | 0.61  |
| 17 | eigenvalue        | 3.77  | 3.39  | 2.45  |
| 18 | var_explained     | 0.24  | 0.21  | 0.15  |
| 19 | cum_var_explained | 0.24  | 0.45  | 0.6   |

저장된 파일을 연구자가 원하는 방식으로 다소 편집하여 사용하는 방법은 동일합니다.

다음으로는 시각화 방법을 살펴보겠습니다. 주성분분석의 시각화에는 첫째, 주성분분석이 적용된 사례들(즉 응답자들)을 시각화하는 방법, 둘째, 주성분분석이 적용된 문항들을 시각화하는 방법이 있습니다.[8] 여기서는 주성분분석이 적용된 문항들만 시각화하는

---

8  문항과 사례 모두를 제시하는 방법은 아래와 같습니다. 직접 확인해보시기 바랍니다.

```
# 각주: 측정사례
myfigure2 <- as_tibble(my_PCA1$scores)
# 문항과 사례를 동시에 제시하는 경우(1번과 2번 주성분만)
ggplot()+
  geom_point(data=myfigure2,aes(x=RC1,y=RC2),alpha=.1)+
  geom_text(data=myfigure, # myfigure의 생성방법은 본문에 설명 제시
            aes(x=RC1,y=RC2,label=vars,color=var_type),
            size=3)+
```

방법을 제시하겠습니다. 그 이유는 제가 접했던 많은 사회과학 연구들이 주성분분석 결과를 기반으로 문항들의 평균값이나 합산값을 사용하는 것이 대부분이며, 주성분분석을 통해 얻은 적재치를 기반으로 계산된 예측값을 사용하지 않기 때문입니다(다시 말씀드립니다만, 연구자가 속한 분과에 따라 주성분분석 결과를 어떻게 사용하는지에 대한 관례가 다를 것입니다. 해당 분과에서 인정받는 관례를 따르시기 바랍니다).

결과의 시각화를 위해서는 우선 다음과 같이 시각화시킬 데이터를 별도의 오브젝트로 저장합니다. 저장 후 시각화 결과의 효과를 높이기 위해 표시할 문항(vars 변수)과, 문항의 유형(var_type 변수)을 추출하였습니다. 이후 세 주성분들을 각각 2차원 평면 위에 배치한 그래프를 제시하였습니다. 주성분이 3개 추출되었기 때문에 3차원 그래프를 사용하는 것을 고려할 수 있지만, 3차원 그래프를 2차원인 지면에 제시할 경우 오히려 가독성이 떨어지는 경우가 더 많은 것 같습니다.

```
> # 결과의 시각화: 측정문항
> myfigure <- my_PCA1$loadings[,] %>%
+   as_tibble() %>%
+   mutate(
+     vars=rownames(my_PCA1$loadings[,]),
+     var_type=str_extract(vars,"[[:alpha:]]{3}")
+   )
> # 시각화(2차원 그래프를 3개 제시)
> g12 <- ggplot()+
+   geom_text(data=myfigure,
+             aes(x=RC1,y=RC2,label=vars,color=var_type))+
+   coord_cartesian(ylim=c(-1,1),xlim=c(-1,1))+
+   labs(x="Component 1",y="Component 2",color="Question type")+
+   theme(legend.position="none")
> g13 <- ggplot()+
+   geom_text(data=myfigure,
+             aes(x=RC1,y=RC3,label=vars,color=var_type))+
+   coord_cartesian(ylim=c(-1,1),xlim=c(-1,1))+
```

```
coord_cartesian(ylim=c(-3,3),xlim=c(-3,3))+
labs(x="Component 1",y="Component 2",color="Question type")+
theme_classic()+
theme(legend.position="top")
```

```
+    labs(x="Component 1",y="Component 3",color="Question type")+
+    theme(legend.position="none")
> g23 <- ggplot()+
+    geom_text(data=myfigure,
+              aes(x=RC2,y=RC3,label=vars,color=var_type))+
+    coord_cartesian(ylim=c(-1,1),xlim=c(-1,1))+
+    labs(x="Component 2",y="Component 3",color="Question type")+
+    theme(legend.position="none")
> library(patchwork)
> g12+g13+g23
```

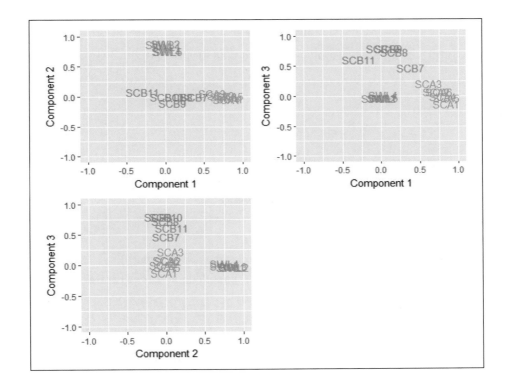

위의 결과에서 잘 드러나듯, **SCB7** 항목은 전반적으로 다른 **SCB\*** 항목들과 떨어져서 존재합니다(그렇다고 아주 벗어난 항목이라고 보기도 어렵습니다). 이 시각화 결과는 앞서 살펴본 **com** 통계치가 어떤 역할을 하는지 잘 보여주고 있습니다.

## 01-2 탐색적 인자분석(EFA)

이제 주성분분석 대신 탐색적 인자분석을 실시해보겠습니다. 탐색적 인자분석에 사용되는 추정기법들은 상당히 많습니다. 아마 가장 잘 알려진 모형추정기법은 최대우도법(ML, maximum likelihood)일 것입니다. psych 패키지의 **fa()** 함수에서는 다양한 모형추정 알고리즘을 제공하고 있으며,[9] 디폴트로 최소잔차(minimum residual, "**minres**"라는 이름)법을 택하고 있습니다[여러 추정법들의 결과를 비교해 본 결과에 대해서는 psych 패키지 개발자의 분석결과 비교 보고서(Revelle, 2023)를 보시기 바랍니다].

**fa()** 함수를 이용해 최소잔차법을 이용한 탐색적 인자분석을 실시하는 방법과 결과는 아래와 같습니다. 주성분분석 결과와 탐색적 인자분석 결과가 다르지만, 상당히 유사하다는 것을 발견하실 수 있을 것입니다(하지만 절대로 두 기법은 동일하지 않습니다. 이 부분은 오해가 없으시기 바랍니다).

```
> # 최소잔차(minres) 탐색적 인자분석(EFA)
> my_FA1 <- mydata %>%
+   psych::fa(.,nfactors=3,rotate="promax")
> my_FA1
Factor Analysis using method =  minres
Call: psych::fa(r = ., nfactors = 3, rotate = "promax")
Standardized loadings (pattern matrix) based upon correlation matrix
       MR1   MR2   MR3    h2    u2 com
SWL1   0.01  0.79 -0.05 0.613 0.39 1.0
SWL2  -0.01  0.87 -0.04 0.743 0.26 1.0
SWL3  -0.11  0.84 -0.01 0.710 0.29 1.0
SWL4   0.00  0.68  0.02 0.468 0.53 1.0
SWL5   0.05  0.68 -0.06 0.448 0.55 1.0
```

---

9  **fm="minres"**라고 지정한 경우는 '최소잔차(minimum residual)'법을, **fm="pa"**는 '주축인자(principal factor)'법, **fm="wls"**인 경우는 '가중최소자승(weighted least squares)'법을, **fm="gls"**인 경우는 '일반화최소자승(generalized least squares)'을 **fm="ml"**인 경우 '최대우도(maximum likelihood)'법을 사용합니다. 이 외의 다양한 옵션에 대해서는 psych 패키지 개발자의 문헌(Revelle, 2023, pp. 17-18)을 참조하시기 바랍니다.

```
SCA1    0.74 -0.04 -0.07 0.487 0.51 1.0
SCA2    0.61  0.00  0.12 0.491 0.51 1.1
SCA3    0.51  0.03  0.25 0.500 0.50 1.5
SCA4    0.75 -0.04 -0.01 0.566 0.43 1.0
SCA5    0.87  0.03 -0.10 0.640 0.36 1.0
SCA6    0.75  0.01  0.02 0.591 0.41 1.0
SCB7    0.24 -0.03  0.53 0.510 0.49 1.4
SCB8   -0.04 -0.06  0.89 0.720 0.28 1.0
SCB9   -0.06 -0.14  0.88 0.663 0.34 1.1
SCB10   0.05  0.01  0.66 0.476 0.52 1.0
SCB11   0.03  0.13  0.18 0.068 0.93 1.9


                        MR1  MR2  MR3
SS loadings             3.26 3.00 2.43
Proportion Var          0.20 0.19 0.15
Cumulative Var          0.20 0.39 0.54
Proportion Explained    0.37 0.35 0.28
Cumulative Proportion   0.37 0.72 1.00


 With factor correlations of
     MR1  MR2  MR3
MR1 1.00 0.01 0.70
MR2 0.01 1.00 0.23
MR3 0.70 0.23 1.00


Mean item complexity =  1.1
Test of the hypothesis that 3 factors are sufficient.

The degrees of freedom for the null model are  120  and the objective function
was 8.2 with Chi Square of  2656.6
The degrees of freedom for the model are 75  and the objective function was 0.72


The root mean square of the residuals (RMSR) is  0.04
```

```
The df corrected root mean square of the residuals is   0.05


The harmonic number of observations is 331 with the empirical chi square 108.48
with prob <  0.0069
The total number of observations was 331  with Likelihood Chi Square = 232.1  with
prob <  5.9e-18


Tucker Lewis Index of factoring reliability =  0.9
RMSEA index =  0.081   and the 90 % confidence intervals are  0.068 0.091
BIC =  -203.06
Fit based upon off diagonal values = 0.99
Measures of factor score adequacy
                                                    MR1  MR2  MR3
Correlation of (regression) scores with factors     0.94 0.95 0.94
Multiple R square of scores with factors            0.89 0.90 0.88
Minimum correlation of possible factor scores       0.78 0.79 0.76
```

인자적재치 부분을 보겠습니다. 주성분분석 결과의 적재치 결과와 마찬가지로 두 측
정항목들(SCB7, SCB11)의 측정문항 복잡성(com) 통계치가 높게 나타난 것을 확인할 수 있
습니다. 또한 "SS loadings"와 그 아래의 정보들도 주성분분석 결과와 개념적으로 다
르지 않기 때문에 어렵지 않을 것입니다. 하지만 추가적인 모형적합도 관련 통계치들이
더 보고된 것을 확인하실 수 있을 것입니다(이를테면, Tucker Lewis Index, RMSEA index,
BIC 등). 추가된 모형적합도 관련 통계치 역시 해석은 비슷합니다. "Tucker Lewis
Index"의 경우 1에 가까울수록 추정된 인자구조가 데이터 구조에 더 적합하다고 판단하
며, "RMSEA index"의 경우 0에 가까울수록 추정된 인자구조가 데이터 구조에 더 적합하다
고 판단합니다[90% CI는 오차평균제곱근(RMSEA, Root Mean Square Error of Approximation) 값의
90% CI입니다]. 아마 확증적 인자분석(CFA, confirmatory factor analysis)이나 구조방정식
(SEM, structural equation modeling)을 학습하셨던 분들이라면 이들 지수들의 의미와 해석방

법에 대해 익숙하실 것 같습니다.[10] 맨 마지막에 등장하는 부분은 추출된 인자와 회귀분석 방법으로 예측된 인자점수(scores)의 상관계수 및 공유분산(상관계수의 제곱)이며, 맨 아랫줄은 가장 보수적으로 해석할 경우의 상관계수를 의미합니다(앞서 말씀드렸듯, 주성분분석과는 달리 탐색적 인자분석에서는 측정문항 고유의 분산을 별도로 추정합니다).

앞서 우리가 얻었던 주성분분석 추정결과와 비교해보시기 바랍니다. 우선 "Fit based upon off diagonal values"의 값의 경우 주성분분석 추정결과(.97)에 비해 탐색적 인자분석 추정결과(.99)가 보다 좋습니다(물론 아주 미미한 차이에 불과하다고 볼 수도 있습니다). 또한 RMSR의 경우도 .06에서 .04로 개선된 것을 볼 수 있습니다. 그렇다면 주성분적재치와 인자적재치를 비교하면 어떨까요? 효과적인 비교를 위해 앞서 제가 만들어둔 개인함수를 이용해 두 결과를 비교할 수 있는 표를 그린 결과는 다음과 같습니다.

```
> # 함수생성(구성형태가 동일하기 때문에 그대로 사용 가능)
> EFA_summary_function <- PCA_summary_function
> # 주성분분석과 탐색적인자분석 결과 비교
> PCA_summary_function(my_PCA1,2) %>%
+    full_join(EFA_summary_function(my_FA1,2), by="source") %>%
+    writexl::write_xlsx("PCA_versus_PCA.xlsx")
```

---

10 졸저(2017)《R를 이용한 사회과학데이터 분석: 구조방정식 모형》에서 확증적 인자분석과 구조방정식 맥락에서 모형적합도를 설명한 바 있습니다. 보다 자세한 내용을 원하시는 분은 해당 서적을 참고하시기 바랍니다.

**표 8.** 주성분분석과 탐색적 인자분석 추정결과 비교

| | 주성분분석 | | | 탐색적 인자분석 | | |
|---|---|---|---|---|---|---|
| | RC1 | RC2 | RC3 | MR1 | MR2 | MR3 |
| SWL1 | 0.02 | 0.84 | −0.03 | 0.01 | 0.79 | −0.05 |
| SWL2 | 0.01 | 0.88 | −0.03 | −0.01 | 0.87 | −0.04 |
| SWL3 | −0.07 | 0.86 | −0.03 | −0.11 | 0.84 | −0.01 |
| SWL4 | 0.03 | 0.76 | 0.03 | 0.00 | 0.68 | 0.02 |
| SWL5 | 0.04 | 0.75 | −0.01 | 0.05 | 0.68 | −0.06 |
| SCA1 | 0.84 | −0.03 | −0.13 | 0.74 | −0.04 | −0.07 |
| SCA2 | 0.72 | 0.02 | 0.07 | 0.61 | 0.00 | 0.12 |
| SCA3 | 0.61 | 0.06 | 0.21 | 0.51 | 0.03 | 0.25 |
| SCA4 | 0.79 | −0.04 | 0.00 | 0.75 | −0.04 | −0.01 |
| SCA5 | 0.84 | 0.02 | −0.04 | 0.87 | 0.03 | −0.10 |
| SCA6 | 0.75 | 0.00 | 0.07 | 0.75 | 0.01 | 0.02 |
| SCB7 | 0.38 | 0.01 | 0.47 | 0.24 | −0.03 | 0.53 |
| SCB8 | 0.18 | 0.00 | 0.73 | −0.04 | −0.06 | 0.89 |
| SCB9 | 0.10 | −0.10 | 0.79 | −0.06 | −0.14 | 0.88 |
| SCB10 | 0.03 | 0.00 | 0.79 | 0.05 | 0.01 | 0.66 |
| SCB11 | −0.29 | 0.08 | 0.61 | 0.03 | 0.13 | 0.18 |
| 아이겐값 | 3.77 | 3.39 | 2.45 | 3.16 | 3.06 | 2.39 |
| 설명분산 | 0.24 | 0.21 | 0.15 | 0.20 | 0.19 | 0.15 |
| 누적설명분산 | 0.24 | 0.45 | 0.60 | 0.20 | 0.39 | 0.54 |

알림. 주성분분석과 탐색적 인자분석 모두 이론적 관점에서 주성분/인자의 수를 3으로 지정하였으며, 추출된 주성분/인자는 사각회전의 일종인 프로맥스(promax) 회전기법을 적용하였음. 주성분분석의 경우 psych 패키지 (version 1.7.8)의 principal() 함수를 이용해 추정하였으며, 탐색적 인자분석의 경우 psych 패키지의 fa() 함수를 이용하여 추정하였음. 탐색적 인자분석의 경우 최소잔차(minimum residual) 추정법에 근거하여 인자구조를 추정하였음.

위의 표에서 잘 드러나듯, 두 결과는 상당히 유사하지만, 동일하지 않습니다. 우선 아이겐값이 적지 않게 다른 것을 확인할 수 있습니다(주성분분석 결과로 얻은 아이겐값이 탐색적 인자분석 결과로 얻은 아이겐값에 비해 큽니다). 마지막 줄의 "누적 설명분산" 부분을 보시면 주성분분석의 경우 3개의 주성분들로 전체 분산 중 60% 가량을 설명할 수 있는데 반해, 탐색적 인자분석의 경우 3개의 인자들로 전체 분산 중 약 54% 정도를 설명하고 있습니다.

또한 적재치 역시도 결과가 다른 것을 확인하실 수 있을 것입니다. 전반적으로 잠재적 인자분석을 통해 얻은 적재치가 주성분분석을 통해 얻은 적재치에 비해서 낮은 값을 갖습니다.

끝으로 주성분분석이나 탐색적 인자분석을 실시할 수 있는 데이터인지를 가늠하는 통계치로 KMO 통계치(Kaiser-Meyer-Olkin의 표집적합도)와 바틀렛의 구형성 테스트(Bartlett's test of sphericity) 결과를 구하는 방법을 소개하도록 하겠습니다. 순서상 이 부분은 주성분분석이나 탐색적 인자분석 기법을 소개하기 전에 설명해야 할 부분이지만, 다음의 두 가지 이유로 본 섹션의 끝부분에 소개하였습니다. 첫째, 어떤 데이터에 대해 주성분분석이나 탐색적 인자분석을 실시할지를 판단하는 가장 중요한 기준은 KMO 통계치 등의 수치가 아니라 변수에 대한 연구자의 지식과 주체적 판단이라고 저는 생각하기 때문입니다. 둘째, 바틀렛의 구형성 테스트 결과는 카이제곱 통계치로 제시되는데, 표본의 크기가 큰 경우 그다지 유용성이 높다고 볼 수 없기 때문입니다. 특히 '데이터 과학'의 경우 보통 표본수가 많은 데이터를 취급한다는 점에서 해당 통계치는 거의 언제나 통계적으로 유의미한 결과를 산출한다는 문제점이 있습니다.

제 주관적 평가는 독자께서 적절하게 걸러서 듣고 주체적으로 판단하시기 바랍니다. 일반적으로 KMO 표집적합도는 1에 근접할수록 주성분분석이나 탐색적 인자분석이 적합하다고 판단하며, 바틀렛의 구형성 테스트는 통계적으로 유의미한 결과가 나올수록(즉 카이제곱 통계치가 크면 클수록) 주성분분석이나 탐색적 인자분석이 적합하다고 판단합니다.[11] KMO 표집적합도의 경우 `KMO()` 함수를, 바틀렛의 구형성 테스트의 경우는 `cortest.bartlett()` 함수를 이용합니다. 단 두 함수 모두 상관계수행렬이 함수의 입력값으로 투입되어야 합니다. 함수들을 사용하는 방법과 추정결과는 아래와 같습니다.

---

11 기본적으로 바틀렛 구형성 테스트는 관측된 상관계수행렬이 단위행렬(identity matrix)과 동일한지 여부를 테스트합니다. 단위행렬의 경우 탈대각요소들이 모두 0입니다. 다시 말해 단위행렬은 측정문항들 사이의 상관관계가 전혀 존재하지 않는 경우를 상정하고 있습니다.

```
> # KMO sampling adequacy
> mydata %>%
+   cor() %>%
+   psych::KMO()
Kaiser-Meyer-Olkin factor adequacy
Call: psych::KMO(r = .)
Overall MSA =  0.87
MSA for each item =
 SWL1 SWL2 SWL3 SWL4 SWL5 SCA1 SCA2 SCA3 SCA4 SCA5 SCA6 SCB7 SCB8
 0.85 0.82 0.81 0.88 0.91 0.90 0.87 0.90 0.89 0.85 0.88 0.90 0.87
 SCB9 SCB10 SCB11
 0.86  0.90  0.78
> # Bartlett's test of sphericity
> mydata %>%
+   cor() %>%
+   psych::cortest.bartlett(.,n=nrow(mydata))
$chisq
[1] 2656.6

$p.value
[1] 0

$df
[1] 120
```

    KMO의 표집적합도는 .87의 값이 나왔습니다. 보통 .70 정도 이상인 경우 주성분분석이나 탐색적 인자분석을 실시하기에 적합한 데이터라고 합니다. 제시된 결과에서 MSA는 Measure of Samping Adequacy의 약자입니다. 또한 바틀렛의 구형성 테스트 결과에서도 알 수 있듯 투입된 데이터가 주성분분석이나 탐색적 인자분석을 실시하기에 적합하다는 것을 알 수 있습니다[$\chi^2_{(120,\ N=331)}$=2656.6, $p<.001$]. 다시 말씀드립니다만, 카이제곱 통계치는 표본의 크기에 매우 민감하게 변합니다. 이 점을 반드시 유념하여 주시기 바랍니다.

## 01-3 크론바흐의 알파

앞에서 살펴본 주성분분석이나 탐색적 인자분석 결과를 살펴보면 일련의 측정문항들(a set of indicators)과 특정 주성분/인자가 매우 강한 상관관계(즉 높은 적재치)를 갖는다는 것을 발견할 수 있습니다. 그렇다면 높은 적재치를 갖는 일련의 측정문항들이 단일차원 (single dimension)을 구성하고 있다고 볼 수 있을까요? 복수의 변수들이 단일차원 (dimension)에 속해 있는지를 살펴볼 때 가장 널리 활용되는 통계치가 바로 크론바흐의 알파(Cronbach's $\alpha$)이며, 크론바흐의 알파는 흔히 복수의 측정문항들의 '내적 일치도(internal consistency)'를 측정하는 문항으로 잘 알려져 있습니다(즉 1에 가까울수록 복수의 측정문항들은 강한 내적 일치도를 갖고 있으며, 단일차원에 속해 있다).

psych 패키지의 alpha() 함수를 이용하면 크론바흐의 알파를 쉽게 계산할 수 있습니다. 또한 크론바흐의 알파에 비해 유명도는 낮으나 다른 측정문항들도 같이 보고되고 있습니다. 이용하는 방법은 다음과 같습니다. 우선 "삶에 대한 만족도"를 측정하는 변수들("SWL"이라는 표현이 사용된 변수)의 크론바흐의 알파값을 구해보겠습니다.

```
> # Cronbach's alpha
> mydata %>%
+    select(starts_with("SWL")) %>%
+    psych::alpha() %>%
+    summary()

Reliability analysis
 raw_alpha std.alpha G6(smc) average_r S/N   ase mean   sd
      0.87      0.88    0.86      0.59 7.1 0.011  2.8 0.77
```

여기서 raw_alpha는 공분산행렬에 기반하여 계산된 크론바흐의 알파값이며, std.alpha는 상관계수행렬에 기반해 계산된 크론바흐의 알파값입니다. G6(smc)는 선형 회귀분석을 기준으로 계산된 $R^2$과 비슷한 통계치이지만, 활용빈도는 높지 않습니다. average_r은 측정문항들 사이의 피어슨 상관계수들의 평균을 의미하며, S/N은 잡음 (noise) 대비 신호(signal)의 비율을 의미하며, 측정문항과 측정문항들 사이의 피어슨 상관계수들의 평균을 이용해 계산된 지표입니다만,[12] 역시 자주 사용되지는 않습니다. 그 다음에 제시된 **mean**, **sd**는 분석에 투입된 측정문항들의 평균과 표준편차를 의미합니다.

능력에 대한 사회비교성향 측정문항들("SCA"라는 표현이 사용된 변수)에 대한 크론바흐 알파는 독자들께서 직접 구해보시기 바랍니다. 여기서는 의견에 대한 사회비교성향 측정문항들("SCB"라는 표현이 사용된 변수)에 대한 크론바흐 알파를 구한 후, 앞서 살펴본 주성분분석과 탐색적 인자분석 결과에서 측정문항 복잡성 통계치가 높았던 SCB7과 SCB11을 뺀 후 계산된 크론바흐 알파를 비교해보겠습니다. 우선 "SCB"라는 표현이 사용된 다섯 개 변수들을 모두 투입한 후 크론바흐 알파를 계산해보겠습니다.

```
> mydata %>%
+     select(starts_with("SCB")) %>%
+     psych::alpha() %>%
+     summary()

Reliability analysis
 raw_alpha std.alpha G6(smc) average_r S/N   ase mean   sd
      0.79      0.78    0.78      0.41 3.5 0.018    3 0.68
```

이제 SCB7과 SCB11을 뺀 후 크론바흐 알파를 계산해보겠습니다. 아래의 결과에서 확인 가능하듯, 크론바흐 알파값이 다소 상승한 것을 알 수 있습니다. 즉 SCB7과 SCB11 두 변수는 측정항목들 사이의 내적 일치도를 다소 해치고 있는 것을 알 수 있습니다.

```
> mydata %>%
+     select(starts_with("SCB")) %>%
+     select(-SCB7,-SCB11) %>%
+     psych::alpha() %>%
+     summary()

Reliability analysis
 raw_alpha std.alpha G6(smc) average_r S/N   ase mean   sd
      0.82      0.82    0.76       0.6 4.5 0.017  3.1 0.81
```

---

[12] 측정문항들 사이의 피어슨 상관계수들의 평균을 $\bar{r}$이라고 하고, 측정문항들의 수를 $n$이라고 하면, S/N은 다음의 공식을 통해 계산됩니다.

$$S/N = \frac{n\bar{r}}{(1-\bar{r})}$$

이상으로 크론바흐의 알파를 계산하는 방법을 살펴보았습니다. 여기서는 측정항목들이 연속형 변수였지만, 경우에 따라서는 0과 1로 코딩된 변수를 투입할 수도 있습니다(이를테면 지식을 측정하는 문항이나 특정한 행동을 한 적이 있는지 측정하는 문항 등). 만약 0과 1의 값을 갖는 가변수들을 투입하여 크론바흐의 알파를 계산하는 경우, 흔히 KR20(Kuder-Richardson formula 20)이라고 불리기도 합니다. 또한 경우에 따라 측정문항들이 위계적 관계(hierarchical relationship)를 갖는 경우 크론바흐의 알파 대신 뢰빙거의 H(Loevinger's coefficient H)를 구하기도 합니다. 만약 뢰빙거의 H를 구하고자 하는 독자께서는 mokken이라는 이름의 패키지를 인스톨하신 후 mokken::coefH() 함수를 사용하시면 됩니다.[13] 뢰빙거의 H의 경우 크론바흐의 알파에 비해 활용도가 낮기에 별도의 설명은 제시하지 않았습니다.

---

[13] 뢰빙거의 H를 사용하는 방법은 아래와 같습니다. 앞서 로지스틱 회귀모형과 포아송 회귀모형을 적용했던 suicide*_1 변수들을 대상으로 뢰빙거의 H와 KR20을 비교해보시기 바랍니다[자살에 대한 의견의 경우 "불치병에 걸렸을 상황"에서도 자살하면 안 된다고 믿는 사람은 "삶에 지친 상황"에서도 자살하면 안 된다고 믿을 가능성이 높습니다. 다시 말해 제시된 상황의 강도(intensity)에 따라 자살가능성에 대한 응답은 위계적으로 구조화되어 있다고 보는 것이 타당합니다].

```
> # Loevinger's coefficient H
> library("haven")
> gss_panel <- read_dta("data_gss_panel06.dta")
> mydata <- gss_panel %>%
+   select(starts_with("suicide")) %>%
+   select(ends_with("_1")) %>%
+   drop_na() %>%
+   mutate(across(
+     .cols=everything(),
+     .fns=function(x){ifelse(x==1, 1, 0)}
+   ))
> # 간략한 출력결과를 위해 results 옵션 조정
> mokken::coefH(as.data.frame(mydata),results=FALSE)$H
Scale H      se
  0.927 (0.017)
> psych::alpha(mydata) %>% summary()

Reliability analysis
 raw_alpha std.alpha G6(smc) average_r S/N  ase mean   sd median_r
      0.74       0.8    0.82      0.51 4.1 0.013 0.23 0.27      0.5
```

**주성분분석 및 탐색적 인자분석**

**PCA_EFA_문제_1:** "data_gss_panel06.dta" 데이터를 열어보신 후 아래의 변수들만 선별하여 구성한 후, 최소 1개의 변수에서 결측값이 발견된 사례들은 모두 제외한 데이터를 구성하시기 바랍니다. 아래의 변수들은 응답자에게 여러 사회기관들에 대한 신뢰(confidence)를 측정한 응답들입니다(1점일수록 신뢰, 3점에 가까우면 불신). 참고로 각 문항이 측정하는 사회기관은 다음과 같습니다.

| 변수 | 대상기관 | 변수 | 대상기관 | 변수 | 대상기관 | 변수 | 대상기관 |
|---|---|---|---|---|---|---|---|
| conarmy_1 | 군대 | coneduc_1 | 교육기관 | conlabor_1 | 노동조합 | conpress_1 | 언론 |
| conbus_1 | 대기업 | confed_1 | 연방정부 | conlegis_1 | 의회 | consci_1 | 과학자 |
| conclerg_1 | 종교단체 | confinan_1 | 은행/재무기관 | conmedic_1 | 의약업체 | contv_1 | TV |

선정된 12개의 사회기관 신뢰도를 이용해 탐색적 인자분석(EFA)을 실시해보세요. 잠재인자의 수를 2개부터 4개까지 변화시켰을 때, 탐색적 인자분석의 결과가 어떻게 변하나요? 가장 마음에 드는 결과를 바탕으로 응답자의 신뢰도를 바탕으로 사회기관들을 어떻게 분류할 수 있을지 서술해보세요(탐색적 인자분석의 구조가 가장 잘 드러나도록 측정항목들 중 몇 개를 분석에서 제외하셔도 무방합니다). [주의: 참고로 PCA나 EFA 결과에서 정답은 없습니다. 다시 말해 예시 답안에서 제가 택한 결과 역시 예시에 불과할 뿐입니다. 이 점 절대 오해 없으시기 바랍니다.]

- 사족(蛇足)-1: 제가 본문이 아닌 각주에 설명을 제시한 바 있습니다. 만약 평행분석(parallel analysis)을 실시하였다면, 가장 적절한 인자의 수는 얼마로 나타나나요? 또한 이 결과는 위에서 여러분이 택한 결과와 부합한다고 평가하시나요?

- 사족(蛇足)-2: 분류가 잘 되지 않은 사회집단들은 어떤 집단이며, 여러분의 상식에 잘 부합하는지요?

- 사족(蛇足)-3: 보다 본질적인 질문일수도 있지만, 1-3점으로 측정된 변수들을 이용하여 PCA나 EFA를 실시하는 것이 과연 타당할까요?

**PCA_EFA_문제_2:** 위의 결과를 바탕으로 동일한 인자에 속한다고 생각되는 변수들의 크론바흐의 알파값을 구하고 측정문항들 사이의 내적 일치도 정도를 평가해보시기 바랍니다.

CHAPTER

# 02

# 군집분석(비지도 기계학습)

앞에서 소개한 주성분분석의 목적이 측정문항들을 주성분으로 요약하는 기법이라면, 본 섹션에서 소개할 군집분석은 관측사례들을 몇 개의 집단으로 요약하는 기법입니다.[1] 군집분석 방법은 정말 다양하지만, 제 지식의 한계 그리고 본서의 목적이 군집분석을 설명하는 것이 아니라 타이디버스 접근에 기초하여 '데이터 과학'에서 사용되는 기초적 분석기법들을 소개하는 것이라는 점에서 'K평균 군집분석(K-mean cluster analysis)'과 '위계적 군집분석(hierarchical cluster analysis)' 2가지만 간략하게 소개하겠습니다.

K평균 군집분석은 군집분석에 투입된 변수들을 이용하여 데이터의 사례들을 K개의 군집으로 구분하는 데이터 분석 기법입니다. K평균 알고리즘(K-mean algorithm)은 매우 빠르다는 장점이 있습니다. 그렇지만 데이터의 이상치(outliers)에 크게 영향을 받는다는 문제점도 있으며,[2] 무엇보다 군집의 수를 사전에 지정할 때 연구자의 자의성이 개입되기 쉽다는 비판에서 자유롭지 못합니다. 반면 위계적 군집분석은 사례와 사례의 연관관계를 아래에서부터 위로 살펴본다는 점(bottom-up)에서 K평균 군집분석과 군집을 나누는

---

1 기계학습(machine learning) 문헌의 경우 군집분석을 '비지도 기계학습(unsupervised machine learning)' 기법이라고 부르기도 합니다.

2 평균이 갖고 있는 문제점을 떠올리시면 쉽게 이해되실 것입니다.

관점이 다릅니다[구체적으로 "아래에서 위로"의 방향으로 실시되는 위계적 군집분석을 병합적 군집분석(agglomerative clustering)이라고 부릅니다]. 그러나 어떤 방식으로 거리(distance)를 계산할지, 그리고 계산된 거리를 이용해 어떻게 연결관계를 선택하는가에 따라 결과가 조금씩 달라진다는 단점이 있습니다.

군집분석의 사례로는 "data_student_class.xls"를 사용하겠습니다. 이 데이터에서 유치원 학급당 원아수, 초·중·고등학교의 학급당 학생수만을 사용하겠습니다. 또한 서울시 전체 합계는 제외하였으며, 기간은 2016년만 포함시켰습니다. 관련 데이터를 사전처리하는 과정은 아래와 같습니다.

```
> # 데이터를 불러오기
> seoul_educ <- read_excel("data_student_class.xls",skip=2)
New names:
• `학급수` -> `학급수...4`
• `학생수` -> `학생수...6`
• `학급수` -> `학급수...7`
• `학급당학생수` -> `학급당학생수...8`
• `학생수` -> `학생수...9`
• `학급수` -> `학급수...10`
• `학급당학생수` -> `학급당학생수...11`
• `학생수` -> `학생수...12`
• `학급수` -> `학급수...13`
• `학급당학생수` -> `학급당학생수...14`
> # 데이터 정리
> mydata <- seoul_educ %>%
+   filter(지역!="합계"&기간==2016) %>%
+   select(기간,지역,starts_with("학급당"))
> names(mydata) <- c("year","district",str_c("stdt_per_clss",1:4,sep="_"))
> mydata2 <- mydata %>%
+   select(where(is.double)) # 수치형 데이터만 선택
```

본 섹션의 내용을 위해 아래와 같은 두 패키지를 추가로 사용하였습니다. cluster 패키지는 다음에 소개할 '격차 통계치(gap statistic)'를 계산하기 위해 필요합니다. 두 번째의 factoextra 패키지는 ggplot2 패키지를 기반으로 작성되었으며, 따라서 ggplot2 패키

지의 대부분의 함수들을 같이 사용할 수 있습니다. `factoextra` 패키지는 군집분석 결과를 효과적으로 시각화할 수 있는 유용한 함수들을 제공하고 있습니다.

```
> # 필요한 패키지 추가
> library('cluster')        # clusGap()
> library('factoextra')     # 군집분석 시각
Welcome! Want to learn more? See two factoextra-related books at
https://goo.gl/ve3WBa
```

우선 K평균 군집분석부터 실시해보도록 하겠습니다. 앞서 설명드렸듯 K평균 군집분석을 실시하기 위해서는 우선 몇 개의 군집을 추출할 것인가를 먼저 결정해야 합니다. 주성분분석과 마찬가지로 가장 적절한 군집수 K를 찾는 방법에는 여러 가지 방법들이 있습니다. 여기서는 가장 오래된 전통적 방법으로 '군집내 총분산합[Total within SS(sum of squares)]'을 이용하는 방법과 최근에 널리 사용되고 있는 시뮬레이션 기반 '격차 통계치(gap statistic)' 방법(Tibshirani, Walther, & Hastie, 2001), 2가지 방법을 소개하겠습니다.[3]

우선 군집내 총분산합을 이용하는 방법은 분산분석(ANOVA)을 떠올리시면 보다 이해가 쉽습니다. 분산분석의 $F$통계치는 '집단간 분산(between-group variance)'과 '집단내 분산(within-group variance)'의 비율입니다. 여기서 '집단(group)'을 '군집(cluster)'으로 바꾸시면 '군집내 총분산합'이 '집단내 분산'과 개념적으로 동일하다는 것을 이해하실 수 있을 것입니다. $F$통계치에서 분모가 작으면 작을수록 집단간 평균차이가 명확하게 나타나듯, 군집내 총분산합이 작으면 작을수록 군집과 군집의 거리는 멀게 나타날 것입니다[보다 정확하게 표현하지면 특정 군집의 중심점(centroid)과 다른 특정 군집의 중심점은 보다 멀게 나타날 것입니다]. 이 원리와 아울러 간명성(parsimony) 원칙을 적용하면, 군집내 총분산합이 비슷한 경우 군집수가 적은 분석결과가 군집수가 많은 분석결과보다 낫다고 볼 수 있습니다. 즉 군집의 수가 증가할 때 군집내 총분산합이 그리 크게 감소하지 않는 지점이 가장 적절한 군집수, 즉 K값이라고 볼 수 있습니다.[4] `fviz_nbclust()` 함수를 이용하면 군집수에

---

**3** 본 섹션에서 소개하지 않았던 적정수의 K를 찾는 다양한 방법에 대해서는 카쌈바라(Kassambara, 2017)를 참조하시기 바랍니다.

**4** 주성분분석의 스크리도표를 떠올리시면 이해가 쉬울 수 있습니다.

따른 군집내 총분산합의 변화 그래프를 쉽게 확인할 수 있습니다(참고로, 해당 함수는 ggplot2 패키지를 기반으로 작성되었습니다).

```
> # 최적의 K를 찾는 방법: 어떤 방법인가에 따라 값이 달라질 수도 있습니다.
> # 군집내 총분산합을 이용
> fviz_nbclust(mydata2, kmeans, method = "wss")
```

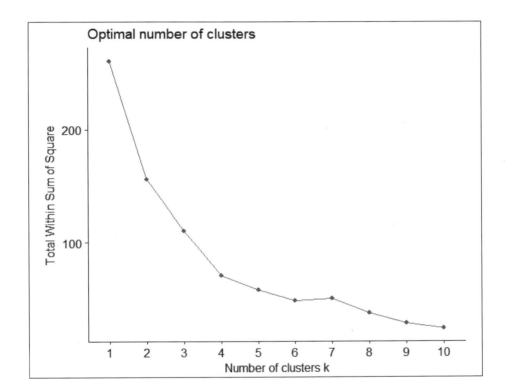

위의 결과를 보면 $K=4$ 정도부터 군집내 총분산합이 평평한 패턴을 보이고 있습니다. 즉 4 정도의 군집을 택하는 것이 가장 낫다고 볼 수 있습니다.

다음으로 '격차 통계치(gap statistic)'를 이용하여 최적의 군집수를 결정하는 방법을 살펴보겠습니다. 격차 통계치의 기본 아이디어는 시뮬레이션입니다. 특정한 군집수 $K$를 설정하였을 때, $K$개 군집으로 나눈 관측된 데이터가 $K$개 군집으로 나눈 무작위로 생성된 데이터에서 얼마나 벗어나 있는지(deviant)를 정량화시킨 것이 바로 격차 통계치입니다.

즉 격차가 크면 클수록 설정된 $K$는 무작위로 생성된 데이터에 비해 보다 최적의 실제 데이터의 잠재된 군집수 추정치라고 가정할 수 있습니다. 따라서 격차통계치를 사용하기 위해서는 무작위로 생성된 데이터의 개수를 지정해주어야 하며, 이는 clusGap() 함수의 B 옵션에 해당합니다. 기본적으로 B의 값은 많으면 많을수록 좋습니다(보통 500 정도면 충분하다고 간주됩니다). 이번 사례에서는 B=1000을 지정하였습니다. 또한 아래의 nstart 옵션은 K평균 군집분석을 실시할 때 몇 개의 무작위 시작점을 설정할지를 설정하는 옵션입니다(즉 아래처럼 nstart=50으로 지정하면 총 50번의 무작위로 선정된 시작점을 기반으로 가장 좋은 결과를 시작점으로 군집분석을 진행합니다). 디폴트는 nstart=1입니다만, 가능하면 큰 수를 지정하는 것이 안정적인 군집분석 결과로 이어집니다(보통 25 이상의 값을 지정하라고 권장됩니다). 끝으로 K.max 옵션은 $K$를 최대 몇 개까지 추정할 것인가를 설정한 것입니다.

```
> # 격차 통계치 이용
> gap_stat <- clusGap(mydata2,FUN=kmeans,
+                      nstart=50,K.max=10,B=1000)
Clustering k = 1,2,..., K.max (= 10): .. done
Bootstrapping, b = 1,2,..., B (= 1000)  [one "." per sample]:
.............................................................. 50
.............................................................. 100
.............................................................. 150
.............................................................. 200
.............................................................. 250
.............................................................. 300
.............................................................. 350
.............................................................. 400
.............................................................. 450
.............................................................. 500
.............................................................. 550
.............................................................. 600
.............................................................. 650
.............................................................. 700
.............................................................. 750
.............................................................. 800
```

```
. . . . . . . . . . . . . . . . . . . . . . . . . . . . . . . . . . . . . . . . . . .    850
. . . . . . . . . . . . . . . . . . . . . . . . . . . . . . . . . . . . . . . . . . .    900
. . . . . . . . . . . . . . . . . . . . . . . . . . . . . . . . . . . . . . . . . . .    950
. . . . . . . . . . . . . . . . . . . . . . . . . . . . . . . . . . . . . . . . . . .   1000
> fviz_gap_stat(gap_stat)
```

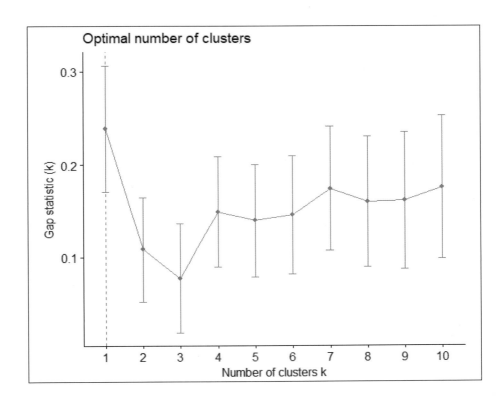

위의 결과에서 알 수 있듯, 적어도 데이터를 기반으로 했을 때 군집을 구분하지 않는 것이 제일 좋습니다. 왜냐하면 $K=1$인 경우에 격차 통계치가 제일 크기 때문입니다. 하지만 만약 군집을 나눈다면 4개의 군집을 나누는 것이 적절합니다(왜냐하면 $K$가 3에서 4로 변하면서 격차 통계치가 증가하기 때문입니다).

군집수에 따른 군집내 총분산합 및 격차 통계치의 변화 그래프 결과 저는 가장 적절한 군집의 수가 4라고 판단했습니다(물론 이 판단이 절대적으로 옳다고 저는 확신하지 않습니다. 제 주관적 판단에 불과하다는 점 강조합니다). 이에 $K=4$로 설정한 후 K평균 군집분석을 실시하였으며, 그 결과는 아래와 같습니다. `fviz_cluster()` 함수를 이용한 결과는 매우 직관적이라 이해하기 쉬우실 것입니다. 여기서 **geom="text"**를 붙이지 않고 **geom="point"**를 붙이면 사례의 라벨이 아닌 점(data point)로 표시됩니다. 만약 **geom** 옵션을 붙이지 않으면 라벨과 점 2가지가 같이 표시됩니다.

```
> # 군집분석 결과의 시각화(K=4)
> kclust4 <- kmeans(mydata2,4,nstart=50)
> # 구의 이름을 붙임: 티블의 경우 가로줄 이름이 나타나지 않기 때문에
> # warning 메시지가 표현될 뿐입니다.
> rownames(mydata2)<-mydata$district
Warning message:
Setting row names on a tibble is deprecated.
> fviz_cluster(kclust4,data=mydata2,geom="text")+
+    theme(legend.position="none")+
+    ggtitle("")
```

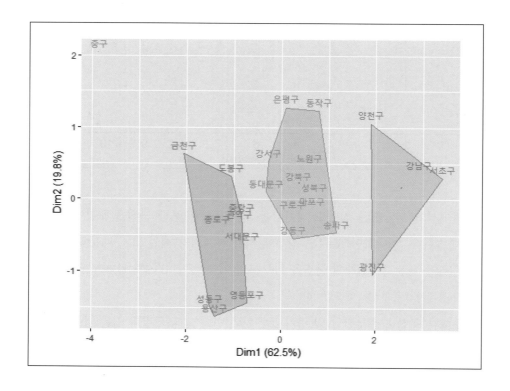

서울시의 25개 구들이 어떻게 군집화되는지 매우 효과적으로 시각화되었습니다. 여기서 X축과 Y축은 투입된 네 변수들(유치원의 학급당 원아수, 초·중·고교의 학급당 학생수)에 대한 주성분분석(PCA) 결과입니다. 다시 말해 네 변수들의 전체분산 중 X축의 Dim1 주성분이 62.5%를, Y축의 Dim2 주성분이 19.8%를 차지하고 있습니다(즉 2개의 주성분으로 총 82.3%의 분산이 누적설명됩니다).

다음으로 위계적 군집분석 기법을 살펴보겠습니다. 위계적 군집분석 기법은 군집을 나누는 방향성에 따라 병합적 군집분석 기법(agglomerative clustering; bottom-up)과 분할적 군집분석 기법(divisive clustering; top-down)으로 나뉩니다. 여기서 소개되는 위계적 군집분석 기법은 병합적 군집분석 기법에 해당됩니다. 다양한 기법들이 있지만 여기서는 가장 널리 사용되는 방법을 따라, 유클리드 거리(Euclean distance) 계산법을 기반으로 사례들 사이의 거리를 계산한 후[dist() 함수의 method="euclidean"[5] 옵션], 사례와 사례의 연결방법을 워드의 방법[hclust() 함수에서 method="ward.D2"[6] 옵션]를 택하도록 하겠습니다. 아래와 같이 함수의 사용방법은 그다지 어렵지 않습니다.

```
> # 위계적 군집분석의 경우
> # Euclidean distance 기반, Ward's method로 linkage
> hclust <- mydata2 %>%
+    dist(., method="euclidean") %>%
+    hclust(., method="ward.D2")
```

위계적 군집분석 결과는 보통 다음과 같이 시각화합니다. 군집을 전혀 구분하지 않은 상태에서 덴드로그램(dendrogram)을 그려보면 다음과 같습니다.

---

5   method 옵션에는 euclidean 외에도 mmaximum, manhattan, canberra, binary, minkowski 등이 있습니다. 특별한 이유가 없다면 euclidean 옵션을 사용하는 것이 가장 적절합니다.

6   method 옵션에는 ward.D2 외에도 ward.D, single, complete, average, mcquitty, median, centriod 등이 있습니다. 독자께서는 옵션들을 바꾸어보면서 결과가 어떻게 다르게 나타나는지 살펴보시기 바랍니다.

```
> # 덴드로그램을 그리면 다음과 같습니다.
> fviz_dend(hclust)
```

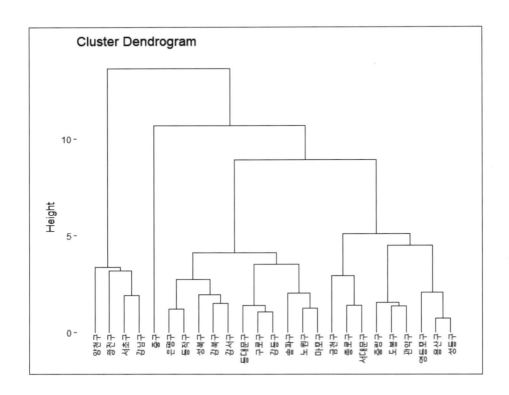

위의 그림에서 Y축의 **Height**를 조절하면 군집의 수가 각각 다르게 결정됩니다. 예를 들어 **Height**를 10으로 상정하면 총 3개의 군집을 얻을 수 있습니다. 만약 연구자가 보았을 때, 4개의 군집을 결정하고 싶다면 **Height**를 8 정도로 설정하면 됩니다. `factoextra` 패키지의 좋은 점은 시각화입니다. 예를 들어 4집단을 원하신다면 `fviz_dend()` 함수에서 k 옵션을 4로 지정하면 됩니다.

```
> fviz_dend(hclust,k=4)
```

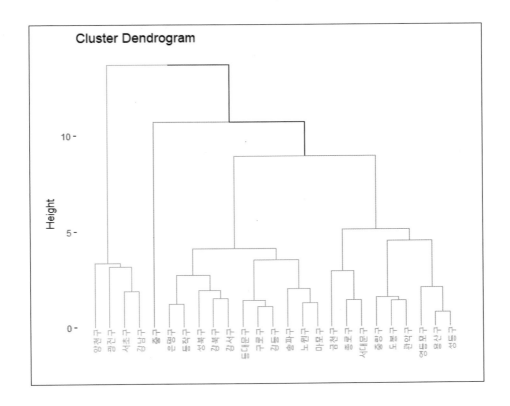

만약 사례를 보다 명확하게 구분하고 싶다면 rect 옵션과 rect_fill 옵션을 TRUE로 설정하면 됩니다. 보다 명확하게 군집이 구분된 것을 볼 수 있습니다.

```
> # 각 군집별로 사각형 표시를 하면 다음과 같습니다.
> fviz_dend(hclust,k=4,rect=TRUE,rect_fill=TRUE)
```

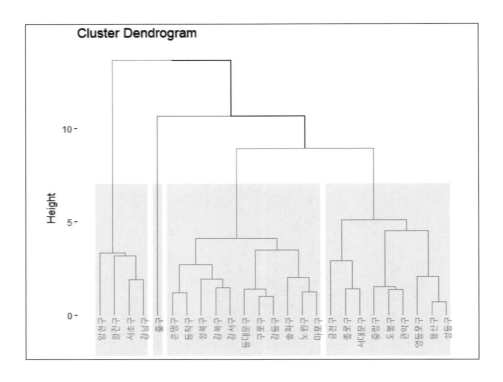

위와 같은 전통적인 형태의 덴드로그램 말고도 아래와 같이 원형 형태로 집단을 구분한 변형된 덴드로그램도 가능합니다.

```
> # 덴드로그램 형태를 원형으로 바꾸면 다음과 같습니다.
> fviz_dend(hclust,k=4,type="circular")
```

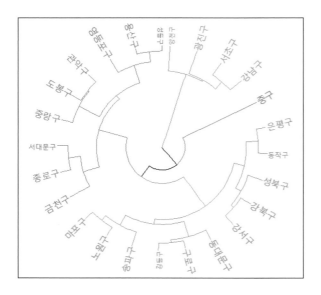

맥락에 따라서는 다음과 같이 진화방향성이 나타난 계통발생적(phylogenic) 덴드로그램이 좋을 수도 있습니다. 사회과학의 경우 쓰임새가 적겠지만, 유전자 형태에 따라 유기체를 구분하는 생물학과 같은 경우 매우 유용할 수 있습니다.

```
> # 덴드로그램 형태를 계통발생도(진화방향성 그림)로 나타내면 다음과 같습니다.
> fviz_dend(hclust,k=4,type="phylogenic")+theme_void()  # XY좌표축을
표시하지 않음
```

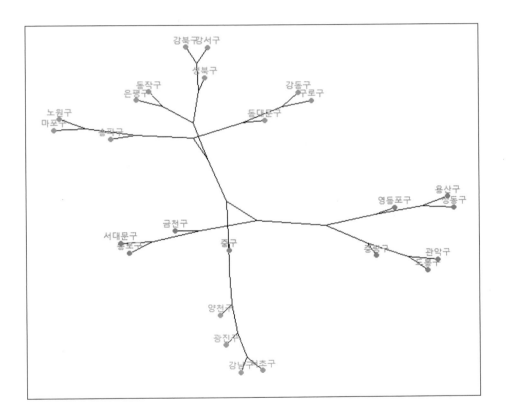

물론 K평균 군집분석 결과에서와 마찬가지로 군집분석 결과를 2차원 평면에 시각화할 수도 있습니다. 이 경우 hcut() 함수를 이용해 데이터의 사례를 4개로 명확하게 구분한 결과를 이용하셔야 합니다.

```
> # 위계적 군집분석 결과를 2차원 평면에 시각화
> hclust4<-hcut(mydata2,k=4,
+                hc_metric="euclidean",hc_method="ward.D2")
> fviz_cluster(hclust4,data=mydata2,geom="text")+
+   theme(legend.position="none")+
+   ggtitle("")
```

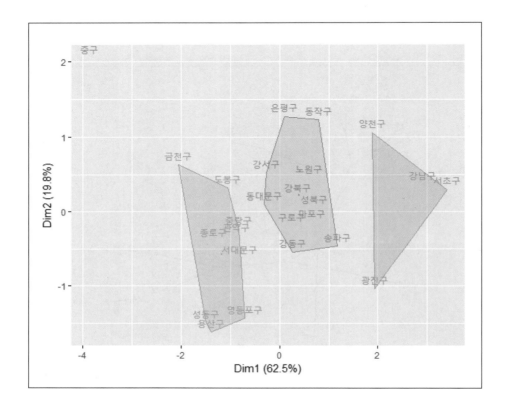

　군집분석은 그 유용성에도 불구하고 연구자의 자의적 판단이 개입되기 쉬운 데이터 분석기법입니다. 그러나 적절하게만 사용된다면 데이터를 효과적으로 축약하고 사례들을 군집으로 묶어낼 수 있는 기법입니다. `factoextra` 패키지를 이용한 다양한 군집분석 시각화 결과들이 궁금한 독자들은 카쌈바라(Kassambara, 2017)를 참조하시기 바랍니다.

# 군집분석

다음의 문제들을 풀 때는 "data_library.xls" 데이터와 "data_student_class.xls" 데이터를 아래의 조건에 맞도록 사전처리하신 후, 두 데이터를 합치세요.

- 조건 1: 두 데이터 모두 2014년 데이터만 남기고, **자치구** 변수 혹은 **지역** 변수에서 "합계"의 값을 갖는 사례는 제거하세요.
- 조건 2: "data_library.xls" 데이터의 경우 하이픈(–)으로 입력된 값은 모두 0으로 치환하신 후, 계 변수와 **국립도서관** 변수는 분석대상에서 제외하세요.
- 조건 3: "data_student_class.xls" 데이터의 경우 유치원 학급당 원아수와 초·중·고등학교의 학급당학생수 변수들만 분석에 포함시키세요.
- 조건 4: 위의 조건들을 충족시키신 후 서울의 25개 구를 아이디 변수로 하여 두 데이터를 합치시기 바랍니다.

**군집분석_문제_1:** K평균 군집분석을 실시하고자 합니다. '격차 통계치(Gap statistic)'를 이용해, 가장 적절한 수의 *K*를 결정하신 후, K평균 군집분석을 실시해보세요. 또한 시각화 결과를 제시하여 보시기 바랍니다. *K*개의 군집에 각각 포함되는 구들은 어떤 구들입니까?

**군집분석_문제_2:** 이제 거리계산은 유클리드 방식에 따라, 노드의 연결은 워드(Ward)의 방법을 따르는 위계적 군집분석을 실시해보세요. 덴드로그램을 그린 후에, '군집분석_문제_1'에서 얻은 *K*를 기준으로 군집을 나누어보시기 바랍니다. *K*개의 군집에 각각 포함되는 구들은 어떤 구들입니까? 구들의 군집화 결과는 동일한가요?

**군집분석_문제_3:** 여러분께서 적절하다고 생각되는 방식으로 군집분석을 실시하신 후, 군집별로 분석에 포함된 7개의 변수들(공공도서관, 특수도서관, 대학도서관, 유치원 학급당 원아수, 초·중·고등학교 학급당학생수)의 평균이 각각 어떻게 달라지는지 살펴보신 후, 군집이 어떻게 나누어졌는지를 쉽게 설명해보시기 바랍니다.

PART **6**

# 마무리

지금까지 타이디버스 접근법을 기반으로 어떻게 데이터를 사전처리할 수 있으며, 거의 모든 데이터 분석과정에서 언급되는 기술통계분석과 일반선형모형(GLM)을 소개한 후, 측정의 신뢰도와 타당도에 관련된 분석기법으로 주성분분석(PCA)과 탐색적 인자분석(EFA), 데이터 축약과 관련된 분석기법으로 주성분분석과 군집분석(cluster analysis)을 소개하였습니다.

이번 섹션에서 소개해 드릴 내용은 크게 '비정형 텍스트 데이터'에 대한 사전처리방법과 '기타 분석기법'입니다. 우선 비정형 텍스트 데이터에 대해서 간단히 말씀드리도록 하겠습니다. 사실 지금까지 소개한 기법들의 예시 데이터는 '심각할 정도로 지저분한 (messy) 데이터'라고 볼 수는 없으며, 상당히 '타이디한 데이터'에 가깝습니다. 이번 섹션에서는 행렬형태의 데이터가 아닌 '비정형 텍스트 데이터(unstructured text data)'를 사전처리 과정을 통해 '타이디데이터'로 바꿀 수 있는지를 살펴보겠습니다. 타이디버스 패키지에 속한 **stringr** 패키지와 함께 `tidytext` 패키지의 몇몇 함수들은 간단하게 소개하도록 하겠습니다.

다음으로 데이터를 수집하고, 사전처리하며, 모형을 추정하고, 추정결과를 제시하는 방법과 관련하여 본서에서 다루고 있지 않은 이슈들에 대해 간략하게 소개하면서 책을 마무리하였습니다.

CHAPTER

# 01

# 비정형 텍스트 데이터 소개

여러 차례 말씀드렸고, 아마 누구나 동의하겠지만 데이터 분석에 투입되는 대부분의 시간은 데이터의 사전처리에 소요됩니다. 정제된 형태의 데이터의 경우에도 데이터 사전처리가 쉽지 않은 편인 것을 감안한다면, 비정형 텍스트 데이터를 사전처리할 때는 보다 많은 노력과 시간이 투입될 것이라는 것을 짐작하실 수 있을 것입니다. 여기서는 행렬형태로 '정형화되지 않은(unstructured)' 텍스트 데이터를 어떻게 분석 가능한 '타이디데이터'로 사전처리할 수 있는지 소개하도록 하겠습니다.

먼저 분석 사례 데이터를 소개하겠습니다. 우선 `stm`이라는 이름의 패키지를 설치한 후, 해당 패키지에 들어 있는 `gadarian`이라는 이름의 예시 데이터를 예시 데이터로 사용하겠습니다. 분석대상 데이터는 가다리언과 앨버츤(Gadarian & Albertson, 2014)의 연구에서 사용된 실제 데이터입니다.[1] `stm` 패키지는 '구조적 토픽모형(Structural Topic Model)'(Roberts, Stewart, & Tingley, 2014; Roberts, Stewart, Tingley, Lucas, Leder–Luis, Gadarian, Albertson, & Rand, 2014)이라는 토픽모형을 추정할 수 있는 함수들로 구성되어

---

1   해당 논문의 경우 인간코더가 텍스트 데이터를 내용분석하였습니다. 해당 데이터의 경우 로버츠 등 (Robserts et al., 2014)이 STM을 이용해 사후분석을 실시하기도 했습니다. 관심 있는 분께서는 가다리언과 앨버츤(Gadarian & Albertson, 2014)과 로버츠 등(Robserts et al., 2014)을 직접 찾아보시기 바랍니다.

있습니다. 토픽모형에 대해 간단하게 소개하자면, '문서'에 잠재해 있을 것으로 가정된 일련의 토픽을 추정하는 텍스트 마이닝 기법들입니다. 그러나 본서의 목적은 토픽모형 혹은 텍스트 마이닝 기법을 소개하는 것이 아닙니다. stm 패키지에 대한 보다 자세한 소개는 졸저(2020)《R를 이용한 텍스트 마이닝》을 참조하여 주시기 바랍니다. 여기서는 어떻게 '개방형 응답(open-ended responses)'이라는 비정형 텍스트를 어떻게 사전처리하는지를 소개하는 것이 목적이라는 것을 밝힙니다.

타이디버스 접근법을 기반으로 비정형 텍스트 데이터를 사전처리할 때 tidytext 패키지를 추가로 설치하여 사용하면 매우 유용합니다. tidytext 패키지는 타이디데이터 관점과 자연어 처리(NLP, natural language processing)를 통합시킨 패키지이며, 타이디버스 접근법에 익숙하다면 매우 쉽고 효율적으로 텍스트 데이터를 처리할 수 있습니다. 아래와 같이 타이디버스, haven, tidytext 패키지들을 구동시킨 후, 앞에서 언급한 gadarian 데이터를 티블 데이터 형태로 저장하였습니다. 저장된 데이터에는 응답자별로 식별번호를 붙였습니다.

```
> # 비정형 텍스트 데이터를 타이디데이터로: 개방형 응답
> library("tidyverse")
> library("haven")
> library("tidytext")   # 텍스트 분석을 위해 추가 설치 필요
> # 데이터를 불러온 후 티블 형태의 데이터로 저장하고 응답자 ID 부여
> mydata_response <- stm::gadarian %>% as_tibble() %>%
+   mutate(rid=row_number())
```

우선 데이터가 어떤 형태인지부터 살펴봅시다. 총 4개의 변수로 구성된 데이터네요(우리가 생성했던 rid 변수를 빼면). 여기서 우리가 살펴볼 변수는 바로 마지막의 open.ended.response 변수입니다. gadarian 데이터에 대해 간단하게 설명을 드리자면, 여기서 MetaID 변수는 실제로 분석대상이 되는 변수가 아니며(모든 값이 0이기 때문에), treatment 변수는 미국시민인 응답자에게 이민(immigration)을 생각할 때 드는 "불안한 생각"을 적으라고 했는지(실험집단), 아니면 "아무 생각"이나 적으라고 했는지(통제집단) 구분한 변수를 의미합니다. pid_rep 변수는 0일 경우는 응답자가 매우 강한 민주당 지지

자임을, 1인 경우 매우 강한 공화당 지지자임을 알려주는 변수입니다([0, 1]의 범위를 갖지만, 리커트 타입 7점 척도로 측정된 변수입니다). 끝으로 open.ended.response 변수는 실험집단 혹은 통제집단에 배치된 실험참가자들이 밝힌 개방형 응답입니다.

```
> # 데이터의 전체적 형태는?
> mydata_response
# A tibble: 341 × 5
   MetaID treatment pid_rep open.ended.response                    rid
    <dbl>     <dbl>   <dbl> <chr>                                <int>
 1      0         1   1     "problems caused by the influx of ill…    1
 2      0         1   1     "if you mean illegal immigration, i'm…    2
 3      0         0   0.333 "that they should enter the same way …    3
 4      0         0   0.5   "legally entering the usa meeting the…    4
 5      0         1   0.667 "terror\nbombings\nkilling us\nrobbin…    5
 6      0         1   0     "having criminals immigrate here"         6
 7      0         1   0.833 "illegal, draining our goverment reso…    7
 8      0         1   0     "we are not the lower class people an…    8
 9      0         0   0     "i dont have a problem with it as lon…    9
10      0         1   0.667 "i think that people  that come into …   10
# i 331 more rows
# i Use `print(n = ...)` to see more rows
```

상황이 대강 이해되셨을 것입니다. 그렇다면 open.ended.response 변수를 어떻게 사전처리해야 분석에 활용할 수 있을까요? 이에 대해 답하기 위해서는 비정형 텍스트 데이터를 어떻게 '계량화(quantification)'할지에 대해 생각해보아야 합니다. 이번 사례에서 저는 비정형 텍스트 데이터로부터 다음의 2가지 속성을 추출하려고 합니다. 참고로 아래에서 살펴본 사항들은 해당 데이터를 수집한 가다리언과 앨버츤(Gadarian & Albertson, 2014)과는 전혀 관계가 없으며, 데이터를 보고 떠오른 순전한 제 생각에 불과하다는 것을 밝힙니다. 독자의 오해가 없길 부탁드립니다. 해당 데이터가 어떤 식으로 활용되었는가에 대해서는 가다리언과 앨버츤(Gadarian & Albertson, 2014)을 참조하시고, 텍스트 마이닝 적용사례에 대해서는 로버츠 등(Roberts et al., 2014)을 참조하시길 꼭 부탁드립니다.

- 첫째, 얼마나 많은 생각들을 밝혔는가? 저는 개방형 응답에 포함된 '실질적 단어 (words with substantial meanings)'의 개수를 '생각의 폭(breadth of thoughts)'으로 간주하였습니다.

- 둘째, 실험참여자의 텍스트 데이터에서는 어떠한 감정(emotion)이 드러났는가? 이를 위해 저는 NRC 어휘사전(lexicon)[2]을 이용해 분노(anger), 기대감(anticipation), 혐오·역겨움(disgust), 공포(fear), 기쁨(joy), 슬픔(sadness), 놀라움(surprise), 신뢰(trust) 등을 나타내는 어휘의 빈도를 계산하였습니다.

우선 개방형 응답에서 나타난 실험참여자의 '생각의 폭'을 계산해보겠습니다. 제일 먼저 생각해볼 것은 open.ended.response 변수입니다. 독자께서는 해당 변수를 어떻게 생각하고 계시나요? 저는 해당 변수를 복수의 단어들이 조합된 것으로 파악하고 있습니다. 즉 단어를 변수로 생각하시고, 각 단어들이 앞서 소개한 unite() 함수로 합쳐져서 나타난 것으로 저는 생각하고 있습니다. 즉 각각의 응답을 단어 단위로 쪼갤 수가 있을 것입니다. 그러나 한 가지 분석상의 문제가 발생합니다. unite() 함수와 separate() 함수를 적용하려면 각 응답자가 밝힌 개방형 응답의 단어수가 동일해야 가능합니다(하지만 여기서는 그렇지 못하죠).

그렇다면 어떻게 해야 할까요? 이렇게 생각해보면 어떨까요? 우선 응답자의 개방형 응답 중에서 가장 많은 단어수를 갖는 응답을 기준으로(편의상 $n$개라고 합시다), 적은 수의 단어들로 구성된 개방형 응답에 '빈 응답("")'을 채워 모두 $n$개의 단어를 갖는다고 생각해 봅시다. 구체적으로 예를 들어보죠. 아래와 같이 가장 많은 단어로 구성된 개방형 응답에는 6개의 단어가 들어 있다고 가정해봅시다. 이 응답을 기준으로 3개의 단어가 포함된 응답은 다음과 같이 3개의 단어와 3개의 빈 응답으로 구성되어 있다고 생각해보는 것입니다.

---

2  해당 어휘사전에 대한 보다 자세한 설명을 위해서는 무하마드와 터니(Mohammad & Turney, 2013) 혹은 아래의 웹사이트를 참조하시기 바랍니다.

    http://saifmohammad.com/WebPages/lexicons.html

| 개방형 응답 | word1 | word2 | word3 | word4 | word5 | word6 |
|---|---|---|---|---|---|---|
| A B C D E F | A | B | C | D | E | F |
| H I J | H | I | J | | | |

위와 같은 방식으로 개방형 응답의 데이터 형태를 파악하면 떠오르는 함수가 있을 것입니다. 바로 **pivot_longer()** 함수와 **pivot_wider()** 함수입니다. 개방형 응답, 보다 넓게는 비정형 데이터를 '넓은 형태(wide format)' 데이터로 파악하면, 이제 앞서 배웠던 타이디버스 접근법을 사용할 수 있다는 것을 느끼실 것입니다.

위에서 소개한 아이디어에 기반하여 비정형 텍스트 데이터를 관리하는 함수들을 소개한 패키지가 바로 **tidytext** 패키지입니다. 이 패키지에서 **unnest_tokens()** 함수는 바로 위와 같은 아이디어를 간단하게 구현할 수 있도록 만든 함수입니다. 여기서 토큰(token)이라는 말은 텍스트 마이닝의 용어이며, 텍스트를 파악하는 분석의 기본단위라고 이해하시기 바랍니다. **open.ended.response** 변수를 단어를 기본단위로 하여 긴 데이터 형태로 바꾼 후 변수의 이름을 **word**라고 바꾸는 과정은 아래와 같습니다.

```
> # 개방형 응답을 단어 단위로 쪼개보면?
> mydata_word <- mydata_response  %>%
+   unnest_tokens(word,open.ended.response,token="words")
> mydata_word
# A tibble: 7,775 × 5
   MetaID treatment pid_rep   rid word
    <dbl>     <dbl>   <dbl> <int> <chr>
 1      0         1       1     1 problems
 2      0         1       1     1 caused
 3      0         1       1     1 by
 4      0         1       1     1 the
 5      0         1       1     1 influx
 6      0         1       1     1 of
 7      0         1       1     1 illegal
 8      0         1       1     1 immigrants
 9      0         1       1     1 who
10      0         1       1     1 are
# i 7,765 more rows
# i Use `print(n = ...)` to see more rows
```

위의 결과에서 볼 수 있듯, 가로줄의 개수가 341에서 7,775로 대폭 증가한 것을 발견하실 수 있습니다. 위의 결과를 살펴보겠습니다. 여기에 등장하는 단어들 중에서 by, the, of 등은 영문 표현에서 흔히 등장하는 단어들로 실질적 의미를 갖는다고 보기 어렵습니다. 흔히 이런 단어들을 '불용단어(stopwords)'라고 부릅니다. 앞서 말씀드렸듯 제가 원하는 것은 실질적 의미를 갖는 단어들의 개수를 세는 것이기 때문에 이러한 단어들을 지우도록 하겠습니다. 이를 위해 tidytext 패키지에 들어 있는 SMART라는 이름을 갖는 불용단어 목록에 해당되는 단어들은 모두 제거하도록 하겠습니다. get_stopwords(source = "smart")를 사용하시면 불용단어 목록에 속하는 단어들을 배제하기 위해 anti_join() 함수를 사용하였습니다.

```
> # 일상적으로 등장하는 불용단어는 삭제
> mydata_substantive_word <- mydata_word %>%
+   anti_join(get_stopwords(source = "smart"),by="word")
> mydata_substantive_word
# A tibble: 3,421 × 5
    MetaID treatment pid_rep   rid word
     <dbl>     <dbl>   <dbl> <int> <chr>
 1       0         1       1     1 problems
 2       0         1       1     1 caused
 3       0         1       1     1 influx
 4       0         1       1     1 illegal
 5       0         1       1     1 immigrants
 6       0         1       1     1 crowding
 7       0         1       1     1 schools
 8       0         1       1     1 hospitals
 9       0         1       1     1 lowering
10       0         1       1     1 level
# i 3,411 more rows
# i Use `print(n = ...)` to see more rows
```

불용단어를 제외하였으니, 이제 각 응답자별로 의미 있는 단어들을 몇 개나 사용하였는지 합계를 구하면 됩니다. 즉 기술통계분석에서 배운 내용을 활용하면 됩니다. 또한 데이터 분석결과의 시각화를 위해 변수에 라벨을 붙였습니다.

```
> # 응답자별 등장 단어수 계산
> mydata_total_word <- mydata_substantive_word %>%
+   group_by(rid) %>%
+   summarize(treat=mean(treatment),
+             demrep7=mean(pid_rep),
+             no_words=n()) %>%
+   # 변수들의 리코딩 작업
+   mutate(
+     treat=labelled(treat,c(controlled=0,treated=1)),
+     demrep7=as.double(as.factor(demrep7)),
+     demrep7=labelled(demrep7,c(`Strong\nDemocrats`=1,
+                                `\nDemocrats`=2,
+                                `Weak\nDemocrats`=3,
+                                `\nModerates`=4,
+                                `Weak\nRepublicans`=5,
+                                `\nRepublicans`=6,
+                                `Strong\nRepublicans`=7))
+   )
> mydata_total_word
# A tibble: 337 × 4
      rid treat          demrep7                      no_words
    <int> <dbl+lbl>      <dbl+lbl>                       <int>
 1      1 1 [treated]    7 [Strong\nRepublicans]            14
 2      2 1 [treated]    7 [Strong\nRepublicans]             6
 3      3 0 [controlled] 3 [Weak\nDemocrats]                16
 4      4 0 [controlled] 4 [\nModerates]                    41
 5      5 1 [treated]    5 [Weak\nRepublicans]               5
 6      6 1 [treated]    1 [Strong\nDemocrats]               2
 7      7 1 [treated]    6 [\nRepublicans]                  25
 8      8 1 [treated]    1 [Strong\nDemocrats]               3
 9      9 0 [controlled] 1 [Strong\nDemocrats]               7
10     10 1 [treated]    5 [Weak\nRepublicans]               9
# i 327 more rows
# i Use `print(n = ...)` to see more rows
```

여기까지 진행되었으면, 이제 모형을 추정하거나 분석결과를 시각화하는 것은 그다지 어렵지 않습니다. 우선 실험처지 집단별 그리고 응답자의 정당지지성향별 등장한 '생각의 폭'의 평균변화 패턴을 시각화하면 다음과 같습니다.

```
> # 실험처치별/정당지지성향별로 개방형 응답에 등장한 평균단어수는?
> mydata_total_word %>%
+   group_by(treat,demrep7) %>%
+   summarize(y=mean(no_words)) %>%
+   ggplot()+
+   geom_bar(aes(x=as_factor(demrep7),
+               y=y,fill=as_factor(treat)),
+         stat='identity',position="dodge")+
+   labs(x="Party identification",
+       y="averaged number of words\nin open-ended responses",
+       fill="treatment")+
+   theme(legend.position = "top")
```

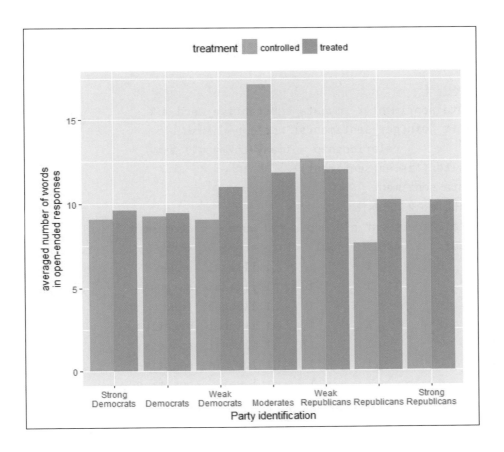

원하신다면 아래와 같이 이원분산분석을 실시할 수도 있습니다. 분석결과에 대한 해석은 별도로 제시하지 않았습니다.

```
> # 분산분석
> aov(no_words~factor(treat)*factor(demrep7),mydata_total_word) %>%
+    summary()
                             Df Sum Sq Mean Sq F value Pr(>F)
factor(treat)                 1     38   37.99   0.354  0.552
factor(demrep7)               6    764  127.35   1.185  0.314
factor(treat):factor(demrep7) 6    267   44.48   0.414  0.870
Residuals                   323  34704  107.44
```

다음으로 개방형 응답에 나타난 감정표현을 분석해보겠습니다. NCR 어휘사전은 get_sentiments("nrc")와 같이 **tidytext** 패키지를 통해 얻을 수 있습니다. inner_join() 함수를 사용하면 각 단어가 어떤 감정을 나타내는 어휘인지를 파악할 수 있습니다.

```
> # 감정분석
> mydata_sentiment <- mydata_substantive_word %>%
+    left_join(get_sentiments("nrc"),by="word",
+            relationship = "many-to-many") %>%
+    filter(!is.na(sentiment))
> mydata_sentiment
# A tibble: 2,350 × 6
   MetaID treatment pid_rep   rid word      sentiment
    <dbl>     <dbl>   <dbl> <int> <chr>     <chr>
 1      0         1       1     1 illegal   anger
 2      0         1       1     1 illegal   disgust
 3      0         1       1     1 illegal   fear
 4      0         1       1     1 illegal   negative
 5      0         1       1     1 illegal   sadness
 6      0         1       1     1 lowering  negative
 7      0         1       1     1 level     positive
 8      0         1       1     1 level     trust
```

```
 9        0         1        1      2 illegal   anger
10        0         1        1      2 illegal   disgust
# i 2,340 more rows
# i Use `print(n = ...)` to see more rows
```

감정의 범주별로 등장하는 단어빈도를 구하기 위해 pivot_wider() 함수와 pivot_longer() 함수를 동시에 사용하였습니다. 그 이유는 위의 데이터에서는 특정 감정이 등장하지 않는 응답을 '0'으로 표현한 것이 아니라, 결측값으로 처리하고 있기 때문입니다. 만약 pivot_wider() 함수와 pivot_longer() 함수를 같이 사용하지 않았다면 특정 감정(이를테면 fear)을 언급하지 않은 응답자는 분석에서 제외되는 문제가 발생합니다. 아래의 결과에서 알 수 있듯, 이 과정을 통해 2,350개의 가로줄이, 2,750개의 가로줄로 바뀐 것을 알 수 있습니다.

```
> # 감정어 범주별 등장횟수 결과
> mydata_sentiment_sum <- mydata_sentiment %>%
+   group_by(rid,sentiment) %>%
+   summarize(sent_sum=n()) %>%
+   pivot_wider(names_from="sentiment",values_from="sent_sum",
+               values_fill=0) %>%  # 특정 감정이 등장하지 않을 경우(즉 결측) 0회
+   ungroup() %>%
+   pivot_longer(cols=anger:surprise,
+               names_to="sentiment",values_to="sent_sum")
`summarise()` has grouped output by 'rid'. You can override using the
`.groups` argument.
> mydata_sentiment_sum
# A tibble: 2,750 × 3
    rid sentiment   sent_sum
  <int> <chr>          <int>
1     1 anger              1
2     1 disgust            1
3     1 fear               1
4     1 negative           2
5     1 positive           1
6     1 sadness            1
```

```
7     1 trust              1
8     1 anticipation       0
9     1 joy                0
10    1 surprise           0
# i 2,740 more rows
# i Use `print(n = ...)` to see more rows
```

이제 감정분석된 결과와 개인 응답자 수준의 변수들, 즉 treatment 변수와 pid_rep
변수들이 담긴 데이터를 합쳐보겠습니다. 또한 효율적인 분석결과 시각화를 위해 변수
에는 적절한 라벨을 붙였습니다.

```
> # 감정분석 결과를 합치기
> mydata_SA <- full_join(mydata_sentiment_sum,
+           mydata_response,by="rid") %>%
+   mutate(
+     treat=labelled(treatment,c(controlled=0,treated=1)),
+     demrep7=as.double(as.factor(pid_rep)),
+     demrep7=labelled(demrep7,c(`Strong\nDemocrats`=1,
+                                `\nDemocrats`=2,
+                                `Weak\nDemocrats`=3,
+                                `\nModerates`=4,
+                                `Weak\nRepublicans`=5,
+                                `\nRepublicans`=6,
+                                `Strong\nRepublicans`=7))
+   )
> mydata_SA
# A tibble: 2,816 × 9
     rid sentiment sent_sum MetaID treatment pid_rep open.ended.response
   <int> <chr>        <int>  <dbl>     <dbl>   <dbl> <chr>
 1     1 anger            1      0         1       1 problems caused by…
 2     1 disgust          1      0         1       1 problems caused by…
 3     1 fear             1      0         1       1 problems caused by…
 4     1 negative         2      0         1       1 problems caused by…
 5     1 positive         1      0         1       1 problems caused by…
 6     1 sadness          1      0         1       1 problems caused by…
```

```
 7     1 trust          1      0        1      1 problems caused by…
 8     1 anticipa…      0      0        1      1 problems caused by…
 9     1 joy            0      0        1      1 problems caused by…
10     1 surprise       0      0        1      1 problems caused by…
# i 2,806 more rows
# i 2 more variables: treat <dbl+lbl>, demrep7 <dbl+lbl>
# i Use `print(n = ...)` to see more rows
```

이제는 분석을 진행하면 됩니다. 먼저 감정의 범주를 구분한 후, 실험집단별 그리고
응답자의 정당지지성향별로 등장한 감정어의 평균을 구해보도록 하죠. 패시팅을 사용하
면 매우 효과적으로 데이터를 정리하여 제시할 수 있습니다.

```
> # 실험처치별/정당지지성향별 감정어 분석
> mydata_SA %>%
+   group_by(treat,demrep7,sentiment) %>%
+   summarize(y=mean(sent_sum)) %>%
+   drop_na(y) %>% # 몇몇 응답자는 어떠한 감정어도 사용하지 않음
+   ggplot()+
+   geom_bar(aes(x=as_factor(demrep7),
+                y=y,fill=as_factor(treat)),
+            stat='identity',position="dodge")+
+   labs(x="Party identification",
+        y="averaged number of words\nin open-ended responses",
+        fill="treatment")+
+   theme(legend.position = "top")+
+   facet_wrap(~sentiment,nrow=5)
`summarise()` has grouped output by 'treat', 'demrep7'. You can
override using the `.groups` argument.
```

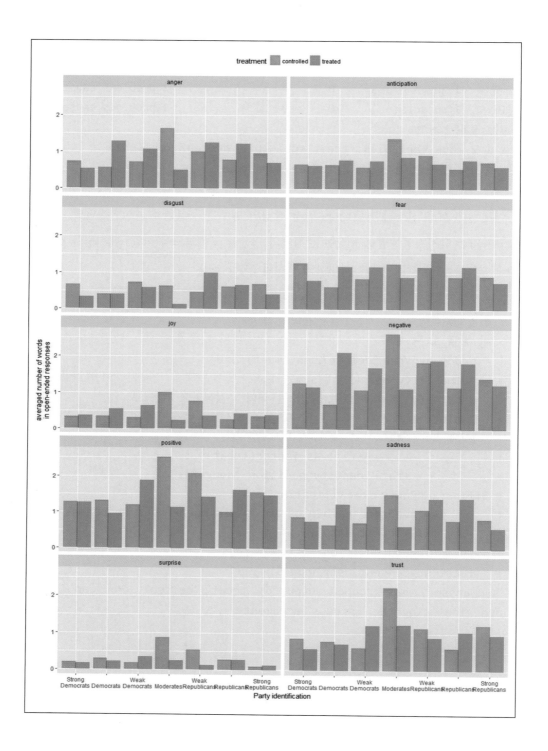

실험집단별 감정어의 평균등장 횟수는 다를까요? 앞서 배운 **group_modify()** 함수를 이용하여 각 감정어 범주별로 다음과 같이 개별 티테스트를 반복하여 적용한 후 그 결과를 요약·정리할 수 있습니다.

```r
> # 티테스트: 감정유형별
> mydata_SA %>%
+   drop_na(sentiment)  %>%
+   group_by(sentiment) %>%
+   group_modify(
+     ~tidy(
+       t.test(sent_sum ~ as_factor(treat), data=.)
+     )
+   ) %>%
+   mutate(
+     mystar=cut(p.value,c(0,0.001,0.01,0.05,0.10,1),right=FALSE,
+                labels=c("***","**","*","+"," "))
+   ) %>% select(sentiment,estimate1,estimate2,statistic,mystar)
# A tibble: 10 × 5
# Groups:   sentiment [10]
   sentiment    estimate1 estimate2 statistic mystar
   <chr>        <dbl>     <dbl>     <dbl>     <fct>
 1 anger        0.824     0.951     -1.02     " "
 2 anticipation 0.710     0.701      0.0680   " "
 3 disgust      0.603     0.549      0.570    " "
 4 fear         0.924     1.08      -1.08     " "
 5 joy          0.412     0.438     -0.246    " "
 6 negative     1.27      1.59      -1.71     "+"
 7 positive     1.42      1.40       0.0710   " "
 8 sadness      0.832     1.02      -1.45     " "
 9 surprise     0.282     0.201      1.19     " "
```

위의 결과에서 볼 수 있듯, 실험집단별로 감정어의 등장빈도가 유의미하게 다른 경우는 없네요. negative 범주에 속하는 감정어의 경우 $p.<10$이라는 결과를 보여주기는 했지만, 표본의 크기를 고려할 때 두드러지게 큰 차이라고 보기는 어려운 것 같습니다.

물론 티테스트와 유사하게 반복적으로 실험집단과 응답자의 정당지지성향을 독립변수로 투입한 이원분산분석을 감정어 범주별로 반복하여 테스트할 수도 있습니다. 분석 결과에 대해서는 별도의 해석을 제시하지는 않겠습니다.

```
> # 감정분석 결과
> mydata_SA %>%
+   full_join(mydata_total_word %>% select(rid, no_words), by='rid') %>%
+   drop_na(sentiment)   %>%
+   group_by(sentiment) %>%
+   group_modify(
+     ~tidy(
+       aov(sent_sum ~ factor(treat)*factor(demrep7),data=.)
+     )
+   ) %>% print(n=Inf)
# A tibble: 40 × 7
# Groups:   sentiment [10]
```

| | sentiment | term | df | sumsq | meansq | statistic | p.value |
|---|---|---|---|---|---|---|---|
| | \<chr\> | \<chr\> | \<dbl\> | \<dbl\> | \<dbl\> | \<dbl\> | \<dbl\> |
| 1 | anger | factor(treat) | 1 | 1.11e+0 | 1.11 | 1.05 | 0.306 |
| 2 | anger | factor(demrep7) | 6 | 7.35e+0 | 1.23 | 1.17 | 0.325 |
| 3 | anger | factor(treat):f… | 6 | 1.40e+1 | 2.34 | 2.23 | 0.0410 |
| 4 | anger | Residuals | 261 | 2.74e+2 | 1.05 | NA | NA |
| 5 | anticipation | factor(treat) | 1 | 5.00e-3 | 0.00500 | 0.00451 | 0.946 |

[이하의 내용은 분량 문제로 제시하지 않았습니다. 독자께서 직접 확인해보시기 바랍니다.]

CHAPTER

# 02

# 기타 사항들

이번 섹션에서는 본서에 다루지 않았던 몇 가지 이슈들에 대해 간단히 소개하였습니다. '데이터 과학'이 무엇인지에 대해서는 아직 확정된 정의가 없는 것으로 저는 알고 있습니다. 따라서 연구자의 학문적 배경에 따라 데이터 과학을 소개하는 책이 다루어야 할 내용이 무엇인가 역시도 다른 것이 보통입니다.

우선 첫 번째 이슈는 데이터의 수집입니다. 제가 소개드린 데이터는 공공데이터나 혹은 다른 연구자가 수집해놓은 데이터입니다. 그렇지만 연구자의 연구목적에 따라 데이터를 직접 수집해야 할 경우가 매우 빈번합니다. 실험을 하거나 혹은 설문조사를 수행할 때의 데이터 수집과 관련해서는 각 분과의 연구방법론 교과서를 살펴보는 것이 제일 좋습니다[제가 속해 있는 사회과학분과의 경우는 사회과학 연구방법론 교과서(이를테면 저는 다음의 교과서들을 추천드리고자 합니다: Babbie, 2016; Schutt, 2015)]. 그러나 온라인 미디어의 확산으로 온라인의 데이터를 직접 수집하는 소위 '데이터 스크레이핑(data scraping)' 혹은 '데이터 크롤링(data crawling)'에 대한 관심과 수요가 폭증하고 있습니다.

안타깝지만 본서에서는 이 부분에 대해 소개하지 않았습니다. 이유는 2가지입니다. 첫째, 온라인 조직과 업체 그리고 엔지니어의 스타일에 따라 온라인 데이터가 구축된 방식이 제각각이기 때문입니다. 공개 API(Application Programming Interface)가 제공된 경우 온라인 데이터가 상대적으로 쉬운 편입니다만, 수집할 수 있는 데이터의 양을 제한한다든지 제약 요건이 적지 않습니다. 어떤 웹페이지에서 어떤 데이터를 가져올지에 대한 표준화된 방식의 설명은 쉽지 않은 듯합니다. 둘째, 저자의 능력과 경험의 부족입니다. 제 경우 간단한 웹페이지의 데이터는 수집할 수 있지만, 복잡하게 구성된 방식의 웹페이지 데이터를 수집할 능력과 경험은 충분하지 않습니다.

데이터의 수집과 관련하여 우선 졸저(2020)《R를 이용한 텍스트 마이닝》의 217~284쪽에서 R을 이용해 HTML 형식의 웹페이지에서 데이터를 스크레이핑하는 간단한 사례를 설명한 바 있습니다. rvest 패키지에서 제공하는 다양한 함수들을 이용하면 웹페이지의 데이터를 쉽게 스크레이핑할 수 있습니다. 만약 영어 문헌을 읽는 데 어려움이 없으시다면 문저트 등(Munzert, Rubbas, Meißner, & Nyhuis, 2015)도 매우 유익합니다. 또한 R 프로그래밍에 자신감을 갖고 계시며, 보다 복잡하게 구성된 웹페이지의 데이터를 불러오고자 하시는 독자께서는 RSelenium 패키지에 대한 정보를 찾아 스스로 학습해보시면 흥미로울 것 같습니다.

두 번째 이슈는 비정형 데이터에 대한 사전처리 방법입니다. 비록 이전 섹션에서 텍스트 데이터를 사전처리하는 방법에 대해 간단하게 소개드렸지만, 텍스트 데이터는 데이터 과학에서 다루는 데이터 중의 일부에 불과합니다[텍스트 데이터를 분석하는 보다 다양한 몇몇 분석기법들에 대해서는 졸저(2020)《R를 이용한 텍스트 마이닝》(제2판)을 참조하여 주시기 바랍니다]. 저서에서 다룰지를 고민했던 데이터로는 위치정보 데이터가 있습니다. 즉 위도와 경도에 대한 자료를 메르카토르 지도법(Mercator projection)으로 그린 2차원 평면 위에 시각화하는 것입니다. 위도와 경도 자료를 2차원 평면에 시각화하는 방법에 대해 몇 가지 자료를 준비하였지만, 이 부분은 분량상 다른 저술을 통해 별도로 소개하는 것이 낫다고 판단하였습니다. 위치정보 데이터를 다루는 방법에 대해서는 다음 기회에 별도의 책을 준비하도록 하겠습니다.

또한 텍스트 데이터나 위치정보 데이터 외에도 음성데이터나 영상데이터 등 역시 중요한 비정형 데이터이지만(예를 들어 '안면인식'이나 '목소리인식' 등이 여기에 속합니다), 저자의 경험과 능력의 부족으로 전혀 다루지 못하였습니다. 이 부분에 대해서는 관련 영역의 전문가에게 자문을 구하시는 것이 좋을 듯합니다.

세 번째 이슈는 모형추정 알고리즘입니다. 이 부분과 관련하여 최근 부상하고 있는 기계학습 기법(machine learning techniques)을 몇 가지 간단하게 언급하겠습니다. '기계학습'이라고 불릴 수 있는 분석기법의 범위는 학자들마다 그리고 학문분과마다 다를 것입니다. 기계학습을 다루는 몇몇 문헌들에서는 앞서 소개했던 OLS 회귀분석을 비롯한 일반선형모형들도 기계학습 기법에 포함시키기도 합니다. 또한 제가 앞서 소개드렸던 주성분분석과 군집분석은 흔히 비지도 기계학습 기법으로 분류되어 종종 소개되곤 합니다. '데이터 마이닝'이나 '텍스트 마이닝' 문헌에서 자주 등장하는 '의사결정나무(decision-tree; classification and regression trees)', '$k$순위 최인접사례($kNN$, $k$-th nearest neighborhood)', '서포트벡터머신(SVM, support vector machine)', '나이브베이지안분류(naive Bayesian classification)', '인공신경망(ANN, artifical neural network)' 등은 최근 각광을 받고 있는 기계학습 기법들입니다.

　우선 매우 간단하게 말씀드리자면, 앞서 살펴본 일반선형모형, 특히 회귀분석 기법들만 확실하게 학습해도 '기계학습' 기법들을 이해하고 적용하며 해석하는 데 큰 무리가 없습니다. 기본적으로 '훈련데이터(training data)'는 모형을 추정하는 데 사용되는 데이터이며, '테스트데이터(test data)'는 추정된 모형의 예측력을 평가하는 데 사용되는 데이터입니다. 즉 앞서 우리가 살펴보았던 모형추정 과정에 투입된 데이터가 바로 기계학습에서 말하는 '훈련데이터'와 다르지 않으며, data_grid() 함수를 통해 모형의 추정결과를 사용하기 위해 가상적으로 구성한 데이터가 기계학습에서 언급하고 있는 '테스트데이터'입니다. 기계학습 기법이 인기를 얻으며, 기계학습이 가능한 R 패키지들 역시 매우 많이 생산되고 있습니다. 데이터 마이닝이나 텍스트 마이닝에서 주로 등장하는 기계학습 알고리즘에 대한 개략적인 소개로는 졸저(2017)《R를 이용한 텍스트 마이닝》(제1판)의 254~268쪽을 참조하시기 바랍니다. 또한 영어문헌이 익숙하신 분이라면 제임스 등(James, Witten, Hastie, & Tibshirani, 2013)이나 레스마이스터(Lesmeister, 2015)를 참조하시기 바랍니다. 두 책 모두 모형추정이라는 관점에서 여러 기계학습 알고리즘을 설명하였으며, R을 이용한 분석사례를 소개하고 있습니다. 아쉽게도 두 책 모두 R 베이스 관점에서 서술되었지만, 본문에서 언급하였듯 타이디버스 접근법에서 사용되는 티블 데이터는 R 베이스에서 사용되는 데이터프레임 데이터와 별반 다르지 않기 때문에 책을 이해하는 것이 어렵지는 않을 것입니다.

　끝으로 데이터 사전처리 및 모형추정 결과를 정리하고 웹페이지, 보고서나 논문 등의 형식으로 변환하는 방법에 대해서 간략하게 말씀드리겠습니다. 개인적으로는 샤이니(Shiny) 패키지의 등장으로 다른 연구자가 다른 데이터를 갖고도 연구자의 사전처리 과정과 모형추정 결과를 얻을 수 있도록 상호작용 앱(interactive application) 개발은 정말 쉬워졌습니다. 순전히 제 개인적인 추정이지만, 조만간 학문 커뮤니티에서도 논문이 아닌 특정한 목적을 달성할 수 있도록 개발된 앱이 학문적 성과로 인정받을 순간이 올 것이라고 생각합니다(저는 이런 순간이 어서 와야만 한다고 생각합니다). R 프로그래밍에 어느 정도 익숙해지시면, shiny 패키지의 함수들을 이해하는 것이 어렵지 않을 것입니다. 본서를 통해 R 프로그래밍에 어느 정도 자신감이 붙었다면 샤이니 홈페이지(https://shiny.rstudio.com/)를 통해 몇 가지 샤이니 앱 사례들을 둘러보시기 바랍니다. 만약 영어문헌이 익숙하지 않으신 분이라면 고석범 선생님의 책(2017a)이 큰 도움이 될 것으로 믿습니다.

또한 최근 사용빈도가 증가하고 있는 알마크다운(R markdown)에 대해서도 설명을 드리지는 않았습니다. R Studio를 사용하고 계신 분들이라면 알마크다운을 사용하실 수 있으며, 여러분의 작업 과정과 결과, 그리고 전체 과정 및 결과에 대한 연구자의 서술을 HTML이나 PDF 등의 문서로 변환할 수 있습니다. 이공계에서 많이 사용하는 레이테크(LaTex) 프로그램을 접했던 분이라면, 알마크다운이 얼마나 더 쉽게 문서를 만드는지 절실하게 느끼실 것입니다. 이와 관련된 여러 과정들을 살펴보시고 싶은 독자분에게는 고석범 선생님의 또 다른 책(2017b)을 소개시켜 드리고자 합니다. 제가 속해있는 사회과학 분야의 경우 R을 이용하는 연구자가 매우 적은 편이고, 따라서 알마크다운을 쓰려고 하시는 분도 매우 적은 편입니다. 따라서 제 경우 순전히 개인적인 목적의 리포트나 글이 아니라면 알마크다운을 이용하지는 않고 있습니다. 하지만 R 이용자가 보다 확대되고 알마크다운의 유용성이 널리 공유될 것으로 저는 믿습니다. 특히 학계에서는 종종 데이터 분석결과를 옮겨적는 과정에서 오류가 발생하고 있으며, 데이터는 업데이트되었는데 데이터 분석결과를 업데이트하지 않으면서 의도치 않은 실수들이 발생하고 때로는 윤리적 문제로 불거지기도 합니다. 그러나 알마크다운을 이용하여 문서를 작성하는 경우 소위 '재현가능한 연구논문(reproducible research)'을 '정직한 실수(honest mistake)' 없이 작성할 수 있습니다. 이 책의 독자들 중 적지 않은 수는 학술연구에 관심이 있거나 전문연구자가 되고자 하는 사람일 것입니다. 아직은 분석결과를 '복사하여 붙이기(copy & paste)'하는 것이 일반적인 관행입니다만, 아마도 조만간 '재현가능한 연구논문(reproducible research)'을 수행할 수 있는 알마크다운이 정착하게 될 것으로 믿습니다.

고석범 (2017a). 《R Shiny 프로그래밍 가이드》. 한나래.

고석범 (2017b). 《통계 분석 너머의 R의 무궁무진한 활용》. 에이콘

문건웅 (2015). 《(웹에서 클릭만으로 하는) R 통계분석: Web−R.org》. 한나래.

백영민 (2015). 《R를 이용한 사회과학데이터 분석: 기초편》. 커뮤니케이션 북스.

백영민 (2016). 《R를 이용한 사회과학데이터 분석: 응용편》. 커뮤니케이션 북스.

백영민 (2017). 《R를 이용한 사회과학데이터 분석: 구조방정식모형 분석》. 커뮤니케이션 북스.

백영민 (2017). 《R를 이용한 텍스트 마이닝(제1판)》. 한울.

백영민 (2020). 《R를 이용한 텍스트 마이닝(제2판)》. 한울

백영민 (2018). 《R을 이용한 다층모형》. 한나래.

백영민 · 박인서 (2021). 《R을 이용한 결측데이터 분석: 최대우도(maximum likelihood) 및 다중투입(multiple imputation) 기법을 중심으로》. 한나래.

백영민 (2023). 《R 기반 네트워크 분석: ERGM과 SIENA》. 한나래.


Allison, P. D. (2001). *Missing data*. Thousand Oaks, CA: Sage.

Babbie, E. R. (2016). *The practice of social research*. Boston: Cengage Learning.

Chang, W. (2013). *R graphics cookbook: Practical recipes for visualizing data*. Sebastopol, CA: O'Reilly.

Fabrigar, L. R., & Wegener, D. T. (2011). *Exploratory factor analysis*. New York: Oxford University Press.

Gadarian, S. K., & Albertson, B. (2014). Anxiety, immigration, and the search for information. P*olitical Psychology, 35*, 133−164.

Glorfeld, L. W. (1995). An improvement on Horn's parallel analysis methodology for selecting the correct number of factors to retain. *Educational and Psychological Measurement. 55*, 377 – 393

Horn J. L. (1965). A rationale and a test for the number of factors in factor analysis. *Psychometrika. 30*, 179 – 185

James, G., Witten, D., Hastie, T., & Tibshirani, R. (2013). *An introduction to statistical learning: With applications in R.* New York: Springer.

Kassambara, A. (2017). *Practical guide to cluster analysis in R: Unsupervised machine learning.* STHDA. Available at: https://xsliulab.github.io/Workshop/2021/week10/r-cluster-book.pdf

Lesmeister, C. (2015). *Mastering machine learning with R.* Birmingham, UK: PACKT.

Long, S. J. (1997). *Regression models for categorical and limited dependent variables.* Thousands Oaks, CA: Sage.

Mohammad, S. M. & Turney, P. D. (2013). Crowdsourcing a word-emotion association lexicon. *Computational Intelligence, 29*, 436-465.

Molenberghs, G., Fitzmaurice, G., Kenward, M. G., Tsiatis, A., & Verbeke, G. (2015). *Handbook of missing data methodology.* Boca Raton, FL: CRC Press, Taylor & Francis Group.

Moon, K-W. (2016). *Learn ggplot2 using Shiny app.* New York: Springer.

Munzert, S., Rubba, C., Meißner, P., & Nyhuis, D. (2015). *Automated data collection with R: A practical guide to Web scraping and text mining.* Chichester: Wiley.

Revelle, W. (2023). *How to: Use the psych package for factor analysis and data reduction.* Available at: http://personality-project.org/r/psych/HowTo/factor.pdf

Roberts, M. E., Stewart, B. M. & Tingley, D. (2014). *stm: R package for structural topic models.* R software package.

Roberts, M. E., Stewart, B. M., Tingley, D., Lucas, C., Leder−Luis, J., Gadarian, S., Albertson, B., & Rand, D. (2014). Structural topic models for open−ended survey responses. *American Journal of Political Science, 58,* 1064 – 1082.

Schutt, R. K. (2015). *Investigating the social world: The process and practice of research.* Thousands Oaks, CA: Sage.

Silge, J. & Robinson, D. (2018). *Text mining with R.* O'Reilly. Available at: https://www.tidytextmining.com/

Stevens, S. S. (1946). On the theory of scales of measurement. *Science, 103,* 677−680.

Tibshirani, R., Walther, G., & Hastie, T. (2001). Estimating the number of clusters in a data set via the gap statistic. *Journal of the Royal Statistical Society: Series B (Statistical Methodology), 63,* 411−423.

Wickham, H. (2014). Tidy data. *Journal of Statistical Software, 59*(10), 1−23.

Wickham, H. & Grolemund, G. (2017). *R for data science.* New York: O'Reilly. Freely available at: https://r4ds.had.co.nz/

Wickham, H., Cetinkaya−Rundel, M., & Grolemund, G. (2023). *R for data science (2nd Ed.).* New York: O'Reilly. Freely available at: https://r4ds.hadley.nz/

Wilkinson, L. (2006). *The grammar of graphics.* New York: Springer.